Carsten Gröhn

BERNSTEIN FUNDORTE

TEIL 1
DEUTSCHLAND

BERNSTEIN FUNDORTE

TEIL 1
DEUTSCHLAND

Carsten Gröhn

ISENSEE VERLAG
OLDENBURG

Titelbild:
Bernstein und schwarzes Rollholz, Ostseestrand
Foto © Jaroslaw Suchorski, www.bernsteindirekt.de

Rückseite:
Bernstein im Watt vor Neuwerk
Foto © Max J. Kobbert

1. Auflage 2025

Bibliografische Information der Deutschen Bibliothek

Die Deutsche Nationalbibliothek verzeichnet diese Publikation in der Deutschen Nationalbibliografie; detaillierte bibliografische Daten sind im Internet über http://dnb.d-nb.de abrufbar.

ISBN 978-3-7308-2065-0

Gedruckt bei Isensee in Oldenburg

Layout, Satz::
Carsten Gröhn

Besuchen Sie mich im Internet:
www.ambertop.de

Auch interessant:
www.arbeitskreis-bernstein.eu

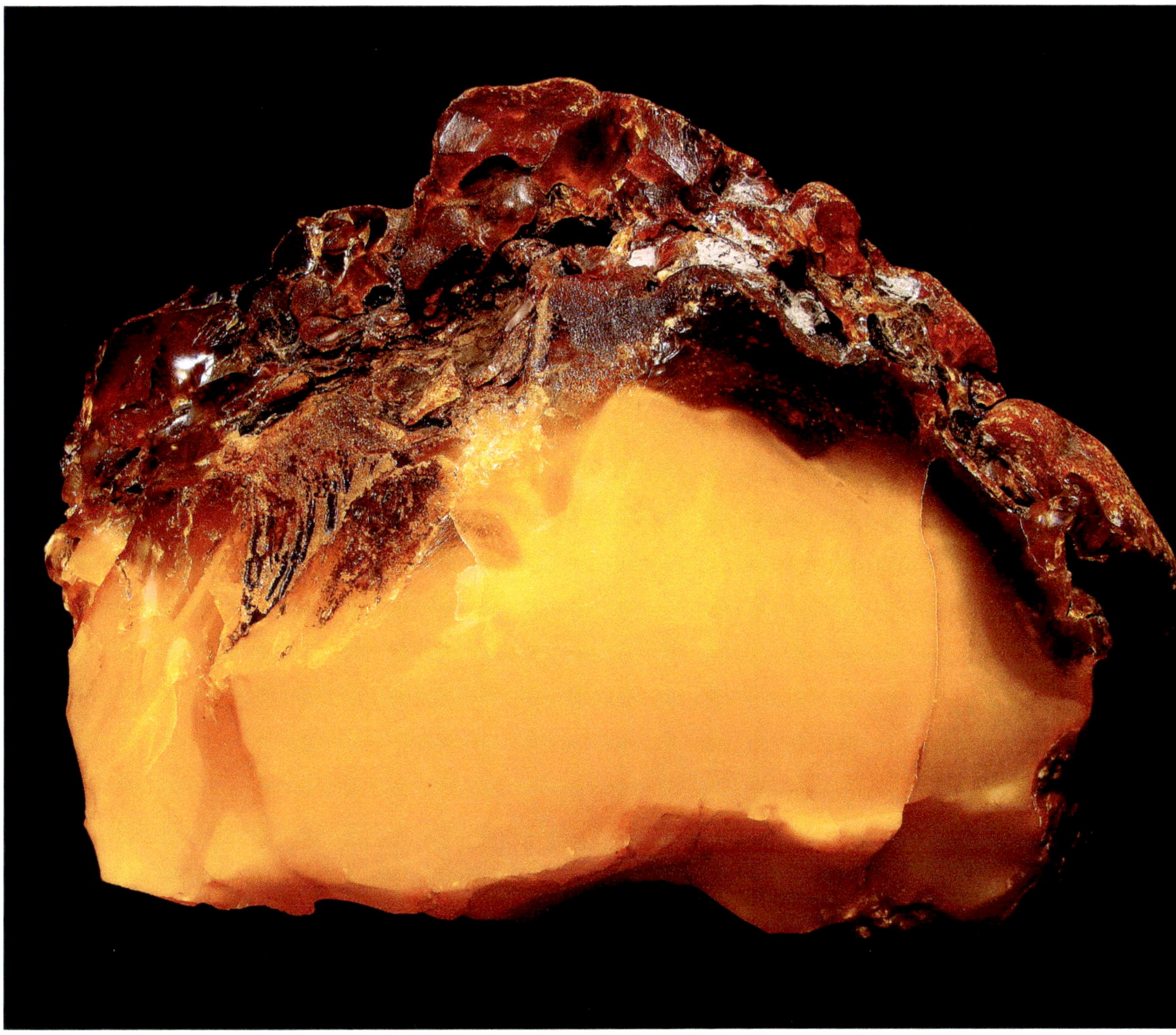

Bernstein aus einer Braunkohlegrube der Lausitz,

Sammlung und Bild © Roland Noack

KEIN STRANDWETTER
WAS TUN?

Vor über 35 Jahren fanden wir, Jutta und Carsten Gröhn, unser Hobby Bernstein. Es war reiner Zufall. Es hätte auch etwas ganz Anderes sein können, das unser Leben so grundlegend ändern sollte.

Vorher hatten wir uns dem Badmintonsport verschrieben, zwei- bis dreimal die Woche Training, danach mit unseren Sportfreunden in die Kellerbar, und am Wochenende Punktspiele. Da blieb wenig Zeit für andere Hobbies. Leider ist dieser Sport „Gift" für die Knie und die Wirbelsäule. So mussten wir nach dreißig Jahren gesundheitsbedingt und schweren Herzens diesen Sport aufgeben.

Den darauf folgenden Urlaub verbrachten wir in Dänemark, ständig mit Gedanken beschäftigt, welches gemeinsame Hobby wir statt des Sports anpacken könnten.

Kein Strandwetter, was tun? Bummeln durch die Geschäfte, eher gelangweilt. So standen wir am 17.10.1989 um 10.15 Uhr (wir wissen es so genau, da es Juttas Geburtstag war) vor einem Bernsteinladen und schauten uns die leuchtende Pracht an. Durch eine Lupe war sogar ein Insekt im Bernstein eingeschlossen zu erkennen.

Diese Minuten waren ausschlaggebend für eine totale Wandlung unseres Lebens. Jutta hatte die tolle Idee, BERNSTEIN zu unserem neuen Hobby zu küren: Sie als Liebhaberin dieses schönen „Steins", ich als Biologe für die Insekten im Bernstein.

So kauften wir unseren ersten Einschluss, eine angeschliffene Zuckmücke! Einige wenige weitere Einschlüsse erwarben wir in anderen Geschäften zu hohen Preisen, nebst einigen interessanten Farbvarianten und Bernsteinformen. Der Grundstein für eine Sucht war gelegt!

Die ersten Jahre verliefen in Sachen Bernstein eher ruhig. Hier ein Flohmarkt, dort ein Antiquitätenmarkt, die Messe „Du und Deine Welt" – ganz klein fing es an. Dann lernten wir Arne kennen, einen Bernsteinhändler in der Deichstraße Hamburg, der sich auf Einschlüsse spezialisiert hatte. Ich konnte es zunächst kaum

Oben: „Die Karbonade".

Unten: „Das Ananasstück".

Der erste Inklusen-Bernstein, mit Zuckmücke.

glauben, traute meinen Augen nicht, als ich die ersten Seltenheiten im Bernstein durch ein Binokular betrachten durfte: Spinnen, Tausendfüßer, Blätter usw. Über Arne erfuhren wir von der Mineralienmesse Hamburg und dass dort viele Bernsteinhändler aus den osteuropäischen Ländern ihre Waren verkauften.

Außerdem erfuhren wir, dass an der Universität Hamburg ein Arbeitskreis Bernstein gegründet worden war. Von diesem Jahr an drehte sich fast alles nur noch um den Bernstein!

Unsere Bernsteinsammlung wuchs immer schneller, die Kontakte zu Sammlern und Wissenschaftlern mehrten sich und damit auch unser Wissen über Bernstein.

Typisch Lehrer: Man möchte sein Wissen gerne weitergeben, andere von dieser Materie begeistern.

So entstand meine Webseite über Bernstein, die von Jahr zu Jahr immer mehr an Umfang und Qualität zunahm und mehrfach von COMPUTER-BILD unter die besten hundert Internetseiten gewählt wurde.

Es hieß dort: „Ein extravaganter Biologe, sehr insektenkundiger Wissenschaftler und natürlich Bernsteinsammler bietet hier das zurzeit wohl umfangreichste deutschsprachige Internetangebot zum Thema Bernstein an".

Ständig wählten über hundert Besucher pro Woche die Seite www.ambertop.de an, mailten mir ihre Begeisterung und Anerkennung. Und immer häufiger fragte man mich, ob es diese umfassenden Informationen auch als Buch gäbe.

So entstand mein erstes Werk ALLES ÜBER BERNSTEIN.

Ein Nebeneffekt war, dass ich Spaß am Bücherschreiben fand und mittlerweile viele weitere Bücher über Bernstein geschrieben habe, siehe am Ende dieses Buches.

Dieses Buch über die BERNSTEIN-FUNDORTE in Deutschland soll keine rein wissenschaftliche Abhandlung sein. Es lebt neben den interessanten fachlichen Aspekten auch von persönlichen Eindrücken und Erlebnissen.

So habe ich vielen Bernsteininteressierten zu danken, die mir ihre Erlebnisse rund um den Bernstein aufgeschrieben haben und mir entsprechende Bilder geliefert haben.

Jutta danke ich für ihre große Geduld und ihre Bereitschaft, mich die vielen Stunden vor dem Mikroskop oder dem Computer arbeiten zu lassen, und dass sie immer zur rechten Zeit mit der richtigen Abwechslung aufwartete.

Zu danken habe ich auch vielen Bernsteinfreunden und Institutionen, die mich bereitwillig mit Material unterstützt haben:

Alexander Benn, Robert Darga, Burkhard Dietrich, Hubert Engelbrecht, Peter Engels, Ludger Feldmann, Klaus Granitzki, Ulrich H. J. Heidtke, Johannes Kalbe, Rene Kautz, Tobias Klöck, Sebastian Mantei, Michael Maul, Rainer Melcher, Reinhard Möckel, Frank Moseler, Hartwig K. Neuwald, Bente Nielsen, Roland Noack, Christian Otto, Ivo Rappsilber, Thomas Reich, Frank Rudolph, Frank und Wilfried Sauer, Steffen Schellhorn, Dieter Stoltenberg, Jaroslaw Suchorski, Max J. Kobbert, Jan Tädke, Frank Telge, Bernd-Wolfgang Vahldiek †, Norbert Vávra, Stephan Veil, Petra Voltmer, Sonja Wedmann, Andreas Wendel, Gisela Woltermann.

Ein ganz besonderer Dank gilt den Mitautoren, die nicht nur Informationen und Fotos geliefert haben, sondern teilweise sehr lange Beiträge verfasst haben.

Ein großer Dank geht auch an meinen Sohn Ole Friedrich, der mich wieder beim Layouten und dem Erstellen des Covers unterstützt hat.

„Wer sich bückt, wird zum Feind!"

Zitat von Hans-Gerd Backhaus, Neuwerk.

INHALTS-VERZEICHNIS

WIE BAUE ICH DIESES BUCH AUF?

Lange habe ich darüber nachgedacht und mich mit den Verfassern einiger Artikel besprochen.

Soll ich die Fundberichte geographisch ordnen? Soll ich sie nach den Zeitaltern ordnen, aus denen die Harze/Bernsteine stammen? Soll ich nach den Bernsteinarten ordnen? Oder ... oder ... oder.

Ich habe mich entschlossen, eine thematische Ordnung vorzunehmen, die aber nicht einheitlich für das ganze Buch zutrifft. Einige Kapitel von anderen Autoren haben eine zeitliche Ordnung oder eine geographische Ordnung. Der Leser wird sich aber über das Inhaltsverzeichnis gut zurechtfinden.

Dieses Buch erhebt nicht den Anspruch auf Vollständigkeit. Ganz sicher habe ich einige Bernstein-Fundorte nicht berücksichtigt oder Fehler haben sich eingeschlichen. Ich wäre dankbar für entsprechende Hinweise, damit diese in einer eventuellen 2. Auflage ergänzt, verbessert werden können.

Ich möchte betonen, dass ich zwar studierter Biologe bin, aber in den Bereichen Geologie, Mineralogie, Paläontologie Laie bin. Man möge mir Fehler verzeihen!

Einige Artikel-Verfasser haben am Ende der jeweiligen Kapitel ihr Literaturverzeichnis angehängt. Diese Literaturangaben sind nicht ein zweites Mal am Ende des Buches im allgemeinen Literaturverzeichnis aufgeführt.

Bei den Kapiteln der Artikel-Verfasser habe ich die entsprechenden Namen unter die Überschrift gesetzt. Alle Kapitel ohne Namensangaben unter der Überschrift sind von mir.

VOM HARZ ZUM BERNSTEIN

Jedes Baumharz kann unter geeigneten Umständen zu Bernstein werden. Und so gibt es auf der ganzen Welt Hunderte, wahrscheinlich Tausende von Bernsteinvorkommen. Einige dieser Fundorte sollen in diesem und folgenden Büchern näher beschrieben werden.

Was sind die glücklichen Umstände, unter denen ein Harz zu Bernstein wird?

Das Wichtigste ist, dass das frische Harz nach nicht allzu langer Zeit unter Luftabschluss gerät, um die Austrocknung und Verwitterung zu verhindern. Das ist zum Beispiel der Fall, wenn Regenfälle das Harz in einen See oder Fluss spülen und sich das Harz im Schlamm ablagert. Bei starken Regenfällen und einem stark strömenden Fluss können die leichten Harze bis ins Meer gelangen und sich dort im Flussdelta im Sediment ablagern. Damit sind beste Voraussetzungen zur Bernsteinentstehung gegeben.

Nun kommt der Faktor Zeit hinzu. Unter Luftabschluss beginnt der Polymerisationsprozess im Harz. Das bedeutet, dass kleinkettige Moleküle (Monomere) sich durch chemische Reaktionen zu immer großkettigeren Molekülen (Polymeren) zusammenfinden. Und je großkettiger dieses Molekül ist/wird, desto widerstandsfähiger ist es gegen äußere Einflüsse. Hitze, Druck, Katalysatoren und andere Umstände können diese Reaktionen beschleunigen, es reicht aber auch der Faktor Zeit.

Eine Zwischenstufe zwischen Harz und Bernstein ist Kopal. Es gibt den ganz jungen Kopal, der nur wenige Jahre, Jahrzehnte bis Jahrhunderte alt ist und auch als gehärtetes, subfossiles Harz bezeichnet wird. Dieser mehr oder weniger rezente Kopal, auch als unechter oder weicher Kopal bezeichnet, ist chemisch gesehen fast noch ein Harz. Ist der Grad der Polymerisation fortgeschrittener, ist der Kopal härter und widerstandfähiger geworden und wird als harter oder fossiler oder echter Kopal bezeichnet.

Kopal ist anfällig gegenüber Lösungsmitteln. Tropft man zum Beispiel Aceton (Nagellackentferner) auf Kopal, so löst er sich schon nach kurzer Zeit an und schmiert. Das ist auch die beste Unterscheidungsmöglichkeit zum Bernstein, der lange Zeit der Einwirkung von Lösungsmitteln standhält.

Je länger Harz, Kopal, aber auch Bernstein lagert, desto mehr organische Verbindungen entweichen, vor allem die leichter flüchtigen ätherischen Öle. Bernstein enthält nur noch weniger als 1% dieser flüchtigen Komponenten des Harzes – und trotzdem riechen wir beim Schleifen von Bernstein noch das typisch Harzige.

Kopal kann schon nach wenigen Wochen sehr hart sein. So habe ich in Madagaskar einen verletzten Hymenaea-Baum näher untersucht. Die Verletzung war weniger als ein halbes Jahr alt, das ausgetretene getrocknete Harz aber schon extrem hart. Ich sah in dem klaren Harz einen kleinen Borkenkäfer und wollte dieses Harzstück mit dem Taschenmesser herausbrechen – vergeblich. Der Grundstücksbesitzer, der bei Bauarbeiten den Baum verletzt hatte und den Zeitpunkt genau wusste, holte mir Hammer und Meißel. Damit konnte ich das Harz absprengen. Zuhause ließ sich dieses rezente Harz mit Nass-Schleifpapier genauso gut schleifen wie echter Kopal.

Madagaskar-Kopale sind also recht jung, von rezent bis einige tausend Jahre alt, Kolumbianischer Kopal ist deutlich älter, bis einige hunderttausend Jahre alt.

Erst nach weiter fortgeschrittener Polymerisation, nach frühestens ca. 1 Million Jahren, kann man von Bernstein sprechen. Bernstein ist im Vergleich zu Stein immer noch weich, hat auf der Moh'schen Härteskala eine Ritzhärte von 2 – 2,5. Im Vergleich: Feuerstein (Flintstein) hat eine Mohshärte von ca. 7 auf der 10-stufigen Mineralien-Härteskala. Deshalb lässt sich Bernstein auch leicht schleifen, schnitzen, drechseln usw.

Während Harze und Kopale an der Luft – und erst recht bei Sonneneinstrahlung – schnell austrocknen und rissig werden, ist Bernstein widerstandsfähiger. In der Vitrine gelagert stellen wir auch nach vielen Jahren keine erkennbare Verwitterung fest, nur eine „Patina“ stellt sich ein, d. h. der Bernstein wird dunkler. Weißer Bernstein wird zunächst ockerfarben, nach vielen Jahren sogar rotbraun – aber nur oberflächlich. Die Verwitterungsschicht kann leicht abgeschliffen werden und dann ist das ursprüngliche Weiß wieder sichtbar.

Madagaskar-Kopal mit vielen Kernholzkäfern.

BERNSTEIN – ABER WER WAR DER HARZPRODUZENT?

Es gibt keine direkte Methode der Erkennung, von welchem Baum ursprünglich das Harz stammte, dass nun als Bernstein vor uns liegt. Auch das Alter lässt sich nicht ohne weiteres bestimmen, aber dazu in einem anderen Kapitel.

Ich verwende den Begriff „Bernstein“ hier im weitesten Sinne, also für alle fossilen Harze und nicht nur für den „Succinit“, den Baltischen Bernstein. Auch unter den im Baltikum gefundenen Bernsteinen (die meisten sind Succinite) gibt es sogenannte „Akzessorische Harze“, wie Glessit, Gedanit und viele andere. Man ordnet sie anderen Harzproduzenten zu. Ich halte den Begriff „Akzessorische Harze“ für verwirrend, weil man sofort an rezentes Harz denkt. Gemeint ist aber der Bernstein, der ursprünglich von diesen anderen Harzproduzenten stammt.

Wie hat der Bernsteinwald ausgesehen? Es gab nicht nur den einen Bernsteinwald, der „unseren“ Baltischen Bernstein hervorgebracht hat und der über den sogenannten Eridanos-Fluss Harze ins eozäne Meer schwemmte. Bernsteinwälder gab es überall auf der Welt und auch im Bereich des heutigen Deutschland. Bestes Beispiel ist der Bernsteinwald, der das große Bitterfelder Bernsteinvorkommen hervorgebracht hat.

Wir können für einige Bernsteinvorkommen recht genau rekonstruieren, wie der Bernsteinwald ausgesehen hat. Pflanzliche Einschlüsse und Pollenanalysen zeigen uns die Vielfalt der Pflanzenwelt der damaligen Zeit. Größtenteils können wir aber nur vermuten, welche Bäume die Harzproduzenten gewesen sind.

Für den Baltischen Bernstein galt lange Zeit eine Kiefer als Haupt-Harzproduzent. Das riesige Bernsteinvorkommen bei Jantarny/Kaliningrad führte sogar zu Vermutungen, dass die Kiefern krankhaft stark geharzt haben sollten. Das ist sicher nicht der Fall. Allein der lange Zeitraum des Bestehens des Bernsteinwaldes hat die großen Harzmengen hervorgebracht.

Eva-Maria Sadowski (2017) hat sich eingehend mit der Problematik des Harzproduzenten und der Bäume des Bernsteinwaldes beschäftigt und kommt zu dem Schluss, dass auch die Schirmtanne *Sciadopitys* der Harzproduzent für den Baltischen Bernstein gewesen sein könnte.

Das „akzessorische Harz" Glessit soll von Balsambaumgewächsen (Burseraceae) stammen, der im Tagebau Goitsche/Bitterfeld gefundene Siegburgit soll aus dem Harz von Bäumen der Familie Zaubernussgewächse (Hamamelidaceae) stammen. Bisher sind über 80 „Akzessorische Harze" beschrieben worden, das zeigt die Vielfalt des Bestandes harzender Bäume vergangener Zeiten (nach Krumbiegel, 2005). Nur von den wenigsten Bernsteinarten ist der Harzproduzent gesichert bekannt, in den meisten Fällen handelt es sich um Vermutungen.

Stark harzende Kiefern, Bernsteinwald: Foto eines Plakates aus dem Museum Oksbøl/Dänemark.

Bernsteinwald, altes Plakat © Deutsches Bernsteinmuseum Ribnitz-Damgarten.

Bernsteinwald, Neues Plakat © Deutsches Bernsteinmuseum Ribnitz-Damgarten.

Zeichnung Bernsteinwald © Gabriele Diebel.

ALTERSBESTIMMUNG VON BERNSTEIN

Die verschiedenen Bernsteinarten, die überall auf der Welt gefunden werden, haben unterschiedliches Alter.

Eine direkte Altersdatierung gibt es für Bernstein leider nicht. Für die Radiokarbonmethode (C14-Methode) ist er zu alt, da der zeitliche Anwendungsbereich für diese Methode zwischen einigen hundert Jahren und ca. 50.000 Jahren liegt.

Für die Methode mit radioaktiven Elementen längerer Halbwertszeiten, wie z. B. die Kalium-Argon-Methode, wäre er zu jung, da die Halbwertszeit beim Kaliumisotop 40 ca. 1,28 Milliarden Jahre beträgt. Deshalb ist man bei der Altersbestimmung von Bernstein auf andere Methoden angewiesen.

Man kann häufig die Inklusen (eingeschlossene Tiere und Pflanzen) bestimmen und einem erdgeschichtlichen Zeitalter zuordnen. Dazu schreibt Eva-Maria Sadowski (2017):

„Der Vergleich der Koniferendiversität des Baltischen Bernsteins mit anderen eozänen Floren Europas deutet zudem auf ein späteozänes Alter des Bernsteins hin, was bisherigen Annahmen eines tropischen bis „subtropischen" früheozänen „Baltischen Bernsteinwaldes" widerspricht."

Einige Bernsteine lassen sich altersmäßig durch Leitfossilien zuordnen. Das gilt vor allem für Bernsteine, die in Matrix (Gestein) eingeschlossen sind. Bestimmte Foraminiferen z. B. kommen nur in ganz bestimmten Zeitaltern vor – so wird eine indirekte Altersbestimmung möglich.

Eine ungefähre zeitliche Einordnung kann auch durch die Schicht erfolgen, in der der Bernstein gefunden wird. Es gilt das Prinzip: Je tiefer die Schicht, desto älter sind die Bernsteine. Das gilt allerdings nur für autochthone Bernsteine, d. h. für Bernsteine, die in dieser Schicht entstanden sind. Das gilt nicht für umgelagerte Bernsteine, die sich auf zweiter oder mehrfacher Lagerstätte befinden.

Beispiele für verschiedene Alter von Bernsteinen:

- Dominikanischer Bernstein: ca. 20 Millionen Jahre (Miozän)
- Baltischer Bernstein: ca. 38 Millionen Jahre (Eozän)
- Portugiesischer Bernstein: ca. 95 Millionen Jahre (Oberkreide – Cenomanium)
- Libanon-Bernstein: 130 Millionen Jahre (Unterkreide)

Von oben nach unten:
Dominikanischer Bernstein in Matrix.
Portugiesischer Bernstein in Matrix.
Libanesischer Bernstein.

BERNSTEINFUNDE IM NORDDEUTSCHEN BINNENLAND

Der Urlauber an den deutschen Küsten sucht und findet unter geeigneten Umständen Bernstein im Spülsaum. Kaum jemand weiß, dass ähnlicher Bernstein auch im Binnenland zu finden ist. In vielen Kiesgruben Norddeutschlands stößt man auf dunkle Schichten im hellen Sand und findet darin neben schwarzen Holzresten auch Bernstein. Und nicht nur in Kiesgruben, sondern auch bei Bauarbeiten und beim Straßenbau kann man fündig werden, wenn genügend tief ausgeschachtet wurde – sogar mitten in der Großstadt Berlin.

Wie kommt der Bernstein dorthin?
Um das zu verstehen, müssen wir einige tausend bis hunderttausend Jahre zurückschauen.

Es gab drei große Kaltzeiten im nordeuropäischen Raum, während der Gletscher mehrere Male von Skandinavien zum Teil bis an den Rand der Mittelgebirge vorgestoßen sind. Ihre Fließrichtung ist sehr unterschiedlich gewesen, was die sogenannten Leitgeschiebe in den Kiesgruben belegen. So finden wir zum Beispiel in Kiesgruben im Raum Lüneburg Geschiebe, die vornehmlich aus dem Osten (Baltischen Raum) stammen: Dolomite aus Estland, Alandgesteine aus Finnland usw. In Kiesgruben im Raum Hannover finden wir viele Feuersteine und Syenite aus dem Norden (Skandinavien). Wir erkennen dadurch die beiden Hauptfließrichtungen der Gletscher, die einerseits von Norden nach Süden, andererseits von Osten nach Westen verliefen.

Der Verteilungsfächer der Alandgesteine zeigt, dass die Gletscher des Warthestadiums der Saalekaltzeit auf dem Weg von Osten über Ostpreußen und damit über die Blaue Erde von Palmnicken (Jantarny-Kaliningrad) gezogen sind. Sie haben den Boden ausgeschürft und Teile der Blauen Erde mit Bernstein aufgenommen. So hat man im Raum Mecklenburg-Pommern ganze Schollen Blauer Erde mit Bernsteinen gefunden.

Der Transport ging im Süden bis ans Mittelgebirge und im Westen bis in die Niederlande. Nach dem Abschmelzen des Gletschereises haben die Schmelzwasser die Umverteilung vollendet und einen Teil des Bernsteins auch in die Nordsee geschwemmt.

Mit Glück findet man Bernsteine, die Schliffe und Schrammen erkennen lassen, erzeugt von der Gletscherbewegung. Typisch für sie sind die parallelen Kritzungen. Der Bernstein muss an der Gletschersohle festgefroren gewesen und dann über scharfkantige Hindernisse geschoben worden sein.

Die meisten durch Gletscher verfrachteten Bernsteine sind erstaunlich gut erhalten und weisen keine Abrundungen oder Bruchstellen auf. Das kann nur dadurch erklärt werden, dass die Gletscher beim Vorstoß schollenweise gefrorene Erde mit enthaltenen Bernsteinen aufgenommen und beim Abschmelzen wieder freigegeben haben.

Die wichtigsten Leitgeschiebe im norddeutschen Flachland, Quelle: KORN 1927, Tafel 9 und 13.

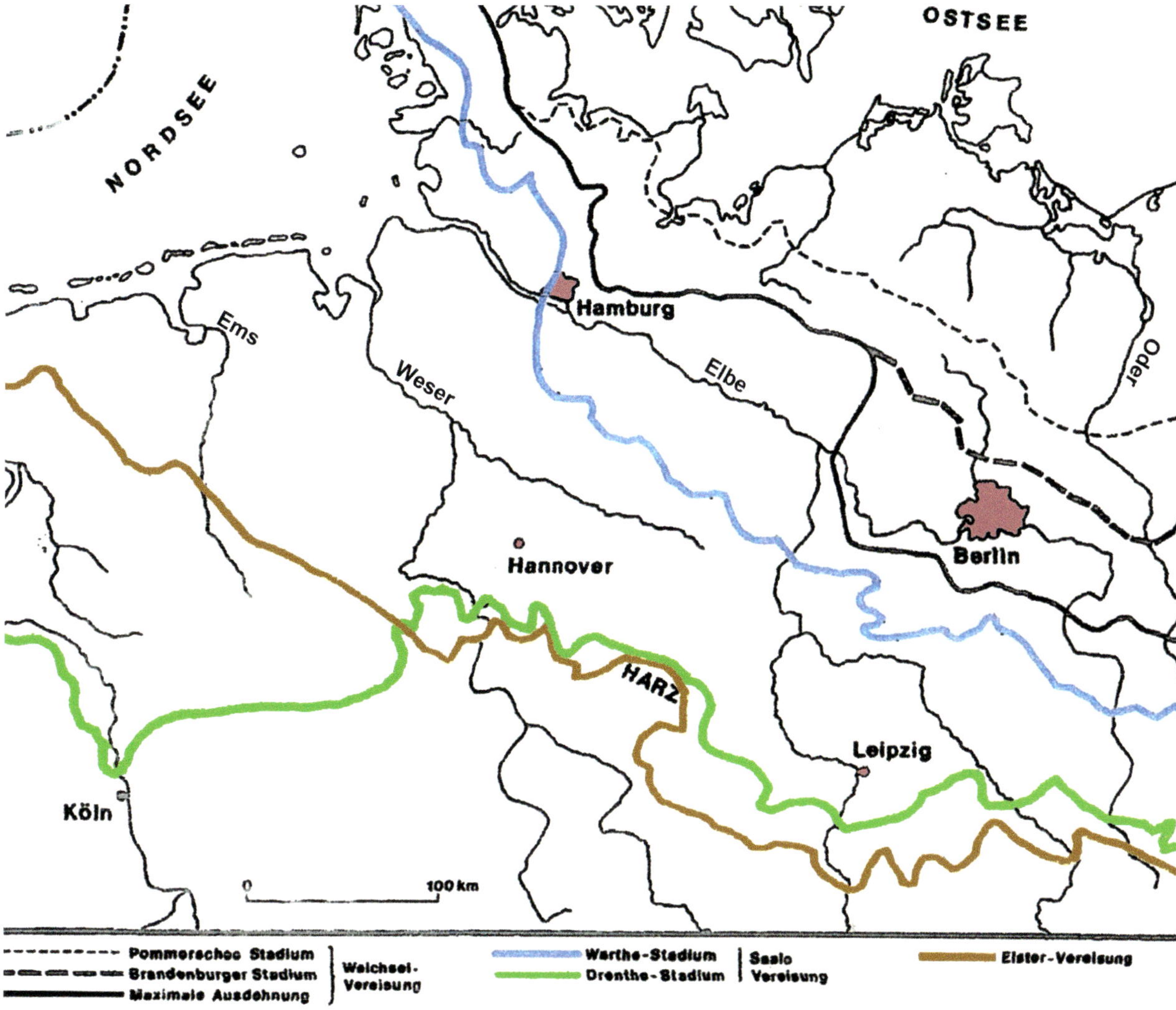

Die maximale Ausdehnung der Gletscher in Norddeutschland, verändert nach HENNINGSEN & KATZUNG (1992). Quelle: Ingo Alexander, 2002.

Bernsteine mit Gletscher-Kritzungen.

Oben: Sammlung Gröhn.

Links: Sammlung und Foto © Peter Engels/Hiddensee.

ENTWICKLUNG DER „OSTSEE“

nach der jüngsten Eiszeit

Die Gletscher der jüngsten der drei großen Eiszeiten, der Weichseleiszeit, schmolzen vor ca. 14.000 Jahren ab. Die Schmelzwasser bildeten hinter der westlichen Eisbarriere den großen Baltischen Eisstausee. Vor ca. 10.000 Jahren war die Eisbarriere so weit abgeschmolzen, dass ein Teil des Baltischen Eisstausees über das heutige Mittelschweden abfloss.

Durch die Wassermassen des abschmelzenden Eises stieg der Meeresspiegel und für wenige hundert Jahre wurden Nordsee und der östliche Süßwassersee, die heutige Ostsee, über das heutige Mittelschweden verbunden.

Nach einer Eiszeit hebt sich das ursprünglich durch kilometerdicke Eismassen herunter gedrückte Land, ein Vorgang, der heute noch anhält. Durch diese Landhebung schloss sich vor ca. 9.500 Jahren die Mittelschweden-Wasserverbindung wieder und es entstand ein weiteres Mal ein großer Binnensee, der Ancylussee. Er wurde nach dem Leitfossil *Ancylus fluviatilis* (einer Süßwasserschnecke) benannt.

Der Meeresspiegel stieg immer weiter; das Nordseeniveau lag vor ca. 8.000 Jahren mindestens 15 m über dem des Ancylussee. Schließlich brach die Landbrücke im Bereich des heutigen Norddänemark-Südschweden und der Binnensee wurde geflutet. Mit der Flutung verbreitete sich vor ca. 7.000 Jahren die Meeresschnecke *Littorina littorea*; nach ihr benannte man das Binnenmeer nun als Littorinameer – die heutige Ostsee.

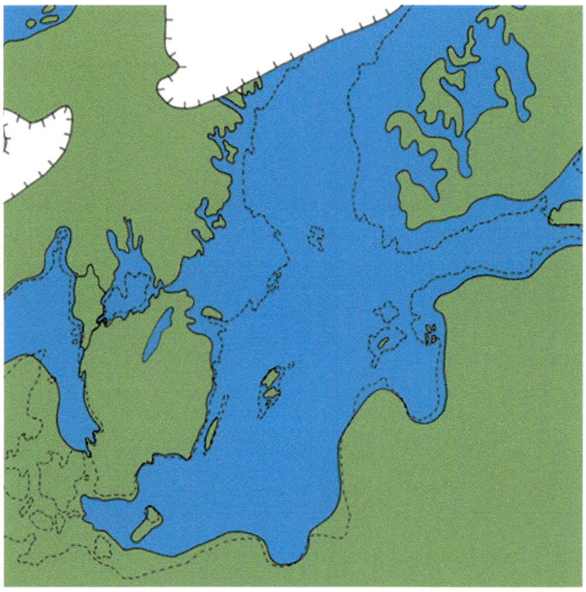

Ancylussee, verändert nach Wolfram Lemke (2004).

Die mittlere und östliche Ostsee bestand demnach in ihren groben Umrissen (abgesehen von den noch nicht vorhandenen Nehrungen) schon seit der letzten Eiszeit, hatte also auch immer Kontakt zur Blauen Erde.

Diese Ausführungen helfen zu verstehen, warum wir und wo wir Bernstein im norddeutschen Binnenland finden können.

BERNSTEIN-VERBREITUNG IN GLAZIALEN ABLAGERUNGEN

In Michael Neubauers Examensarbeit an der Universität Bremen über die Bernsteinverbreitung in glazialen Ablagerungen, insbesondere von Nordwestdeutschland, finden wir eine Fundpunktekarte, die zeigt, wie häufig im gesamten Ems-Weser-Elbe-Gebiet Bernstein zu finden ist bzw. war (siehe rechts).

Diese Karte ist mittlerweile ca. 40 Jahre alt und konnte durch eine beträchtliche Menge an Punkten ergänzt werden, vor allem auch im Raum nördlich von Hannover. Das Gebiet zwischen Hamburg und Berlin und weiter bis an die polnische Grenze ist leider nicht berücksichtigt. Dort gibt es eine mindestens genauso große Anzahl von Fundstellen.

Es heißt in dieser Arbeit:
„Bereits im Jahre 1875 erschien in den Abhandlungen des Naturwissenschaftlichen Vereins zu Bremen ein Artikel über die Verbreitung des Bernsteins im nordwestlichen Deutschland, allerdings wurden sehr oft nur Zufallsfunde zugrunde gelegt und viele Ursachen für die Bernsteinvorkommen falsch gedeutet.

Ich habe nach gründlicher Selektion die wichtigsten und glaubwürdigsten Fundpunkte dieses Artikels in die abgebildete Karte übertragen und durch eigene Fundorte ergänzt. Dabei wurden nur Markierungen

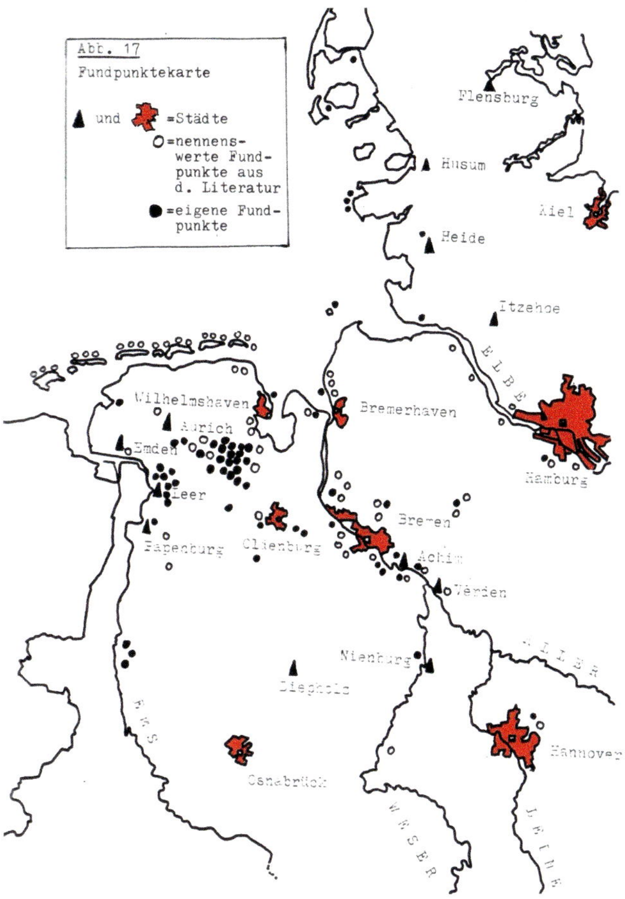

gemacht, wenn die Fundmenge mindestens 1 kg betrug.

Alle Fundbeschreibungen (aus dem Jahre 1875), die lediglich Einzelfunde beschreiben, wurden außer acht gelassen, da Einzelfunde, wie bereits beschrieben, überall gemacht werden können, vorausgesetzt es handelt sich überhaupt um glaziale Ablagerungen. Hier sollen aber gerade die Anhäufungsmechanismen von Bernsteineinlagerungen herauskristallisiert werden."

Im Kapitel 3.5. gibt NEUBAUER eine detaillierte Darstellung und Beschreibung der Hauptfundgebiete:

Es fällt auf, dass die Gebiete mit großer Einzelpunktdichte in die Bereiche der Urstromtäler fallen. Aber ein Hauptgebiet von Bernsteinvorkommen liegt auf dem Oldenburg-Ostfriesischen Geestrücken.

Die Fundgebiete mit der größten Dichte von Einzelfundpunkten und gleichzeitig der größten gefundenen Menge pro Fundpunkt sind das nordöstliche Ammerland, also das Gebiet nordwestlich von Oldenburg und der gesamte ostfriesische Raum, wobei das Gebiet um Leer das fundträchtigste darstellt. Das nordöstliche Ammerland stellt eine Besonderheit in Bezug auf die Bernstein führenden Schichten dar. Während fast überall der Bernstein in Tiefen zwischen 16 und 35 m anzutreffen ist, lagert er hier bereits knapp unter dem Grundwasserspiegel.

Durch diesen Sonderfall konnte ich an einigen Stellen, wo Grundwasserabsenkungen im Zuge von Baumaßnahmen stattfanden, erstmals diese Bernstein führenden Schichten sehen und studieren. Soweit mir bekannt ist, gelingt einem Ähnliches im Bereich der großen Braunkohlereviere, insbesondere der Niederlausitz. An allen anderen Fundpunkten bekommt man die Schichtfolge niemals zu Gesicht, da das Baggergut mit Schwimmbaggern aus der Tiefe gefördert wird, wobei es zusätzlich noch zu einer zwangsläufigen Materialmischung aus verschiedenen Tiefenbereichen und damit aus verschiedenen Kaltzeiten kommt.

Bernstein ist dennoch leicht auszumachen, da man nur auf das bereits erwähnte schwarz gefärbte Holz zu achten braucht. Ist dieses in größeren Mengen im Materialgemisch vorhanden, findet man mit ziemlicher Sicherheit auch Bernstein.

Man kann davon ausgehen, dass die Ablagerungsform in 30 m Tiefe dieselbe ist, wie man sie in ca. 3 m Tiefe im Ammerland vorfindet. Es handelt sich stets um schwarz gefärbte Feinsandschichten mit einem großen Glimmeranteil. Die schwarze Färbung, die durch den hohen Feinholzanteil zustande kommt, hebt sich stark von den darüber und darunter liegenden Schichtfolgen ab, die aus reinen, weißen Feinsanden bestehen...

Eigentlich ist die Häufung der Fundpunkte um Leer eher eine zufällige, da dort viele Möglichkeiten bestanden, in den Untergrund einzusehen (Autobahn – Neubauten mit mehreren Sandentnahmestellen u.v.a.m.).

Schwarze Bänder, fast weißer Kies, mit Bernstein.

Während allerdings im übrigen Ostfriesland längst nicht jede Baumaßnahme automatisch auch Bernstein zutage förderte, so waren im Leeraner Gebiet bis auf eine einzige in den vergangenen 10 Jahren alle positiv!

Auch hier lagert der Bernstein innerhalb der oberen Schichten (zwischen 5 bis maximal 15 m unter NN). Es lag aber niemals eine Schichtung frei, wie es im Ammerland öfter der Fall war. Ich habe diese Information aus Bohrproben, die für geplante Sandentnahmen gezogen wurden."

Das oben angesprochene Gebiet liegt im nordwestlichen Ausläufer des Magdeburg-Breslauer Urstromtals, das über Bremen in die Nordsee entwässerte. Ferner kommt von Süden eine Entwässerung hinzu, in dessen Rinne heute die Ems fließt (nach NEUBAUER).

Dank seiner Spülausrüstung konnte Michael mit Hilfe von Ingo viele weitere Fundstellen entdecken. Über das Spülen nach Bernstein wird in einem gesonderten Kapitel berichtet.

Das Wissen um Bernsteinvorkommen in Nordwestdeutschland, weit entfernt von den Küsten, ist nicht neueren Datums. Schon Dr. L. Häpke berichtet darüber ausführlich in seinem Buch:

DER BERNSTEIN IM NORDWESTLICHEN DEUTSCHLAND

In: Abhandlungen des naturwissenschaftlichen Vereins zu Bremen 1873-1874, Band IV Tafel XV.

Der Bernstein, das Elektron der alten Griechen, hat einer der wichtigsten Naturkräfte, welche die neuere Physik und Technik erst jetzt anfangen völlig auszubeuten, den Namen gegeben. Phönizische Schiffer umsegelten lange vor Christi Geburt die damals bekannte halbe Erde, um dies köstliche fossile Harz des germanischen Nordens im Tauschhandel zu erwerben und beim Verkauf mit Gold aufwiegen zu lassen. Hauptsächlich der Bernstein vermittelte es, dass sich die Alten für unsere nebelreichen Küsten interessierten und uns überhaupt Kunde von den Inseln Germaniens hinterliessen. Wenn schon in der Vorzeit die baltische Küste durch ihren Reichthum an Bernstein sich auszeichnete, so ist doch unzweifelhaft, dass auch die ostfriesischen Inseln als Fundorte desselben bereits bekannt waren... Aber den damaligen Geographen war die Lage des Fundorts unbekannt, wie schon J. H. Voss in seiner berühmten Abhandlung über die alte Weltkunde nachwies. Der Massilier Pytheas kam zur Zeit Alexanders des Grossen (340 v. Chr.) nach Britannien und den skythischen (germanischen) Gestaden bis zur Weser und Elbe, um die Heimath des Zinns und Bernsteins zu erkunden. Als Stapelort des letzteren nennt er die Insel Basileia, welche an der ehemaligen Mündung der Elbe zu suchen ist und nach Maack (1) bei dem jetzigen Dorfe Wesseln in der Nähe des Fleckens Heide gelegen haben muss. Mit der baltischen Küste dagegen wurde erst 400 Jahre später, unter den römischen Kaisern, eine direkte Verbindung angeknüpft... Die Nachrichten des Plinius (2), der dem Bernstein nicht weniger als zwei Kapitel des 37. Buchs widmet, beziehen sich besonders auf westgermanischen Bernstein.

1 Maack, das urgeschichtliche schleswig-holsteinische Land, Zeitschrift für allg. Erdkunde. Neue Folge, VIII, Berlin 1860.
2 Plinius, histor. Natur. XXXVII, 11. Certum est gigni in insulis septentrionalis Oceani, et Germania appellari glessum. (Übersetzt: Es ist sicher, dass es auf den Inseln des nördlichen Ozeans geboren wurde und in Deutschland Glessum genannt wurde.)

Auch in unserem Gebiete haben wir See- und Landbernstein zu unterscheiden. Letzterer findet sich von der Meeresküste bis zu 75 m (Elze) und 129 m (Frellstedt) absoluter Höhe und zwar immer nur in geringer Tiefe unter der Oberfläche meist im Diluvium, seltener im tertiären Gebirge. Lehm und Sand mit Geschieben, Thonschichten mit Braunkohlebrocken oder Mergelgruben bilden wie in Ostpreussen, Schlesien etc. die Lagerstätte des Bernsteins, die stellenweise bei uns von den jüngsten Bildungen des Marschlandes oder Moore noch verdeckt wird. Dies ist auch hier nur eine secundäre Lagerstätte, wohin das fossile Baumharz längst untergegangener Wälder von einer grösseren Ablagerungsstelle her, in und kurz vor der Diluvialzeit oder vielleicht auch noch später verschwemmt wurde...

Das Fundörter-Verzeichnis beginnt an der Küste, um von Westen nach Osten und von Norden nach Süden fortzuschreiten. Wegen der verwickelten politischen Grenzen habe ich das Gebiet des Landbernsteins durch die Weser in zwei Theile getheilt; darnach kommen 26 Fundörter westlich und 41 östlich von der Weser vor. In der angehängten Karte sind aus den Nivellements der Eisenbahnen die Höhenlagen einer Anzahl von Bahnhöfen eingetragen, sowie die Erhebungen einiger anderen besonders interessante Punkte nach Focke's und Guthe's Angaben mitgetheilt. Die Bernsteinfunde, welche mit rother Farbe eingetragen wurden, häufen sich in der Umgegend von Bremen...
Verzeichniss der Bernsteinfunde im nordwestlichen Deutschland:

I. Inseln und Watten der Nordsee

Bernstein findet sich auf allen Inseln und zwar am häufigsten nach einer Sturmfluth… Im Folgenden sind nur die mir speciell bekannten Belege angeführt.

- Borkum. Nach Mittheilung der Badegäste ziemlich häufig…

- Juist. Diese Insel zeichnet sich mit Wangerooh als reichster Fundort aus…

- Nordernei. 1871 sah ich bei Einwohnewrn mehrere Stücke bis zu Eigröße…

- Baltrum. Mein Noderneier Hauswirth zeigte mir 1871 ein vom Nordweststrande Baltrums herrührendes Stück von Eigröße …

- Langeoog …
- Spiekeroog…
- Wangeroog…
- Helgoland…
- Langlütjensand…

II. Festland westlich von der Weser

- Larrelt bei Emden…
- Nenndorf…
- Sandhorst bei Aurich

III. Festland östlich von der Weser
- Wremen…
- Dingen bei Lehe… etc."

Häpke führt eine Vielzahl von Fundorten mit genauer Beschreibung auf (78 Fundorte). Diese Angaben sind heute größtenteils nur noch von historischem Wert und helfen dem Bernsteinsammler nicht weiter. Im Nachtrag schreibt er:

Ueber den Bernstein von Spikeroog bemerkte ich nach den mir erst kürzlich zu Theil gewordenen Mittheilungen des Herrn Prof. Ehlers, dass der Auswurf der See in Folge der Stürme gegen Ende September d. J. ein ziemlich erheblicher war. So wurde z. B. ein schönes Stück aufgelesen, welches ein Händler von Insulanern für 13 Thaler erstand.

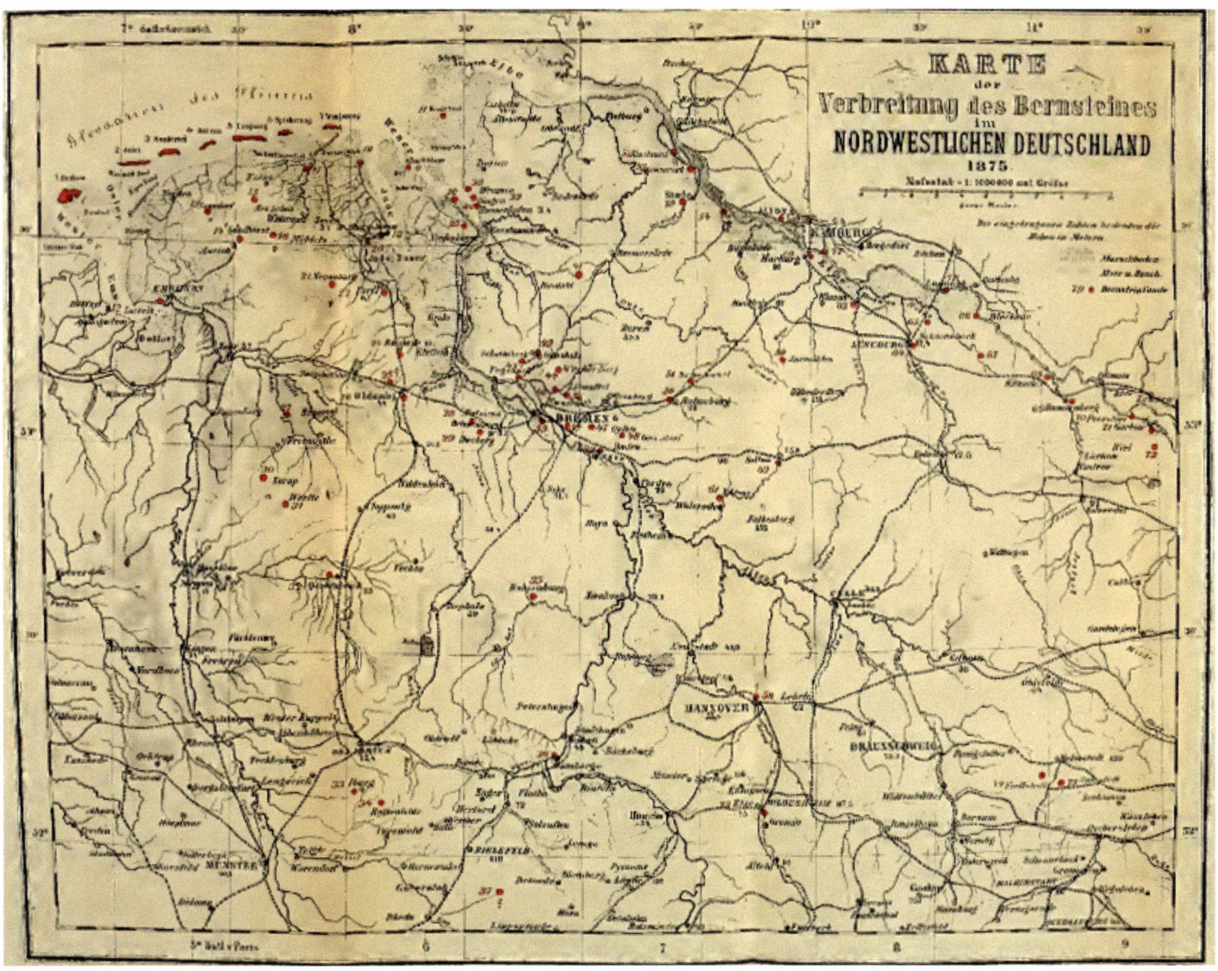

Die oben erwähnte Karte: Karte der Verbreitung des Bernsteines im Nordwestlichen Deutschland 1875.

KIESGRUBEN-BERNSTEIN

Nach dem Abschmelzen der Gletscher haben Wasserströmungen den Bernstein, meist zusammen mit kohligem Holz, an bestimmten Stellen angehäuft, so wie wir auch heute, z. B. in Buchten mit besonderen Strömungsverhältnissen, Anhäufungen von Bernsteinen mit schwarzem Holz finden können. Diese Stellen wurden durch immer mehr Schichten von Sand überlagert.

Und so finden wir heute in vielen Kiesgruben in bestimmter Tiefe schwärzliche „Linsen", die Bernstein enthalten können. Der Horizont des Vorkommens ist sehr unterschiedlich tief gelegen: Nördlich von Berlin und im Ammerland (im nordwestlichen Niedersachsen) gibt es Kiesgruben, in denen der Bernstein in nur 2 Meter Tiefe vorkommt, in Berlin selbst liegt er in Tiefen bis 15 Metern, in der Wesermarsch sogar in bis zu 35 m Tiefe.

Bernstein wurde nach dem Abschmelzen der Gletscher auch oberflächlich abgelagert und ist z. B. bei Straßenbauarbeiten und beim Graben im Garten gefunden worden.

Nun gibt es zwei grundsätzlich verschiedene Möglichkeiten des Suchens, Sammelns und Findens: Der direkte Zugriff, indem man in den Kiesgruben nach den schwarzen Horizonten sucht oder gräbt, oder der indirekte Zugriff, indem man die Sohle der Kieshänge absucht oder bei Kiesgruben mit Nassabbau an den Waschanlagen sucht.

Diese Möglichkeiten möchte ich im Folgenden näher mit Beispielen belegen. Dabei nenne ich bei Kiesgruben, die jetzt noch in Betrieb sind, nicht den ganz genauen Ort. Das wäre gegenüber den ortsansässigen Sammlern und Kiesgrubenbetreibern unfair, denn erfahrungsgemäß stellt sich nach Veröffentlichungen mit genauen Ortsangaben bald eine große Zahl von Sammlern ein.

KIESGRUBEN MIT NASSABBAU

Viele Kiesgruben können nicht trocken betrieben werden, da Grundwasser einsickert, das z. T. in nur 2 m Tiefe steht. In diesen Gruben bzw. besser gesagt Seen wird der Sand zusammen mit dem schon beschriebenen schwarzen Holz mit einem Saugbagger nach oben gefördert. Da auch das nachrutschende jüngere Material, das Steine enthält, mit gefördert wird, läuft

das Fördergut über verschiedene Siebe. Das Fördergut wird in die verschiedenen Korngrößen getrennt; so entstehen Haufen mit Sanden, Kiesen und Überkorn. In diesen Haufen findet man selten Bernstein.

Für Bernsteinsammler ergiebiger sind Waschanlagen, in denen der verunreinigte Sand gewaschen wird und Schwebeteilchen (Federn, Pflanzen usw.), Holz und Bernsteine abgeschöpft und ausgeworfen werden. Der Vorteil: Der Bernstein wird nicht durch Steine zerschlagen und die Bernsteinkonzentration ist auf diesen schon von weitem als schwarz erkennbaren Haufen größer.

Auf Bitten von uns Sammlern hat der Fahrer des Schaufelradbaggers, der den schwarzen Auswurfhaufen an der Waschanlage regelmäßig entfernt, wenn er zu groß geworden ist, dieses Material abseits für uns gelagert (siehe unten).

Wird das leichte Material nicht extra abgeschöpft und gelagert, fließt es an bestimmten Stellen vom Förderband: Dort sind die fündigsten Stellen!

Da die Sande und Kiese mit dem darin enthaltenen Bernstein zusammen mit viel Wasser gefördert werden, wird das überflüssige Wasser mit den darin enthaltenen Schwebeteilchen durch Rohre abgeführt und an anderer Stelle wieder abgelassen. Es entstehen die bei Sammlern so beliebten Spülfelder. ACHTUNG: Manch Sammler hat schon seinen Stiefel verloren oder mehr...

Direkt vor dem Rohr bleiben nur schwere Steine liegen, da lohnt sich das Bernsteinsuchen nicht. Der Bernstein bleibt dort liegen, wo keine starke Strömung mehr herrscht. Aber gerade dort ist es gefährlich, weil man leicht im Schlamm versinken kann.

Leider – aus der Sicht des Bernsteinsuchers – wird das Wasser bei manchen Kiesgruben zurück in einen Seebereich geleitet, wo die Förderung abgeschlossen ist.

Die einzige Möglichkeit, dort an den Bernstein zu gelangen, besteht darin, einen großen Kescher vor das Abflussrohr zu halten, eine zeitraubende und meist wenig ergiebige Arbeit – oder die „Profivariante“: Ein großes Netz, am besten mit einem langen „Steert“, vor das Abflussrohr spannen. Nach einigen Stunden hat sich eine Menge Holz und anderes leichtes Material angesammelt. Auf dem Trockenen ausgeschüttet, kann der Berg in Ruhe nach Bernstein durchsucht werden, während sich das Netz wieder füllt (Bilder nächste Seite).

Nördlich von Berlin habe ich die seltene Kombination von direktem und indirektem Zugriff erleben dürfen und eine Menge Bernstein gefunden. Hier liegt der Grundwasserspiegel um die 2 Meter Tiefe, d. h. die Kiesgrube ist mit Wasser gefüllt.

Über Rohre fördert der Schwimmbagger das Material an Land, das nach Fraktionen getrennt zu riesigen Haufen aufgeschichtet wird. Auf und an diesen Kies- und Steinhaufen habe ich so manchen Bernstein gefunden, also der indirekte Zugriff.

Viel spannender ist dann der direkte Zugriff: Nach Bernstein graben, immer auf der Suche nach den schwarzen Horizonten in hellem Kies. Es muss nicht schwarzes Holz zu finden sein, die Bernstein führenden Schichten können auch nur aus schwarz gefärbten Sanden bestehen (meist mit hohem Glimmeranteil), die sich markant von den fast weißen feinen Schmelzwassersanden abzeichnen. Diese schwarzen Bänder muss man in ein Sieb schaufeln und den Bernstein aussieben. Je größer aber die schwarzen Holzstückchen sind, desto größer sind auch die Bernsteine, die dann im Sieb leuchten.

Hat man Glück, dann findet man direkt an der Abbruchkante des Baggersees diese schwarzen Horizonte und kann dort sein Loch in die Wand graben. Das mühselige Aussieben des Bernsteins kann durch das Auswaschen ersetzt werden. Aber Vorsicht! Nicht zu tief in die Wand graben und nicht mit dem ganzen Körper oder Oberkörper im Loch verschwinden: EINSTURZ-GEFAHR!

Reichen die bernsteinhaltigen Sande bis unterhalb der Wasserlinie, gestaltet sich das Unternehmen schwieriger. Man muss dann unter der Wasseroberfläche in der trüben Brühe das Sieb füllen und so mancher Bernstein bleibt unentdeckt.

Bernsteinfischen vor Spülrohren.

Halde mit Schwarzholz.

Bernstein-Sieben, Kiesgrube mit Nassabbau.

BERLIN - GATOW

In Berlin-Gatow hat es bis nach dem 2. Weltkrieg eine Kiesgrube gegeben, in der in ca. 15 m Tiefe Bernstein gefunden wurde. Ich lernte glücklicherweise einen Bernsteinsammler kennen, der damals als Jugendlicher diese Grube häufig besuchte.

Nach der Blockade nutzte man diese Grube als Kohlelager, indem man sie mit einer dicken Folie auskleidete, mit Kohle auffüllte und sie dann abdeckte. Nach der Wende plante man den Rückbau und im August 1994 waren die 690.000 Tonnen Steinkohle der insgesamt 1,7 Millionen Tonnen „Senatsreserve“ wieder komplett ausgefahren.

Die Kiesgrube sollte rekultiviert werden und benachbart ein Golfplatz entstehen. Schon 1990 gab es eine Vereinbarung zwischen dem British Golf Club Gatow und dem Berliner Golf Club Gatow e. V. über eine gemeinsame Nutzung.

Leider erfuhren wir davon erst einige Monate zu spät, Planierungsarbeiten auf der Kiesgrubensohle hatten begonnen, die Rekultivierung war eingeleitet.

So gestaltete sich die Suche nach Bernstein schwierig. Zunächst die Überredungskünste: Die Baustellenleitung konnten wir nur mühsam dazu bringen, uns den Zutritt nach Arbeitsschluss zu erlauben: Wir dürften aber nur maximal 50 cm große Löcher buddeln, größere Löcher sollten wir wieder verfüllen. So begann es erst am späten Nachmittag mit „Probebohrungen“: Wie die Maulwürfe testeten wir alle 5 m, ob sich nicht eine bernsteinhaltige Linse auftat.

Bernsteinsuche auf der Sohle der Kiesgrube Gatow.

Gegen Abend, wir wollten vor Erschöpfung schon fast aufgeben und für den nächsten Nachmittag die Fortsetzung planen, stießen wir endlich auf eine Stelle mit den dunklen, kohlehaltigen Bändern, sogar mit größeren schwarzen Holzresten.

Bis in die Nacht hinein schaufelten und siebten wir; Stirnlampen ermöglichten es uns. Die Ausbeute eher gering, doch immerhin: Ein Viertelpfund mit einem 50-Grammer und fünf Schlaubenbernsteine mit Einschlüssen – ein Pinselfüßer, ein Kleinschmetterling, Trauermücken und Zuckmücken.

Sechs Stunden harte Arbeit; man muss schon recht verrückt sein und Spaß daran haben – so richtig lohnen tut es sich oft nicht.

Schwarze Bänder im weißen Feinsand - bernsteinträchtig!

Berlin ist unter Bernsteinsammlern bekannt für reiche Bernsteinfunde - überall dort, wo eine Baustelle entsteht und die Baugruben tiefer als 10 m reichen.

So berichteten mir Sammler von Funden von:
Flughafen Tempelhof, Kiesgrube Kreuzberg, Tempelhofer Berg, Landwehrkanal, Baugruben am Reichstag, Potsdamer Platz, Bahnhof Südkreuz, Sony-Center, Bayrischer Platz, Alexanderplatz, ALEXA-Kaufhaus, Postfenn in Grunewald, Kiesgrube Seddinberg und Niederlehme, Kaulsdorf, Kiesgrube Parey und Arkenbergen - und die Aufzählung könnte fortgesetzt werden…

Ausbeute nach harter Arbeit: ca. 250 Gramm Bernsteine, darunter ein 50-Grammer.

BERNSTEINFUNDE AUF BAUSTELLEN

Auch direkt in Berlin ist Bernstein zu finden: In fast jeder etwas tieferen Baustelle kann man fündig werden, so war es auch direkt vor dem Reichstagsgebäude.

Als die U-Bahn ab 1994 gebaut wurde (damals noch als U-Bahnhof Reichstag geplant, später in U-Bahnhof Bundestag umbenannt), haben Uwe und ich uns als Bauarbeiter getarnt in das hermetisch abgeriegelte Baugelände gewagt.

Die Suche nach einem Bauleiter o. Ä. war ohne Erfolg, es gäbe für alle möglichen Bereiche einen „Boss“. Doch einen Zuständigen für ALLES, der uns eine Erlaubnis hätte geben können, den fanden wir nicht.

Also suchten wir zunächst die Cafeteria auf, in der zur Frühstückszeit viele Bauarbeiter saßen. Sie wunderten sich zwar über unser seltsames Gesprächsthema, erzählten uns aber bereitwillig, an welchen Stellen des riesigen Baugeländes wir die Schächte untersuchen bzw. welchen Baggerfahrer wir weiter ausfragen sollten.

Ein Baggerfahrer berichtete von einer Handvoll Bernstein, die er letzte Woche gefunden hatte. Er wusste genau, wann sein Aushub fündig sein könnte, nämlich dann, wenn Schwarzholz im hellen Sand zu erkennen war. So hatte er im letzten Vierteljahr über 2 kg Bernstein gesammelt. Davon wollte er aber nichts abgeben, dass sei sein „Reichstagsschatz“.

Weitere Informationen gesammelt, alle tieferen Gruben von oben gesichtet und dann ab in die Schächte, in denen wir die schwarzen kohligen Bänder sahen oder vermuteten, mitten im Baubetrieb unter den Augen der staunenden Arbeiter. Das war hart an der Grenze des Legalen. An mehreren Stellen sind wir fündig geworden, immer in Tiefen ab ca. 10 m. Deutlich sieht man die dunklen Bänder (siehe nächste Seite). Sie befinden sich in dieser Baugrube in ca. 12 m Tiefe.

Oben: Baugruben, im Hintergrund das Reichstagsgebäude.

Unten: Sandberge mit schwarzen Anteilen, mit Bernstein?

Links: Befragung eines Radladerfahrers.

Nun sind wir stolze Besitzer von Reichstag-Bernstein! Er unterscheidet sich zwar nicht von anderern Kiesgruben- oder Baugruben-Bernstein, aber es hat für den Finder einen ganz besonderen ideellen Wert.

Beim „Besuch“ der Ausschachtungen in der Friedrichstraße (Lafayette), beim Bau des Havelkanals hinter dem Reichstag und vielen anderen Berliner Gruben gab es immer eine gute Handvoll Bernstein als Ausbeute – oder mehr.

Augen und Ohren offen halten, die Arbeiter befragen: Jede Gelegenheit nutzen, um an Informationen zu kommen, wo ausgeschachtet wird!

BERNSTEIN IN BERLIN

Evelyn Ulzen schreibt mir 2017:

Auch wenn ich nicht so fachlich wie Ihr mit dem Bernstein verbändelt bin und auch weiter weg vom Meer lebe, liegt mir das fossile Harz sehr am Herzen.

Freue mich auch immer über alle berichtenden Sendungen und will am nächsten jährlichen Treffen des Arbeitskreises Bernstein auch wieder teilnehmen.

Und außerdem ist ja der Berliner Bernstein auch nicht ganz ohne. Kürzlich fuhr mein befreundeter Bernstein-Detlef mit der S-Bahn durch Berlin, guckt zum Fenster raus, sieht im Vorüberfahren eine Baustelle mit aufgeschüttetem hellen Sand und eine dunkle Sandmasse darin.

Flugs die nächste Station ausgestiegen, zurück zur Baustelle gelaufen, mit den Bauarbeitern verhandelt und wahrlich mit Tüten voll Bernstein abgezogen.....

Der Berlina is ja helle, wie man sacht, braucht kene Jummistiebel fürs Watt und findet in seinem Kiez och den jelben Bernstein.

BERNSTEIN AUF DACHBÖDEN

Zwar keine primäre Lagerstätte, aber in manchen Häusern schlummern vielleicht noch Schätze von Oma und Opa ...

Solch Anfrage ist nicht die erste, ich habe schon Dutzende Anfragen bekommen, mit der Bitte, etwas über den/die Bernstein/e zu sagen.

Eine Finderin schreibt mir:

Moin moin (Kommentar aus Hamburg: „Schwätzer!“ – Wir sagen nur „Moin!“), hoffe du kannst mir helfen. Ich habe einen Bernstein von 515 Gramm bei mir auf den Dachboden gefunden. Der muss von Oma oder Opa stammen, die aus Ostpreußen kommen.

Keiner kann mir etwas über seine Art sagen. Habe versucht zu googeln, aber ich lese was von amber oder butterscotch und kann damit Null anfangen.

Wenn du Zeit und Lust hast komme ich auch gerne vorbei, damit du ihn dir mal ansehen kannst. Aber erstmal ein Foto vorweg.

Gruß Sandra

515-Grammer Schlauben-Bernstein. Solch große Schlauben-Bernsteine sind eher selten.

KIESGRUBEN-BERNSTEIN am Beispiel aus der Hannoveraner Gegend

Kiesgrube Sarstedt-Schliekum 2005 aus dem Hubschrauber, Blickrichtung Süd-West, im Hintergrund der Gebirgszug DEISTER.

Burkhard Dietrich schreibt für das Bernstein-Magazin des Arbeitskreises Bernstein in der Ausgabe 2021:

Ich möchte anhand eines Beispiels, einer zwischenzeitlich aufgelassenen und renaturierten Kiesgrube aus dem Flusstal der LEINE, dem Urstromtal der WESER, eine Beschreibung der Ablagerungsvorgänge in diesem eng begrenzten Bereich der niedersächsischen Tiefebene versuchen. Diese sind aufgrund eigener Wahrnehmungen oder der seltenen vorhandenen Literatur entstanden.

In dieser Kiesgrube im Nahbereich des Ortes Sarstedt wurden im Abbauzeitraum von 2000 – 2015 geschätzt etwa 150 kg Rohbernstein von einer Vielzahl von Bernsteinsuchern gefunden. Nicht berücksichtigt sind die Bernsteine, die am Grund geblieben oder wieder zurück in den See gelangt sind.

Vor etwa 56 Millionen Jahren begann der Bernsteinwald im Bereich des heutigen Skandinaviens in großen Mengen Bernsteine zu produzieren. Vermutlich bis zum Beginn des Oligozäns vor 34 Millionen Jahren wurde der Bernstein über ein riesiges Flusssystem in den Glimmertonen des eozänen Meeres im Bereich von Teilen der heutigen Ostsee abgelagert.

Es wird diskutiert, ob im Oligozän und bis in das Miozän hinein ein Teil des im heutigen Raum der Ostsee lagernden Bernsteins ausgewaschen und unter anderem in einer Lagune im Großraum Bitterfeld – Leipzig - Lausitz erneut abgelagert wurde. Dieser Bernstein wird heute als Bitterfelder Bernstein in glimmerreichen Braunkohleablagerungen bzw. in miozänen Braunkohleablagerungen der Lausitz gefunden.

Der östliche Rand des eozänen Meeres wanderte vom Eozän bis in das Miozän hinein weiter bis in die heutige westlichste Ostsee, vermutlich sogar bis Schleswig-Holstein und auch die norddeutsche Tiefebene, dem heutigen Niedersachsen und den Niederlanden. Der hypothetische Eridanos- Fluss wird mit seinem riesigen Mündungsdelta auch fast diesen Bereich erreicht haben. Das Morsum-Kliff auf Sylt besteht aus spättertiären (Neogen - Pliozän, 23 Mio. Jahren v. h.) Quarzsanden, die als Flussdelta-Ablagerungen identifiziert wurden.

Vor ca. 5.300.000 Jahren begannen vermutlich mehrere Zyklen von Warm- und Kaltzeiten unterschiedlicher Dauer auf der nördlichen Erdhalbkugel. Dies ergibt sich lediglich aus den Auswertungen von Tiefseebohrkernen. Andere Fakten, etwa aus Ablagerungen oder geologischen Fundsituationen im Bereich der niedersächsischen Tiefebene sind kaum oder nicht mehr vorhanden.

Vor etwa 400.000 Jahren begann dann die erste geologisch nachgewiesene Eiszeit, die Elster-Kaltzeit, die mit einer Dauer von etwa 150.000 Jahren ihre eisige Fracht aus dem heutigen Skandinavien in Richtung der norddeutschen Tiefebene schob.

Bereits zu dieser Zeit hobelten die Eismassen aus dem Gebiet des heutigen Skandinaviens, dem Baltikum und der östlichen und mittleren Ostsee teilweise große Schollen der verschiedenen Erdzeitalter u. a. mit dem abgelagerten Bernstein und nahmen sie in Richtung Südwesten mit.

Diese Eiszeit erreichte auch das Gebiet der heutigen Leineniederung und schob seine riesigen Gletscherzungen bis in den Raum Alfeld/Northeim. Dabei muss die Eisdecke eine erhebliche Stärke erreicht haben. Auf dem Kamm des Deisters, 405 m ü. NN, wurden schrankgroße Findlinge gefunden, die nur durch die Eiszeit dorthin transportiert worden sein können.

Bei der folgenden 15.000 Jahre dauernde Holstein-Warmzeit wurden offensichtlich Teile der Gletscher abgeschmolzen und die mitgeführten „Geschiebe“ aus Skandinavien, dem Baltikum und der Ostsee teilweise abgelagert. Darunter befanden sich neben Fossilien aller „überfahrenen“ Zeitalter wie Tertiär, Kreide, Jura,

Trias und Perm auch Fossilien aus dem skandinavischen und baltischen Ordovizium. Dies kann anhand von Fossilien dieser Zeitalter nachgewiesen werden.

Vor ca. 235.000 Jahren herrschte eine zweite, extreme Eiszeit, mit den beiden Saale-Kaltzeiten, dem Drenthe- und Warthe-Stadium.

Mit einer Zeitdauer von ca. 10.000 Jahren folgte vor ca. 115.000 Jahren die Eem-Warmzeit, bei der neben dem Tauwasserabfluss, den Geschieben mit seinen Fossilien, Sanden, tonhaltigen Sedimenten auch der enthaltene Bernstein im Ur-Wesertal abgelagert wurde. Die folgende Weichselkaltzeit erreichte mit seinen Gletschern lediglich noch die Elbe und hatte kaum noch Auswirkungen im Leinetal.

Die Unmengen des Schmelzwassers konnten vermutlich zunächst ungehindert in südwestliche Richtung zum Rhein / Niederlande abfließen. Später bildeten z. B. die Höhen des Wesergebirges eine natürliche Barriere für den Abfluss. Dadurch entstanden große Schmelzwasserseen in Niedersachsen, deren Überreste als das Steinhuder Meer oder der Dümmer-See noch heute erkennbar sind.

Bei dem Vorgang des Abtauens der Eismassen lagerten sich zunächst die in den Gletschern enthalten Gesteine, Fossilien und Schollen mit Bernstein auf dem Grundgebirge von Jura und Kreide im kompletten nördlichen Niedersachsen und im Leine-/Wesertal ab und erreichten dort eine Kies-Stärke von 8 - 10 m mit einem Anteil an nordischem Material von über 90%.

Vor etwa 50.000 - 20.000 Jahren waren die Eismassen verschwunden. Die flacheren Seen leerten sich allmählich in Richtung der nördlichen Eiskante und der nördlichen Nordsee. Diese Entwässerung erfolgte über die heutige Weser, Leine, Innerste, Oker und Aller.

Es ist zu vermuten, dass das heutige Leinetal mit einer Breite von etwa 3 km die Ur-Weser bildete und erst durch eine geologische Veränderung (Erdrutsch) den Verlauf änderte und danach durch die Porta-Pforte das Weserbergland verließ und seinem heutigen Lauf über die PORTA WESTFALICA folgte.

Entlang dieser Flusssysteme wurden auf das nordische Kiesmaterial nunmehr einheimische Kiese und Sande, riesige Gesteinsmengen aus einer heute verschwundenen Endmoräne aus dem Tertiär, Kreide und Jura mit weiteren 10 m abgelagert und erreichten so eine Gesamtstärke von ca. 18 m im Leinetal. Nördlich von Hannover erreichte der Kieskörper sogar eine Stärke von bis zu 30 m. Der Hauptteil des Bernsteins lagerte in den tieferen Kiesbereichen. Kleinere Mengen Bernstein wurden jedoch auch über die Flusssysteme in Richtung Nordwesten transportiert und wurden in den oberen Kieskörpern abgelagert. Eine starke Beanspruchung kann dabei nicht stattgefunden haben. Auch filigrane Bernsteinstücke haben diese Prozedur überstanden und liegen nun verteilt im niedersächsischen Becken, besonders im Nahbereich der größeren niedersächsischen Flüsse und der dort angelegten Kiesgruben.

In der Zeit von vor 30.000 Jahren bis heute haben sich im Leinetal auf die bis zu 18 m mächtigen Kiesschichten zusätzlich Auenlehm sowie Löß abgelagert und die Menschen begannen, den bereits von der Tierwelt wie Mammut, Wollhaarnashorn, Bison und Wölfen eroberten Raum zu besiedeln.

Der Kiesabbau im Leinetal begann etwa 1958 im Bereich Nordstemmen. Zu dieser Zeit wurde das erste Stück Bernstein dort gefunden und als „Amulettfund, mit künstlich gebohrtem Loch“ beschrieben (BERNSTEIN, Heft 3, Wanderndes Museum, Uni Kiel).

In den folgenden Jahren wurden neue Kiesgruben angelegt und die Kette der dabei entstanden Kiesseen in Richtung Hannover wurde immer länger.

Im Jahr 2000 wurden zwischen den Orten Sarstedt und Schliekum / Ruthe eine neue Kiesgrube erschlossen und ausgebeutet. Die Grube befand sich mit ca. 3 qkm über einer der alten Leineschleifen.

Zunächst wurden die oberen 90 – 120 cm starken Schichten von Löss und Auenlehm mittels Raupen-Baggern abgeschoben.

In einer Tiefe von 90 cm steht bereits das Grundwasser und die Kies-Schichten beginnen. Mittels eines Saugbaggers wird im Nassverfahren unter hohem Druck Wasser in die Kiesschichten gepresst. Durch den entstehenden Unterdruck und zusätzlicher Saugpumpen wird der Kies zusammen mit Wasser angesaugt, über Förderrohre und Förderbändern in einen Lagerbehälter befördert.

Bei Bedarf wird der Roh-Kies aus dem Lagerturm in die Siebanlage befördert und dort mit dem speziellen Verfahren der „Schwertwäsche“ in die verschiedenen Größen wie das „Überkorn“ und die kleineren Fraktionen gesiebt. Zum Schluss wird unbrauchbares Material wie Knochen, Holz und auch Bernstein über eine Rutsche aus dem Waschvorgang entfernt bzw. separiert und in einem wassergefüllten Becken abgelagert. Dieses Becken wird bei Bedarf entleert und in ausgekiesten Bereichen des Sees entsorgt.

Dieses Verfahren wird ausschließlich bei der Gewinnung von absolut sauberem Betonkies angewandt.

Durch die Bernsteinsammler wurde mit selbstgebauten Sieben an langen Stielen in dieser „modrigen Abfallgrube“ der Abfall mit Bernstein herausgefischt und ausgesiebt.

So konnten allein von meiner Person über den Förderzeitraum von 15 Jahren etwa 50 kg wunderschöne Rohbernsteine, über 1000 Inklusen-Bernsteine, bearbeiteter Bernsteinschmuck unserer Vorfahren und viele Fossilien, in einer meiner Meinung nach Jahrhundertfundstelle, gefunden werden.

Schöpfsieb von 2002 – 2015 mit langem Stiel mit angebrachter Harke um Schlamm und Holzreste aufzulockern und den Abfall mit Sieb ohne Wasser ans Ufer zu bringen. Bilder © Burkhard Dietrich: Schwimmsaugbagger, Siebanlage (Rüttler) mit den Förderbändern für verschiedene Korngrößen.

KIESGRUBEN-NASSABBAU am Beispiel HH-Harburg

Viele Jahrzehnte, seit 1959, hat Neulandbeton / Hamburg-Harburg im Neuländer See durch Nassabbau Kies gefördert. 1995 übergab die Firma dann die rekultivierten Gebiete an den Bezirk und fördert nun mit einem Pachtvertrag bis 2060 aus Kiesgruben der Umgebung. Peter Winter hatte Zugang zum Neuländer Seegelände und hat dort reichlich Bernstein gefunden bzw. mit dem Kescher gefischt. Schönste Funde waren nacheiszeitliche Perlen, Tropfen und Zapfen.

Bilder © Peter Winter.

BERNSTEIN IN DER TONGRUBE BURGWALL

Die Tongrube Burgwall bei Berlin zeigt eine interessante Variante: Über den dicken grauen Tonschichten, die dort kommerziell abgebaut werden, liegt eine mehrere Meter dicke Feinsandschicht. Darin kommen, unregelmäßig verteilt, ergiebige Bernstein führende Linsen vor.

Vor langer Zeit muss es hier einen eiszeitlichen See gegeben haben, auf dessen Beckengrund sich diese Tonschichten abgelagert hatten. Über diesen Ton sind später Sande und Kiese geschwemmt worden. In kleinen Senken sammelten sich dabei Holz und Bernsteine und wurden dann vom Sand überdeckt. Die dünne Humusdecke zeigt, dass dieser Vorgang nur einige tausend Jahre zurückliegt.

Auf dem Bild zu sehen:
- 6–8 m dicke eiszeitliche Beckentone.
- Darüber 2–3 m dicke glazifluviatile Sandschicht.
- Eine dünne Humusdecke unter dem Nadelwald schließt das Vorkommen nach oben ab.

Die Suche ist mühselig, wie immer. Maulwurfartig muss man alle paar Meter eine Probegrabung vornehmen, in der Hoffnung, in dem ausgegrabenen hellen Sand schwarzes Holz zu finden.

Bei Fündigkeit trägt man die Sandschicht so weit ab, bis man auf die schwarze Schicht stößt, und beutet die Linse aus. Diese Linsen haben meist nur wenige Meter Durchmesser, sind in der Mitte bis zu 10 cm dick, zu den Seiten hin dünner werdend und dort auch mit weniger großen Bernsteinen.

Findet man in diesen Linsen größere schwarze Holzstücke, dann kann man auch größere Bernsteine erwarten. An diesem Tag fanden wir nur eine einzige ungefähr 2,5 m breite Linse, die uns aber eine beträchtliche Menge an Bernstein bescherte.

BERNSTEIN VON DER HAFFKÜSTE

Von Hartwig K. Neuwald

Das Stettiner Haff, auch Oderhaff oder Pommersches Haff genannt, liegt im äußersten Nordosten unseres Landes. Durch die vorgelagerten Inseln Usedom, Wollin und Karsibor von der Ostsee getrennt, handelt es sich um ein inneres Küstengewässer. Mit einer Wasserfläche von 687km² zählt es zu den größten Lagunen der Ostsee.

Nachdem seit 1945 die deutsch-polnische Grenze durch dieses Gewässer verläuft, gehört allerdings nur noch der kleinere westliche Teil zum heutigen Territorium der Bundesrepublik.

Seine Existenz verdankt das Stettiner Haff der Eiszeit. Es entstand aus dem sogenannten Haffstausee.

Dieses Gewässer bildete sich im Bereich der heutigen Ueckermünder Heide aus dem Wasser der schmelzenden Gletscher am Ende der letzten Kaltzeit. Damals verhinderten die Eismassen der nördlich liegenden Gletscher ein Abfließen des Wassers. So sammelten sich im Haffstausee nicht nur das Schmelzwasser des Inlandeises, sondern auch der umliegenden Toteisgebiete sowie Flusswasser aus dem benachbarten südlichen Gebieten. Die Schmelzwasserströme führten schnell zu einem enormen Ansteigen des Wasserspiegels und zeitweise erreichte der damalige Haffstausee eine Ausdehnung von über 1.200 km². Später nach dem weiteren Abtauen und Zurückweichen des Eises floss ein Großteil des Haffstausees dann über mehrere Bahnen (u. a. das heutige Peenetal, den Strelasund und die Ziese) ab und der Wasserspiegel senkte sich. Das heutige Stettiner Haff ist somit der letzte Rest des einstigen eiszeitlichen Haffstausees.

Obwohl sich die Südküste des Haffs mittlerweile bei Urlaubern immer größerer Beliebtheit erfreut, ist die Region zwischen Altwarp und Mönkebude für viele kein Bernsteinland. Selbst Einheimische sind oft überrascht, wenn sie erfahren, dass man hier das „Gold des Nordens“ entdecken kann. Um so mehr beeindrucken dann die Bernstein-Kollektionen mancher ortsansässiger Sammler. Durch das regelmäßige Absuchen der Küstenbereiche konnten sie ansehnliche Sammlungen zusammentragen. Beim Betrachten der hier gefundenen Bernsteinexemplare verwundert oft das recht unterschiedliche Aussehen der einzelnen Stücke. Neben abgerollten Steinen, die oft frische Bruchkanten aufweisen, fallen andere mit einer dunkelbraunen Verwitterungskruste auf. Diese ist aber nicht locker und porös, sondern relativ fest und glatt und glänzt oft wie poliert. Trotz ihrer oft umfangreichen Kollektionen betonen viele Sammler die abnehmende Fundhäufigkeit. Während noch im ersten Jahrzehnt unseres Jahrhunderts relativ oft Bernstein an der hiesigen Küste zu finden war, ist die Anzahl der Funde in den letzten Jahren extrem gesunken.

Über die Ursachen kann man nur spekulieren. Während manche Sammler auf veränderte Strömungsverhältnisse hinweisen, die durch umfangreiche Arbeiten an den Fahrrinnen oder in den Häfen verursacht wurden, vermuten andere, dass die Bernsteinablagerungen am Haffgrund erschöpft sein könnten. Selbst die milden Winter der letzten Jahre und der dadurch ausgebliebene Eisgang, der manchen der begehrten Steine ans Ufer transportierte, wird als Grund für die sinkenden Fundzahlen erwähnt.

Dass man trotzdem heute noch das fossile Harz finden kann, bestätigt die Info über ein 250 g schweres

Der Haffstausee

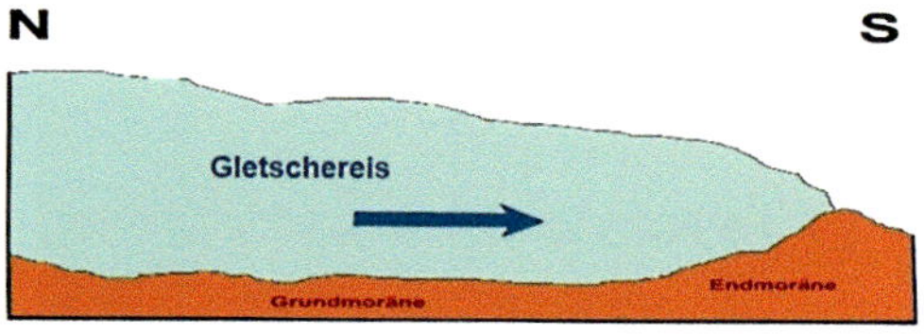

1. Während der Eiszeit bewegten sich Gletscher aus Richtung Norden durch unsere Region.

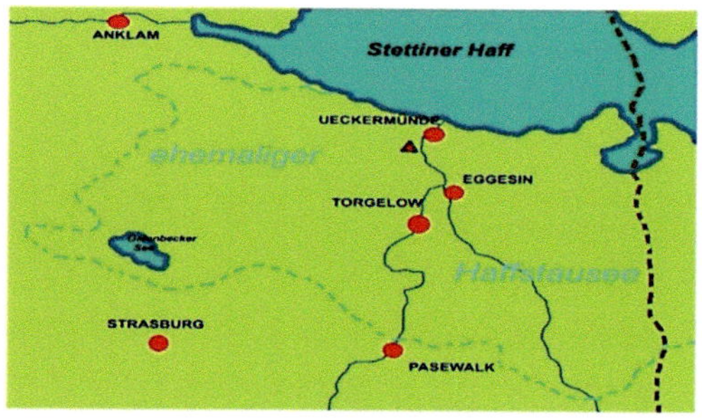

Ursprüngliche Ausdehnung des Haffstausees in unserer Region.

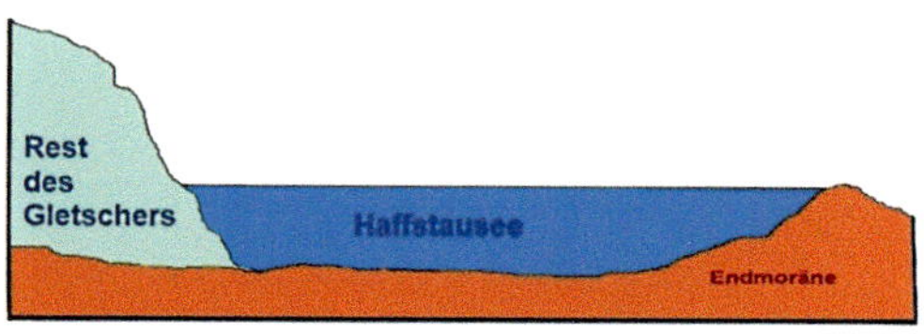

2. Da durch die nördlich liegenden Gletscher ein Abfließen des Wassers verhindert wurde, bildete sich zum Ende der letzten Eiszeit der Haffstausee. In ihm sammelten sich das Schmelzwasser der abtauenden Gletscher, das Tauwasser der umliegenden Toteisgebiete und das Flusswasser aus dem südlichen Raum.
Diese Schmelzwasserströme führten zu einem enormen Ansteigen des Wasserspiegels.

Das Stettiner Haff

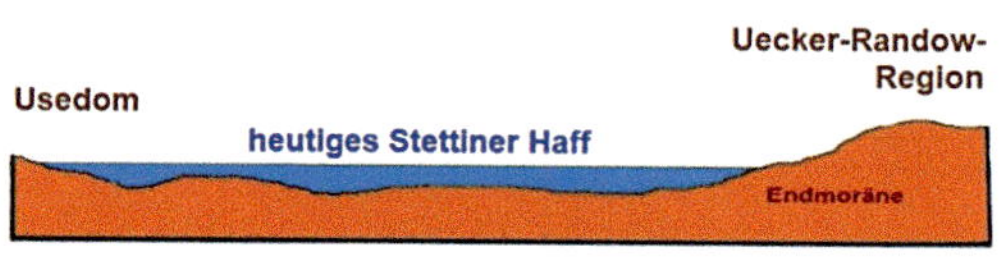

3. Nach dem Abtauen und weiterem Zurückweichen des Eises floss ein Großteil des Haffstausees über mehrer Bahnen (u.a. heutiges Peenetal, Strelasund, Ziese) ab und der Wasserspiegel senkte sich.
Das heutige Stettiner Haff ist der letzte Rest dieses eiszeitlichen Gewässers.

Schematische Darstellung „Entstehung Haffstausee“, Schautafel für den Naturpark (Gestaltung: H. K. Neuwald). © by Hartwig K. Neuwald, GEO-Archiv Nord.

Bernstein-Exemplar, welches erst kürzlich im Schilfgürtel bei Mönkebude entdeckt wurde. Das Suchen nach dem begehrten Stein lohnt sich also weiterhin.

Wenn man über die Bernsteinfunde an der südlichen Haffküste berichtet, sollte man auch die ehemaligen Tongruben erwähnen, die sich oft nur wenige Kilometer von der Küste entfernt im Binnenland befinden. Der hier abgebaute Ton oder Schluff war ebenfalls eine Ablagerung des Haffstausees. Einst bildete dieser Bodenschatz die Grundlage für eine florierende Ziegeleiindustrie. An die damals beim Tonabbau gefundenen Bernsteine – oft von beachtlicher Größe – erinnern sich heute allerdings meist nur noch einige wenige Ältere (siehe auch meinen Beitrag „Bernstein in der Tongrube Friedland").

Neuwald, H. K. (2005): Bernstein aus Vorpommern. -

Haffküste bei Altwarp, typisch ist hier der flache Sandstrand und größere mit Schilf bewachsene Uferpartien, hier wurde häufig Bernstein gefunden.

Kollektionen von Bernsteinen, alles Funde von der Haffküste in der Nähe von Altwarp (Sammlung: Klaus Burwitz).

Detail vom Ufer: zwischen Schwemmholz, Pflanzenresten, Muschel- und Schneckenschalen sind mit etwas Glück auch kleinere Bernsteine zu entdecken.

Bemerkenswert sind solche Bernstein, die eine auffallend feste, fast glatt polierte Verwitterungsschicht aufweisen (Sammlung: Klaus Burwitz).

Bernsteinfunde von der Südküste des Haffs (Sammlung: H. K. Neuwald).

BERNSTEIN AM ELBSTRAND

In der Nähe von Cuxhaven wird, wie an anderen Stellen auch, häufig Sediment aus der Elbe aufgespült, um den durch Ebbe und Flut abgetragenen Sand an den Uferböschungen wieder aufzufüllen.

Dabei setzt sich das Sediment mit enthaltenem Schwarzholz und Bernstein nach Gewicht/Dichte ab, wird also nach schwer und leicht aufgetrennt. So entstehen bis 10 cm dicke Schichten aus einem Gemisch aus Holz, andere Pflanzenresten und Bernstein. Diese werden von weiterem Sediment überlagert, so dass man in bestimmten Tiefen beim Graben auf die bernsteinhaltigen Schichten stoßen kann.

„Insider" merken schon beim Barfußgehen bei Ebbe über den Elbsand, ob sich solch eine Schicht dicht unter Oberfläche befindet. Liegt sie tiefer als 20 cm, dann kann man sie nicht mehr „spüren" - und das Graben so tiefer Löcher wäre auch nicht sinnvoll..

Es ist natürlich verboten, im Uferbereich der Elbe Löcher zu graben – das Sediment wurde schließlich extra aufgespült. Aber Archäologen, die z. B. Museen zuarbeiten, dürfen mit Auflagen dort Grabungen durchführen. Immer wieder werden interessante Funde aus der Vorgeschichte gefunden, wie z. B. Werkzeuge aus Knochen, bearbeitete Hölzer usw.

GRUNDREGELN FÜR FOSSILIENSAMMELN

Ich möchte nicht vergessen, deutlich auf die Grundregeln für das Fossiliensammeln hinzuweisen, wie sie auf der Webseite **steinkern.de** vorbildlich dargestellt werden:

„Grundregeln für das Verhalten im Gelände:

- Steinbrüche, Tongruben, Baustellen und viele andere Aufschlüsse sind meist Privatbesitz, betritt sie niemals ohne Zustimmung oder Duldung! Du machst Dich sonst strafbar oder gefährdest den Zugang für Sammler, die zutrittsberechtigt sind.
- Sammle nicht an besonders geschützten Stellen (Naturschutz, Geotop, Kulturdenkmal etc.), sofern Du keine Erlaubnis dafür hast! Wäge auch beim Sammeln in nicht spezifisch geschützten Aufschlüssen und in der freien Natur ab, ob die dafür notwendigen Eingriffe akzeptabel sind.
- Tritt gegenüber Bruchbesitzern und anderen Personen (Arbeitern, Sammlern) freundlich und vorbildlich auf! Wir alle wünschen den Kontakt zu diesen Interessierten.
- Beschädige nicht das Ansehen anderer Sammler.
- Gefährde nie Dich oder andere! Sorge für Deine persönliche Sicherheit.
- Bleibe in Steinbrüchen von Wänden fern und trage Schutzausrüstung, wo immer dies geboten ist (festes Schuhwerk, Schutzhandschuhe, Schutzbrille, Helm).
- Halte Dich von Maschinen und Anlagen fern und lasse nie Werkzeug zurück! Werkzeuge können an Brechern beträchtliche Schäden verursachen.
- Verhalte Dich jederzeit so, wie Du es Dir von Besuchern Deines Grundstücks wünschst!
- Grabe nicht auf Zufahrtswegen, an Böschungen oder Hängen, unterhöhle keine Wände oder Bäume.
- Verschließe Grabungslöcher.
- Parke diskret und so, dass Du niemanden behinderst.
- Lasse keine Fossilien von anderen Fundstellen (z. B. Präparationsabfälle) zurück!
- Hinterlasse nie Abfälle und nimm, wenn möglich, Abfälle anderer Sammler mit!
- Stelle seltene oder außergewöhnliche Funde der Wissenschaft vor und mache sie dieser für Untersuchungen zugänglich

Weise Sammler, die sich grob falsch verhalten, bestimmt auf deren Fehlverhalten hin!“

BERNSTEIN IN TON IM BEREICH HANNOVER

Die Elster-Vereisung reichte bis weit südlich von Hannover. Unterhalb des Gletschers entstanden Schmelzwasser, die tiefe Erosionsrinnen in Nord-Süd-Richtung schufen und dadurch große Mengen von Sanden und Kiesen nach Süden transportierten.

Vor dem Gletscher verlagerten die abfließenden Wassermassen die Sedimente dann in westliche Richtung. Da die Gletscher dieser Eiszeit sich früher über das Land schoben als die der folgenden Eiszeiten (Saale-und Weichseleiszeit), ist anzunehmen, dass die Gletscherwasser auch den meisten Bernstein eingespült haben.

Ca. 70 km östlich von Hannover liegt der Bernsteinsee, ein Gewässer in Sassenburg/Gifhorn, wenige Kilometer nördlich von Wolfsburg. Der See am Rande des Ortsteils Stude entstand 1971 beim Bau des Elbe-Seitenkanals als Baggersee, aus dem große Mengen Sand für die Aufschüttung der hohen Kanalböschungen gefördert wurden. Dabei kam auch eine beträchtliche Menge Bernstein zutage.

Heute ist dieser Baggersee ein beliebter Badesee. Noch heute findet man in dieser Gegend ab und zu Bernstein, der in eine graubraune Tonmasse eingelagert ist. Die altersmäßige Zuordnung dieser Tone ist zunächst schwierig, weil die Funde aus den einzelnen Horizonten beim Ausbaggern der tiefen Grube durcheinander geraten sind.

Burkhard Dietrich stellt hier vor, wie die Schichtfolge im niedersächsischen Raum aussieht und so lassen sich die Funde gut zuordnen:

- Holozäne Ablagerungen: 2 – 3 m Auenlehm, sandiger Schluff, mit Funden bis zur germanischen Römerzeit.
- Ablagerungen der Weichsel-Kaltzeit: Bis ca. 8 m Kiese und Sande, darin finden sich je nach Tiefe Funde aus Jung – bis Altsteinzeit (Knochen von Tieren, Werkzeuge und als Einzelfunde Bernsteinschmuck).
- Tonablagerungen: Wenige Zentimeter bis 100 cm, in diesem Bereich von 8 m und besonders darunter bis 10 m werden dann einzelne Bernsteinstücke und gelegentlich auch größere Mengen gefunden. Das sind wohl Geschiebe der Elster und Saale-Kaltzeit.

Die Elster-Kaltzeit (älteste Eiszeit) ging bis in das südliche Niedersachsen und hat die untersten Sand-/Kiesschichten mit skandinavischen Gesteinen abgelagert.

Danach folgte die Holstein-Warmzeit. Als dann der erste Eisvorstoß der Saale-Kaltzeit fast genauso weit kam (bis südlich Hannover), hat dieses Eis viel von den schräg bis überkippten Ablagerungen der tonigen Unterkreide wie Barreme und Apt aus der niedersächsischen Tiefebene abgehobelt und mitgenommen.

Am Ende dieser Eiszeit, zu Beginn der Eem-Warmzeit, konnte das Schmelzwasser nicht nach Norden abfließen und hat sich in großen Endstauseen vor dem Eisrand zusammen mit dem Tonsediment und dem Bernstein gesammelt.

Holozän	11.600 - heute	Bernsteinschmuck
Weichsel - Kaltzeit	115.000 - 11.600	Dauer ca. 104.000
Eem - Warmzeit	125.000 - 115.000	Dauer ca. 10.000
	Tonschicht mit Bernsteinkontakt	
Saale - Kaltzeit	-125.000	Warthe - Stadium
Saale - Kaltzeit	235.000 -	Drenthe – Stadium
Holstein-Warmzeit	250.000 - 235.000	Dauer ca. 15.000
Elster - Kaltzeit	400.000 - 250.000	Dauer ca. 150.000
Alt - Pleistozän	2.600.000 - 400.000	Vermutlich mehrere Wechselfolgen von Warm- und Kaltzeiten im Rhein/Weser / Leine-Raum

BERNSTEIN IN GESCHIEBEMERGEL

Der Geschiebemergel, Till genannt, ist ein mittelhartes, bindiges, unsortiertes Sediment (Gestein), das am Grunde des Gletschers aus allen Fraktionen zertrümmerter und zerriebener Gesteine hervorgegangen ist und auch Bernstein enthalten kann.

Meistens ist seine Zusammensetzung unsortiert mit stark schwankenden Korngrößen und meistens weist er keine Schichtung auf. Bei den selteneren sortierten Geschiebemergeln können wir tonige, sandige und steinige Geschiebemergel unterscheiden.

Geschiebemergel finden wir überall im Bereich der Grund-, End- und Seitenmoränen der Gletscher, aber nicht immer sind Bernsteine enthalten.

Im Folgenden einige Beispiele von Bernsteinfunden im Geschiebemergel.

Auf der Insel Hiddensee finden wir Bernstein sowohl lose an den Strand gespült als auch in den eiszeitlichen Ablagerungen.

Ulli Kulke in WELT ONLINE (2012) schreibt dazu:
„Die Nordküste Hiddensees wird nach Angaben des Experten pro Jahr um durchschnittlich 30 Zentimeter zurückgeschnitten. Die Erosionsprozesse seien im Norden Hiddensees besonders stark, da der in der Eiszeit angelagerte Geschiebemergel sehr instabil sei.

Bei dem Abbruch handele es sich aber um einen normalen Vorgang, der vor allem im Frühjahr auftrete, sagte Blase. Während im Norden die Küstenlinie zurückgehe, lagerten sich am Neubessin im westlichen Teil Hiddensees jährlich bis zu 40 Meter Sand an.

Es wird davor gewarnt, die Abbruchgebiete zu betreten, weder an der Kliffoberkante als auch vom Strand aus.“

Eine Rarität im Geschiebemergel:
Schollen mit Blauer Erde und darin enthaltenen Bernsteinen. Solche Funde sind auch aus der Gegend nördlich von Berlin bekannt.

Claus Christian Ludewig (Ludwig) Meyn, damals auch Dr. Weisheit genannt, schreibt dazu im Jahr 1876:

„Die Mittheilung des Hrn. Remele in der Julisitzung 1875 der Deutschen geologischen Gesellschaft über eine Bernstein führende Schicht im oberen Geschiebemergel zu Neustadt-Eberswalde ist für die Geologen des Flachlandes der größten Aufmerksamkeit werth.

Herr Prof. Beyrich hat ohne Zweifel sogleich deren richtige Erklärung gegeben, indem er, geleitet durch den glaukonitischen Sand, welcher die Bernsteinstücke umhüllte, und die sogenannte „Schicht“ bildete, das Ganze als eine, vom Geschiebemergel umwickelte Scholle des Bernstein führenden Tertiärgebirges bezeichnete.

Die Materialien, welche der Geschiebemergel enthält, sind so unendlich mannigfaltig und befinden sich in einem so wüsten Gemenge, dass eine andere Erklärung des Zusammenvorkommens von glaukonitischem Sand und Bernstein gar nicht zulässig wäre.

Wohl ist, wie einige schlesische Fundorte zu beweisen scheinen, bei der Bildung des Geschiebemergels dem Wasser hin und wieder Gelegenheit gegeben, den in demselben zerstreuten Bernstein zu sammeln, aber wenn auch Sandkörner und Glaukonitkörner überall im Geschiebemergel verbreitet sind, so kennt die Geologie doch kein ordnendes Agens, das diese beiden Mineralien mit dem Bernstein zusammen gruppieren und zwar so ablagern konnte, wie es in dem ganz selbstständigen regelmäßig geschichteten Tertiärgebirge der Bernsteinformation geschehen ist.

Möge die mürbe Beschaffenheit des Gesteins, das nur einen schwach gebundenen Sand, keinen wirklichen Sandstein darstellt, niemanden veranlassen, an der Realität des Schollencharakters zu zweifeln.“ (MEYN, 1876).

Auf der Insel Sylt werden im Geschiebemergel des Roten Kliffs immer wieder nicht unerhebliche Mengen von Bernstein gefunden. Er ist mit an Sicherheit grenzender Wahrscheinlichkeit durch Gletscher der Saaleeiszeit dorthin transportiert worden.

Weil das Kliff von Wenningstedt aus gesehen an Höhe verliert und die Moräne von Dünensand überlagert wird, kann man hier keine Bernsteine mehr finden.

Diese etwas ausführlicher beschriebenen Beispiele könnten beliebig fortgesetzt werden. Bernstein kommt eben nicht nur am Meer vor, sondern verteilt überall im norddeutschen Raum.

Oben: Geschiebemergel mit Bernstein. Aus: Sprengler-Museum/Erlebniswelt Museen e. V. (CC BY-NC-SA)

Mitte: Geschiebemergel © strandsteine .de, Frank Rudolph

Unten: Geschiebemergelgrube, Foto © dr-krakow-labor.de

BERNSTEIN IN GESCHIEBEN

Folgende Kapitel sind von Johannes Kalbe (Erstautor) und Sebastian Mantei geschrieben

Isolierter Baltischer Bernstein kommt häufig in eiszeitlichen Ablagerungen Nordeuropas vor und war auch bereits Geschiebe des Jahres 2021 (Kalbe 2021). Daneben ist Bernstein aber auch, deutlich seltener, als Gesteinsbestandteil von Sedimentärgeschieben aus dem Tertiär, der Kreide und des Jura (Kalbe 2015) zu finden. In manchen Fällen lassen sich solche Geschiebe auf bekannte Schichten und Bernsteinvorkommen zurückführen. Oft handelt es sich aber um Einzelfunde unbekannter Herkunft und damit um einzigartige Zeugnisse ehemaliger oder nicht erreichbarer Bernsteinvorkommen, die teils lange vor den Baltischen Bernsteinen entstanden sind und zu den ältesten Europas gehören. Andere Geschiebe führen wahrscheinlich Baltische Bernsteine und dokumentieren damit Ausschnitte der oft komplizierten und vieldiskutierten Umlagerungsprozesse.

Bernsteine treten dabei vor allem in Gesteinen auf, die auch Faziesmerkmale rezenter Bernsteinseifen aufweisen. Meist handelt es sich hier um randmarine oder limnisch-fluviatile klastische Sedimentgesteine (Sandsteine, Schluffsteine oder Tonsteine), die reich an fossilen Holzfragmenten sind und regelmäßig Fossilien von Mollusken oder Wirbeltierresten enthalten. Insbesondere letztere können aufgrund ihrer Farbe und ihres Bruchbildes aber auch mit Bernsteinen verwechselt werden, auch die Kontrolle mit UV-Licht kann zu falschpositiven Ergebnissen führen. Hier ist eine sichere Zuordnung dann nur über eine thermische Kontrolle oder eine chemische oder physikalische Analyse möglich. Oft kann auch die stratigraphische Einstufung solcher Sedimentärgeschiebe nur erfolgen, wenn stratigraphisch aussagefähige Makro-, Mikro- oder Nannofossilien nachgewiesen werden.

Bernsteinfunde können natürlich mit höherer Sicherheit in Geschieben erwartet werden, aus deren Anstehendem bereits Bernsteinfunde bekannt sind, wie zum Beispiel den Moler-Ablagerungen Jütlands (Palmgren 1938), den Ablagerungen der Unterkreide Nordwestdeutschlands (Hiltermann 1949) oder dem Jura Skandinaviens (Neuwald 2005). Im Folgenden sollen, stratigraphisch abwärts, einige bernsteinführende Typen von Sedimentärgeschieben vorgestellt werden.

Viele vorige und folgende Kapitel behandeln auch Bernstein aus dem Geschiebe Norddeutschlands. Es fiel schwer, diese stratigraphisch in dieses Kapitel einzuordnen.

BERNSTEIN IN BRAUNKOHLESANDEN

Aus dem Miozän stammende Braunkohlensande, hier aus einem Aufschluss bei Pampau (Kreis Herzogtum Lauenburg / Schleswig-Holstein), enthalten vereinzelt Bernsteine. Die kleinen Bernsteine sind sekundär eingelagert worden (das Papier auf dem Foto misst 1 cm).

Die unteren und oberen Braunkohlensande des Miozäns, die als Odderup-Formation bis nach Jütland reichen, sind aus dem Pleistozän nur als Schollen bekannt und kommen als Muttergestein für die leicht zerstörbaren Geschiebe von Braunkohle, für lignitische Geschiebehölzer und für Kieselhölzer in Betracht (Hucke & Voigt 1967).

Fotos © Peter Laging.

BERNSTEIN IN WURZELQUARZIT

Im Geschiebe am Kronsberg am Rande des Elbeurstromtales wurde in Rullstorf (Landkreis Lüneburg) dieser Wurzelquarzit gefunden, der Bernsteine enthält, ein äußerst seltener Fund.

Im Wurzelquarzit findet man vereinzelt auch Blätter, hier ein Fund aus der Gegend von Pinnow bei Schwerin.

Alter und Herkunft dieses verkieselten Sandsteins werden kontrovers diskutiert. „Wurzelquarzite gehören in Norddeutschland nicht gerade zu den häufigen Gesteinen. Wohl meist eozänen/oligozänen Alters findet man sie in Mitteldeutschland an der Basis der Braunkohlenlagerstätten.

Sandsteine, in die die Wurzeln von Bäumen hineinragten, verfestigten sich durch ein kieseliges Bindemittel, entstanden durch Anlösung und Verbackung der Quarzkörner durch Kiesel- und Huminsäure. Diese sehr widerstandsfähigen Gesteine, die einen langen Transport mit dem Eis überstanden, entstammen solchen Bereichen, in denen eozäne/oligozäne Schichten an die Oberfläche kamen und vom Eis abgehobelt werden konnten.“ (nach Zessin 2005).

Rudolph, Bilz & Pittermann (2010) schreiben zum Wurzelquarzit:
„Selten. Hellbrauner bis -grauer Feinsandstein mit kieseligem Bindemittel. Splittriger Bruch, durchzogen mit zahlreichen Wurzelkanälen. Geschiebeoberfläche porös. Es wird angenommen, dass es sich um Wurzelboden in Verbindung mit den oben beschriebenen verkieselten Hölzern handelt. Ein Quarzit i. e. S. ist an Metamorphose gebunden. Tatsächlich liegt hier ein verkieselter Sandstein vor. Alter: Vermutlich Miozän.“

Bernstein im Wurzelquarzit. Fotos © Peter Laging, Museum Lüneburg.

Blatt in einem Wurzelquarzit. Foto © Rene Kautz.

BERNSTEIN IM STERNBERGER GESTEIN

In den Geschieben im Raume Sternberg in Mecklenburg (im Landkreis Ludwigslust – Parchim in der Nähe von Schwerin) wird ein besonderes Gestein gefunden, das „Sternberger Gestein“, und in ihm ab und zu ein Bernstein.

Sternberger Gesteine findet man vereinzelt zwischen Sternberg bis hin zum Elbe-Trave-Kanal und südlich im Raum Lüchow-Dannenberg, Lüneburg.

Die Farbe ist oberflächlich graubraun bis bräunlich (je nach Stärke der Verwitterung), aufgeschlagen deutlich grauer.

Das Alter des Sternberger Gesteins (auch Sternberger Kuchen genannt) wird auf Oberes Oligozän datiert, d. h. ca. 30 Millionen Jahre.

Damals reichte ein warmes Flachmeer, ein Vorläufer der heutigen Nordsee, bis über Mecklenburg hinaus nach Osten. In den Meeresablagerungen sammelten sich reichlich Schnecken und Muscheln, aber auch Überreste von Stachelhäutern, Korallen, Kopffüßern, Knorpel- und Knochenfischen, Kriechtieren, Walen usw.

Aus den Meeresablagerungen wurde im Laufe der Jahrmillionen ein Kalksandstein, der viele Leitfossilien enthält, die eine genaue Datierung ermöglichen.

„Nach einer langanhaltenden weltweiten Abkühlung erreichten die Gletscher des skandinavischen Inlandeises vor etwas 350.000 Jahren erstmalig Norddeutschland. Insgesamt dreimal überfuhren die skandinavischen Gletscher nach zwischenzeitlichen Erwärmungen unser Land. Sie schenkten uns nicht nur viele Findlinge aus Skandinavien und dem Ostseegrund, sondern auch das Sternberger Gestein, das sie in tiefen lokalen Rinnen aus dem Untergrund Mecklenburgs heraus schürften.“ (Braasch 2009).

Sternberger Gestein, Fotos © Rene Kautz.

BERNSTEIN IN KALKSANDSTEIN (Paläozän)

Im Paläozän gibt eine reichhaltige Geschiebe-„Suite“, die vorwiegend marin gebildete Gesteine umfasst.

Unter diesen sind Geschiebe, die versteinerte Hölzer führen, selten. Aus dem Umfeld von Berlin stammt ein etwa 5 cm breites, plattiges, hellgraues Geschiebe kalkig-mergeligen Sandsteines (Slg. Schneider) der zahlreiche, nicht bestimmbare Holzreste enthält.

Er erinnert an Geschiebe des Aschgrauen Paläozän-Gesteins aus dem Seelandium, ist jedoch über Nanno-Fossilien in das oberste Thanetium zu datieren (pers. Mitt. G. Fechner). Dieses Geschiebe enthält mehrere eindeutig erkennbare Bernsteine.

Paläozäner Geschiebesandstein mit Holzflittern, Länge ca. 5 cm, oben links 3 Bernsteine (farbig eingekreist). Fotos unten: vergrößert (Slg. S. Schneider, Fotos © J. Kalbe).

Ostseeküste bei Nienhagen, Foto © Sebastian Mantei.

BERNSTEIN IN KALKSANDSTEIN (Paläozän) II

Ein weiteres Geschiebe wurde 2020 von Jan Tädcke (Parkentin) gefunden (Mantei 2023). Es handelt sich um einen kalkfreien (Säuretest), glaukonitführenden, Sandstein, der fossile Holzreste, Tongallen, wenig Glimmer und vier Bernsteine führt.

Die Bernsteine sind zwischen 1 mm und 10 mm groß und liegen auf derselben Schichtfläche. Für das Alter dieses Geschiebes scheinen mehrere Interpretationsmöglichkeiten von Oberkreide bis Jungtertiär zumindest denkbar. Der Gesamteindruck des Stückes deutet aber am ehesten in Richtung Alttertiär (Paläogen).

So gibt es zum Beispiel glaukonitführende tonige und sandige Gesteine nicht nur im Baltikum (Blaue Erde), sondern auch im norddeutschen Eozän (Katzung 2004).

Die gut gerundeten Tonklasten in dem Geschiebe können als Hinweis auf eine bereits im Vorfeld erfolgte Aufarbeitung älterer Schichten interpretiert werden. Wenn das zutrifft, dokumentiert das Fundstück unter Berücksichtigung seiner Geschiebenatur möglicherweise gleich drei Bernstein-Trägersedimente (Ursprungssediment der Tongallen – glaukonitischer Sandstein – Geschiebemergel) sowie die dazugehörigen Umlagerungsprozesse.

Rechts oben: Von Jan Tädcke gefundenes Geschiebe mit Bernstein.

Rechts unten: Vergrößerungen der eingeschlossenen Bernsteine.

BERNSTEIN IN PHOSPHORITISCHEN SANDSTEINEN (Aptium/Albium)

In Vorpommern gibt es Lokalgeschiebe-Anreicherungen von phosphoritisch gebundenen Sandsteinkonkretionen, die stratigraphisch in den Bereich des frühen Albium bis vermutlich ins späte Aptium zu datieren sind (Lehmann 2013).

Diese Geschiebe sind reich an phosphoritisch mineralisierten Hölzern und Ammoniten (Lehman et al., 2026). In der Häufigkeit untergeordnet kommen aber auch andere Fossilien vor.

Aufgrund der häufigen Holzführung und da aus der Unterkreide Norddeutschlands bereits Bernstein bekannt ist (Hiltermann 1949) wurden diese Geschiebe gezielt nach Bernsteinfragmenten durchsucht.

Bisher konnte aber lediglich ein fragliches und teilweise mit Pyrit durchsetztes Fragment (Slg. Kalbe) gefunden werden und stellt vermutlich den ersten Bernstein-Nachweis für diesen Geschiebetyp dar.

Oben: Unterkreide-Geschiebe mit hohlen Ammoniten (Slg. & Foto © J. Kalbe).

Rechts oben: Unterkreide-Geschiebe mit phosphatisiertem angebohrtem Treibholz (Slg. & Fotos © G. Grimmberger).

Rechts Mitte: Unterkreide-Geschiebe mit mutmaßlichem Bernstein.

Rechts unten: Detail aus Unterkreide-Geschiebe.

KALKSANDSTEIN (Wealden/ Berriasium)

Das Geschiebe wurde im Juni 2015 gefunden. Es handelt sich um einen grauen, kalkfreien, glimmerführenden Sandstein mit fossilen Pflanzenresten und einem kleinen Bernstein von nur ca. 1 mm Durchmesser (Mantei 2023, siehe Bild rechts). Die Pflanzenreste bestehen teils aus kohligen Holzstückchen, teils aus kleinen Blattfragmenten, die unter stärkerer Vergrößerung noch Reste der Nervatur erkennen lassen.

Die Blattreste in diesem Geschiebe (siehe Bild unten) sprechen gegen einen langen Transport vor der Sedimentation. Möglicherweise handelt es sich um ein terrestrisches oder limnisches Sediment. Ob der enthaltene Bernstein gleichen Ursprungs wie die Blattreste ist oder vorher aus älteren Schichten aufgearbeitet wurde, muss offen bleiben.

Glimmerführende terrestrische Sande mit Pflanzenresten sind als Flusssedimente aus dem norddeutschen Miozän bekannt (Katzung 2004). Ähnliche Verhältnisse, die in vergleichbaren Ablagerungen resultierten, gab es im Ostseeraum aber immer wieder in ganz verschiedenen Erdzeitaltern, zum Beispiel im Jura oder in der untersten Unterkreide (Wealden-Sandstein).

BERNSTEIN IN SCHLUFFIGEN KALKMERGELSTEINEN (Kimmeridgium ?)

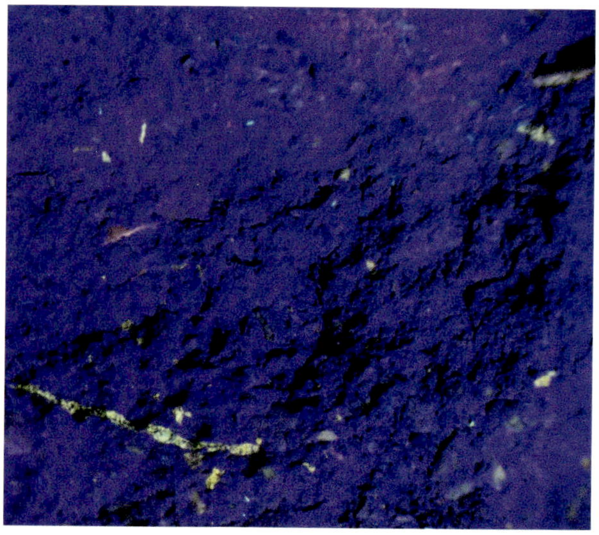

Geschiebe aus dem Malm sind, außer im Umfeld von glazialen Schollen von Oberjura-Gesteinen, sehr selten. Meist handelt es sich bei diesen Gesteinen um Kalk- bis Kalkmergelsteine, holzführende Geschiebe sind kaum bekannt.

Da der Ablagerungsraum in Norddeutschland während des Oberjura aber kontinentalnah war, sollten Funde von Bernstein zumindest theoretisch möglich sein. Aus dem Oberjura des Harzes sind Bernsteine nachgewiesen worden.

In glazialen Ablagerungen in Mitteldeutschland wurde 2024 ein sandiges Kalkmergelstein-Geschiebe gefunden, das fossile Holzfragmente, Schalen von Invertebraten und Reste von Wirbeltieren führte. Die Wirbeltierreste legen eine stratigraphische Positionierung in den Malm nahe. Neben den erwähnten Fossilresten führte dieses Geschiebe kleine Bernsteinfragmente.

Malm-Geschiebe mit Bernstein-Flittern (Slg. & Fotos H. Sahm).

Rechts oben: Malm-Geschiebe mit Bernstein-Flittern (Tageslicht, darunter gleicher Bildausschnitt unter UV-Licht.

BERNSTEIN IN KELLOWAY-GESCHIEBEN (Callovium)

Die Gruppe der Kelloway-Geschiebe umfasst eine lithologisch heterogene Geschiebegruppe aus Sandsteinen, Oolithen, Kalksteinen, Toneisensteinen, u.a. (Koppka, 2002). Die meisten dieser Geschiebe kommen vermutlich aus dem Bereich der Odermündung und gehören vorwiegend in das Callovium (Mittleren Jura).

Sie enthalten eine reiche Fauna, dabei dominieren teilweise sehr gut erhaltene Mollusken (Koppka, 2004). Einige Lithotypen dieser Geschiebegruppe führen mineralisierte Hölzer und sehr selten Fragmente meist sehr kleiner Bernsteine. Neben Bernsteingeröllen kommen hier auch spindelförmige Bernsteine vor, die wahrscheinlich Harzausfüllungen von Holzleitbündeln (?) darstellen.

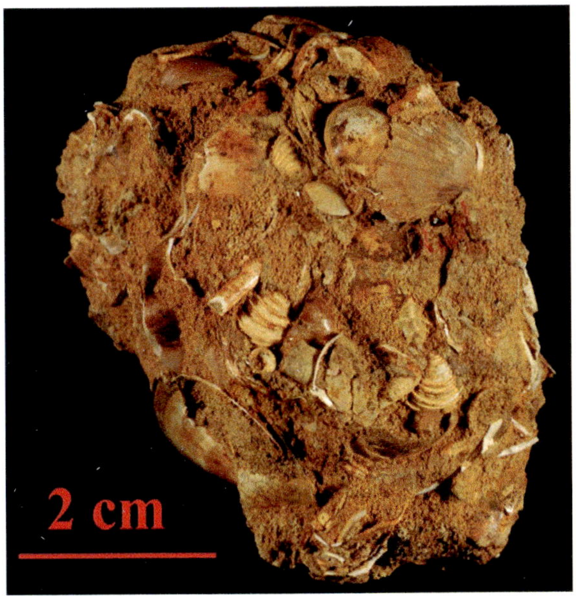

Oben: Kelloway-Geschiebe mit den Muscheln *Meleagrinella echinata* und *Nicaniella* sp. (Slg. S. Schneider, Foto J. Kalbe).

Rechts oben: Bernstein in dem Geschiebe aus Abb. 8, Detailaufnahme (Slg. S. Schneider, Foto J. Kalbe).

Rechts oben Mitte: Bernsteine aus Kelloway-Geschieben, ausgelesen aus Mikrofossil-Proben (Slg. S. Schneider, Foto J. Kalbe).

Rechts unten Mitte: spindelförmiger Bernstein aus einem Kelloway-Geschiebe, ausgelesen aus Mikrofossil-Proben (Slg. S. Schneider, Foto J. Kalbe).

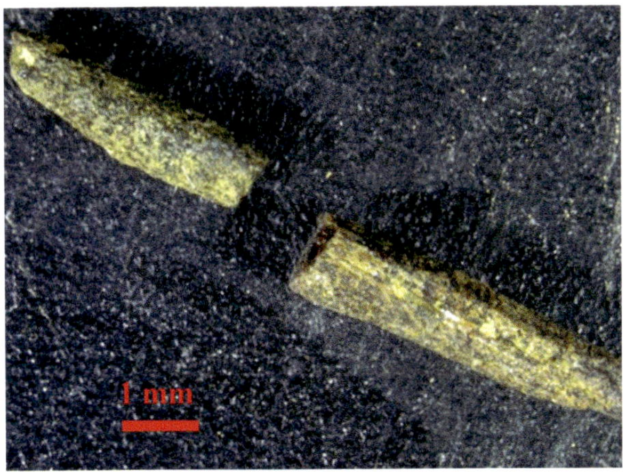

BERNSTEIN IN KALKSANDSTEINEN (Bajocium)

Mitunter werden mitteljurassische Sandsteine des Bajocium geschiebekundlich ebenfalls der Gruppe der Kelloway-Geschiebe zugeordnet. Über die enthaltene Ammoniten-Fauna kann für sie jedoch ein höheres Alter als Callovium nachgewiesen werden.

Geschiebe des Bajocium sind seltener als solche aus dem Callovium. Auf der Insel Greifswalder Oie wurde ein kalkhaltiges Sandstein-Geschiebe mit Fragmenten der Ammonitengattung *Parkinsonia*, sowie mehreren dunkelbraunen Bernsteinfragmenten gefunden (Sammlung Jordsand e.V.).

Oben: Kalksandstein-Geschiebe mit Ammoniten-Fragment und zahlreichen Holzstücken (Slg. Jordsand e. V./Greifswalder Oie, Foto © J. Kalbe).

Unten: Detail aus Abb. 11, Ammoniten-Fragment einer *Parkinsoinia* sp., einem Muschelabdruck, sowie diversen Holzflittern; rechts über dem roten Punkt eins von mehreren Bernstein-Fragmenten aus diesem Geschiebe (Slg. Jordsand e. V./Greifswalder Oie, Foto © J. Kalbe).

BERNSTEIN IN TONEISENSTEIN (Bathonium/ Bajocium)

Der Geologe Dr. Frank Rudolph fand am Ostseestrand zwischen Lütjenburg und Schönberg ein seltenes Gestein, einen Toneisenstein mit Pflanzenresten. Das Alter wird mit ca. 168 Millionen Jahren angegeben (Jura-Dogger: Bajocium bis Bathonium). Theoretisch könnten sie auch aus dem Lias stammen, da Toneisensteine vom Rhät/Lias bis zum Dogger vorkommen. Identische Gesteine mit Pflanzenresten und Bernstein finden sich auf Bornholm (Neuwald 2005).

Nach Zerlegung des Gesteins und Betrachtung unter dem Binokular entdeckte Frank Rudolph winzige Bernsteinkrümel zwischen 1 und 3 mm, viele davon nur als gelbes Verwitterungsprodukt erhalten.

Fotos © Frank Rudolph.

BERNSTEIN IN KALKIGEM SANDSTEIN (Unter-Toarcium?)

Im Raum Berlin wurde ein etwa 10 cm großes Kalksandstein-Geschiebe gefunden (Sammlung Schneider), das neben Holzflittern einen fossilen Zapfen sowie Fragmente von Mollusken enthielt.

Neben Muscheln konnte auch ein pathologischer Ammonit der Gattung *Peronoceras* (det. H. Keupp) präpariert werden, der das Geschiebe im Unteren Jura (Lias, Unter-Toarcium) verortet. Dieses Geschiebe enthält ebenfalls ein knapp 2 mm großes Bernsteinfragment.

Kalksandstein-Geschiebe mit pathologischem *Peronoceras* sp. (det. H. Keupp) und Muschelfragmenten. (Slg. S. Schneider, Foto © J. Kalbe).

Oben: Kalksandstein-Geschiebe, ca. 10 cm Länge, mit Muschelschill, Holzflittern und zapfenförmigem Fruchtstand (Slg. S. Schneider, Foto J. Kalbe).

Unten: Detail aus Abb. rechts unten, mit Muschel und ca. 2mm großem Bernstein-Fragment (Slg. S. Schneider, Foto © J. Kalbe).

Kalksandstein-Geschiebe mit Muschelfragmenten und Bernstein (Slg. S. Schneider, Foto © J. Kalbe).

LITERATUR

Hiltermann, H. (1949): Funde von bernsteinartigen Harzen in der Unterkreide Nordwestdeutschlands. – In: Schriften des Naturwissenschaftlichen Vereins für Schleswig-Holstein, 24(1): 70-73.

Hucke, K. & Voigt, E. (1967): Einführung in die Geschiebeforschung - Sedimentärgeschiebe.

Kalbe, J. (2021): Sedimentärgeschiebe des Jahres 2021 – Baltischer Bernst. Geschiebekunde akt., 37(1); 21-24, 2 Abb.

Kalbe, J. (2015): Bernstein in Sedimentgesteinen des Ostseeraumes – Alles Eozän? – Vortrag auf der Sommertagung des Arbeitskreises Bernstein 25.09.-27.09.2025 in Rostock.

Koppka, J. (2002): Lithologie und Fauna der Kelloway-Geschiebe – Fallstudien aus Schleswig-Holstein, Vorpommern und dem Leipziger Raum mit besonderer Berücksichtigung der Heterodonta und Anomalodesmata (Bivalvia). – Unpublished Master-Thesis, 191 S.

Koppka, J. (2004): Neue Bivalven (Heterodonta, Anomalodesmata) aus Kelloway-Geschieben Norddeutschlands. - In: Archiv für Geschiebekunde 4(5): 233-272.

Lehmann, J. (2013): Aptian and Albian (Early Cretaceous) ammonites from glacial erratics oft he Hamburg area, North Germany. - In: Neues Jahrbuch für Geologie und Paläontologie, Abhandlungen 270(1): 69-82.

Lehmann, J., Hoffmann, R., Owen, H. G., Beckert, W. (2016): Cephalopoden aus unterkreidezeitlichen Geschieben der Region um Wolgast-Hohendorf, Vorpommern. – In: Archiv für Geschiebekunde 7 (7-8): 401-530.

Mantei, S. (2023): Bernstein in Stein – Zwei interessante Geschiebefunde von der mecklenburgischen Ostseeküste. - In: Heftserie „Berrnsteinmagazin“ des Arbeitskreises Bernstein Hamburg, Jahrgang 2023: 20-22.

Mantei, S. (2023): Bernstein in Stein - Zwei interessante Geschiebefunde von der mecklenburgischen Ostseeküste. - In: Bernstein-Magazin, Verein zur Förderung des Geologisch-Paläontologischen Museums der Universität Hamburg e.V. „Arbeitskreis Bernstein“

Neuwald, H. K. (2005): Fossiles Harz aus dem Bornholmer Jura. – In: Fossilien 2005(4): 223-226.

Geschiebestrand bei Meschendorf, Foto © Johannes Kalbe.

Der Strand von Meschendorf ist ein reiner unbewirtschafteter Naturstrand. Zum Strand gelangt man entlang des Radwanderweges Richtung Kühlungsborn oder direkt im Ort, die Steilküste hinunter an einer Treppe. Der Strand ist natürlich, mit Sand, Steinen und auch Strandgut.

BERNSTEIN IN MOOSKOHLE

Der Dürkheimer Bruch nordöstlich von Bad Dürkheim ist ein 698 ha großes Landschaftsschutzgebiet. Der Großteil des Bruches gehört zum Europäischen Vogelschutzgebiet Haardtrand. Wechselfeuchte Wiesen, kleine Fließgewässer, Hecken, Gebüsche und Baumgruppen prägen heute das Landschaftsbild. Durch das Gebiet strömt der Bach Isenach. Außergewöhnlich im Dürkheimer Bruch sind die Salzwiesen.

Bis etwa 1928 wurde in diesem Gebiet Torf- und Mooskohle abgebaut. Diese sogenannte Kohle besteht überwiegend aus dicken Lagen von fossilem Schilf, durchsetzt mit Kiefernzweigen und selten auch Kiefernzapfen.

Das Material war wegen des hohen Schwefelanteils für den Hausbrand nur wenig geeignet, der Brennwert gering und es qualmte stark. Einen weitaus besseren Erfolg brachte die Mooskohle bei der Herstellung von Farben. Die Einführung synthetischer Farben versetzte dem Abbau jedoch den endgültigen Todesstoß.

Das Alter der Kohle, in der älteren Literatur auch Lignit genannt, wird auf etwa knapp 3 Millionen Jahre geschätzt, also Oberpliozän, einer Zeit, der dann das Pleistozän – das Eiszeitalter – folgte.

Im Neubaugebiet Erpolzheim an der Isenach wurde nach 1972 die Mooskohle in zahlreichen Baugruben angeschnitten und ausgehoben.

Hier konnte das Material letztmalig untersucht und beprobt werden. Nach leichter Trocknung in der Sonne begann das Material in dünnen Lagen aufzublättern. Erkennbar wurden Laubblätter von Eiche, Erle und Weide sowie dicke Pakete aus Schilf, hin und wieder durchsetzt von erkennbaren Zweigen und Ästen, auch von Kiefern. Nach weiterer Austrocknung zerfiel das Material in winzige Bruchstücke.

Aus dem Aushubmaterial der damaligen Baugruben wurden etliche Fossilien gesammelt. Ab und zu fand man in dieser Kohle auch kleinere Bernsteine.

Ein ortsansässiger Paläontologe schreibt mir:

Mit der Mineralogie und Paläontologie der Pfalz befasse ich mich seit mehr als 60 Jahren. In den späten 1960er Jahren wurden in der Pfalz zahlreiche Dorfschulen aufgelöst, dabei fielen auch ein paar regionale Schulsammlungen an, aus denen ich zwei Proben des sogenannten Dürkheimer Bernsteins übernehmen konnte.

Informationen von Ulrich H. J. Heidtke

Lignit, Dürkheimer Bruch, alle Fotos © Dagmar Herr-Heidtke & Ulrich H. J. Heidtke.

***Pinus leitzi*, UHC-P 0582, Bad Dürkheim, Bruch, Kohlenhäuser.**

Oben: Bernsteine in Mooskohle.

BERNSTEIN IN DER TONGRUBE BELLIN

Nach Informationen von Klaus Granitzki und Hartwig K. Neuwald.

1975 wurden in der Tongrube bei Bellin am Stettiner Haff, in der Nähe von Ueckermünde gelegen, bemerkenswerte Bernsteinfunde gemacht.

Darüber durfte die Öffentlichkeit wegen der geltenden Geheimhaltungsvorschriften nicht informiert werden. Ortsansässige Sammler haben aber reichlich Bernstein gesammelt, sogar nachts bei Scheinwerferlicht, so dass eine Zeit lang sogar die Polizei das Gelände bewachte.

Es wurden mehrere Bohrungen abgeteuft, um die Abgrenzung des bernsteinführenden Komplexes zu ermitteln. Eine nennenswerte flächenhafte Ausdehnung war nicht vorhanden.

Die besonders reichen bernsteinführenden Schichten wurden tonnenweise gesichert und mittels Kochsalzlösung die Schweretrennung des Bernsteins vom Sediment vollzogen.

Viele Kilogramm Bernstein wurden separiert und dem damaligen VEB Ostseeschmuck Ribnitz-Damgarten übergeben.

Im Tontagebau Bellin waren über liegenden Mittelsanden 3 – 6 m mächtige Bändertone und -schluffe (diente als Ziegelrohstoff) mit dm-mächtigen Sandzwischenmitteln aufgeschlossen. Überlagert wurde diese Ton-Schluff-Folge von 4 – 6 m mächtigen Fein- und Mittelsanden. Die bernsteinführenden Schichten

Bernsteine aus der Tongrube Bellin mit typischer rotbrauner Verwitterungskruste, Foto © Neuwald.

Separieren des Bernsteins vom Sediment, Foto © Granitzki.

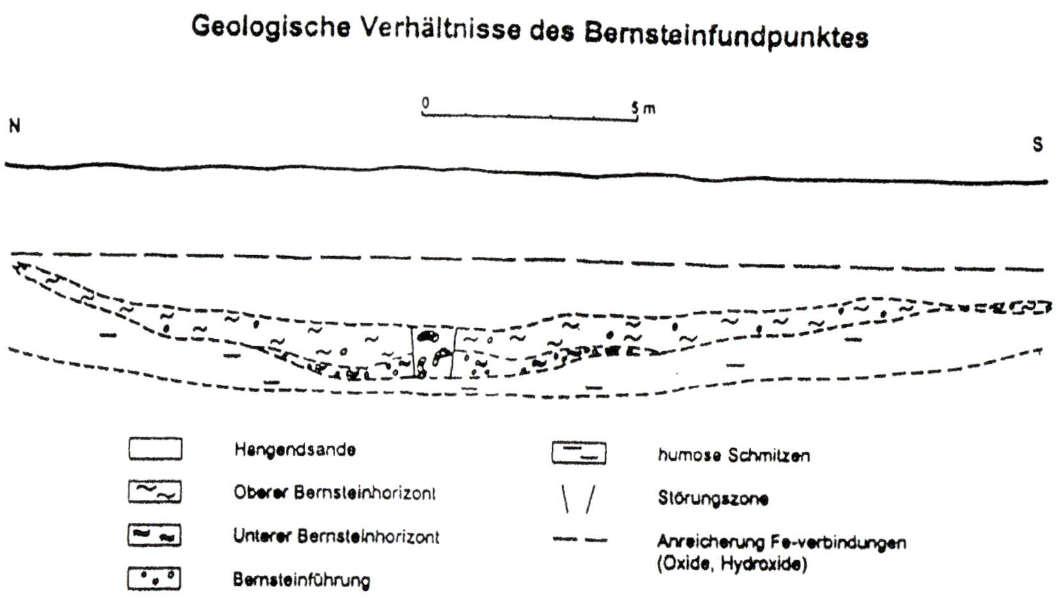

Geologische Verhältnisse des Bernsteinfundpunktes, Aufschlussskizze, nach Granitzki.

Blick auf die Aufschlusswand – Stoß mit dunklem Bänderton und Hangendsand (Abraum) mit Bernsteinfundpunkt, Foto © Granitzki.

befanden sich innerhalb des hangenden Sandes (Abraum), der ca. 5 m mächtig war.

Der Bernstein führende Sandkomplex bildete in einer Tiefe von 3 – 5 m eine flache, muldenartige Vertiefung. Er war in der Baggerwand in einer Ausdehnung von ca. 25 m und im mittleren, zentralen Bereich in einer Mächtigkeit von 1,8 m aufgeschlossen.

Zwei Horizonte konnten innerhalb des bernsteinführenden Sediments unterschieden werden:

Unterer Bernsteinhorizont (Hauptanreicherungshorizont):

Er wies am Stoß eine Ausdehnung von etwa 9 m und eine Mächtigkeit von 10 – 50 cm auf. Der Horizont bestand aus mehreren, unterschiedlich mächtigen und Holzreste führenden Sandschichten. Die liegenden und hangenden Holzflaserschichten wiesen die größte Bernsteinführung auf. Die meisten Bernsteine waren 0,5 – 1 cm groß, in den Holzflaserschichten gab es größere Bernsteine zwischen 2 und 5 cm.

Oberer Bernsteinhorizont:

Er weist eine deutlich geringere Bernsteinführung auf. Die bernsteinführenden Lagen werden zum Hangenden geringmächtiger und gehen schließlich in

Bernsteinführendes Sediment mit Holzresten, Foto © Granitzki.

einzelne bernsteinführende Flasern und Linsen über. Die Größe der Bernsteine nimmt deutlich ab und stellenweise treten nur noch Bernsteinsplitter auf. Der obere Horizont wird 0,8 – 1 m mächtig, er war am Stoß über ca. 25 m aufgeschlossen. Innerhalb des bernsteinführenden Komplexes war eine 1,2 m breite und 2 m tiefe Störungszone aufgeschlossen.

Im Bereich der Störungszone wurde eine auffällige Mächtigkeistzunahme der Holzflaserschichten beob-

Sediment mit Bernstein und Holzresten, Foto © Granitzki.

achtet. Die Bernsteinführung innerhalb der Störungszone war nesterförmig.

Diese in Pleistozänsanden angetroffene Bernsteinführung ist eindeutig dem Baltischen Bernstein zuzurechnen. In einer Vitrine des Haffmuseums im Schloss Ueckermünde werden Bernsteine aus dieser Tongrube ausgestellt.

Heute erinnert nichts mehr an die ehemalige Tongrube, das Gelände ist rekultiviert (siehe rechte Seite). Die Grube ist jetzt ein beliebtes Angelgewässer. Nur noch selten findet man am Ufer im Abraum einen Bernstein.

Bernsteine aus der Tongrube Bellin, Vitrine im Haffmuseum, Foto © Neuwald.

Heute noch findet man in der Umgebung der ehemaligen Tongrube auf den Äckern und an der Haffküste Bernsteine, teilweise mit interessanten Farbvarianten.

Nach dem Pflügen der Äcker und Regenfällen werden immer wieder Bernsteine freigelegt. Die folgenden Abbildungen zeigen solche Bernsteine.

Bernstein-Farbvarianten, Aufsammlungen aus der Nähe der Tongrube Bellin, Fotos © Neuwald.

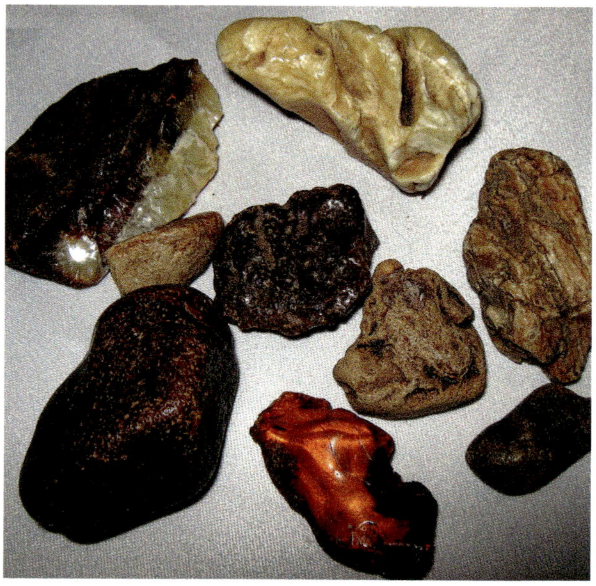

Rekultiviertes Gelände der ehemaligen Tongrube Bellin, Fotos © Neuwald.

BERNSTEIN IN DER TONGRUBE FRIEDLAND

Von Hartwig K. Neuwald

Im mecklenburgischen Friedland wird seit über zweihundert Jahren Ton abgebaut und verarbeitet. Anfangs fertigte man daraus Mauersteine und Dachziegel, ab dem Ende des 19.Jahrhunderts spezialisierte man sich dann aber auf die Produktion von Fliesen. Mit der sogenannten „Roten Friedländerin" wurde hier ein begehrtes Baumaterial hergestellt, das besonders bei der Ausstattung von Großküchen und Chemielaboratorien Verwendung fand.

Den Rohstoff für die Fliesenproduktion lieferten größere Tonvorkommen, die noch heute abgebaut werden.

Bei dem „Friedländer Blauton" handelt es sich um einen tertiären Ton aus dem unteren Eozän. Als eine großflächige Scholle wurde er vom skandinavischen Inlandeis abgeschürft, in Richtung Süden umgelagert und schließlich als glazialer Schollenkomplex zwischen eiszeitlichen Sedimenten im Raum Friedland abgelagert.

Für Steinesammler waren die Friedländer Tongruben immer ein Anziehungspunkt und das sind sie auch heute noch. Hier gibt es Fundmöglichkeiten für interessante Fossilien, aber auch für Mineralien und vor allem Bernstein.

Zu den Besonderheiten der Lokalität zählen u. a. die hier zu findenden Siderit- und Phosphoritkonkretionen, die teils Fossilien enthalten. Dunkle Phosphoritknollen mit Gängen aus goldglänzendem Pyrit sind außerdem ein gesuchtes Rohmaterial. In Scheiben zersägt, geschliffen und poliert, entstehen aus diesen Konkretionen attraktive Schmuckstücke.

Funde von Bernstein wurden in der bis heute betriebenen Grube „Siedlungsscholle" immer wieder getätigt. Einer dieser Bernsteine mit einem Gewicht von 390 Gramm befindet sich übrigens in der Sammlung des städtischen Museums. Meist entdeckte man die Bernsteine auf der Sohle der Grube, oft in kleineren Wasserlachen. Dorthin gelangt das fossile Harz, wenn es durch Niederschläge aus den Abbauwänden ausgewaschen wird.

Ob der jeweilige Bernstein ursprünglich in dem tertiären Ton lagerte oder aus den zeitweilig angeschnittenen dunklen Partien mit inkohlten Holzresten aus den pleistozänen Ablagerungen über den Tonschichten stammt, lässt sich so nicht mehr ermitteln.

Obwohl die Fliesenproduktion in Friedland nach der politischen Wende total eingestellt wurde, wird heute am Rande der Stadt weiter Ton abgebaut. Nun dient dieser Bodenschatz als Rohmaterial für die Herstellung von Biotechnologie-Produkten unterschiedlichster Art.

Ein Betreten des Tontagebaues ist für Sammler gegenwärtig nur mit Genehmigung der Betreiberfirmen gestattet.

Neuwald, H. K. (1997): Melanterit im Friedländer Ton. - In: Fundgrube 1997 (3/4), S.119/120.

Blick auf die Tongrube „Siedlungsscholle" bei Friedland, hier wird seit vielen Jahrzehnten bis heute der „Friedländer Blauton", eine marine Bildung aus dem Tertiär, abgebaut. Sammler haben hier immer wieder Bernstein gefunden.

Historisches Foto aus einer Friedländer Tongrube um 1920 (Archiv Museum der Stadt Friedland).

Blick auf die Friedländer Fliesenwerke Anfang der dreißiger Jahre, rechts im Hintergrund eine der Tongruben (Archiv Museum der Stadt Friedland).

Bernstein aus der Grube Siedlungsscholle, 390 g (Sammlung Museum der Stadt Friedland).

Bernsteinfunde aus der Friedländer Tongrube.

Verschiedene Bernsteine aus der Friedländer Tongrube (Sammlung H. K. Neuwald) .

Phosphoritkonkretionen aus dem Friedländer Ton, diese Knollen enthalten oft interessante Fossilienreste.

Fossile Hölzer gehören ebenfalls zu den Funden im Friedländer Tontagebau.

BERNSTEINSAMMELN AN DER KÜSTE - GRUNDSÄTZLICHES

Wasser hat bei 4 Grad Celsius seine größte Dichte, d. h. im Verhältnis zum Wasser ist Bernstein bei dieser Temperatur am leichtesten. Er kann dann durch Strömungen leicht transportiert und durch Wellenbewegungen an Land geworfen werden.

Im Sommer in warmem Wasser liegt der Bernstein fest auf dem Meeresgrund und wird nur durch starke Stürme vom Boden hochgewirbelt. Deshalb sind die Sommerurlauber auch wenig fündig. Der „echte" Bernsteinsammler geht in den Wintermonaten bis hinein in den späten Frühling an die Küste.

Die Schwebeeigenschaften von Bernstein bei verschiedenen Temperaturen werden sehr gut am „Bernsteinthermometer" deutlich. Das Prinzip ist das des sogenannten Galileo-Thermometers, bei dem sich in einem Glaszylinder Auftriebskörper befinden.

Ich habe ca. 12%iges Salzwasser gemischt und einen Bernstein als „Auftriebskörper" hinein gelegt. Bei angenehmer Zimmertemperatur von 24 Grad liegt der Bernstein am Boden, wird es kälter als 21 Grad, beginnt der Bernstein zu schweben und unter 18 Grad schwimmt er an der Oberfläche.

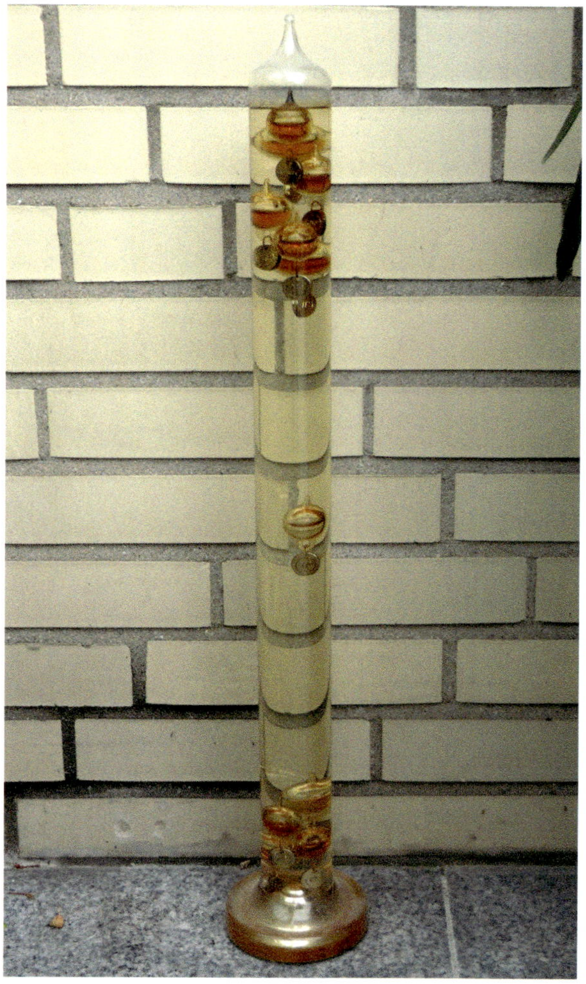

Galilei-Thermometer.

Daran sieht man deutlich, dass Wasser seine Dichte („Schwere") temperaturabhängig ändert. Je kälter das Wasser wird, desto schwerer wird es, bis hinab zu 4 Grad Celsius. Darunter wird das Wasser wieder etwas „leichter" bis hin zum Gefrierpunkt. Wäre das nicht so, dann würde das Eis nicht an der Oberfläche entstehen, sondern am Boden.

Voraussetzung für gute Bernsteinfunde ist starker Wind. Während des Sturms macht es keinen Sinn, nach Bernstein zu suchen. Erfahrungsgemäß findet man dann nichts, weil die starke Brandung einen starken Rückstrom des Wellenwassers erzeugt. Aber nach dem Abflauen des Windes, wenn noch reichlich Wellenbewegung herrscht, ist beste Sammelzeit.

Die Windrichtung sollte auf jeden Fall vom Meer her kommen, bei ablandigem Wind ist Bernsteinflaute.

Suchen sollte man dort, wo schwarzes, kohleartiges Holz (sogenanntes Sprockholz), die leichten Gehäuse von Seewürmern und Algen als Spülsaum angeschwemmt worden sind. Dieses Material hat ähnliche Schwebeeigenschaften wie der Bernstein.

Dort, wo sich schwerere Ablagerungen wie Muscheln und Steine befinden, braucht man nicht zu suchen; ebenso nicht dort, wo es sehr leichte Ablagerungen sind, wie zum Beispiel Federn und Schlamm.

An diesem Strandabschnitt ist kein Bernsteinfund zu erwarten. Die wie Bernstein aussehenden Steine sind Flintsteine oder Quarze. Hier liegt nichts, was annähernd die Schwebeeigenschaften von Bernstein hat.

Steine können ähnlich aussehen wie Bernstein. Beim Aufheben merkt man aber sofort am Gewicht, dass es kein Bernstein sein kann. Bei kleineren fraglichen Stücken kann man den Zahn-Klopf-Test oder Reibetest machen. Bernstein fühlt sich am Zahn weich an, ein Stein unangenehm hart.

Unten links sind viele Steine zu sehen, die ein Laie vielleicht als Bernstein ansehen könnte.

Die typischen Rippelmarken am Strand sind prädestiniert dafür, dass sich schwarzes Sprockholz und Bernstein in den Kuhlen sammelt.

Auch in Angeschwemmtem mit unterschiedlichen Schwebeeigenschaften kann ein Bernstein zu finden sein.

Bei starken Stürmen wird das Angeschwemmte nicht sauber nach den Schwebeeigenschaften sortiert abgelagert, so dass auch schwere Muscheln zusammen mit leichtem Holz und Bernstein zu finden sind.

In Muschelansammlungen (z. B. Schwertmuscheln, siehe unten) wird kaum ein Bernstein liegen.

BERNSTEIN AN DER OSTSEEKÜSTE

Der Ursprung des Baltischen Bernsteins ist in der Blauen Erde von Palmnicken in der Enklave Königsberg (Jantarny bei Kaliningrad) zu suchen. Von dort ist er vornehmlich durch die eiszeitlichen Umstände in die Ostsee und über die Entwässerungssysteme auch in die Nordsee gelangt. Deshalb können wir natürlich an den Stränden der Enklave Kaliningrad und Litauens und an den Küsten Polens bei geeigneter Wetterlage am meisten Bernstein finden.

Je weiter wir uns vom Vorkommen der Blauen Erde nach Ost/Nordost oder nach Westen entfernen, desto weniger Bernstein ist zu finden. So kommt an der Ostküste Schleswig-Holsteins nur noch sehr wenig Bernstein vor, nach Norden hin abnehmend. An der Ostküste Dänemarks, den Küsten der dänischen Inseln und Südschwedens findet man nur ausnahmsweise mal einen Bernstein. Die für den Bernsteinsammler interessanteren Küsten:

Usedom

Der Schriftsteller Wilhelm Meinhold veröffentlichte 1843 eine Erzählung über „Maria Schweidler, die Bernsteinhexe".

Meinhold schreibt in seinem Vorwort, dass seine Erzählung die überarbeitete Wiedergabe einer Chronik aus der Zeit des Dreißigjährigen Krieges sei, die vom damaligen Pfarrer Abraham Schweidler verfasst wurde.

„The Apparition on the Streckelberg" – Illustration von Philip Burne-Jones für die englische Ausgabe aus dem Jahr 1895.

Die Pfarrerstochter entdeckte im Streckelsberg von Usedom ein Bernsteinvorkommen.

Dieses Bernsteinvorkommen brachte für die Ortsansässigen bis Mitte des 20. Jahrhunderts reichlich Bernsteinbeute. Die letzten fündigen Stellen für Bernstein fielen durch die fortschreitende Erosion der Steilküste der Ostsee zum Opfer.

Ein noch ergiebigeres Bernsteinvorkommen gab es unweit von Stubbenfelde in der Nähe des Teufelsbergs.

SCHULZ (1959, 1960) berichtet darüber ausführlich, beschreibt die Lagerstätte und nahm in den 50er Jahren an Erkundungsarbeiten des Landesamtes für Umwelt, Naturschutz und Geologie Mecklenburg-Vorpommern für einen kommerziellen Abbau des Bernsteins teil. Als Sachbearbeiter erstellte der Diplom-Geologe Werner Schulz einen Ergebnisbericht, aus dem ich im Folgenden auszugsweise zitiere.

„Das Bernsteinvorkommen bei Stubbenfelde ist nachweislich seit weit über 100 Jahren bekannt. ANDRÉE (1937) äußerst sich über die lagerstättenkundliche Bedeutung: Ein zweites Palmnicken dürfte man daselbst (gemeint ist die Tucheler Heide, d. Verf.) ebensowenig gefunden haben, wie an der Blauen Ecke bei Stubbenfelde zwischen Koserow und Bansin, ab 1850 durch reichere Zufallsfunde ein wahres ‚Bernsteinfieber' erzeugt wurde, in jender Gegend, in welcher auch Meinholds ‚Bernsteinhexe' spielt.

Im Zusammenhang mit der Rohstoffbeschaffung für den VEB Fischlandschmuck Ribnitz führt der Geologische Dienst Schwerin seit 1955 Untersuchungsarbeiten auf Bernstein etwa 80 bis 120 m nordwestlich des Strandes von Stubbenfelde durch.

Im November 1955 wurde ein Schurf von 50 m Länge ausgehoben; er brachte die Erkenntnis, dass der Bernstein mit humoser Substanz vergesellschaftet in einem Feinsand vorkommt…

Eine Kartierung des Steilufers zwischen Kölpin-See und Ückeritz verfolgte den Zweck, den Bauplan der eistektonischen Schuppenstruktur des Jungpleistozäns auf Usedom zu erfassen. Erst nach diesen Ergebnissen war es möglich, die Lagerungsverhältnisse im Bereich des Bernsteinvorkommens durch Bohrungen und Schächte planmäßig zu klären.

Um den Verlust an Bernstein auszuschalten, war ständig ein Kollektor des Geologischen Dienstes Schwerin bei der Wäsche zugegen…

Das konzentrierte Vorkommen von Bernstein an der „Blauen Ecke" bei Stubbenfelde liegt in einem Kliff-

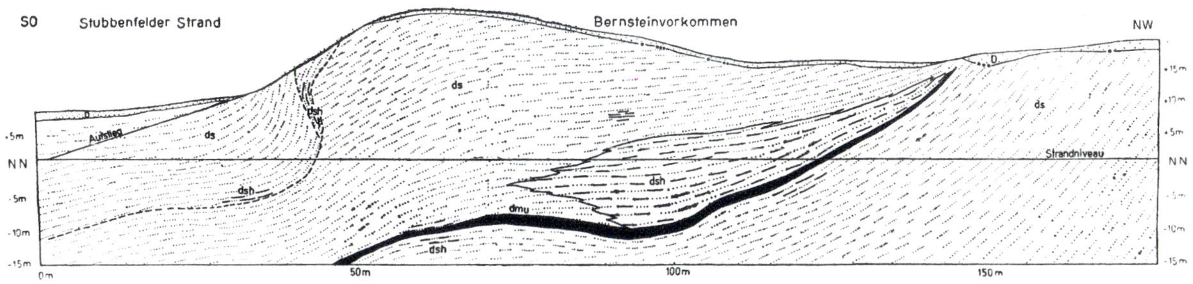

Abb. 2. Schuppenförmige Lagerung am Bernsteinvorkommen von Stubbenfelde (Usedom)
dm_u — Unterer Geschiebemergel; ds — Älterer Beckensand; ds_h — Älterer Beckensand, durch Braunkohlen- und Bernsteingerölle gebändert; D — Kliffranddüne; - - - Überschiebung; o o — einzelne große Geschiebe

Schnitt durch das Bernsteinvorkommen bei Stubbenfelde: Oben SO-Sicht, unten SW-Sicht. Die SO-Sicht zeigt den Zustand vor ca. 100 Jahren, die SW-Sicht den Zustand nach der Steilküstenabrasion ca. 1950.

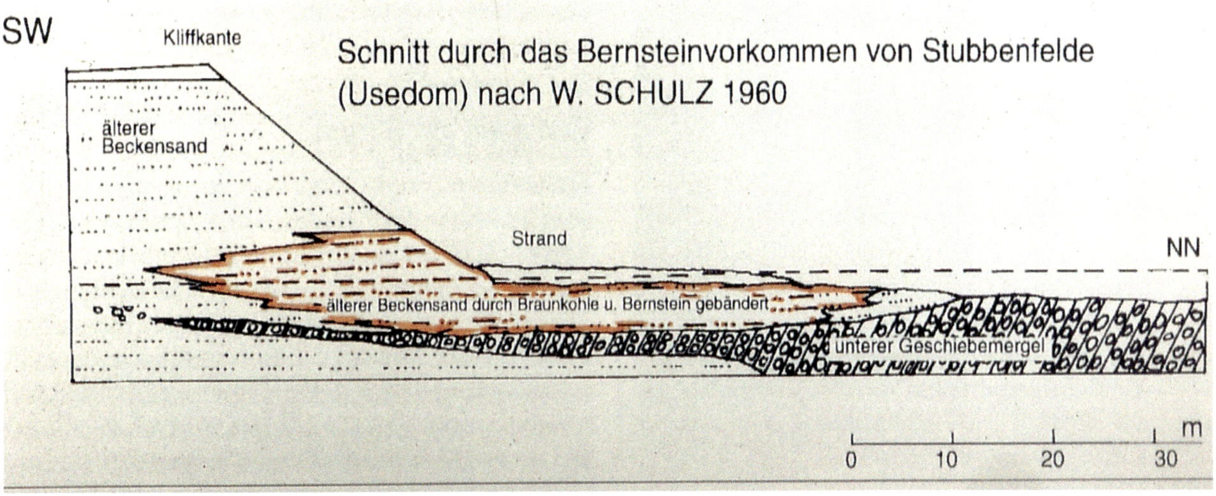

Stollen im Wald auf der Steilküste. Alle Bilder, Skizzen: © Werner Schulz.

Unten: Siebvorrichtung.

abschnitt mit NW-vergentem Schuppenbau; und zwar im Hangenden einer 0,30 m mächtigen Schuppe von Unterem Geschiebemergel, die bei der Erkundung als Leithorizont dient. Unterhalb der Schuppe kann mit bernsteinführendem Sand nicht mehr gerechnet werden…

Im Sommer 1957 wurden 5 Stollen mit einem Querschnitt von 3,20 m^2 mit einer Gesamtlänge von 75 m aufgefahren… Mittels Karren gelangte der bernsteinführende Sand in ein am Strand aufgebautes Sieb von 4 mm Maschenweite und wurde hier aufgeschlämmt…

In dieser Phase wurden aus einem Stollen 24 m^3 bernsteinführender Sand mit 1110 g Bernstein gewonnen, das entspricht 46 g Bernstein pro m^3…
Aus einem weiteren Stollen wurden 7,7 kg Bernstein gewonnen…

Stollen III/57 in 5 m Tiefe: Eine gebänderte Zone, darüber und darunter ‚Schmitzen- und Tupfen-Fazies' mit Bernstein. Dieser Stollen lieferte insgesamt 35 kg Bernstein, mit einer Konzentration von 604 g Bernstein pro m^3 Fördergut.

Um die Ausdehnung der Lagerstätte darzustellen, wurden parallel und senkrecht zur Küste viele Profile gelegt…

Die Lagerstätte weist annähernd die Form einer Linse auf… Der größte Querschnitt in NW-SO-Erstreckung erreicht eine Länge von 76 m…

Die Abrasion hat einen Teil der Lagerstätte bereits abgetragen… und dieser natürliche Abbau dauert an."

Ergebnis der aufwändigen Untersuchungen: Ein kommerzieller Bernsteinabbau lohnte sich nicht. Das war Ende der 50er Jahre.

Die Steilküste, in der Bernstein lagerte und teilweise ergraben werden konnte, ist in Folge jedes Jahr durchschnittlich um einen Meter abgetragen worden, in sturmreichen Jahren sogar bis zu 5 Meter.

Die Küstenlinie hat sich demnach bis heute um ca. 40 Meter ins Land verschoben. Dadurch sind alle bernsteinführenden Schichten oberhalb des Ostseeniveaus der See zum Opfer gefallen.

Die im Boden liegende Bernsteinlinse ist durch illegale Spülungen der letzten 70 Jahre weitgehend ausgebeutet und liegt heute ca. 4 – 5 m unter Ostseeniveau.

Eingang zum Stollen I in der Steilküste.

Stollen I auf dem Strand (Pfeil). Die bernsteinführende Linse liegt in ca. 3 Meter Tiefe. Rechts vom Schacht ist die Siebanlage aufgebaut.

Aus ca. 4 Meter Tiefe frisch gespülter Bernstein mit kohligem Holz.

Bernstein, eingebacken in kohligem Holz und frischeren Holzresten.

Rügen

An der Süd- und Westküste Rügens sind keine Bernsteinfunde zu erwarten. Bei auflandigem Wind kann man an der Ost- und Nordküste durchaus Bernstein finden. Die Hauptfundstellen sind auf einer Karte von „RuegenMagic“ zu sehen.

Hauptfundpunkte von Bernstein, © RuegenMagic - Open Street Map. Rot gestreift: Militärische Übungsgebiete.

Molen bei Ahrenshoop zwischen Fischland und Darß.

Bucht mit Mole vor dem Nothafen Prerow.

Hiddensee

Dort werden sowohl bei nordwestlichen Winden als auch Winden aus Nord bis Nordost an den nordwestlichen Strandabschnitten viele Bernsteine angespült. Das ist vor allem dann der Fall, wenn die Fahrrinne Richtung Rügen ausgebaggert wurde. Nach frühestens einer Woche, je nach Windstärke und Strömungsverhältnissen, wird dann der Bernstein an den Nordweststrand von Hiddensee gespült.

Darß

Am Weststrand zwischen Ahrenshoop und dem Prerower Leuchtturm und am Nordstrand von Prerow bis Zingst gibt es manchmal gute Bernsteinfunde. Der Weststrand verläuft (von Ahrenshoop aus gesehen) in nordöstlicher Richtung, die besten Winde wehen also aus Nordwesten – und das ist meistens der Fall. Im Bereich von Ahrenshoop gibt es einige Molen, in deren Buchten sich häufig Bernstein bei nordwestlichen Winden sammelt.

Aber auch bei Winden aus Nordost wird ganz im Norden des Weststrandes Bernstein angespült, weil die Strömung um die Spitze des Darß zieht und mit der dort vorherrschenden Strömung aus Südwest zusammentrifft.

Am Nordstrand bei Prerow sollten die Winde am besten aus Nordost bis Nord wehen. Dann ist vor allem die Bucht vor dem kleinen Hafen ganz im Westen des Nordstrandes mit den angeschwemmten Tanghaufen bernsteinträchtig.

Lübecker Bucht und Ostküste Schleswig-Holsteins

An der Ostseeküste Richtung Westen nehmen die Bernsteinvorkommen immer mehr ab, ebenso die schleswig-holsteinische Küste Richtung Norden. Trotzdem finden Urlauber regelmäßig vereinzelt Bernsteine.

Auch auf Fehmarn kann man Bernstein finden, allerdings nicht an der Westküste. Dafür vermehrt bei geeigneten Winden links und rechts des Fährhafens Puttgarden. Dort werden manchmal Riesenmengen Tang angespült, in dem sich so mancher Bernstein verfangen hat. Mit Harke kann man dann rückenschonend arbeiten. Die Urlauber aber sieht man meist auf den Knien, glücklich, wenn sie einen Krümel Bernstein gefunden haben.

Tage- oder wochenlang werden die Tanghügel durchwühlt. Nach jedem Sturm wird der Tang umgeschichtet, sieht „frisch“ aus, lädt zum „Puckern“ ein.

BERNSTEIN AN DER NORDSEEKÜSTE

Viel Bernsteinmaterial wurde über das Urstromtal der Elbe in die Nordsee geschwemmt. Folgerichtig findet man in der Nähe der Elbemündung am meisten Bernstein, nach Norden hin abnehmend. Richtung Westen nehmen die Funde viel schneller ab, da an der südlichen Nordseeküste eine West-Ost-Drift besteht.

Ostfriesische Inseln

Bernsteinfunde sind selten, aber durchaus möglich. Die meist sandstrandigen Nordküsten von Wangerooge, Spiekeroog, Langeoog, Baltrum, Norderney und Juist sind auf der Nordostseite anscheinend fündiger als auf der Nordwestseite. Wahrscheinlich, weil erstens der Strand dort seichter ins Wasser abfällt und der Bernstein besser liegen bleiben kann, zweitens, weil sich durch die westliche Strömung dort Verwirbelungen bilden. Zwischen den Inseln herrscht eine starke Ebbe-Flut-Strömung, so dass kein Bernstein liegen bleiben kann.

Insel Neuwerk

Das Watt vor der kleinen Insel Neuwerk, direkt an der Elbmündung gelegen, bringt fast immer gute Funde. Da die Fahrrinne der Elbe regelmäßig ausgebaggert wird und die großen Schiffe immer für starkes Aufwühlen des Untergrundes sorgen, wird auch ständig neuer Bernstein aus dem Meeresboden freigelegt, der dann bei Ebbe auf den ausgedehnten Wattflächen abgesucht werden kann. Leider haben einige Bernsteine abgeplatzte Stellen, ein eindeutiges Zeichen dafür, dass sie in den Saugbagger gerieten und durch die Kreiselpumpe beschädigt wurden.

Aber Vorsicht:
Nur der ortskundige erfahrene Wattgänger sollte sich bis an die besonders fündigen Stellen an der Fahrrinne trauen. Solch ein viele Kilometer langer Weg durch das Watt und über mehrere Priele birgt seine Gefahren. Bei aufkommendem Seenebel (auch bei bestem Sonnenscheinwetter manchmal innerhalb einer halben Stunde aufziehend) oder trübem Wetter oder Regen sieht man die Insel Neuwerk dann nicht mehr und findet nur schwer den Weg zurück über die vorher durchquerten Priele. Spätestens bei Hohlebbe sollte man an den Rückweg denken. Eine halbe Stunde zu spät den Rückweg angetreten, kann das Leben kosten, denn die Priele laufen mit starker Strömung schnell voll.

Auf jeden Fall Handy und Kompass mitnehmen, am besten GPS, und vorher üben, damit man ohne Sicht nur mit den Hilfsgeräten den Weg zurück finden kann.

Der Wind spielt hier im Watt eine ganz andere Rolle als an der „normalen" Ostsee- und Nordseeküste. Während dort auflandiger Wind herrschen sollte, ist das Bernsteinsuchen im Watt bei ablandigem Wind, d. h. hier bei Neuwerk bei östlichen Winden, am erfolgreichsten. Der stete Ostwind treibt das Wasser aus der Elbebucht und größere Wattflächen werden bei Ebbe freigelegt.

Bei dieser Wetterlage konnten meine Frau und ich bei einem Drei-Tages-Besuch auf Neuwerk den Rekordfund von 1,3 kg Bernstein sammeln, darunter einen Viertelpfünder und einen Halbpfünder.

Dagegen drückt Nordwestwind das Wasser in die Bucht, so dass auch in der Elbe bis Hamburg Hochwasser herrscht. Bei starkem Nordweststurm kann es so weit kommen, dass gar kein Watt mehr freigelegt wird. Verstärkt wird dieses Phänomen noch, wenn die Elbe durch Regenfälle im Bereich des Elbeverlaufes viel Wasser führt. Dann fahren auch die Wattwagen nicht mehr von Sahlenburg nach Neuwerk. An Zu-Fuß-Gehen ist erst recht nicht zu denken, es verbleibt nur die Möglichkeit der Fähre von Cuxhaven aus.

Dreitagesfund aus dem Watt vor Neuwerk.

Manchmal gehen die Wattwagen bis an die Grenze des Möglichen. Wir haben schon erlebt, dass nur noch die Köpfe der Pferde aus dem Wasser ragten.

Orientierungspunkte für den Wattwanderer.

Eiderstedt

Anscheinend liegt auch im Untergrund der Eider Bernstein, denn es gab ab und zu folgende Situation: Bei starken Nordwestwinden war das Eider-Sperrwerk bei Tönning lange geschlossen und viel Eiderwasser staute sich auf. Nach Abflauen des Sturmes wurden die Schleusen geöffnet und viel Wasser floss mit starker Strömung aus der Eider ab. In den folgenden Tagen konnten die Urlauber zum Beispiel am Badestrand Vollerwiek im Süden der Halbinsel Eiderstedt sehr gute Bernsteinfunde machen.

St. Peter-Ording

An der Westküste von Eiderstedt im Bereich von St. Peter-Ording lohnt sich in der kalten Jahreszeit der lange Weg auf die bei Ebbe freigelegte Düne.

Aber auch direkt an der Küste ist bei günstigen Winden Bernstein zu finden. Nur im Hochsommer geht die Bernsteinausbeute stark zurück. Insider gehen von der Küste vor dem Leuchtturm Westerhever ins Watt. Dort kann man die lange Strecke bis an die Küste gut mit dem Fahrrad bewältigen.

Die Inseln und Halligen im Wattenmeer einschließlich Sylt und Rømø (Dänemark) versprechen keine großen Bernsteinfunde.

Ganz anders die kleine Insel Fanø vor Esbjerg / Dänemark. Auf den ausgedehnten Wattflächen bei Sønderho ist bei südwestlichen Winden eigentlich immer etwas zu finden.

Leider haben sich die Strömungsverhältnisse seit den neunziger Jahren stark verändert und weniger Bernstein bleibt auf der Wattfläche bei Sønderho liegen. Auch die Westküste der Insel bis hinauf nach Fanø Bad verspricht bei Südwestwinden einiges. Weiter nach Norden auf den Sören Jessens Sand zu gehen lohnt sich nicht.

Nördlich von Fanø liegt Blåvand mit den langen Buhnen und der großen Mole. In den Buchten dieser Buhnen wird häufig viel bernsteinträchtiges Material angeschwemmt. Ausgerüstet mit einer kleinen Harke sollte man dieses Material gründlich durchsuchen. Die dänische Küste nach Norden wird dann immer weniger fündig.

Auch an Orten, die zunächst keine großen Bernsteinfunde vermuten lassen, kann ein Kundiger Methoden heraus tüfteln, mit denen er dann doch Bernstein findet. So möchte ich hier einen Sammlerbericht von Rosalina und Dieter Stoltenberg etwas ausführlicher preisgeben.

BERNSTEINSUCHE AM HINDENBURGDAMM

Von Rosalina (Sally) und Dieter Stoltenberg

Vorwort:
Bücher leben von authentischen Berichten und so nehme ich gerne einen Sammlerbericht vom Ehepaar Stoltenberg in mein Buch auf:

Erwin, ein älterer Arbeitskollege von mir beim Archäologischen Landesamt Schleswig-Holstein, pflegte zu sagen: Es gibt zwei Kategorien von Menschen. Diese unterteilen sich in Jäger und Sammler. Wenn diese Einteilung so stimmt, gehöre ich sicher zu der Kategorie Sammler!

Schon mit 8 Jahren sammelte ich vom Acker meines Vaters am Arenholzer See Flintsteinartefakte aus dem Spätpaläolithikum und dem Mesolithikum. Im Jahre 1972 hatte ich das Glück und konnte als Quereinsteiger beim Archäologischen Landesamt meiner Berufung folgen.

Bei einer Untersuchung eines Untergrabes der Einzelgrabkultur (Jungsteinzeit um 2300 v. Chr.) stieß ich neben einer Felsgesteinsaxt, einem Flintsteinbeil und einer Flintsteinklinge auf zwei Bernsteinscheiben mit Durchmessern von 6,8 und 5,1 cm, beide auf der Unterseite plan geschliffen und auf der Oberseite uhrglasförmig gewölbt, mit einer mittigen, konischen Bohrung zwecks Befestigung versehen. Nach Lage der Funde im Grab dürften diese als Gürtelzier gedient haben. Die größere Scheibe war durchscheinend blutrot, wenn man sie gegen das Licht hielt, einfach wunderschön! Besonders interessant war die kleinere Scheibe, wies sie doch eine alte Reparatur auf. Von der Scheibe war etwa ein Drittel abgebrochen. Durch Bohrungen von der hinteren Seite und der Bruchstelle konnte man, ohne dass es von vorne sichtbar war, die beiden Teile zusammenbinden. Vermutlich hatte man den Bruch zusätzlich mit Birkenteer (dem Klebstoff der Vorzeit) verklebt. Die Reparatur lässt die hohe Wertschätzung seines Besitzers für den Bernsteinschmuck erkennen!

Seufzend sagte ich aufgrund dieses wunderbaren Materials: Schade, dass es bei uns in Schleswig-Holstein so gut wie keinen Bernstein zu finden gibt! Ein Student, der bei uns Praktikum machte, wusste es besser: „Herr Stoltenberg, an der Nordsee kann man bei uns Bernstein finden – ein Geheimtipp von meinem Vater: Am Hindenburgdamm!“ Für die, die es nicht wissen: Der Hindenburgdamm verbindet das Festland mit der Insel Sylt und ist im Besitz der Deutschen Bundesbahn.

Von dem Gehörten war ich so angetan, dass ich gleich am Wochenende mit meinem BMW-Krad Richtung Hindenburgdamm fuhr, eine Fahrstrecke von knapp eineinhalb Stunden. Dort angekommen, stieß ich nach einem kleinen Fußmarsch auf eine Eisenpforte. Ein recht verrostet und nur noch kaum lesbares Schild ließ jedoch erkennen, dass der Zutritt auf das Bahngelände verboten war. Seitlich etwas heruntergedrückter Stacheldraht und Fußspuren ließen erkennen, dass dieses Verbot seit langem missachtet wurde. Ich wagte den Übertritt und um es vorauszunehmen, man hat es 38 Jahre lang geduldet.

In der ersten Zeit wagte ich es noch nicht, den Dammfuß auf ganzer Länge, immerhin 8 km, abzusuchen und kehrte meist in Sichtweite eines Eisenbahnerhäuschens, einer sogenannten Blockstelle, mittig der Strecke um. Dieses war, wie ich später erfuhr, nur in den Sommermonaten besetzt.

Gleich bei der ersten Suche, noch ohne Vorkenntnisse, fand ich einige kleine Bernsteine – das Feuer war entfacht! In der Annahme, wo kleine Bernsteine sind, müssen auch größere sein, erfüllte sich nur langsam. Fast jedes Wochenende war ich auf Tour und die Gänge wurden länger und länger. Lange dauerte es, bis ich das erste walnussgroße Stück fand.

Während andere Sammler nur den Teil aufsuchten, wo der südlich anschließende Friedrich-Wilhelm-Lübke-Koog auf den Damm traf und hier mit Misthaken, Harken und anderem Gerät die Anlandungen durchsuchten, lief ich fast wöchentlich einmal und z. T. auch zweimal hinüber bis Sylt und manchmal auch noch ein Stück Sylt entlang.

Die Auflandung an der Ecke Marschwiesen-Damm verlief in Schüben recht schnell. Traf man anfangs (1975) noch ca. 150 m hinter der Pforte auf das offene Meer, musste man 2013 schon 1,5 km weit laufen. Bei manchen Stürmen wurden ganze Kiesbänke durch die Strömung angespült.

Der Ertrag der Bernsteinsuche war recht unterschiedlich. Im Durchschnitt fand ich um die 20 Gramm pro Tour. Selbst wenn ich Tag auf Tag unterwegs war, fand man nur einige Gramm weniger. Eine richtige Regel, wann es besonders gut sein sollte, fand ich die ganze Zeit nicht. Tosender Sturm brachte oft gar nichts. Ich beobachtete, dass bei Sturm und hohen Wasserständen z. B. eine alte Bierdose noch immer an der gleichen Stelle im Wasser lag wie zuvor. Das Tosen des Wassers spielte sich also nur im oberen Bereich ab. Bernstein fand man bei Wind aus fast allen Richtungen, mit Ausnahme von Nordost bis Ost. Selbst bei Nordwest, also wenn der Wind von der anderen Dammseite gekommen war, fand ich Bernsteine, vereinzelt auch mal bis walnussgroße Stücke. Das war wohl durch die Unterströmung zu erklären, also wenn der Wind das Wasser von der Oberfläche hinaus trieb, strömte unten das Wasser entgegengesetzt nach.

Nach einem kurzen Sturm und damit verbunden starkem Ablagerungsauftrag wurden wir einmal richtig fündig. Alle paar Meter lag Bernstein, teilweise sogar auf dem höheren Steindamm – insgesamt über 600 Gramm! Hier fanden wir auch eine Ameiseninkluse. Vorher ging es uns vor allem um das Material Bernstein – eine wahre Sucht!

Das erste größere Stück fand ich im zweiten Jahr im Winter. Eine dünne Eisschicht überdeckte einen flachen, alten Landgewinnungsgraben. Hier leuchtete es orangegelb durch das Eis. Nach dem Zerschlagen des Eises fischte ich einen 64-Grammer aus dem Wasser – welch eine Freude!

Jahre später sah ich einen Gegenstand ca. 50 m entfernt vom Damm ebenfalls in einem mit Schlick größtenteils verfüllten Graben und dachte zunächst an einen angebissenen Apfel. Durch das Fernrohr sah ich, dass es sich auch um einen Bernstein handeln könnte, also auf durch den Schlick. Hier konnte ich einen großen Brocken von 173 Gramm herausfischen – welch ein Glücksgefühl! Dieses Gefühl kann sich wohl nur ein Sammler vorstellen.

Viele Jahre war das nicht zu toppen, auch wenn wir neben den gewöhnlich kleinen auch mal größere Stücke auffanden. Aber auch kleinste Bernsteine nahmen wir stets mit, da geht es wie beim Geld: Wer den Pfennig nicht ehrt ...!

Nach einigen Jahren Erfahrung hatte ich eine Berufskollegin aus Hamburg zum Bernsteinsammeln eingeladen. Wir hatten „ruppigen" Wind aus Südwest, also beste Voraussetzungen. Dort angekommen, ließ der Wind aber nicht richtig nach und das Wasser lief trotz Ebbe nur etwas ab. Trotzdem fanden wir am Flutsaum einige auch größere Bernsteine. So kehrte sie nicht ohne Funde heim.

Am nächsten Tag war ich wieder draußen! Das Wasser lief nun langsam ab und ich folgte dem Flutsaum. Überall lagen leere Schwertmuschelschalen, vereinzelt auch Brocken von braunem Holz, dem Bernsteinanzeiger, und immer wieder narrten mich gelbe Schwammstücke, die durch die starke Strömung aus tieferen Gefilden der Nordsee an den Strand gespült worden waren. Bernsteine: Vorerst Null!

Plötzlich tauchte ein größeres, verdächtiges Stück auf, ähnlich der Farbe der Schwämme. Aber nein – das konnte doch kein Bernstein sein, der war doch viel zu groß!

Also drehte ich den Fund mit meinem mitgeführten Stock um. Der Atem stockte – ein riesiges Glücksgefühl durchströmte meinen Körper – ein für meine Verhältnisse riesiger Bernstein in der Form eines überdimensionierten Brötchens! Das gelb-marmorierte Fundstück war auf der einen Seite leicht konkav und ließ noch den Abdruck von Rinde erkennen.

Das gute Stück passte kaum in die Seitentasche meines Parkers und guckte oben heraus. Aus Angst, er könnte aus der Tasche auf die Steine des Dammes fallen, legte ich die Hand schützend oben auf. Solch ein unbeschreibliches Glücksgefühl habe ich bei späteren spektakulären Funden und bei Ausgrabungen nie wieder gehabt. Ich bin dann noch einmal hundert Meter weiter gegangen, hatte aber keine Lust mehr, weiter zu suchen – der Fund war ohnehin nicht mehr zu toppen. Zuhause auf der Küchenwaage stellte sich dann heraus, dass der Bernstein 574 Gramm wog!

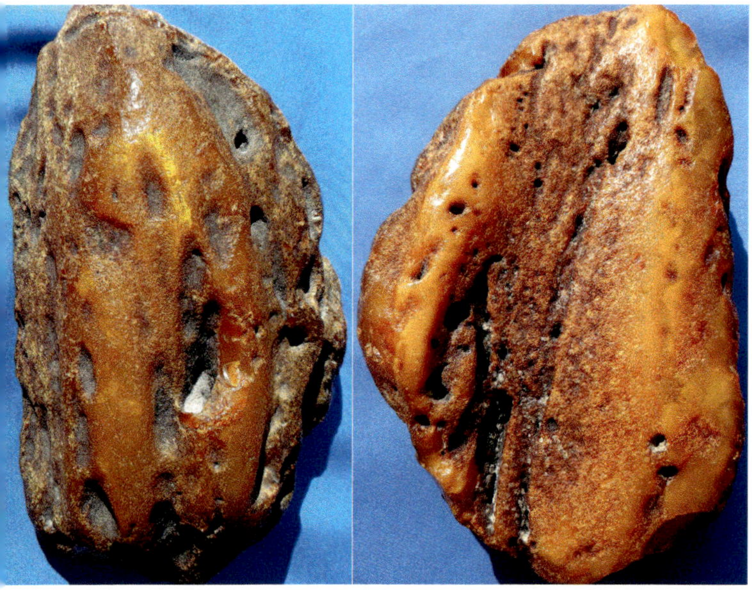

Detailliert von Inklusen in Bernstein erfuhr ich erstmals bei einem Vortrag in der Volkshochschule Schleswig durch Herrn Dr. Wolfgang Weitschat, ein spannender Vortrag.

Herr Weitschat war den “einfachen“ Leuten sehr freundlich zugetan und so bekam ich seine private Adresse und durfte immer mal wieder von uns gefundene Inklusensteine bestimmen lassen. Nach seiner Erkrankung erfuhr ich von seiner Ehefrau Helga die Adresse von Carsten Gröhn und bin dann sehr schnell Mitglied im Arbeitskreis Bernstein geworden.

2013 war mit dem Bernsteinsammeln am Hindenburgdamm endgültig Schluss, die DB-Führung im Betriebsamt Husum untersagte nun generell das Betreten.

Auf der zweitletzten Tour meinte Fortuna es noch einmal richtig gut mit uns. Zwischen dem Treibsel, bestehend aus feinen Teilen des abgestorbenen Quellers, lag ein weißer Bernstein von über 20 g und von der Form wie geschaffen für einen Anhänger.

Insgesamt machte das Verbot uns sehr betroffen. Zurückschauend war es aber kein großer Verlust, denn oft fanden wir überhaupt keine Bernsteine mehr. Der Damm war in den letzten Jahren zunehmend aufgeschlickt und Bernsteine nur noch auf einer Länge von knapp einem Kilometer zu finden.

Fazit: Wir fanden in den 38 Jahren gut 16 kg Bernsteine. Die vielen Geschichten, die wir auf unseren Touren erlebten, sind sehr vielfältig und bleiben unauslöschlich in unserem Gedächtnis. Alleine damit könnte man ein kleines Buch füllen.

Längst haben wir uns ein neues Areal in den Salzwiesen erschlossen, allerdings nicht ganz so ergiebig. Um das Ganze effektiver zu gestalten, sammeln wir nun getrennt und jeder seinen Claim ab. So können wir ein viel größeres Areal absuchen und kommen so auch zu besseren Ergebnissen. Während das hier von mir größte gefundene Stück gerade gut 30 g wog, fand Sally ein Stück von 64 g. Aber jetzt kommt es:

Am 17.4.2016 fand Sally – ohne dass vorher Starkwind war – völlig unerwartet einen exakt 440 Gramm schweren Bernsteinbrocken, welch ein Glück! Das schöne goldgelbe Stück lag noch wochenlang bei uns auf dem Stubentisch.

Neben dem Sammeln von Bernsteinen gilt unser Hauptaugenmerk längst den Inklusen. Die Häufigkeit von Inklusen ist aber sehr unterschiedlich. Das verdeutlicht z. B. das Ergebnis der letzten zwei Jahre. 2019 fanden wir 171 meist kleine Bernsteine, darunter 6 Stücke mit Inklusen; 2020 dagegen 295 Stücke mit nur 3 Inklusen.

Grundsätzlich schleife ich jeden transparenten Bernstein an – auf sehr altmodische Weise auf unterschiedlich gekörntem Schleifpapier und vor dem Polieren im Nass-Schliff mit Stahl-Fix von Johnson. Zum einen erreicht man so plan geschliffene Flächen und das Anschleifen einer Inkluse ist weitgehend ausgeschlossen. So findet man auch Inklusen in Nicht-Schlaubenbernsteinen, die ohne Schichtgrenzen oft eine viel bessere Qualität aufweisen.

Nachdem ich auch den letzten Fitzel meines Vorrates der vielen Sammeljahre angeschliffen habe, habe ich nunmehr Rohbernsteine aus Bitterfeld hinzugekauft. In den Bitterfelder Bernsteinen sind deutlich mehr Inklusen enthalten!

Bernsteinartefakte, also von Menschenhand bearbeitete Bernsteine, findet man nur selten. Dennoch kenne ich einige Sammler, die verschiedene Perlen aus verschiedenen Zeiten fanden. Die kann man anhand der Form und den Bohrungen meist zeitlich einordnen.

Ich hatte das Glück und fand einmal am Hindenburgdamm einen kleinen Bernsteinwürfel mit „Kreisaugen". Meine Gedanken gingen dahin, wer wohl diesen Würfel gefertigt und wer wohl damit gespielt hat. Vermutlich kam er bei den schweren Stürmen, bei denen ganze Dörfer untergingen, ins Meer. Er könnte aber auch von den Wikingern stammen. Die Wikinger fertigten gerne Schmuck aus Bernstein an. Kollegen von mir fanden bei einer Ausgrabung eines wikingerzeitlichen Grubenhauses auf Sylt mehrere Kilo Bernstein deponiert. Vermutlich fand man zu der Zeit noch deutlich häufiger Bernsteine an der Nordseeküste.

Bernstein war aber auch bei den Menschen der Vorzeit sehr beliebt. Bei uns im Landesmuseum auf Schloss Gottorf in Schleswig befand sich ein Bernstein in der Ausstellung, auf dem durch Ritzungen ein Pferdekopf dargestellt ist. Dieser Fund stammt wahrscheinlich aus dem Spätpaläolithikum. Bernsteinschmuck war in der Steinzeit generell sehr beliebt. In einem Großsteingrab (Megalithgrab um 3400 v. Chr.) in Flintbek fand ich weit über 100 Perlen in unterschiedlichen Formen. In einer bodengrab-zeitlichen Bestattung der Einzelgrabkultur (um 2000 v. Chr.) fand ich neben einem verzierten Keramikgefäß, das man zu Füßen der Bestatteten gestellt hatte, im vermutlichen Halsbereich über 50 Bernsteinperlen. Die Perlen lagen noch dicht an dicht im Verband. In der Bronzezeit finden sich neben nun auftauchenden Glasperlen auch immer noch Bernsteinperlen in den Gräbern.

Bernsteinwürfel, Fundort: Hindenburgdamm.

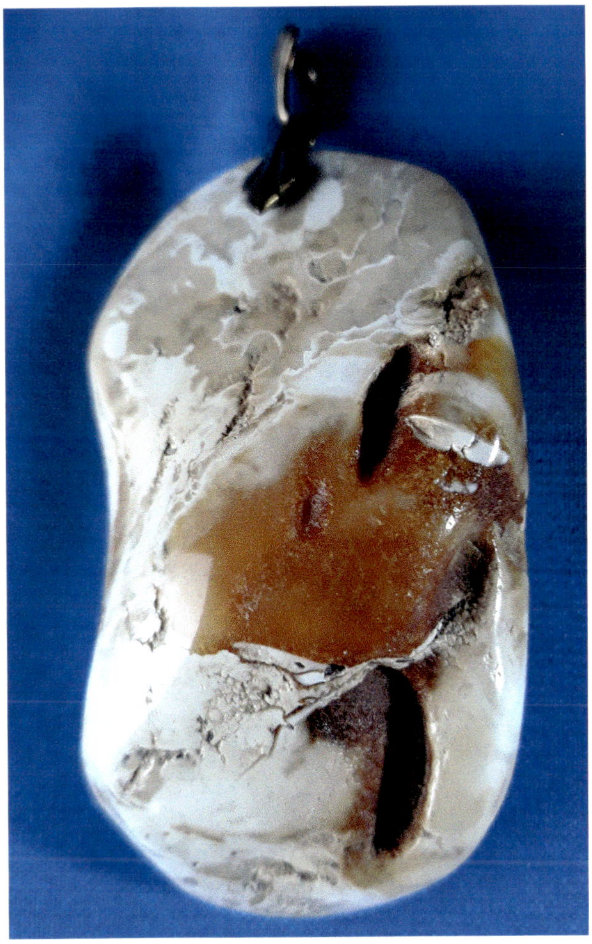

20-Grammer mit viel Weiß, Fundort: Hindenburgdamm.

Alle Fotos: © Dieter Stoltenberg.

BERNSTEIN UNTER EIS UND SCHNEE

Wie häufig habe ich mich schon geärgert, dass Schneefall die Bernsteinsuche beeinträchtigt oder sogar unmöglich gemacht hat. Oder starker Frost hat die Ostsee viele Meter zufrieren lassen, so dass auch bei Wind kein Spülsaum entstehen konnte.

Der Vorteil: Kein anderer Sammler kann Bernstein suchen und die eingeschneiten Spülsäume verbleiben undurchsucht unter der Schnee- oder Eisdecke. Nun heißt es, den richtigen Zeitpunkt abwarten, d. h. Tauwetter, und genau dann auf Suche gehen, wenn der Schnee so weit abgetaut ist, dass die vor dem Schneefall entstandenen Spülsäume freigelegt werden.

Genauso konnte ich es zum Beispiel im Frühjahr 2019 in Bansin auf Usedom erleben, wie die Bilder zeigen. Normalerweise finden sich nach einem Sturm viele Bernsteinsammler an der Küste ein, nicht so bei Windstille und verschneitem Strand. Da ergibt sich dann bei Tauwetter die seltene Gelegenheit, alleine und ungestört auf Bernsteinsuche gehen zu können.

Und wenn nicht alleine, dann sind es meist Urlauber, die am verschneiten Strand wandern und nicht ahnen, dass auch bei dieser Wetterlage Bernstein gefunden werden kann.

Manchmal taut die Schneekante in Wassernähe so schnell ab, dass man eine Stunde später schon wieder neue freigelegte Spülsäume findet. So kann man einen oder mehrere Kilometer langen fündigen Strandabschnitt immer wieder hin- und herlaufen, was ohne Schnee unsinnig wäre.

BERNSTEIN IN SÜßWASSERSEEN

In fast allen Kiesgruben Nordwest- und Nordostdeutschlands kann man mit Glück Bernstein finden. Warum sollte dann nicht auch in den Seen dieser Gegend Bernstein zu finden sein? Ich habe es vielfach versucht, immer ohne Erfolg.

Selbst der erfahrene Sammler wird es kaum glauben: Es gibt eine Ausnahme – die ganz großen Seen! Bei großen Seen entstehen beachtliche Wellen, der Sturm wühlt in Ufernähe den Untergrund auf und wirft Material an Land. Große Stürme kommen bei uns meist aus westlicher bis nordwestlicher Richtung – und so findet man im Anlandungsbereich des Ostufers ab und zu auch Bernstein.

Besonders fündig kann man nach einem strengen Winter mit Eisgang werden. Der Sturm schiebt bei Tauwetter nicht nur die Eisschollen vor sich her, sondern mit ihm auch viel abgesetztes Material des Seebodens. Nach dem Abtauen der teilweise meterhohen Eisberge findet man dann im Holz-Schilf-Sand-Gemisch durchaus Bernstein.

Und so sieht das Ufer eines der großen nord-deutschen Seen nach Eisgang im Frühjahr aus: Die Eisschollen haben den ufernahen Schilfgürtel regelrecht abgeschürft.

In diesem Uferbereich türmten sich vor wenigen Wochen noch große Eisschollen, die der Nordweststurm an Land geworfen hatte. Dieser gezeigte Bereich ist nur vom Wasser aus, also mit dem Boot zugänglich. GEINITZ (1922) berichtet, dass „am Ostufer der Müritz häufig Bernstein ausgeworfen wird."

Das trifft anscheinend aber wirklich nur auf große Seen zu. Noch nie hörte ich von Bernsteinfunden aus kleineren Seen (Ausnahme: Kies-Nassabbau-Seen).

Natürlich gilt, wie auch an der See: Der meiste Bernstein wird nicht an Land geworfen, sondern verbleibt im Wasser. Am leichtesten – und anscheinend auch nur dort – findet man den Bernstein auf hellem, sandigem oder kiesigem Untergrund, dort, wo dunkle Pflanzenreste zusammen getrieben wurden, die schon von weitem gut zu erkennen sind.

Durch eine sich spiegelnde, sich kräuselnde oder wellenbewegte Wasseroberfläche kann man schlecht hindurch schauen. Da hilft ein Sichtglas, z. B. ein Rohr von mindestens 15 cm Durchmesser, auf dem Ende ein Glas geklebt (Komfortversion: Am anderen Ende zwei Bohrungen für einen Tragegurt).

BERNSTEIN SPÜLEN

Bernstein liegt häufig tief im Untergrund und ist dem Bernsteinsammler nicht zugänglich. Aber es gibt Möglichkeiten, an diesen Bernstein zu gelangen: Mit einer Spülausrüstung.

Die Spülausrüstung besteht aus einer Motorpumpe, die zum einen Wasser ansaugt, zum anderen dieses Wasser auf der anderen Seite mit großem Druck herauspresst. Über ein langes Rohr kann der Wasserstrahl bis tief in den Boden geführt werden.

Voraussetzung dafür ist ein Wasservorkommen in der Nähe. Durch einen Feuerwehrschlauch gelangt das Wasser einerseits bis zum Motor und andererseits bis zur Wasserlanze.

Der Wasserstrahl wirbelt den Bernstein und das meist mit ihm zusammen vorkommende Schwarzholz tief im Boden auf und treibt ihn nach oben. Im abfließenden Wasser kann man die Bernsteine sammeln oder auffangen. Die Komfortversion:

Eine Blecheinfassung verhindert das unkontrollierte Abfließen des Wassers. Vor die Öffnung des Blechringes ist ein Netz mit „Steert" befestigt, das bei Bedarf entleert werden kann. Es enthält dann hauptsächlich Schwarzholz und Bernstein. Das Netz kann dann in regelmäßigen Abständen geleert werden. Das Aufgefangene kann abseits gelagert werden, um es dann nach Bernstein zu durchsuchen.

Die entstehenden Trichter sind nicht ungefährlich, da sie viele Meter tief in den Boden ziehen. Nach getaner Arbeit sollte man sie durch Einspülen von Sand wieder füllen.

Die größte Schwierigkeit besteht darin, eine Genehmigung für solche Spülungen zu bekommen, denn die Landschaft wird doch stark zerstört.

So ist ein solches Unterfangen auch nur in Gebieten möglich, in denen sowieso Kiesabbau erfolgt und die Landschaft zerstört ist.

Je nach Ausrüstung und Stärke des Motors können solche Spülungen bis 15 m tief in den Boden getrieben werden. Die Lanze besteht in diesen Fällen aus mehreren Teilen, die zusammengeschraubt oder -gesteckt werden können.

Hier die ganz starke Version:
Ein Traktor-Motor mit großem Ansaugschlauch und sogar zwei abführenden Feuerwehrschläuchen, die vor der Spüllanze zusammengeführt werden, für maximalen Wasserstrahldruck.

Rechts Mitte und unten: Bilder aus vergangenen Zeiten von den ganz verrückten Spülern. Die beiden haben viele Eimer voll Bernstein in der norddeutschen Tiefebene aus dem sandigen Boden gespült.

FISCHEN VON BERNSTEIN

Nicht jedem wird sich diese Möglichkeit erschließen, doch vielleicht ergibt sich beim Urlaub an der Nordsee doch die Gelegenheit, an einer Kutter-Fangfahrt teilzunehmen. Es müssen Kutter sein, die mit einem Grundschleppnetz arbeiten und dabei die Chance besteht, dass der auf dem Grund des Meeres liegende Bernstein mit aufgenommen wird.

Fast jeder dieser Fischer hat schon Bernsteine in seinen Netzen gehabt, auch größere Exemplare. Einige Fischer haben sich damit ein gutes Zubrot verdient, vor allem nachdem die Bernsteinpreise zwischenzeitlich enorm gestiegen waren.

Die meisten dieser Fischer haben eine feste „Kundschaft", also Bernsteinsammler, die sie meist schon lange kennen und beliefern.

Ganz ungewöhnliche Bernsteinfunde hörte ich von einem Fischer vom Darß. Er hatte schon zweimal beim Ausnehmen von gefangenen Dorschen Bernstein im Darm des Fisches gefunden.

Dorsche stürzen sich auf alles, was blitzt und blinkt, das weiß jeder Angler; warum sollte ein Dorsch nicht auch einen bei Sonnenschein blinkenden Bernstein verschlucken? Der Fischer erzählte außerdem, dass er einen Angler getroffen hatte, der ebenfalls beim Ausnehmen eines von ihm gefangenen Dorsches einen ca. 1 cm großen Bernstein fand. Anglerlatein?

BERNSTEIN KESCHERN

Weniger als 5% des küstennahen Bernsteins wird im Laufe der Zeit an den Strand geworfen. Der größte Teil des Bernsteins verbleibt im Meer. Wenn nach einem Sturm Bernstein am Strand zu finden ist, dann kann man sicher sein, dass noch viel mehr im küstennahen Wasser liegt.

Es lohnt sich also, in diesen Bereichen mit einem Kescher ins Wasser zu gehen und das treibende Algen-Holz-usw.-Gemisch aufzufischen und nach Bernstein zu durchsuchen. Ich verwende dazu einen großen Angelkescher, in den ich ein Netz mit 0,7 cm Maschenweite genäht habe. Die Oberseite des Keschers sollte gerade sein, um ihn dicht über den Boden ziehen zu können. Da das Netz gerade in diesem Bereich leicht abnutzt, schütze ich es durch Gummi: Ich schneide einen Fahrrad-Gummischlauch längs auf, lege ihn um das Kescherrohr und befestige ihn.

Das Bernstein-Fischen mit Keschern hat eine alte Tradition an der Ostseeküste. Seit Jahrhunderten trieb es die Männer nach heftigen Stürmen in die Wellen, um sich mit dem früher noch reichlich zu fischenden Bernstein ein Zubrot zu verdienen.

Voraussetzung für gute Bernsteinfunde ist starker Wind. Während des Sturms macht es keinen Sinn, nach Bernstein zu suchen. Erfahrungsgemäß findet man dann nichts, weil die starke Brandung einen starken Rückstrom des Wellenwassers erzeugt. Aber nach dem Abflauen des Windes, wenn noch reichlich Wellenbewegung herrscht, ist beste Sammelzeit.

Das konnte man im Januar 2012 an der dänischen Küste erleben, beschrieben in der Zeitung Jyllands Posten vom 10.01.2012:

»Ravfeberen raser efter storm af Jakob Balthazar Munk. I sondags var entusiaster samlet for at samle efter rav. Stormvejret har gjort forholdene perfekt til at fange de eftertragtede guldklumper [...].“

Deutsche Kurzübersetzung des langen Artikels von Bente Nielsen:

»Das Bernstein-Fieber wütet nach Sturm

Letzten Sonntag nach den Stürmen an der Westküste war die Wetterlage (Gezeiten und richtige Windverhältnisse) besonders toll für die Bernsteinjagd, sagt der Fischer H. E. Norgaard. Zu einem Zeitpunkt waren 42 Menschen am Strand. Sie hofften alle, Bernstein zu finden, und tatsächlich fanden ALLE Bernsteine. Das grösste Stück war ein 185-Grammer. Derselbe Fischer erinnert sich auch, dass er einmal einen 302-Grammer gefunden hatte, den er leider verkaufte. Das hat er später bereut. Viele Schüler waren dabei und obwohl die Bernsteinjagd auch gefährlich sein kann, wegen der starken Wellen, ist das Bernsteinfieber doch stärker.“

Die Windrichtung sollte auf jeden Fall vom Meer her kommen, bei ablandigem Wind ist Bernsteinflaute.

Es gibt besondere Gegebenheiten, da gilt die Regel nicht, dass nur dort Bernstein zu finden ist, wo Material mit ähnlichen Schwebeeigenschaften angespült worden ist. Das sind vor allem große Molen, in deren Buchten bei Stürmen manchmal bergeweise Seegras, Tang usw. an Land geworfen werden. Dazwischen versteckt sich so mancher Bernstein. Ausgerüstet mit einer langzinkigen Harke lassen sich auch große Mengen an Angeschwemmtem rückenschonend umschichten.

Foto © Hans E. Norgaard.

Direkt nach einem Sturm aus der richtigen Richtung kann man dann eine relativ gute Ausbeute erzielen.

An einigen Orten wird der Strand mit Sand neu aufgespült, wenn das Meer nach den Winterstürmen viel Strand abgetragen hat. Der verloren gegangene Sand wird mit Saugbaggern wieder aus der See geholt und auf den Strand gespült.

Das sollte der Bernsteinsammler nutzen und sich bei den örtlichen Behörden entsprechend erkundigen. Ich kenne solche Aufspülungen von Usedom bei Koserow und Sylt, wo regelmäßig große Aufspülungen stattfinden. Auch vor Ahrenshoop auf der Halbinsel Fischland wurde eine Zeitlang fast jedes Jahr gespült.

Früher konnte man vom Boot aus fündig werden (siehe Bilder rechts):

Bernsteinstecher lösten große Bernsteine aus dem Seegrund und fischten ihn mit langen Keschern auf. Taucher gingen erfolgreich auf Suche. Und bis heute wird bei günstigen Bedingungen mit großen Keschern nach Bernstein gefischt.

Rechts: Alter Bernstein-Kescher, Deutsches Bernsteinmuseum Ribnitz-Damgarten.

Oben und unten: Bernsteinstechen vor Brüsterort, aus Klebs, 1883.

Bernsteinstechen vor
Brüsterort,
aus: R. Klebs, 1883

STINKBERNSTEIN AUS HANNOVER

Auszüge aus einem Bericht von Burkhard Dietrich und Petra Voltmer, der im Bernstein-Magazin des Arbeitskreises Bernstein 2022 erschienen ist:

In vielen Kiesgruben Niedersachsens kann „Baltischer Bernstein" gefunden werden, der glazial aus dem Baltikum verfrachtet wurde. Das trifft auch für einige Sand- und Kiesgruben im Norden und Süden von Hannover über den Ur-Flussläufen der Weser, Leine und Aller zu.

Aber nicht nur Baltische Succinit - Bernsteine, sondern auch akzessorische Harze wurden gefunden: Rätselhafter „Stinkbernstein", Retinit (vielleicht Krantzit?), Kohle mit Resinit ... aber in Hannover?!

Wir, die glücklichen Finder der Bernsteine sind: Burkhard Dietrich aus Sarstedt im Süden und Petra Voltmer aus Isernhagen im Nordosten von Hannover.

Stinkbernsteine, Sammlung Burkhard Dietrich.

Aufgebrochener Stinkbernstein, Sammlung Petra Voltmer.

Wir sind beide Mitglieder im Arbeitskreis Bernstein und haben uns im Januar diesen Jahres für ein gemeinsames „Forschungsprojekt" zusammengefunden.

Anstoß war, dass zum Jahreswechsel 21/22 auch im Nordosten von Hannover der rätselhafte „Stinkbernstein" und weitere akzessorische Harze gefunden wurden.

Stinkbernstein aus Sarstedt

Ein bisher nicht bekanntes akzessorisches Harz wurde in einer Geschiebefundstelle des Baltischen Bernsteins der Kiesgrube Sarstedt-Ruthe gefunden. Bei der Durchsicht von Bernsteinstücken auf Inklusen stieg beim Anschleifen einer der Steine anstatt des aromatischen Bernsteingeruchs ein penetranter, undefinierbarer, an Teer und Ammoniak erinnernder Geruch in die Nase. Beim Überprüfen anderer Stücke konnte ein zweites Stück festgestellt werden, das bereits beim Reiben mit den Fingern diesen unangenehmen Geruch entstehen ließ. Ich habe diese Bernsteinvariante „Stinkbernstein" genannt.

Während der 15 Jahre dauernden Bernsteinsuche wurden in etwa 50 kg Rohbernsteinen aller Größen lediglich 45 dieser eigentlich recht kleinen Stücke herausgesucht, deren Größe zwischen wenigen Millimetern bis zur Daumennagelgröße variierten. Auffällig ist, dass die überwiegenden Stücke rund bis länglichrund sind. Die Farbe reichte von klargelb über zitronengelb, durchsichtig hellbraun bis undurchsichtig weiß.

Beim Durchbrechen der durchsichtigen Stücke entsteht der muschelige Bruch wie beim „normalen" Bernstein. Einige der Stücke haben millimetergroße schwarzbraune, rissige Flecken auf der Oberfläche. Die schwarz/braunen runden Stellen sind aber offensichtlich Reste von Kohle.

Als Verursacher des ungewöhnlichen Geruchs war nun der Verdacht aufgekommen, dass Bakterien eventuell eine chemische Veränderung hervorgerufen haben. Die Steine haben jedoch in den letzten 20 Jahren keine Veränderungen oder Schrumpfung erfahren und weisen den gleichen Geruch auf wie zum Zeitpunkt des Auffindens.

Stinkbernstein Nordost Hannover

Bei den Förderungen im Januar und Februar 2022 konnten in einem kurzen Zeitraum ca. 10 größere Einzelstücke Retinit/Krantzit?, eine Hand voll kleine Harzbrocken sowie zwei „Stinkbernsteine" aufgesammelt werden. Nachdem das Spülschiff an eine andere

Stelle verlegt wurde, sind keine weiteren Funde mehr gemacht worden. Interessant ist auf jeden Fall, dass der große Brocken „Stinkbernstein", zusammen mit den Retiniten (Krantziten?) aus einem Spülgang und in einem Spülkreis gefunden wurde.

Der „Stinkbernstein" ist opak marmoriert mit weißlichen und beigen Harzflüssen. Außen trägt er eine kohlige Rinde. Sobald man ihn in die Hand nimmt und leicht reibt, verströmt er einen stechend ekeligen, nach Schwefel oder Ammoniak erinnernden Geruch.

Unsere „Forschungen" zum Stinkbernstein

Wir haben eines der Stücke für eine Brennprobe geopfert. Nach dem Anzünden geriet das Harz schnell in Vollbrand, schwarzer Ruß entwickelte sich, wurde flüssig, tropfte herunter und erhärtete sofort. Die schwarze, glasartige Masse zerspringt bei geringer Belastung - siehe rechts.

FTIR-Analysen

Wir haben Christel Hoffeins zu den Forschungen zum „Stinkbernstein" mit ins Boot geholt und ihr einige Stücke aus der Sarstedter Grube überlassen. Ihr fiel beim Öffnen der Schachtel ebenfalls sofort ein deutlich unangenehmer, Teer ähnlicher Geruch auf. Die Oberfläche der Harzstücke schmierte nach kurzem Reiben, wie bei Kopalen. Der von ihr durchgeführte Schwimmtest im Salzwasser führte dazu, dass einige Stücke schwammen, andere zu Boden sanken. Die Schleifprobe mit Wasser setzte ebenfalls den Stink-Geruch frei.

Zur Klärung des Sachverhaltes entschieden wir mit Christel Hoffeins eine Expertenmeinung einzuholen und übergaben im Sommer 2021 eine willkürliche Auswahl, etwa 10 Belege, an Frau Dr. Ewa Wagner-Wysiecka, Technische Universität Danzig, Fakultät für Chemie und Technologie, zur Analyse. Nach einer ersten Kontaktaufnahme äußerte sie die Vermutung, es könnte sich um Krantzit handeln. Krantzit ist definiert als weiches fossiles Harz mit einem hohen Gehalt von 4-6 % Schwefel und charakteristischem scharfen Geruch.

Die Stinkbernsteine stimmen jedoch mit Krantzit offensichtlich nicht überein, von denen ebenfalls Belege aus den Kiesgruben im Weser/ Leine- sowie des Allertales vorliegen.

Die an der Technischen Universität Danzig durchgeführten Untersuchungen mittels FTIR Spektren erbrachten kein eindeutiges Resultat. Im März 2022 erhielten wir die Nachricht aus Danzig:

Eine der Proben, CHA5A, ähnelt in ihrer physikalischen Eigenschaft dem GEDANIT, aber das Spektrum ist weder GEDANIT, SUCCINIT noch GEDANOSUCCINIT.. (Übersetzung).

Es gibt kein vollständiges Protokoll, die Vergleichsanalysen liegen jedoch vor. Die Hoffnung auf eine eindeutige Expertise der „Stinkbernsteine" mittels FTIR Spektren hat sich nicht erfüllt.

Die Identifizierung der als „Stinkbernstein" benannten Belege aus Kiesgruben südlich Hannover stellt offensichtlich eine Herausforderung dar.

Stinkbernstein, Sammlung Burkhard Dietrich.

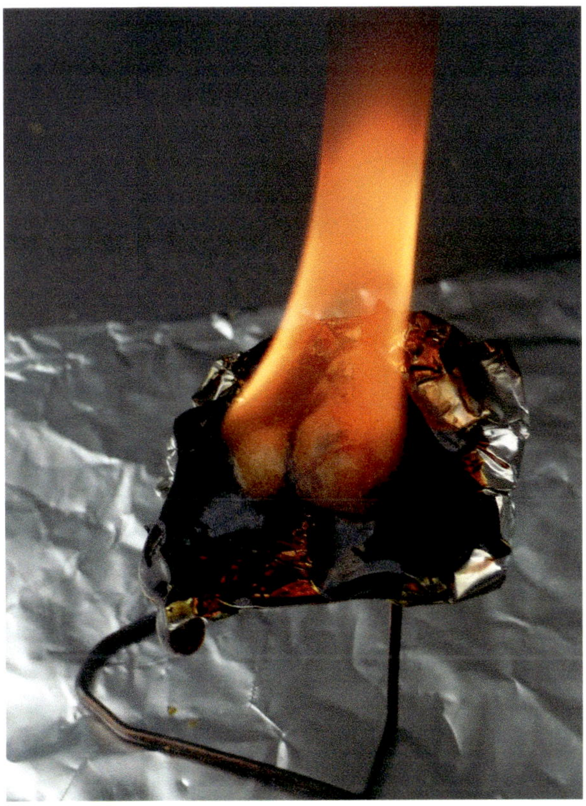

Stinkbernstein, Brennprobe.

SANDBERNSTEIN AUS VERSCHIEDENEN REGIONEN

Burkhard Dietrich hat für das Bernsteinmagazin des Arbeitskreises Bernstein über Sandbernstein geschrieben (bisher nicht veröffentlicht), ich zitiere:

Als ich im Frühjahr 2021 das erste Mal den Begriff „Sandbernstein" gelesen habe, war mir nicht klar, um was es sich handelt.

„Sandbernstein" stammte aus miozänen Lagerstätten der Lausitz, gefunden in den sandigen Schichten des Abraums über den Braunkohleschichten. Durch einen befreundeten Bernsteinsucher, der in der Lausitz sucht, wurden mir dankenswerter Weise zwei Stücke zur Verfügung gestellt. Vom Augenschein her haben die

Stücke mit Bernstein nichts gemeinsam. Äußerlich handelt es sich um einen rauen, fast groben, unförmigen Sandstein. Das fossile Harz scheint den Sand „imprägniert" und sich dann verfestigt zu haben.

Die Recherche ergab, dass der „Sandbernstein" aus der Lausitz bereits seit Jahrzehnten bekannt ist. Er wurde aufgrund des äußerlichen Erscheinungsbildes zunächst dem „Siegburgit" aus dem Miozän der Braunkohlegruben in der Nähe der Stadt Siegburg gleichgestellt.

Erst die Untersuchung durch Roland Fuhrmann (2012) ergab, dass es sich um eine eigenständige Erscheinungsform handelt.

In der Kurzfassung seiner Beschreibung heißt es:
„Aus dem Miozän der Lausitz stammende Konkretion aus Sand mit fossilem Harz als Bindemittel sind der Bernsteinart Siegburgit äußerlich sehr ähnlich. Die Untersuchung dieses Sandbernsteins ergab, dass es sich nicht um Siegburgit, sondern eine eigenständige Bernsteinart handelt".

Aufgrund der IR-Spektographie handelt es sich laut FUHRMANN offensichtlich um eine bisher nicht bekannte Bernsteinart, die aber vorerst in offener Nomenklatur verbleiben soll.

Für die Vergleichsuntersuchung des Sandbernsteins durch FUHRMANN wurde das enthaltene Harz mittels einer Kochsalzlösung extrahiert, sowie Proben von SIEGBURGIT aus dem Miozän bei Siegburg, BECKERIT aus dem Oberoligozän des Tagebaus Goitsche, eine Bernsteinart NN6 aus dem Oberoligozän des Tagebaus Goitsche, KRANTZIT aus dem Mitteleozän des Tagbebaus Profen-Süd und Rindenharzgalle aus dem Mitteleozän des Tagebaus Mücheln-Süd, Geiseltal, anhand der Infrarotspektographie charakterisiert.

Der Siegburgit und die anderen Harze der Beckerit-Gruppe haben hohe Anteile aromatischer Ringsysteme. Beim Sandbernstein fehlen diese funktionalen Gruppen.

Der Sandbernstein aus der Lausitz gehört demnach am ehesten zur Glessit-Gruppe, aber auch dazu bestehen größere Abweichungen.

Im Sandbernstein füllt ein gelblichrotes, sehr sprödes Harz die Poren eines schwach schluffigen grobsandigen Mittelsandes aus.

Ich habe eines der Stücke mit einer Diamantsäge getrennt und einseitig geschliffen. Beim Erhitzen durch das Sägen und Schleifen ist der typische Bernsteingeruch wahrnehmbar gewesen.

Durch das Schneiden wurde die Schnittstelle durch Harz verschmiert. Unter dem Binokular ist das Harz auf der Steinoberfläche gut zu erkennen. Im UV-Licht erkennt man den Gehalt an Bernstein am besten.

Christian Otto hat in der Lausitz ebenfalls Sandbernstein gefunden (siehe Fotos unten und rechts) und schreibt dazu:

Das Vorkommen ist fast ausschließlich auf das Gebiet um Schlabendorf begrenzt. Ich habe bis jetzt nur einen weiteren Beleg im Bereich südöstlich Senftenberg finden können, einen weiteren in der Nähe des oberlausitzischen Dorfes Neuwiese im Lausitzer Seenland.

Die Oberflächenstruktur und Farbe haben nur sehr wenig Ähnlichkeit mit Bernstein. Unter UV Licht ist der Sandbernstein jedoch nur sehr schwer vom Bernstein zu unterscheiden.

Am Tag würde man den "Stein" wohl nicht als Bernstein erkennen und liegen lassen. Hebt man ihn auf, fühlt er sich wie fest verbackener feiner Sandstein an.

Der größte Sandbernstein, den Christian Otto gefunden hat, wiegt über ein Kilogramm.

Bei 40 facher Vergrößerung kann man gut den klaren Sand erkennen. Dazwischen füllt Bernstein die Zwischenräume aus; die Farbe geht von hellem Gelb bis zum dunklen Rotbraun.

Sandbernstein 1124 g, 15x10x8 cm, Sammlung Christian Otto.

Teilweise sind Holzreste „eingebacken", die sogar ansatzweise Gefäßstruktur erahnen lassen. Auch Blätter kann man im Sandbernstein finden.

SIEGBURGIT - Ein fossiles Harz vom Niederrhein

Von Frank Moseler

Gleichwohl das Rheinland nicht gerade für Bernsteinfunde bekannt ist, wurden auch hier in oligozänen Braunkohleschichten fossile Harze entdeckt. Ein fossiles Harz von besonderem Interesse trat am Niederrhein in größeren Mengen auf und zwar in den Sanden über den Braunkohleflözen.

Es handelt sich um den sogenannten „Siegburgit“ (siehe Abb.), benannt nach der Stadt Siegburg (Rhein-Sieg-Kreis, Nordrhein-Westfalen), die rund 15 km nordöstlich von Bonn gelegen ist. Das Material unterscheidet sich in seinen physikalischen und chemischen Eigenschaften deutlich vom eigentlichen Bernstein (Succinit) und wird deshalb zu den sogenannten „akzessorischen Harzen“ gerechnet. Siegburgit wurde in der zweiten Hälfte des 19. Jahrhunderts in der Umgebung von Troisdorf und Siegburg beim Sandabbau entdeckt und 1875 durch den Mineralogen und Geologen Arnold von Lasaulx beschrieben (Lasaulx 1875, 128 ff.). Er schreibt:

„In diesem Sande kommen grauweisse, nierenförmige, unregelmässig geformte, knollige Concretionen vor, in der Form den bekannten sog. Lösskindchen durchaus gleichend und das verkittende Cäment dieser Knollen ist ein leicht entzündbares Harz“. Das Harz selbst beschreibt Lasaulx als „goldgelbe bis braun- und hyacinthrothe Körnchen“.

Die erwähnten Konkretionen bestehen zu unterschiedlichen Anteilen aus Quarzsand und aus Harz als Bindemittel. Der Harzanteil liegt dabei meist unter 50%, maximal bei ca. 54% (Lasaulx 1875, 131 f.).

Weiterhin wird das Material als „leicht entzündbar“ und im Geruch „aromatisch“ beschrieben, was dazu führte, dass Siegburgit offenbar recht regelmäßig seinen Weg in die Weihrauchfässer der nahegelegenen Ortschaften fand.

Die chemische Zusammensetzung des Siegburgits wurde bereits im ausgehenden 19. Jahrhundert analysiert und veröffentlicht (Klinger/Pitschki 1884, 2742 ff.). So konnten im Destillat größere Mengen von Styrol und Zimtsäure sowie geringe Mengen von Benzol und Toluol nachgewiesen werden; Bernsteinsäure hingegen fehlte (Klinger/Pitschki 1884, 2743).

Die chemische Zusammensetzung sowie der Fund fossiler Blattabdrücke des Laubbaums *Liquidambar europaeum* in der Region veranlassten Klinger und Pitschki zu der Annahme, dass diese auch „Amberbaum“ genannte Pflanze aus der Familie der Hamamelidaceae der Harzlieferant des Siegburgits gewesen sein müsse (Klinger/Pitschki 1884, 2745 f.).

Zwischenzeitlich wurden auch „Sandbernsteinfunde“ aus Bitterfeld und aus dem Miozän der Lausitz gemeldet und aufgrund eines sehr ähnlichen Erscheinungsbildes oftmals ebenfalls als Siegburgit bezeichnet.

Nähere Untersuchungen mittels Infrarotspektroskopie haben jedoch eindeutig gezeigt, dass sich diese Harze deutlich von dem Material aus Siegburg unterscheiden (Fuhrmann 2010 u. 2012).

Fuhrmann, R. (2010): Die Bitterfelder Bernsteinarten. - In: Mauritiana (Altenburg) 21, 2010, 1-46.

Fuhrmann, R. (2012): Der Sandbernstein aus dem Miozän der Lausitz, ein Siegburgit?. - In: Mauritiana (Altenburg) 24, 2012, 24-28.

Klinger, H. & Pitschki, R. (1884): Über den Siegburgit. - In: Berichte der deutschen chemischen Gesellschaft 17, 1884, 2742-2746.

Von Lasaulx, A. (1875): Siegburgit, ein neues fossiles Harz. - In: Neues Jahrbuch für Mineralogie, Geologie und Palaeontologie Jahrgang 1875, 1875, 128-133.

Foto Siegburgite © Frank Moseler.

HISTORISCHE BERNSTEINFUNDE aus der Lausitz

Von Frank Moseler

Die Lausitz gilt bis heute als eine der bekanntesten und erfolgversprechendsten Regionen, um abseits der deutschen Küstenregionen Bernstein zu finden. Wenngleich nicht in abbauwürdigen Mengen zu finden, erfreuen sich die überwiegend aus Ton-, Sand- und Kiesgruben sowie aus Braunkohletagebauen stammenden Stücke bei Sammlern großer Beliebtheit.

Bernstein wird in der Lausitz schon seit mehreren Jahrhunderten auch immer wieder im Zuge verschiedenster Baumaßnahmen entdeckt (Sauer 1997, 133).

Gleichwohl aus der Lausitz auch tertiäre (miozäne) Bernsteinfunde bekannt sind – hierbei handelt es sich überwiegend um sogenannte akzessorische Harze, denen im Gegensatz zum Baltischen Bernstein (Succinit) die charakteristische Bernsteinsäure fehlt oder nur in vergleichsweise geringen Mengen vorhanden ist (vgl. Sauer 1997, 134; Krumbiegel/Krumbiegel 2005, 49) – stammt doch ein Großteil des Lausitzer Bernsteins aus quartären Ablagerungen, die durch die pleistozänen Eisvorstöße vom Ostseeraum nach Süden verlagert wurden.

Bernsteinfunde aus diesen quartären Ablagerungen sind aus der Lausitz schon seit 1765 überliefert (z. B. Kosmowska-Ceranowitz u.a. 1993, 12; Sauer 1997, 134 f.).

So wurden seit Mitte des 19. Jahrhunderts wiederholt auch Bernsteinfunde aus Pulsnitz (Landkreis Bautzen, Sachsen) und aus der Umgebung von Pulsnitz gemeldet, die im Zuge verschiedener Baumaßnahmen zutage traten, z. B. aus der Gemeinde Ohorn, ca. 2 km südöstlich von Pulsnitz gelegen. Dieser Ort findet im Mineralogischen Lexicon für das Königreich Sachsen Erwähnung, leider ohne eine genauere Beschreibung der Fundumstände (Frenzel 1874, 313).

Bei den Stücken (siehe Abb.) handelt es sich wahrscheinlich um solche historischen Funde aus dem 19. Jahrhundert. Sie wurden im Jahr 2020 durch den Autor erworben und stammen ursprünglich aus der Mineralogischen Sammlung J. Schöne aus Dresden.

Frenzel, A. (1874): Mineralogisches Lexicon für das Königreich Sachsen (Leipzig, 1874).

Kosmowska-Ceranowitz, B., Krumbiegel, G., Sauer, W. (1993): Lausitzer Bernstein. - In: Lausitzer Braunkohle AG (Hrsg.), Lausitzer Bernstein (Großenhain 1993).

Krumbiegel, G. & Krumbiegel, B. (2005): Bernstein – Fossile Harze aus aller Welt (Wiebelsheim 2005).

Sauer, W. (1997): Die Bernsteinvorkommen in der Lausitz. - In: In: M. Ganzelewski / R. Slotta, Bernstein – Tränen der Götter. Ausstellungskatalog des Deutschen Bergbaumuseums Bochum (Essen 1997) 133-138.

Fotos © Frank Moseler.

GEOLOGISCHE KURIOSITÄT aus dem Landkreis Oberhavel (Brandenburg)

Von Frank Moseler

Wie auch in anderen Fundregionen Mittel- und Ostdeutschlands, wurde und wird Bernstein im nördlichen Brandenburg überwiegend beim Kies-, Sand- und Tonabbau sowie im Rahmen unterschiedlicher Baumaßnahmen gefunden.

Wenngleich der genaue Verlauf der Um- und Ablagerungsprozesse noch nicht abschließend geklärt ist, so spricht doch einiges dafür, dass es sich auch bei den Bernsteinfunden Nordbrandenburgs überwiegend um „Geschiebebernstein" handeln dürfte, der im Zuge der pleistozänen Gletschervorstöße aus dem Ostseeraum in diese Region umgelagert wurde (siehe dazu z. B. Ganzelewski 1997, 11 ff.; Gröhn 2019, 10 ff.).

Das Auftreten von Bernstein im nördlichen Brandenburg ist spätestens seit der ersten Hälfte des 18. Jh. überliefert. So berichtet z. B. der Geograf Heinrich K. B. Berghaus (1797-1884) in einer Zusammenstellung der Fundorte in der „Mark Brandenburg" über Bernsteinfunde aus der Prignitz, z. B. an den Ufern der Elbe, aber auch in der Elbe bei Lütkenwitsch (Landkreis Prignitz).

Ferner erwähnt er Funde aus der „Mittelmark", z. B. aus der Umgebung von Oranienburg (Landkreis Oberhavel), aus dem Lehnitzsee und dem Wandlitzer See, die beide im Zuge der Weichsel-Kaltzeit entstanden sind.

Aus dem Stadtgebiet von Berlin führt er ebenfalls eine Reihe von Fundstellen auf. Aus der „Uckermark" berichtet Berghaus beispielsweise von Funden aus der Umgebung von Prenzlau (Landkreis Uckermark) und aus dem ebenfalls weichselkaltzeitlichen Uckersee (Berghaus 1883, 2051 ff.). Am interessantesten in seiner Aufzählung ist aber ein Hinweis auf Bernstein, der nahe der Stadt Zehdenick (Landkreis Oberhavel) gefunden wurde und eine „Eigenthümlichkeit darbietet".

Die amtsfreie Stadt Zehdenick liegt rund 60 km nördlich von Berlin. Schon in der ersten Hälfte des 15. Jahrhunderts wurde in Zehdenick und Umgebung Raseneisenerz abgebaut.

In Aufzeichnungen aus dem Jahr 1438 wird zudem ein Eisenhammer in der Herrschaft Zehdenick erwähnt. Die Stadt selbst gewann in der zweiten Hälfte des 17. Jahrhunderts aufgrund der reichen Raseneisenerzvorkommen immer mehr an Bedeutung, ließ doch Kurfürst Friedrich Wilhelm von Brandenburg in Zehdenick einen Hochofen errichten, woraufhin es zu einer intensiven Ausbeutung der Raseneisenerzvorkommen kam. Der zwischen 1664 und 1666 errichtete Hochofen war mit Unterbrechungen etwa 100 Jahre lang in Betrieb, bevor das gesamte Hüttenwerk 1815 stillgelegt wurde. Damit wurde auch der Raseneisenerzabbau in der Region eingestellt.

Von großem Interesse ist in diesem Zusammenhang, dass während der intensiven Ausbeutung des Raseneisenerzes auch immer wieder Bernstein gefunden wurde, bei dem es sich, wie heute bekannt ist, um eine echte Kuriosität handelt. Erstmals wurde diese geologische Besonderheit im Jahre 1751 durch den Naturforscher Christlob Mylius (1722-1754) in seinen „Physikalischen Belustigungen" erwähnt. Er beschreibt seine Beobachtungen vom 25. bis 27. September 1750 beim Besuch des Zehdenicker Eisenwerks wie folgt:

„Etwas in der That merkwürdiges aber ist dieses, daß man im Zehdenicker Eisenstein seit einiger Zeit, aber selten, Bernstein findet, und zwar weissen, gelblichen und röthlichen, durchsichtigen und undurchsichtigen. Er sitzt fest in diesen Steinen, von der Größe einer Haselnuß an bis zu der Größe einer Faust; wie mir denn damals ein Stück von wenigstens 10 Unzen am Gewicht gezeiget ward. Derjenige Bernstein, welcher sich von dem Eisenstein leicht ablösen läßt, ist meistens mit einer ockerichten Rinde umgeben. Da man ihn gemeiniglich erst findet, wenn man die Eisensteine bey der Schmelzhütte klein klopft, wo dieser von allerley Orten her unter einander liegt, so weiß man nicht, ob er eigentlich an einem gewissen orte ins besondere, oder ohne Unterschied in allen Sümpfen gefunden wird. Der Gräber sagte mir, daß da, wo man Bernstein unter dem Eisenstein fände, unter diesem eine blaue lettiche Erde läge; welche Erfahrung ich aber eben nicht als zuverläßig ausgeben will."

Diese ungewöhnliche Kombination aus Raseneisenerz und Bernstein erklärt sich durch die Entstehungsgeschichte des Erzes in Brandenburg, welches überwiegend im Zeitraum zwischen 9000 und 4500 Jahren vor heute in feucht-sumpfigen Flussniederungen und Auen entstanden ist, dort, wo fein- bis mittelkörnige Sande, Tone, Schluffe und unter Umständen auch Torfe von eisenhaltigem Grundwasser durchströmt wurden. Durch Oxidation in Oberflächennähe wandelte sich das im Grundwasser enthaltene zweiwertige in dreiwertiges Eisenoxid um, welches sich mit dem umliegenden Substrat verfestigte und mitunter größere Aggregationen bildete.

Das Raseneisenerz Brandenburgs entstand also lange nach der Ablagerung des Bernsteins (Succinit) in der Region. Der Bernstein wurde quasi mit in die Raseneisenerz-Aggregationen „eingebacken". Bei der geologischen Kuriosität von Zehdenick handelt es sich also um einen glücklichen Zufall: „Zur rechten Zeit am rechten Ort".

Da der Raseneisenerzabbau in Zehdenick und Umgebung bereits zu Beginn des 19. Jahrhunderts eingestellt wurde, dürfte es sich bei dem hier gezeigten Stück mit anhaftendem Bernstein um einen historischen Fund handeln. Neufunde sind dementsprechend nicht zu erwarten.

Ganzelewski, M. (1997): Entstehung und Lagerstätten des Baltischen Bernsteins. - In: M. Ganzelewski / R. Slotta, Bernstein – Tränen der Götter. Ausstellungskatalog des Deutschen Bergbaumuseums Bochum (Essen 1997) 11-18.

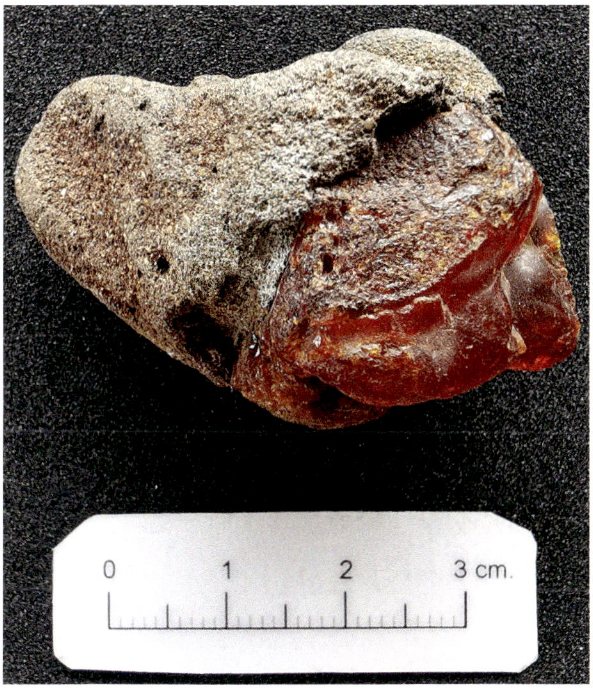

Raseneisenerz mit anhaftendem Bernstein, Foto © Frank Moseler.

Gröhn, C. (2019): Alles über Bernstein (Kiel/Hamburg 2019).

Berghaus, H. (1883): Der Bernstein in der Mark Brandenburg. - In: Ferdinand G. Kühne (Hrsg.), Europa: Chronik der gebildeten Welt, 1883, Nr. 52, 2051-2058.

Mylius, C. (1751): Nachricht von dem Eisenwerke zu Zehdenick. - In: Christlob Mylius (Hrsg.), Physikalische Belustigungen 1 (Berlin 1751) 643-653.

Raseneisenerz-Entstehung: irisierende Eisenockerschicht, Foto © Matthias Schütze.

Lesesteinhaufen mit Raseneisenerz Foto © Matthias Schütze, Heimatverein Borsdorf e. V.

BERNSTEINSUCHE MIT HIGHTEC

HW ist ein Visonär und ganz Verrückter, der die unmöglichsten Ideen in die Tat umsetzen kann. Nach einer langen Diskussion mit dem Hauptthema „Der meiste Bernstein liegt noch am Meeresgrund“, hatte er eine geniale Idee: Mit einem Unterwasserroboter müsste man den Bernstein auch tief unten in der Ostsee finden können.

So mietete sich HW ein Schiff, eine Crew mit Experten und Tauchern und entsprechende technische Gerätschaften:

Einen ROV (Remotely Operated Vehicle), also ein ferngesteuertes Unterwasserfahrzeug mit verschiedenen Kameras, mit einem bis 200 m langen Kabel, an den Computer angeschlossen. Weiterhin verschiedene Bildschirme, auf denen alles sichtbar gemacht werden kann. Und ein SSS (Side Scan Sonar), ein Seitensichtsonar, das für Reichweiten von wenigen Metern bis vielen hundert Metern geeignet ist und mit hoher Frequenz eine große Auflösung hat.

Mit dieser Ausrüstung sollte es möglich sein, Bernsteine ab einer bestimmten Größe auf dem Meeresgrund zu erkennen. Die Tauchausrüstung sollte zum Einsatz kommen, wenn Bernsteine gesichtet werden. Alternativ gab es auch am ROV eine Zusatzausrüstung mit Greifer und Netz, so dass vom Boot aus die Bergung des Bernsteins vorgenommen werden könnte.

Das SSS kann mit einer Software „gefüttert“ werden, so dass verschiedenste Materialien – und nur diese – erkannt und angezeigt werden. Auch Bernstein hätte man wohl einstellen können, doch diese Software sollte einige zehntausend Euro kosten. Deshalb kam dieser erfolgversprechende Luxus nicht infrage.

Der leistungsfähige Computer zeichnet ALLES, was ROV und SSS „sieht“, genauestens auf. So kann man auch bei späterer Auswertung und vielleicht Sichtung eines Bernsteinvorkommens dann metergenau die Stelle wiederfinden.

Seitensichtsonar (Side Scan Sonar).

Computer und verschiedene Bildschirme.

Unterwassergefährt (Remotely Operated Vehicle).

Unterwasser-Kamera.

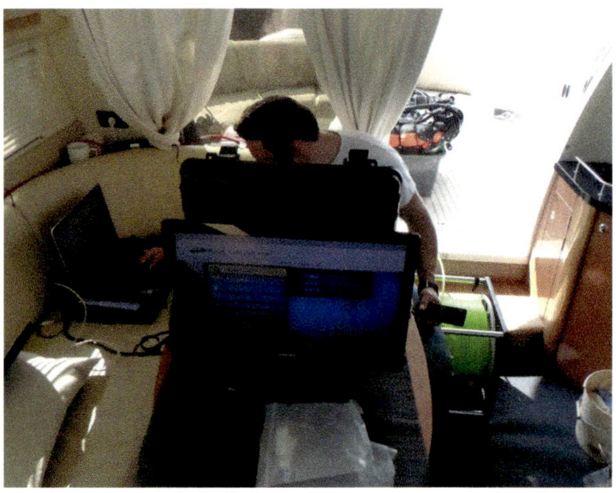

Los ging's in Warnemünde/Rostock mit dem Boot. Die Westküste von Fischland-Darß entlang, um den Darßer Haken herum bis in den Nothafen von Prerow. Glücklicherweise kannte ich den Kapitän des Seenotkreuzers von vorigen Besuchen und konnte mit seiner Unterstützung eine Genehmigung zum Anliegen erreichen.

Zunächst wurde das Gerät in seichtem Gewässer des Nothafens getestet. Spannend war auch das schon, weil die Unterwasserwelt uns an den Bildschirmen gezeigt wurde: Kleine Plattfische, Stichlinge, Muscheln, Pflanzen und da, das musste doch Bernstein sein! Nein, es war eine bernsteinfarbene Klaffmuschelschale. Aber jetzt, nein, dieses Mal ein Stück gelbliches Plastik. Alles funktionierte vielversprechend, so dass für den nächsten Tag die Ausfahrt auf die Ostsee anstand.

BERNSTEIN WIR KOMMEN!

Schon beim Herausfahren aus dem Nothafen merkten wir, dass die Windstärke 3-4 uns zu schaffen machte. Die Bildschirme und Computer verrutschten oder flogen vom Tisch.

Mit viel Klebeband erreichten wir Standsicherheit. Der Wellengang war einfach zu hoch, HW's Begleiter wurde weißlich im Gesicht und musste raus aus der Kajüte zum Erleichtern.

Was tun? Wir fuhren wieder um den Darßer Haken herum (großer Umweg, da der Bereich weiträumig für Boote gesperrt ist) auf die Westseite des Darß bis nach Fischland hinunter, nördlich von Ahrenshoop. Dort hatten wir bei dem Nordostwind/-sturm eine relativ ruhige See.

Nun wollten wir etwas testen. HW hatte Borneobernstein in verschiedenen Größen mitgebracht. Der Taucher ging mit Unterwasserkamera ca. 8 m runter auf den Meeresgrund und platzierte die Bernsteine in einer Reihe. Das war nicht so einfach, denn die Bernsteine trudelten bei der kleinsten Wasserbewegung hin und her. Sie mussten etwas in den Boden gedrückt werden. Eine Boje mit Anker markierte die Stelle.

Nun fuhren wir mehrfach mit dem Sonar über die Stelle hinweg und wunderten uns, dass wir die Bernsteine nicht zu Gesicht bekamen. Hatte der Anker nicht gehalten, war die Boje abgedriftet?

Die Erkenntnis war ernüchternd, dass wir die Bernsteine zunächst nicht wieder zu Gesicht bekamen. Erst in der Nacht, als die Experten am Computer noch einmal alles Aufgezeichnete in größerer Vergrößerung durchschauten, entdeckten sie die Bernsteine.

Sie liegen also immer noch am Ostseegrund und vielleicht wundert sich ein Finder irgendwann einmal über den ungewöhnlichen Fund.

Da für die nächsten Tage auch Sturm angesagt war, musste die kostspielige Aktion abgebrochen werden. Sie ist nie wieder in Angriff genommen worden – aber es hätte funktionieren können!

Der Taucher bereitet sich vor.

Borneo-Bernstein am Ostseegrund.

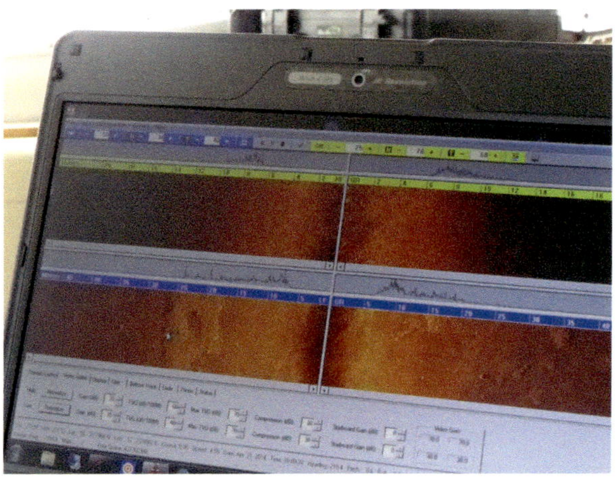

Computer-Bildschirm auf dem „Forschungsboot".

Gescannter Boden am Computer-Bildschirm.

BERNSTEIN IM ELBEURSTROMTAL

Stephan Veil et al. (2011) schreiben in ihrer Veröffentlichung „Ein Bernsteinvorkommen im Elbeurstromtal zwischen Hitzacker und Gartow – die Rohstoffquelle der späteiszeitlichen Jäger und Sammler von Weitsche und Grabow?“ – Auszüge, leicht verändert:

In den zurückliegenden Jahren sind dreimal Hinweise auf ein genau lokalisiertes und stratifiziertes Vorkommen von Bernstein in quartären Deckschichten im Hannoverschen Wendland erschienen (Alexander 2002; Breest/Veil 1995 Anm. 9; Meyer 2010).

Wenngleich die Existenz derartiger Vorkommen unter Fachleuten ein „alter Hut“ sein dürfte, ist sie doch für Archäologen und eine breitere Öffentlichkeit weitgehend unbekannt geblieben und ruft bisweilen sogar ungläubiges Staunen hervor.

In Zusammenhang mit dem Nachweis von Bernsteinverarbeitung an der Jeetzel durch Jäger und Sammler der Späteiszeit ist es von großem Interesse, Näheres über die Aufsammlungsbedingungen und Möglichkeiten konkret zu erfahren…

Wo genau in der Landschaft konnte zum Zeitpunkt der Besiedlung durch späteiszeitliche Jägergruppen Bernstein aufgelesen werden?

Gab es flächige Aufschlüsse oder bedurfte es der Seitenerosion sich einschneidender Flüsse wie der Jeetzel, um Bernstein aus- und an Gleithängen wieder zusammenzuschwemmen?

Profil am Forsteinschlag bei Grippe, Foto © Stephan Veil.

Beschreibung siehe nächste Seite.

Wie ist das Größenspektrum der Bernsteine, sind große Bernsteine von über 10 cm Durchmesser selten, wie sie für die Tierfiguren aus Weitsche (Anmerkung: Siehe späteres Kapitel) und Woldenberg (Gandert 1925) verwendet wurden? Führt die Verschwemmung zu ähnlichen Brucherscheinungen am Bernstein wie die Bearbeitung durch den Menschen?

Anfang der 1990er Jahre wurde ein etwa ½ ha großes Flachgewässer als Brutgebiet für Kraniche im Puttloser Moor angelegt... Der kleine See wurde auf grundwassernahen Talsandstandorten etwa 2 Meter tief ausgebaggert. Während der Bauarbeiten fiel Herrn Kelm in etwa 1,2 m Tiefe ein 15 bis 30 cm mächtiger schwärzlicher Horizont auf, der überwiegend aus organischem Material bestand.

Durchsetzt war diese „Mudde"-Schicht auch von zahlreichen bis zu 30 cm langen, deutlich vom Wassertransport rund geschliffenen, ansonsten aber gut erhaltenen Holzgeröllstücken, die nach seiner Einschätzung auf einen fossilen Spülsaum hin deuteten. Den dunklen Boden ließ er auf einer der mit dem Aushub geschaffenen kleinen Inseln ablegen...

Nach Regenfällen konnte hier eine Vielzahl von Bernsteinstücken aufgelesen werden, die freigespült und gut sichtbar auf der Oberfläche lagen. Bei mehrfachen, etwa 5-10 Besuchen gelang es, ca. ein halbes Kilo Bernstein abzusammeln.

Die Aufsammlung von der Seefundstelle Gusborn umfasst insgesamt 774 Stücke. Die Größe der Bernsteinstücke variiert von Stecknadelkopf bis etwa Hühnerei. Viele Stücke zeigen Abrollungsspuren und sind als Gerölle anzusprechen.

In einem Forsteinschlag wenige Hundert Meter entfernt befand sich knapp 1 m unter der Oberfläche eine ähnliche schwarz gefärbte, 30-50 cm mächtige Schicht In dieser Schicht wurde ebenfalls Bernstein gefunden.

Berichtet wird von einer Kohleschicht und Aufspülung des Bodens mit einer sog. Spüllanze an dem See, bei der allerdings nur wenige 0,5 - 3 cm große Bernsteinstücke herauskamen, also wird dieses Vorkommen begrenzt sein... und schließt auf eine weiträumige Verbreitung derartiger Schichten im Elbeurstromtal.

Der Teil der Niederterrasse wird in die letzte Eiszeit eingestuft; Holozän ist unwahrscheinlich, es sei denn, es handelt sich um einen Bachlauf.

Weitere Funde von Naturbernstein wurden oberflächlich in der Lucieniederung (ein handtellergroßes Stück) gefunden und im Umkreis von 1,5 km der Ortsmitte von Weitsche aufgelesen.

Die Pollenanalyse zeigt eindeutig die tertiäre Herkunft des Materials und belegt eine Entstehung als limnisches Sediment.

Noch ist die Zeitstellung der Bernstein führenden Ablagerung im Puttloser Moor nicht genau bekannt. Auch ist unklar, ob die Ablagerungen im Forsteinschlag gleich alt ist. Aber es ist nun exemplarisch bekannt, wie solche Bernsteinanreicherungen aussehen und zusammengesetzt sind.

Sie vermitteln eine konkrete Vorstellung davon, wie die Vorkommen beschaffen gewesen sein könnten, welche den späteiszeitlichen Jägergruppen der Fundplätze um Weitsche/Grabow zur Verfügung standen.

Über Prähistorischen Bernstein und den Weitsche-Fund: Siehe in einem späteren Kapitel.

Rohbernstein gefunden von Klaus Breest, Länge etwa 10 cm (Sammlung Norddeutsches Landesmuseum Hannover, Foto Landesmuseum/Uhe).

BERNSTEIN IN BRAUNKOHLEGRUBEN

Bernstein aus der Calauer Schweiz

Zum Fundort:
Calau (ältere Schreibweise: Kalau), niedersorbisch Kalawa, ist eine Kleinstadt im südbrandenburgischen Landkreis Oberspreewald-Lausitz. Die „Kalauer" sind für ihre Sprüche bekannt.

Die unmittelbare Umgebung Calaus wird bezeichnet als die Calauer Schweiz. Im nordwestlich angrenzenden Naturpark, der zum Teil nach der Rekultivierung eines Braunkohletagebaus entstand, werden viele Bereiche der Natur überlassen.

Ein ehemaliger Mitarbeiter schreibt mir:

„Ein neu eingestellter Ingenieur hatte sich bei einer Begehung gewundert, dass die Steine in der Grube so leicht waren. Es war aber verwitterter Bernstein, den er nicht erkannt hatte. Ob das Vorkommen damals beforscht oder registriert wurde, ist mir nicht bekannt.

Ich war bis 1991 in der Geotechnik des Braunkohlenwerkes Jugend als Hydrologe tätig. Dadurch kam ich in alle sechs Tagebaue des Förderraumes Calau.

Soweit ich mich erinnern kann, gab es in allen Bernsteine. Ich selbst habe die meisten im Tagebau Schlabendorf Süd (südlich Luckau) gefunden. Einfach so, ohne zu suchen, auf der Baggertrosse.

Offenbar lagen die Bernsteine in der Schluffschicht über dem aus dem Tertiär stammenden Braunkohleflöz (2. Lausitzer Braunkohleflöz). Die von mir gefundenen waren bis faustgroß, nach Erzählungen einzelner Kumpel einzelne noch größer.

Einige wenige Bernsteine könnte ich noch besitzen, weiß im Moment aber nicht wo. Aus Erzählungen von Kollegen weiß ich aber auch, dass in den Tagebauen rund um Hoyerswerda und Spremberg Bernsteine gefunden wurden. Später gab die LAUBAG sogar eine Broschüre zu den Bernsteinfunden heraus."

Der Braunkohletagebau Schlabendorf-Süd ist ein ehemaliger Tagebau im Lausitzer Braunkohlerevier in Brandenburg. Er wurde nach dem Ortsteil Schlabendorf am See der Stadt Luckau im Landkreis Dahme-Spreewald benannt.

1975 begann der Aufschluss des Tagebaus und ein Jahr später konnte die erste Kohle gefördert werden.

Die Stilllegung des Tagebaus erfolgte 1991 und es entstanden als Bergbaufolgelandschaften der Stiebsdorfer See sowie die Naturschutzgebiete Drehnaer Weinberg, sowie das Erholungs- und Freizeitzentrum Marina Schlabendorf am See.

Rechts: Tagebau Schlabendorf Süd 1990, Bild © Archiv Energiefabrik Knappenrode – Lausitzer Bergbaumuseum.

Unten: Tagebau Schlaben Süd 1983, © Wikipedia Creative-Commons-Lizenz 4.0 international.

DIE BERNSTEIN-VORKOMMEN DER LAUSITZ

Von Christian Otto

1. Geographische Lage der Lausitz

Die Lausitz umfasst eine Region, die Teile von Brandenburg, Sachsen und Polen umfasst. Sie ist unterteilt in Niederlausitz und die Oberlausitz, welche landschaftlich sehr unterschiedlich geprägt sind. Heimliche Hauptstadt der Lausitz ist die Stadt Cottbus.

Die Niederlausitz, als nördlicher Teil der Lausitz, wird im Norden durch die Spree, im Osten durch den Fluss Bober, im Süden durch die Schwarze Elster und im Westen durch den Fluss Dahme begrenzt.

Der südliche Teil der Lausitz, die Oberlausitz, wird im Norden durch die Landkreise Görlitz und Bautzen geprägt. Die Südliche Grenze entspricht der sächsisch-tschechischen Grenze.

2. Das „Gold des Nordens", der Lausitzer Bernstein

Im Gebiet der Lausitz ist der Bernstein an vielen Orten zu finden. Es sind jedoch nur lokal begrenzte, kleinere Vorkommen, die nicht von wirtschaftlichem Interesse und nicht im großen Stil abbauwürdig sind.

Durch geologische Umformungen der Region während der Eiszeit, durch Umlagerungen im Rahmen der Förderung der miozänen Kohlevorkommen, sowie durch das Einschneiden der Flüsse in den vorhandenen Ablagerungen der verschiedenen Zeitalter, kam es zu einer Vermischung von den vorhandenen Bernsteinablagerungen.

Es finden sich hier deshalb Bernsteine aus verschiedenen Zeitaltern. Es gibt sowohl autochthonen Bernstein des Eozän (vgl. Kapitel Bitterfelder Bernstein und Lange/Suhr 1999), als auch durch pleistozäne Erosion und Umlagerungen hierher gelangten Baltischen Bernstein aus diesem Zeitalter. Des Weiteren sind hier Ablagerungen von Bernstein aus dem Miozän zu finden, welche sich in den Braunkohleablagerungen aus diesem Erdzeitalter finden lassen.

3. Die Zeitliche Zuordnung der Bernsteinfunde

Eine Zuordnung der Funde zu den einzelnen Zeitaltern ist nur selten eindeutig möglich und ist meist nur anhand verschiedener Indikatoren indirekt möglich.

Sind in der Fundstelle Flintstein, Seeigel oder Belemniten als Funde vorhanden, spricht dies höchstwahrscheinlich für einen eozänen Baltischen Bernstein.

Für Baltischen eozänen Bernstein, welcher durch eiszeitliche Umformungen / Ablagerungen in die Lausitz gelangt ist, gibt es verschiedene Indikatoren. Schrammen auf den gefundenen Bernsteinen sprechen in aller Regel für einen Transport durch Gletscher während der Eiszeit. Das wird an anderer Stelle ausführlicher beschrieben.

Auch ist der Anteil an gelbem Bernstein in der Regel höher, da dieser den Transport durch Gletscher aufgrund der Struktur und Festigkeit häufiger überstanden hat und nicht durch die gewaltigen Kräfte zerrieben wurde.

Auch lassen sich aus oben genannten Gründen weniger Schlauben-Bernsteine in den pleistozänen Ablagerungen finden. Ein weiterer Indikator ist die Form der Bernsteine. Durch den Transport durch die Gletscher sind die Bernsteine häufiger abgerundet und kaum scharfkantig.

Für eine miozäne Fundstelle spricht das Vorhandensein von viel inkohltem Material in der Fundstelle.

Bernsteine, welche direkt bei der Förderung von Braunkohle gefunden wurden, können eindeutig als miozäner Bernstein angesprochen werden. Da der Abbau sukzessive eingestellt wird, ist dies nur noch selten der Fall.

Eine Zuordnung des Alters von Bernsteinfunden durch vorhandene Inklusen ist ebenfalls möglich.

Miozäne Lagerstätten haben aller Erfahrung nach einen höheren Anteil an Inklusen-Bernsteinen. Auch ist die Zusammensetzung der Arten unterschiedlich und unterscheidet sich zwischen den eozänen und miozänen Fundstellen signifikant.

Eine wissenschaftliche Auswertung dazu ist dem Autor jedoch bis dato nicht bekannt.

Ein weiterer Indikator kann das Vorhandensein von akzessorischen Harzen sein. Miozäner Bernstein enthält eine größere Vielfalt und einen prozentual größeren Anteil an akzessorischen Harzen am gefundenen Bernstein. Hier ist insbesondere Glessit zu erwähnen, welcher hier am häufigsten als akzessorisches fossiles Harz zu finden ist.

Eine Besonderheit der Lausitz bildet der umgangssprachlich sogenannte „Sandbernstein". Auf diesen speziellen Typ „Bernstein" ist in einem Extrakapitel schon näher eingegangen worden. Er wird zurzeit noch wissenschaftlich bearbeitet.

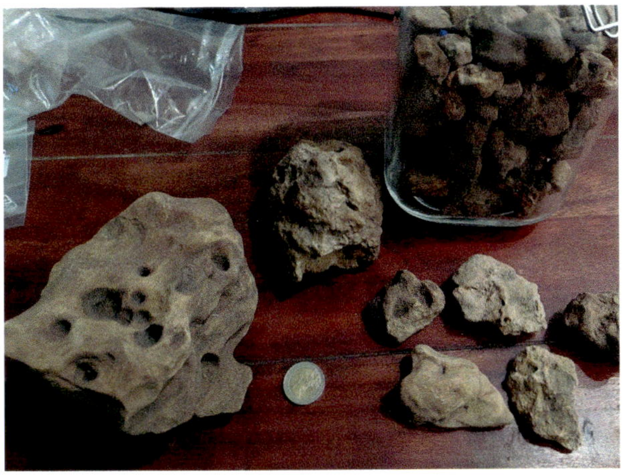

Sandbernsteine, Sammlung Christian Otto.

4. Bernsteinsuche in der Lausitz aus Sicht eines Sammlers

Bernsteinsammler in Deutschland konzentrieren sich in aller Regel auf die Küsten der Ost- und Nordsee und haben die Lausitz als Sammelgebiet für Bernstein noch nicht für sich entdeckt. In aller Regel sind hier nur Lokalsammler unterwegs. Dies liegt unter anderem daran, dass fundträchtige Stellen schwer zu finden sind und viele Gebiete als Bergbaufolgelandschaft deklariert sind und nicht betreten werden dürfen. Viele Fundstellen sind unwegsam und nur zeitlich begrenzt fundträchtig. Hier sind insbesondere Ackerflächen oder Rodungsflächen zu nennen. Historisch genannte Fundstellen sind oftmals bereits durch Aufforstung, Flutung oder Bebauung erloschen. Literatur zu Bernsteinvorkommen der Lausitz ist so gut wie nicht vorhanden und in der Regel nicht mehr aktuell.

Als nicht ortskundiger Sammler dauert es lange, bis man Gebiete findet, wo sich eine Sammeltour lohnte. Informationen dazu werden durch die Lokalsammler jedoch nur selten geteilt.

Man braucht in erster Linie Geduld und Zeit, um in der Lausitz erfolgreich Bernsteine finden zu können und muss zu Anfang auch damit leben können, bei der Suche leer auszugehen.

Bei der Suche nach bernsteinträchtigen Stellen können auch die Aussichtstürme in der Gegend hilfreich sein. So kann man z. B. vom Turm am Schweren Berg über den Tagebau Nochten schauen und mit dem Fernglas Stellen ausmachen, die kohlehaltige Sande aufweisen.

Blicke vom Turm am Schweren Berg Nochten.

Oder man sucht mit Google Earth nach solchen Stellen – und wird staunen, wie viele trächtige Stellen man findet, die aber nicht unbedingt auch Bernstein enthalten müssen.

Oder man lässt eine Drohne aufsteigen …

Ich hörte von einem Sammler, der tatsächlich auf diese Weise sogar einen Bernstein auf dem Bildschirm hatte. Da kam die Wunschvorstellung auf, die Drohne mit einem Greifwerkzeug auszustatten, das dann den entdeckten Bernstein aufnehmen könnte. Bisher konnte diese Idee noch nicht realisiert werden.

Google Earth zeigt aber nicht die aktuelle Situation, sondern mindestens fünf Jahre alte Situationen. So kann es sein, dass die gezeigte Stelle noch eine intakte Kohlegrube zeigt, die aber heute schon geflutet ist, wie es z. B. beim Cottbuser See der Fall ist.

Oben: Google Earth: Region Cottbuser Ostsee vor 2019.

Darunter rechts: Diese Region im Oktober 2023.

Oben: Stillgelegte Braunkohle-Fördergrube bei Elsterheide, Randschlauch des Tagebaus Nochten.

Rechts: dto Schlabendorf.

Meine eigene Bernsteinsuche in der Lausitz ab 2017

Ich wurde durch einen befreundeten Fossiliensammler auf die Region der Lausitz als Bernsteingebiet aufmerksam gemacht und daraus hat sich eine bis heute anhaltende Leidenschaft entwickelt. Es hat jedoch mehrere Jahre gedauert, bis ich fundträchtige Stellen entdeckt habe, von denen jedoch mehrere bereits wieder erloschen sind. Ich musste die Lausitz praktisch zu Fuß durchwandern, um diese Stellen zu entdecken.

Um erfolgreich zu sein, ist die Suche eigentlich auch nur nachts möglich. Der Bernstein ist ansonsten praktisch nicht zu erkennen, da es sich um Erdbernstein handelt, welcher in aller Regel eine Verwitterungsrinde aufweist und sich durch Dreck und Anhaftungen vom umgebenden Gestein nur schwer unterscheiden lässt. Eine entsprechende UV- Lampe ist der wichtigste Ausrüstungsgegenstand.

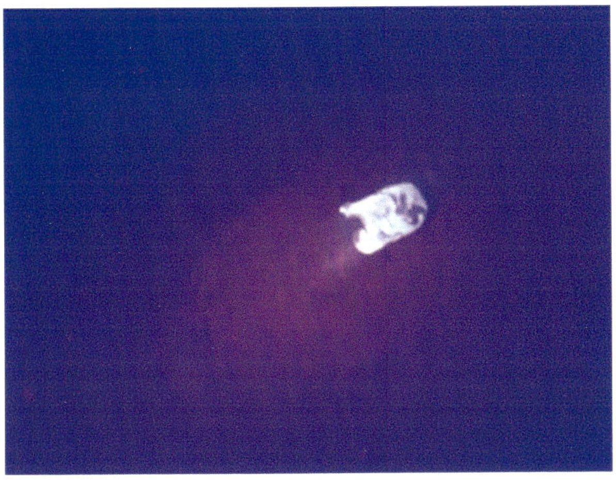

Bernstein leuchtet im UV-Licht.

Weiterhin benötigt man gute Gummistiefel, da sich fundträchtige Stellen oftmals in sumpfigen oder morastreichen Gebieten befinden. Die Stellen sind in der Regel abgelegen und nur mit Fahrrad und dann zu Fuß zu erreichen.

Die unwegsame Natur erfordert auch einen gewissen Grad an Mut und Durchhaltevermögen. Begegnungen mit Wildschweinen sind dabei nicht selten und man sollte sich gedanklich darauf vorbereiten, auch mit der hier vorhandenen Wolfspopulation Bekanntschaft machen zu müssen. Spuren der Tiere entdecke ich regelmäßig. Die Tiere sind jedoch scheu und meiden den Menschen, so dass ich bis jetzt zum Glück noch keinen Kontakt hatte. Man sollte jedoch vorsichtig durchs Gelände gehen und sich dabei nicht zu leise bewegen, damit die Tiere rechtzeitig gewarnt sind und Witterung aufnehmen können, um sich dann zurückziehen zu können.

Wolfspuren.

5. Gefahrenquellen

Außer den Wildtieren und dem unwegsamen Gelände gibt es noch weitere Gefahrenquellen, die man beachten sollte.

Der Handyempfang ist in vielen, besonders in den abgelegenen Regionen, nicht besonders gut oder gar nicht vorhanden. Deshalb ist es nicht ratsam, diese Gegend allein zu betreten. Wenn bei einem Unfall oder Ähnlichem Hilfe benötigt wird, ist diese teilweise nur schwer anzufordern. Brauchbare Wege für Bergungs- oder Rettungsaktionen sind meist nicht vorhanden.

Die Orientierung im Gelände, insbesondere nachts, gestaltet sich ebenfalls schwierig. Wenn man sich nur auf den Boden und die Bernsteine konzentriert, kommt man leicht vom Weg ab und kommt dann manchmal in unangenehme Situationen. Insbesondere wenn dann der Handyempfang schlecht ist und man sich nicht mehr mit Google Maps helfen kann, kann es schnell gefährlich werden.

Man sollte sich vom Gebiet, das man sich ausgesucht hat, eine Offline-Karte herunterladen. Ein Kompass sollte ebenfalls immer im Rucksack sein. Hilfreich ist auch, wenn man weiß, wie man sich mithilfe der Sterne im Gelände orientieren kann. Aber nicht immer ist klarer Himmel …

Die Region hält aber noch weitere Gefahren bereit. Durch Sanierungsarbeiten des Geländes im Rahmen der Verfestigung der Böden können sich Senkungslöcher bilden. Diese sind nur schwer zu erkennen und bilden ein erhebliches Gefahrenpotential. Das sichtbare Loch ist oberflächlich meist nur klein im Durchmesser. Das Loch kann jedoch unter der Oberfläche erheblich größer sein und eine Tiefe von bis zu 1,5 m haben.

Als letzter Punkt dazu bleibt zu sagen, dass gesperrte Bereiche nicht betreten werden sollten. Es ist schon des Öfteren zu größeren Erdrutschen in diesen Gebieten gekommen.

Es versteht sich von selbst, dass aktive Tagebaue natürlich nicht betreten werden dürfen.

Beschreibung von zwei ausgewählten Fundorten

1. Altdöbern

Südlich von Calau und zwischen den Autobahnen A13 und A15 gelegen befindet sich der See Altdöbern. Der See unterliegt derzeit noch der Bergbausanierung und war Teil des Tagebau Greifenhain. Die Flutung des Sees soll bis 2030 abgeschlossen sein.

Im Moment wird der Uferbereich noch saniert und es entsteht ein Radweg, der nach Fertigstellung den See komplett umrundet. Die Fundsituation für Bernstein ist als mäßig zu bezeichnen und ist sehr unterschiedlich um den See herum verteilt.

Da der Pflanzenbewuchs nach der Sanierung der Teilbereiche stark zunimmt und der Boden teilweise verfestigt und mit Fremdmaterial aufgefüllt wird, haben die Fundmöglichkeiten für Bernstein insgesamt stark abgenommen.

Im westlichen Bereich des Seeufers wurden damals Bernstein führende Schichten des Tagebau Graifenhain verkippt. Hier lassen sich noch Belegstücke finden. Als Begleitfunde wurden durch den Autor auch Fossilien gefunden. Dabei handelte es sich um Seeigelsteinkerne, Belemniten-Reste und im Flint oder kalkhaltigem Material eingeschlossene Muschel und Ähnliches. Der Untergrund ist sandig und enthält kein oder nur sehr wenig inkohltes Material (vereinzelt Xylit-Fasern).

Im südlichen Bereich des Seeufers konnten ebenfalls Bernsteinfunde getätigt werden. Insgesamt ist die Ausbeute aber als eher gering zu bewerten. Es finden sich in der Regel nur kleinere Belegstücke. Der Anteil an Inklusen ist ebenfalls sehr gering.

Der Untergrund ist sandig und nur an kleineren Stellen mit inkohltem Material durchsetzt. Hier lassen sich dann auch kleinere Bernsteine finden. Fossilien als Begleitfunde sind dort durch den Autor nicht gefunden worden. Ob es sich um miozänen Bernstein handelt, ist schwer einzuschätzen. Der südliche Bereich unterscheidet sich jedoch signifikant vom westlichen Ufer.

Im nördlichen Bereich wurde durch den Autor kein Bernstein gefunden, der nordöstliche Bereich ist ebenfalls kaum lohnenswert für die Bernsteinsuche.

2. Der Ostsee von Cottbus

Nordöstlich der Stadt Cottbus befindet sich der ehemalige Braunkohletagebau Cottbus-Nord. Dieser wird seit 2019 geflutet und ist bis dato zu ca. 80% gefüllt. Er gehört zu einer Reihe von künstlich geschaffenen Seen und ist mit 1900 Hektar flächenmäßig der größte See des Lausitzer Tagebauseengebiets sowie der größte künstliche See Deutschlands.

Die Kohle befand sich in ca. 40 m Tiefe und die Flöze waren über 10 m mächtig. Zwischen 1981 und 2015 wurden dort rund 220 Millionen Tonnen Kohle gefördert, anders ausgedrückt: Den Tagebau verließen 220.000 Kohlezüge. 2021 gab es einen Flutungsstopp, weil durch die Dürre zu wenig Wasser vorhanden war.

Die „Cottbuser Ostsee“ schreibt am 8.2.2024: „Der aktuelle Wasserstand im Ostsee beträgt 60,2 m NHN und ist somit noch 2,3 Meter vom Zielwasserstand entfernt. Damit ist nun nahezu der gesamte Seeboden des Ostsees bedeckt.

Mit dem Tranitzhaff fehlt lediglich ein kleiner Bereich im Südosten des Tagebausees. Zu verdanken ist der schnelle Anstieg des Wasserpegels im Ostsee den enormen Flutungsmengen der letzten Wochen, womit die maximale Flutungsmenge von ca. fünf Kubikmeter pro Sekunde seit Mitte Dezember ausgeschöpft werden konnte.“

Leider ist er mit der Flutung dieses Gebiet für das Sammeln von Bernstein nicht mehr zugänglich, da sich die interessanten Bereiche bereits unterhalb der Wasserlinie befinden.

An den noch nicht gefluteten Randbereichen können vereinzelt und mit Glück noch für kurze Zeit kleinere Belegstücke gefunden werden. Die fundträchtigen und vor allem nicht bewachsenen Flächen sind jedoch sehr begrenzt und werden durch die weitere Flutung bald ebenfalls nicht mehr zugänglich sein.

Ich hatte das Glück, die jetzt bereits unter Wasser stehenden Flächen in vielen Touren noch besuchen zu können und hatte dort viele schöne Funde. Dabei war das gesamte Gebiet sehr unterschiedlich vom Untergrund bis zur Fundträchtigkeit beschaffen. In weiten Teilen des jetzigen Seegrundes waren kaum Bernsteine zu finden. Das mag sicher auch an der vorher regen Sammeltätigkeit gelegen haben.

19-09-04-Cottbuser-Ostsee-DJIpano 0535, © Ralf Roletschek, Wikimedia Commons CC-BY-NC-ND.
Oben: Zustand vor Beginn der Flutung, unten: Zustand 2023 - die Flutung ist fast abgeschlossen.

Cottbuser Ostsee © Jörg Peter Rademacher LAUSITZ 360.

Einige kleinere Bereiche waren jedoch sehr fündig. Im südöstlichen Bereich war der Untergrund zum Teil sehr stark mit inkohlten Material durchsetzt, wodurch die Fundhäufigkeit sehr groß war. Im nordöstlichen Bereich, war der Untergrund meist sandiger, mit Fossilien. Auch dort gab es jedoch Bereiche, in denen man durchaus gute Bernsteinfunde tätigen konnte. Es verlief augenscheinlich eine Grenze quer durch das Gebiet.

Nach Meinung des Autors kamen insgesamt in diesem Gebiet Bernsteine aus verschiedenen Epochen der Erdgeschichte an diesem leider erloschenen Fundgebiet vor. Insgesamt ist der Anteil an eozänem Bernstein wohl höher. Der prozentuale Anteil an gelben Bernsteinen war sehr hoch, die Bernsteine waren zum großen Teil abgeschliffen und nicht scharfkantig. Es wurden auch Bernsteine mit Gletscher-Schrammen gefunden, was eindeutig für durch Gletscher transportierten Bernstein spricht.

Die LEAG (Lausitz Energie Kraftwerke AG) hat die Sanierung der Braunkohlegruben vorbildlich vorangetrieben und der Bevölkerung durch Pressemitteilungen und aufgestellte Schilder fortlaufend informiert. So konnte und kann man den Werdegang der Rekultivierung und Flutung gut verfolgen.

Beispiele meiner Sammelgebiete in ehemaligen Braunkohlegruben.

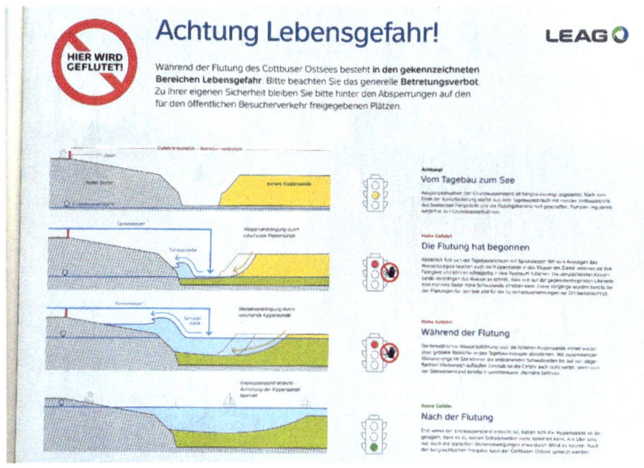

Die LEAG (Lausitz Energie Kraftwerke AG) informiert über den Status der Rekultivierung durch viele Schilder.

FUNDSTELLEN FOSSILER HARZE IN MITTELDEUTSCHLAND

von Ivo Rappsilber

Vorweg:
Ivo Rappsilber bin ich zu ganz großem Dank verpflichtet, denn er hat für mein Fundorte-Buch ein großes eigenes Kapitel über die Fundstellen fossiler Harze in Mitteldeutschland geschrieben.

Andere Sammler haben über einzelne Funde aus dieser Gegend ebenfalls geschrieben. Diese Berichte möchte ich nicht streichen, auch wenn es vielleicht die eine oder andere Dopplung/Wiederholung gibt.

Und hier der unglaublich fundierte und ausführliche Beitrag von Ivo Rappsilber. Alle Bilder (sofern nicht anders angegeben) dieses langen Kapitels sind von ihm und somit liegt das copyright bei Ivo Rappsilber.

Inhalt dieses Kapitels

Abb. 1.1: Fundpunkte fossiler Harze in Mitteldeutschland.

Teil 1: Farblich hervorgehoben sind Bernsteinfunde (Succinit und akzessorische Harze) in tertiären Schichten. Diese konzentrieren sich innerhalb der Bitterfelder Bernsteinbucht.

1. Bernstein und akzessorische Harze in der Bitterfelder Bernsteinbucht

1.1. Historische Bernsteinfunde

Die ersten Funde aus tertiären Sedimenten in Mitteldeutschland stammen aus dem Gebiet bei Bad Schmiedeberg (Rappsilber 2022). In der Schmiedeberger Stauchendmoräne hatte während der Eiszeit (Pleistozän) der mächtige Gletscher die Schichten schuppenartig gestaucht. Dadurch gelangten auch die eigentlich in größerer Tiefe liegenden bernsteinführenden Tertiär-Schichten lokal an die Erdoberfläche. Am 14. Juli 1731 wurde in einem Schreiben an August den Starken von ersten Bernsteinfunden bei Großwig berichtet (1 in Abb. 1.1).

Zwischen 1880 und 1890 beutete ein Drechslermeister aus Schmiedeberg eine von ihm entdeckte Fundstelle aus und fertigte Pfeifenköpfe und Zigarettenspitzen aus Bernstein an (2 in Abb. 1.1).

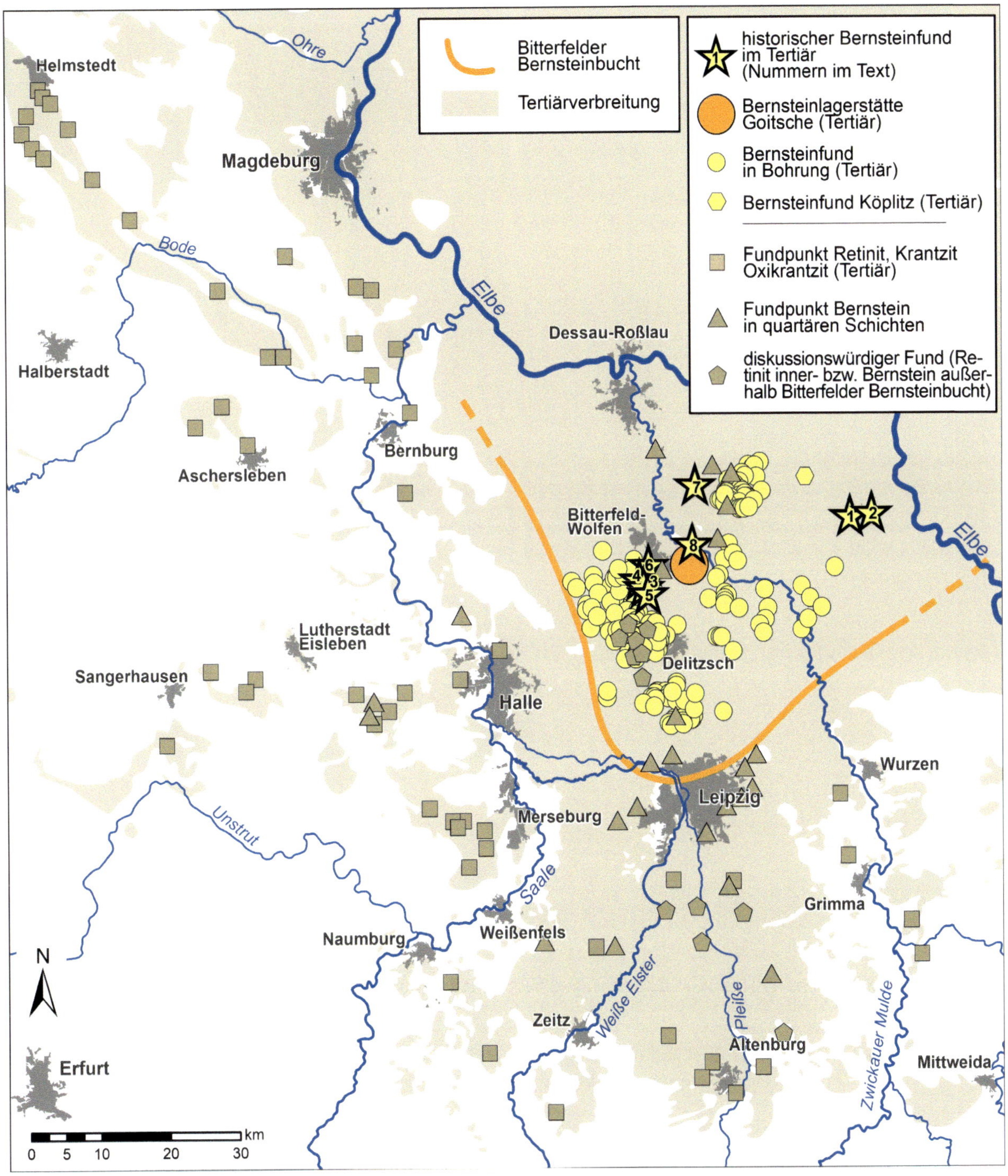

Mit dem Beginn der Braunkohlenförderung in vielen kleinen Gruben rund um Bitterfeld ab etwa 1850 gelangen immer wieder Funde fossiler Harze aus den die Braunkohle begleitenden bernsteinführenden Schichten:

- 1848 aus der Grube Auguste (Freyberg 1848); (3 in Abb. 1.1),
- 1852 aus der Grube Vergißmeinicht (Linstow 1912); (4 in Abb. 1.1),
- 1908 aus der Grube Theodor (Fueß 1929); (5 in Abb. 1.1)
- 1912 aus der Grube Marie (Linstow 1912); (6 in Abb. 1.1)

Im Jahre 1906 entdeckte man in der Grube Golpa ein etwa 1 kg schweres Stück Harz. Es stammte aus dem Liegenden des Braunkohleflözes. Das Harz wurde zunächst als Scheibeit benannt. Vergleiche von Infrarotspektren ergaben später, dass es sich um Glessit handelt (7 in Abb. 1.1).

Bereits in den 1950er und 1960er Jahren wurden in den Tagebauen Muldenstein (8 in Abb. 1.1) und Goitsche (Baufeld I) Bernsteine gefunden. Erst zu Beginn der 1970er Jahre, als im Tagebau Goitsche (Baufeld III) die bernsteinführenden Schichten freigelegt wurden und zusätzlich die Bernsteinimporte aus der Sowjetunion zurückgingen, begannen hier die Erkundungsarbeiten auf Bernstein.

1.2. Bernsteinlagerstätte Goitsche

Die Goitsche/Goitzsche (Abb. 1.1) bildet nicht nur das größte Vorkommen von Bernstein in Deutschland sondern ist zugleich auch die einzige Bernsteinlagerstätte Deutschlands (im Sinne der Lagerstättendefinition, dass der Rohstoff nach Größe und Inhalt für eine wirtschaftliche Gewinnung in Betracht kommen könnte).

Für Verwirrung sorgt zuweilen die unterschiedliche Schreibweise Goitsche/Goitzsche. Die ursprüngliche, auf slawische Wurzeln zurückgehende Schreibweise „Goitzsche" für ein ehemaliges Auwaldgebiet östlich von Bitterfeld, das dem Tagebau zum Opfer fiel, änderte sich mit der Erstellung des Messtischblattes der Königlich-Preußischen Landesaufnahme im Jahre 1902 durch Weglassen des „z" in „Goitsche". Diese falsche Schreibweise fand später Eingang in das bergmännische Risswerk und so lautete der Name des Tagebaus offiziell „Goitsche". Mit Beendigung der bergbaulichen Arbeiten wird für die entstandene Landschaft mit See zunehmend wieder der Name „Goitzsche" verwendet.

1.2.1. Gewinnung

In den Jahren 1975-1990 erfolgte im ausgekohlten Braunkohlentagebau Goitsche der Abbau der bernsteinführenden Schichten im Trockenabbau durch Bagger (Abb. 1.2). Die Bagger haldeten das gewonnene Material zunächst auf (Ziegler & Liehmann 2007). Mit einem (ab 1983 elektroangetriebenen) Belas-Kipper wurde das bernsteinhaltige Material zur Aufbereitung gefahren. Dort erfolgte mit hohem Wasserdruck eine Trennung des Bernsteins aus den Schluffmassen. Am Ende der Rüttelanlage fiel der Bernstein in einen Behälter mit Magnesiumchlorid-Lauge, schwamm darin auf und wurde abgefischt. Es schloss sich eine Sortierung per Hand in verschiedene Größenklassen an. In dieser Betriebsperiode wurden 408 t Bernstein gewonnen (Liehmann 1996).

Aus Umweltschutz-Gründen wurde nach 1990 die Tagebausohle unter Wasser gesetzt und der Abbau erfolgte ab 1992 als Nassabbau mit einem Schwimmbagger (Abb. 1.3). Der hatte Auflockerungsflügel, die unter Wasser den Bernsteinschluff aufrührten. Das Schluff-Bernstein-Gemisch wurde abgesaugt und über Rohrleitungen zur Aufbereitung gepumpt. Über das Versuchsstadium kam diese Abbauphase nicht hinaus. Die Statistik weist für diese Abbauperiode immerhin noch eine Förderung von rund 18 t Bernstein aus. 1993 endete der Bernstein-Abbau im Tagebau Goitsche für längere Zeit.

Abb. 1.2: Im Hintergrund werden die bernsteinhaltigen Schluffmassen mit einem Schürfkübel-Schreitbagger ESCH 10/60 gewonnen und aufgehaldet. Im Vordergrund ist das Beladen des Kippers durch einen Greiferbagger zu sehen (Foto: © R. Bär, ca. 1980).

Abb. 1.3: Nassabbau mit dem Schwimmbagger „Gute Hoffnung" in den Jahren 1992/93 (Foto: © D. Brandt, 1992).

Nach der vollständigen Flutung des Tagebaus Goitsche und der Erschaffung der Seenlandschaft Goitzsche wird seit 2016 der Bernstein durch die Goitzsche Bernstein GmbH in einer Wassertiefe von ca. 25 m abgebaut (Rappsilber & Wendel 2019).

Kernstück der neu konstruierten Arbeitsplattform ist ein Saugbagger (Abb. 1.4). Durch zwei Schneidköpfe wird der Seegrund aufgelockert.

Das Material gelangt durch ein Saugrohr an die Wasseroberfläche und wird über eine Rohrbrücke zur Arbeitsplattform mit Aufbereitungsanlage transportiert. Dort wird der Materialstrom einer Siebmaschine zugeführt. Auf den Sieben erfolgt die Abtrennung des feinen Sedimentmaterials von den Grobbestandteilen durch Wasserstrahlen (Abb. 1.5).

Abb. 1.5: Aufbereitung des geförderten Materials durch Rüttelsiebe und unter Wasserstrahlen. Größere Stücke fallen in einen Container mit Salzwasser, in dem eine Schweretrennung stattfindet.

Unten: Abb. 1.4: Arbeitsplattform zur Bernsteingewinnung auf dem Goitzschesee (Foto: © S. Schellhorn, 2018).

Das abgespülte Feinmaterial kleiner als 10 mm wird wieder auf den Seeboden geleitet und dort resedimentiert. Die verbleibenden Grobbestandteile, das sind der Bernstein, aber auch Kohle-/Holzstücke, Kiese und Schluffbröckchen, gelangen in eine Auffangwanne mit einer Salzlösung, in der die Dichtetrennung erfolgt. Der leichte Bernstein schwimmt auf und kann abgefischt werden. Die schwereren Bestandteile werden vom Wannenboden gefördert und ebenfalls dem Seeboden wieder zugeführt. Auf diese Weise werden derzeit pro Jahr ca. 1–2 t Bernstein gewonnen, wie intensive Monitoringprogramme zeigen ohne ökologische Beeinträchtigungen des Sees.

1.2.2 Geologie

Die bernsteinführenden Schichten werden in das Untermiozän bis Oberoligozän gestellt, d.h. sie haben ein absolutes Alter von ca. 23,8 Millionen Jahren (Knuth et al. 2002). Die bernsteinführenden Schichten werden in drei Bernsteinkomplexe gegliedert (Hübner et al. 1979):

- Bitterfelder Bernsteinkomplex
- Friedersdorfer Bernsteinkomplex
- Zöckeritzer Bernsteinkomplex

Die Schichtenfolge besteht aus 2 bis 5 m mächtigen schluffig bis sandigen und schluffig bis tonigen Horizonten, mit kohligen Beimengungen und hohen Glimmeranteilen. Diese Abfolge variiert nicht nur vertikal, sondern es zeigten sich auch in horizontaler Erstreckung verschiedene Strukturen, wie Strandwälle, Nehrungen, Priele und lagunenartige Senken. Es ergibt sich das Bild einer küstennahen Landschaft, die durch Meerespiegelschwankungen ständigen Veränderungen unterworfen war. In lokalen Senken mit verminderter Strömungsenergie waren gute Bedingungen für die Abscheidung und Anreicherung von Bernstein gegeben (Abb. 1.6).

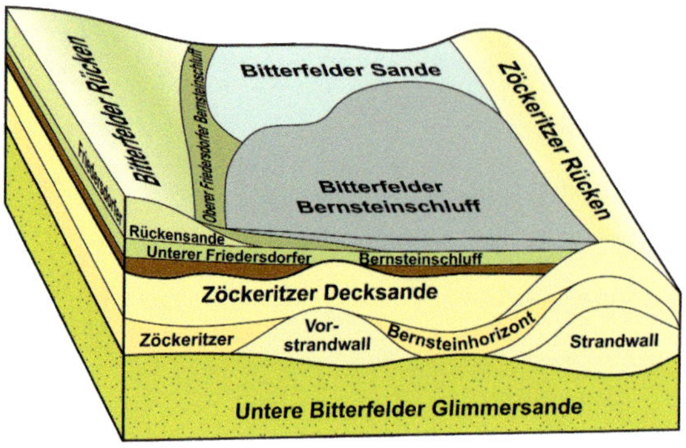

Abb.1.6: Schematische Darstellung der bernsteinführenden Schichtenfolge im Bereich der Goitzsche. Gelbliche Farben: Schichten des Zöckeritzer Bernsteinkomplexes, braun: Bitterfelder Unterbegleiter, grünliche Farben: Schichten des Friedersdorfer Bernsteinkomplexes, bläuliche Farben: Schichten des Bitterfelder Bernsteinkomplexes (Abbildung nach Hübner et al. 1979).

1.2.3 Farben

Bitterfelder Bernstein gibt es in den unterschiedlichsten Farbtönen (Rappsilber 2022). Gelb, Braun und Weiß sind die charakteristischsten Farben. Auch Grautöne treten auf. Infolge von Einlagerungen kleiner Luftbläschen, von Holz- oder anderen Pflanzenresten oder Mineralen (Pyrit, Quarz) können Mischfarben entstehen. Beeinflusst wird die Farbe auch durch den Verwitterungszustand.

Abb.1.7: Farbpalette des Bitterfelder Bernsteins.Obere Reihe: Klarer Bitterfelder Succinit mit Farben von Weißlichgelb über Weingelb bis hin zu Grünlichgelb, Bräunlichgelb und Rötlichgelb.

Mittlere Reihe: Beim opaken Succinit reicht die Farbpalette von Weiß (Knochen) über Hellgelb, Gelb und Orange zu rötlichen und bräunlichen Farbtönen.

Daneben gibt es aus Bitterfeld marmorierte Bernsteine (untere Reihe), bei denen verschiedenfarbige Harzmassen beziehungsweise opake und klare Harzpartien ineinandergeflossen sind und durch besondere Effekte treten auch grünliche, bläuliche und schwarze Farben auf (Sammlung: Rappsilber, Größe der Stücke 3–8 cm).

Abb.1.8: Bitterfelder Bernsteinarten (Sammlung:Goitzsche Bernstein GmbH).

Für die Trübung des opaken Succinits sind unzählige, mikroskopisch kleine Luftbläschen verantwortlich. Entsprechend der Anzahl und Größe der Bläschen entstehen unterschiedliche Färbungen.

Das Farbspektrum klarer Succinite reicht von hellem weingelb über orange bis zu rötlichen und bräunlichen Farbtönen (Abb. 1.7). Die verschiedenen Harzarten steuern einen Teil zur Farbpalette des Bitterfelder Bernsteins bei. Ein Teil der Farbvariationen resultiert aus unterschiedlichen Verwitterungsstadien des Bernsteins; dabei entstehen rötliche, braune und schwarze Farbtöne.

1.2.4 Bernsteinarten

Der Bitterfelder Bernstein ist bekannt für sein reichhaltiges Spektrum akzessorischer Harze (Krumbiegel & Kosmowska-Ceranowicz 2007, Fuhrmann 2010). So werden die verschiedenen Bernsteinarten bezeichnet, die mit unterschiedlichen Harzerzeugern in Verbindung gebracht werden, aber mitunter auch das Resultat besonderer Entstehungsbedingungen sind.

Die meisten Bitterfelder Bernsteine (99,95 %) sind Succinite, die den Baltischen Bernsteinen sehr ähnlich sind. Typisch ist ein 3–8 %iger Gehalt an Bernsteinsäure. Das Ursprungsharz stammt von Nadelbäumen. In der Diskussion sind neben Schirmtanne (*Sciadopitys*) auch Kiefer (*Pinus*) und *Cupressospermum saxonicum* (eine ausgestorbene Konifere aus der Familie der fossilen Geinitziaceen).

Neben dem Succinit sind in Bitterfeld bisher weitere 8 fossile Harze gefunden worden (Abb. 1.8). Sie unterscheiden sich im Aussehen und ihren Eigenschaften und werden hauptsächlich durch Infrarot-Spektren bestimmt (Abb. 1.9). Sie machen einen Anteil von lediglich 0,05 % am gesamten Bernsteinaufkommen aus.

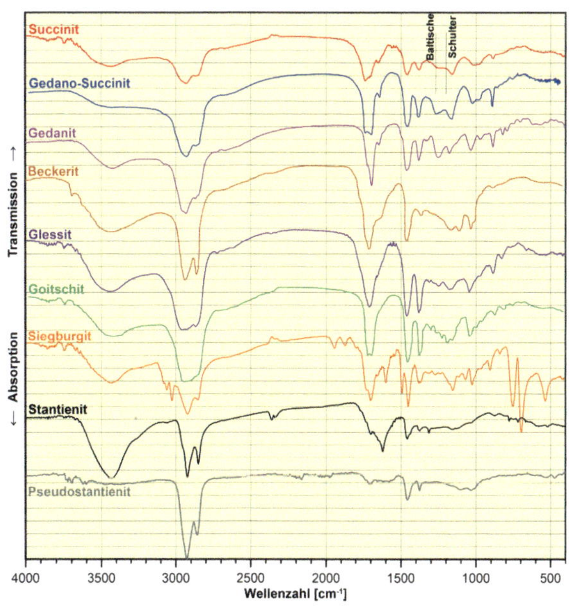

Abb. 1.9: Infrarot-Spektren der verschiedenen Bitterfelder Bernsteinarten.

Gedanit ist ein blass-weingelbes, transparentes fossiles Harz. In verwittertem Zustand hat es einen matten, pudrigen Überzug. Als Harzlieferant kommen *Cupressospermum saxonicum* oder eventuell auch *Agathis australis* infrage. Daneben ist es auch möglich, dass der gleiche Harzerzeuger wie beim Succinit vorliegt, aber unterschiedliche Bedingungen während der Diagenese zu einem veränderten Harz geführt haben (Sawkiewicz 1970).

Auf diese zweite Möglichkeit deutet ein weiteres fossiles Harz hin: **Gedano-Succinit**. Dieses fossile Harz hat wie Succinit und Gedanit ebenfalls gelbliche bis rötlich-bräunliche Farben. Er lässt sich makroskopisch kaum vom Succinit und auch nur schwer vom Gedanit unterscheiden und kann nur durch Laboruntersuchungen nachgewiesen werden. Wie selten er wirklich ist, lässt sich angesichts dessen nicht sagen. Fest steht, dass bisher in Bitterfeld nur wenige Einzelexemplare erkannt wurden. Vom Erscheinungsbild her scheint er, wie es die Namensgebung andeutet, eine Zwischenstufe zwischen Succinit und Gedanit zu sein.

Beckerit gehört zu den Braunharzen und kommt als undurchsichtige braune, klumpige Masse vor. Beckerit ist härter und dichter als Succinit und enthält nur Spuren von Bernsteinsäure und zum Teil Wachsstoffe. Beckerit könnte durch Insekten-Fraßreste/Exkremente kontaminierter Succinit sein (Schubert 1961, Beck et al. 1986).

Glessit wird in Bitterfeld auch in größeren Stücken von über 10 cm Größe gefunden. Glessit kommt in verschiedenen Brauntönen vor: von gelblichbraun über rötlichbraun bis zu dunkelbraun. Die Oberflächen verwittern recht schnell und bilden dann einen grauen Überzug. Ursprung des fossilen Harzes waren wahrscheinlich Balsambaum-Gewächse (Burseraceae), Zweiflügelfruchtgewächse (Dipterocarpaceae) oder Rautengewächse (Rutaceae). Die Herkunft von Bedecktsamern (Angiospermen) ist nachgewiesen (Dolezych 2022).

Siegburgit ist ein aromatisches fossiles Harz. In Bitterfeld findet es sich in Form weißbeiger bis beigebrauner knollenförmiger, gekröseartiger Aggregate (kleine Tropfsteine und Gerölle). Botanisch ordnet man ihn dem Amberbaum (*Liquidambar*) zu (Dolezych 2022).

Stantienit gehört zu den Schwarzharzen. Er bildet knollige, glänzende Aggregate mit muscheligem, spröden Bruch aus. Das Harz ist möglicherweise ein natürliches Pech-Produkt, das in Verbindung mit Waldbränden bzw. Blitzschlägen aus Baumharzen oder Baumsäften (Birke) entstanden ist.

Neben dem Stantienit werden in Bitterfeld auch plattige, matte Schwarzharze gefunden, die als **Pseudostantienit** bezeichnet werden. Auch dabei könnte es sich um ein durch Hitzeeinwirkung beeinflusstes Harz handeln.

Während die bisher genannten Harzarten auch im Baltischen Bernstein gefunden wurden, ist Goitschit bisher in Bitterfeld einzigartig. Er wurde deshalb nach dem ehemaligen Tagebau bei Bitterfeld benannt. Goitschit bildet opake, schmutzigweiße bis weißlichgrüne Stücke, die sich fettig, talkartig anfühlen und in der Handwärme noch leicht kleben. Als Ursprungspflanze werden ähnliche Harzerzeuger vermutet, wie beim Glessit: Balsambaumgewächse (Burseraceae) oder Zweiflügelfruchtgewächse (Dipterocarpaceae).

1.2.5 Formen

Bernstein ist fossiles, „versteinertes“ Baumharz. Verschiedene Bäume und Sträucher sondern Harz bei Krankheit oder als Reaktion auf veränderte Umwelteinflüsse ab. Es hat eine keimtötende Wirkung und dient so vor allem als Wundverschluss.

Eine ganze Reihe von Bernsteinstücken aus Bitterfeld weist Naturformen auf, die sich direkt auf den Harzfluss zurückführen lassen (Krumbiegel & Krumbiegel 2005, Rappsilber 2017). Solche Formen können auch an heutigen Bäumen beobachtet werden.

Äußere Tropfenformen (Abb. 1.10 links)

Der Bitterfelder Bernstein zeigt eine breite Palette von Formen, die beim freien Ausfließen des Harzes aus dem Holz entstanden sind. Sie reicht von einer ersten Harzanschwellung, über Tropfenbildungen, langgezogene Harzfäden, Stalaktiten, zapfenähnliche Formen bis zu Tropfen mit einer Abplattung durch das Auftreffen am Boden.

Innere Stammformen (Abb. 1.10 rechts)

Auch im Inneren eines Stammes kann es Verletzungen geben: Risse, Spalten und andere Wunden. Diese werden mit Harz ausgefüllt. Das betrifft das Kernholz und ebenso Risse zwischen Stamm und Rinde und innerhalb der Rinde.

Weitere Formen entstanden dadurch, dass das Harz auf verschiedene Strukturen (Holz, Blätter usw.) geriet und die Bernsteinstücke nun Abdrücke enthalten.

Oft sind auch Schrumpfungsmuster zu beobachten, die sich infolge des Volumenschwundes beim Entweichen leichtflüchtiger Bestandteile aus der frischen Harzmasse ausbildeten. Transportprozesse rundeten die Bernsteinstücke unterschiedlich stark ab.

Abb. 1.10: Formen des Bitterfelder Bernsteins. Sammlung: Rappsilber.

Links Äußere Tropfenformen:

a) Blasenartige Anschwellung mit beginnender Tropfenbildung (6 cm),

b) Stalaktit (2 cm),

c) Zapfen (3 cm),

d) Tropfen im Tropfen (3 cm),

e) Tropfen, keulenförmig (3 cm),

f) Tropfen, abgeplattet (3 cm).

Rechts Innere Stammformen:

g) Rissfüllung im Inneren des Stamms (2 cm),

h) Harztasche im Inneren des Stamms (2 cm),

i) Harzform zwischen Stamm und Borke (5 cm), links: Abdruck vom Stamm,

rechts: Abdruck von Borke.

1.2.6. Bitterfelder Bernsteinwald

Im Tertiär wuchsen im Mitteldeutschen Raum ausgedehnte Wälder. Einige Bäume dieser Wälder produzierten Harz. Insbesondere Klimaveränderungen, aber auch das Vordringen des Meeres und eine zunehmende Bodennässe bewirkten wahrscheinlich eine vermehrte Harzproduktion.

Das aromatisch duftende Harz zog unzählige Insekten und Spinnen an, die sich aus dem klebrigen Baumharz nicht mehr lösen konnten. Es floss entlang der Stämme und riss Käfer und Ameisen mit, und es tropfte auf den Waldboden, wo Bodenbewohner im Harz kleben blieben.

Sie sind uns heute als Einschlüsse im Bernstein überliefert. Die genaue Beobachtung dieser Fossilien ermöglicht es, Aussagen über die Zusammensetzung des Waldes, die Beziehungen zwischen den Organismen und selbst über die klimatischen Bedingungen im Bitterfelder Bernsteinwald zu treffen.

Der derzeitige Wissensstand zum Bitterfelder Bernstein ist, dass bisher 717 verschiedene Arten aus etwa 284 verschiedenen Familien aus Tier- und Pflanzenwelt, aber auch von Pilzen und Bakterien nachgewiesen wurden (Rappsilber 2016).

Pflanzliche Einschlüsse sind im Bitterfelder Bernstein recht selten. Eine Ausnahme bilden die allgegenwärtigen Sternhaare. Weitere seltene Pflanzeninklusen wie Blätter, Nadeln, Blüten und Holzreste zeigen ein Nebeneinander von Nadelbäumen, Blütenpflanzen, Moosen und Farnen.

Moose (Abb. 1.11) besitzen im Vergleich zu den anderen Landpflanzen einen einfachen Bauplan. So bilden sie zwar so etwas wie Rhizome. Diese dienen aber in erster Linie dazu, das Moos am Boden zu verankern. Wasser nehmen die Moose vor allem über die Blätter auf. Sie bevorzugen deshalb hauptsächlich feuchte Standorte. Es ist anzunehmen, dass vor allem solche Moose als Bernstein-Inklusen überliefert sind, die auf der Rinde der harzenden Bäume wuchsen.

Abb. 1.11: Lebermoos (Jungermanniopsida), 6 mm, Sammlung: Goitzsche Bernstein GmbH.

Abb. 1.12: Eichenblüte (Quercus), 3 mm, Sammlung: Goitzsche Bernstein GmbH.

Abb. 1.13: *Cupressospermum saxonicum* (Geinitziaceae) oder Zypressengewächs (Cupressaceae), 9 mm, Sammlung: Goitzsche Bernstein GmbH.

Den direkten Nachweis von Eichen liefern eingeschlossene Eichenblüten, die bereits von Barthel & Hetzer (1982) beschrieben wurden. In Abb. 1.12 ist zu erkennen, dass die bereits genannten Sternhaare tatsächlich auch von Eichen abgestoßen werden.

Die Sternhaare kommen in der Mehrzahl der Bitterfelder Bernsteinstücke vor. Teile von Eichenblüten sind zwar deutlich seltener, gehören aber unter den insgesamt seltenen Pflanzenfossilien zu den häufigeren Funden. Das führt zu dem Schluss, dass Eichen im Bitterfelder Bernsteinwald wohl häufiger anzutreffen waren.

Bei der abgebildeten Triebspitze eines Zypressengewächses (Abb. 1.13) könnte es sich um *Cupressospermum saxonicum* handeln. Diese Art ist schon frühzeitig als ein möglicher Harzproduzent des Bitterfelder Bernsteins diskutiert worden (Barthel & Hetzer 1982). Kunzmann (1999) ordnete diese altertümliche Konifere der neugeschaffenen Familie der Geinitziaceae zu. *Cupressospermum saxonicum* war im Oberoligozän und Untermiozän der Lausitz und des Bitterfelder Raumes weit verbreitet. Nach ihren Fundorten kann eingeschätzt werden, dass sich *Cupressospermum saxonicum* vor allem in den nährstoffreichen Sumpfwäldern ausgebreitet hatte.

Weite Teile des Bitterfelder Bernsteinwaldes werden mit Tümpeln und sumpfigen Bereichen durchsetzt gewesen sein (Sumpfwälder). So zeigen die häufigsten Käfer, dass es viel anbrüchiges und verpilztes Holz gegeben haben muss. Baummulmkäfer (Aderidae, Abb. 1.14) sind kleine Käfer, die – wie der Name schon verrät – im Mulm verrottender Bäume leben. Ihr Vorkommen als Inklusen im Bitterfelder Bernstein lässt Teile des Bernsteinwaldes als feuchten Sumpfwald erscheinen.

Die Sumpfkäfer (Scirtidae, Abb. 1.15) verbringen ihr Larvenstadium im Wasser. Die Larven sind Luftatmer. Deshalb meiden sie größere Gewässer und sind in kleinen Bächen oder Tümpeln zu finden. Die erwachsenen Tiere leben an Land, halten sich aber zumeist noch in Gewässernähe auf.

Abb. 1.14: Baummulmkäfer (Aderidae), 2 mm, Sammlung: Rappsilber.

Abb. 1.15: Sumpfkäfer (Scirtidae), 3 mm, Sammlung: Goitzsche Bernstein GmbH.

Abb. 1.16: Schwimmkäfer (Dytiscidae: Laccophilinae), 3 mm, Slg.: Goitzsche Bernstein GmbH.

Abb. 1.17: Köcherfliege (Trichoptera: Polycentropodidae), 6 mm, Slg.: Goitzsche Bernstein GmbH.

Selbst auf das Vorhandensein von Wasser im Bernsteinwald und über das Leben im Wasser gibt es Hinweise aus den Inklusen. In äußerst seltenen Fällen sind wasserlebende Insekten eingeschlossen worden. So liegen aus dem Bitterfelder Bernstein Nachweise von Flohkrebsen, Wasserkäfern, Schwimmkäfern (Abb. 1.16), Wasserwanzen und Ruderwanzen vor. Aber auch die Larven einiger Mücken und der meisten Köcherfliegen entwickeln sich im Wasser und liefern so einen indirekten Nachweis für das Vorkommen von Gewässern. Köcherfliegen treten trotz ihrer Größe im Bitterfelder Bernstein öfters auf (Abb. 1.17) und zeigen uns durch ihre Existenz Gewässer im Bernsteinwald an. Die Larven der Köcherfliegen entwickeln sich im Wasser. Sie bauen sich Wohnköcher, indem sie kleine Steinchen, Pflanzenteile oder Schalenreste mit einem Sekret zu einer Röhre verkleben. Die Larven ernähren sich pflanzlich und weiden den Algenbelag von Steinen ab oder fressen an zerfallenden Pflanzenresten. Viele Köcherfliegenlarven sind sensitiv, was die Wasserqualität betrifft. So können die Bernstein-Inklusen der Köcherfliegen als Habitat-Indikator für das fossile Ökosystem des Bitterfelder Bernsteinwaldes dienen.

Unzählige Organismen haben sich auf das Leben in der Bodenzone und die Verwertung von herabgefallenen Blättern und abgestorbener Bäume spezialisiert. Eine herausragende Rolle dabei spielen Springschwänze. Weitere Fossilien des Bitterfelder Bernsteins aus diesem Lebensraum sind Milben, Asseln (Abb. 1.18), Tausendfüßer (Abb. 1.19).

Das Leben am Baumstamm ist vielfältig und dort besteht die höchste Wahrscheinlichkeit, mit austretendem Harz in Berührung zu kommen. Eine ganze Reihe von Käfern bzw. ihre Larven, aber auch Silberfischchen hatten sich auf das Holz von Bäumen spezialisiert. Pseudoskorpione (Abb. 1.20) haben einen flachen Körperbau. Das weist auf ihren Lebensraum hin: unter der Rinde von Bäumen oder in Gesteinsspalten.

Der Luftraum war von der großen Gruppe der Zweiflügler (Fliegen und Mücken) beherrscht. Vertreter dieser Ordnung stellen die häufigsten Inklusen im Bitterfelder Bernstein. Obwohl es durchaus wahrscheinlich ist, dass ein Vogel im Bernsteinwald eine

Feder verlor und diese vom klebrigen Harz eingeschlossen wurde (Abb. 1.21), sind Feder-Inklusen große Besonderheiten. Aus dem Bitterfelder Bernstein waren Federfunde bisher nicht dokumentiert (Rappsilber 2016).

Folgt man dem Aktualitätsprinzip und nimmt an, dass die heute zu beobachtenden Lebensweisen von bestimmten Tiergruppen auch schon in geologischen Zeiten für diese Tiere galten, dann gibt es auch Hinweise auf gebirgige Abschnitte im Bitterfelder Bernsteinwald. Felsenspringer (Abb. 1.24) leben heute vornehmlich an steinigen Plätzen in gebirgigen Gegenden, aber auch im Falllaub. Die Larven der Steinfliegen (Abb. 1.25) entwickeln sich im Wasser, bevorzugt in kalten, sauerstoffreichen Gewässern. Dieser Umstand fügt dem Mosaik des Bitterfelder Bernsteinwaldes das Vorkommen frischer, plätschernder Fließgewässer hinzu, wie sie vorrangig in gebirgigen Gegenden zu finden sind.

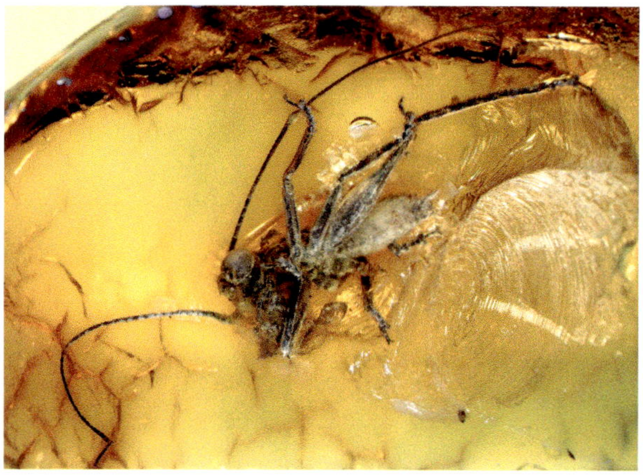

Abb. 1.18: Assel (Isopoda), 5 mm, Sammlung: Goitzsche Bernstein GmbH.

Abb. 1.19: Tausendfüßer (Myriapoda: Geophilidae), 4 mm, Sammlung: Goitzsche Bernstein GmbH.

Abb. 1.23: Heuschrecke (Saltatoria), 9 mm, Sammlung: Rappsilber.

Abb. 1.20: Pseudoskorpion (Pseudoscorpiones: Cheliferidae), 4 mm, Slg: Goitzsche Bernstein GmbH.

Abb. 1.21: Vogelfeder (Aves), 50 mm, Sammlung: Goitzsche Bernstein GmbH.

Abb. 1.22: Termite (Isoptera), 10 mm, Sammlung: Goitzsche Bernstein GmbH.

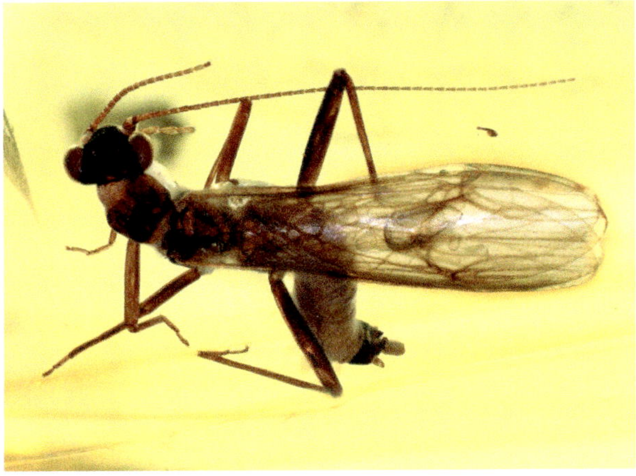

Abb. 1.24: Felsenspringer (Archaeognatha), 20 mm, Sammlung: Goitzsche Bernstein GmbH.

Abb. 1.25: Steinfliege (Plecoptera), 6 mm, Sammlung: Goitzsche Bernstein GmbH.

Weite Areale des Bitterfelder Bernsteinwaldes waren wahrscheinlich ein Sumpfwald, mit zahlreichen Tümpeln, krautigem Unterwuchs und vermodernden Baumstämmen.

Die Flüsse, die von Süden her in Richtung Bitterfelder Bernsteinbucht flossen, waren von Auwäldern begleitet, die episodisch überschwemmt wurden – ein guter Lebensraum für Mücken, die den Hauptanteil der Bitterfelder Bernsteininklusen bilden.

Daneben wird es aber auch savannenartige Freiflächen und lockere Steppenwälder aus Eichen, Palmen und Kiefern gegeben haben.

Auch kühlere, gebirgige Gegenden mit Kiefern, Mammutbäumen und Zypressengewächsen gehörten wahrscheinlich zum Bitterfelder Bernsteinwald (Abb. 1.26).

Abb. 1.26: Rekonstruktion der Waldgemeinschaften des Bitterfelder Bernsteinwaldes als synoptische Darstellung auf der Basis von Inklusen im Bitterfelder Bernstein (Bild: J. Knüppe).

1.3 Weitere Bernsteinfunde im Umfeld der Goitzsche

Bernstein findet sich nicht nur im Bereich des Goitzschesees. Seit den ersten Bernsteinfunden 1731 bei Bad Schmiedeberg bis zur Bernsteinförderung im ehemaligen Tagebau Goitsche kamen in einem größeren Gebiet immer wieder einzelne Bernsteine zum Vorschein (Sterne in Abb. 1.1). Nach der Entdeckung der Bernsteinlagerstätte Goitsche unterhalb der Bitterfelder Braunkohlenflöze rückten diese Schichten auch bei der Braunkohlenerkundung im weiteren Umfeld in den Fokus der Untersuchungen. Bei 15 Braunkohlenobjekten wurde gezielt der Begleitrohstoff Bernstein erkundet.

Zum Erkundungsprogramm auf Bernstein gehörte das Abteufen von Bohrungen bis weit unter das Liegende der Braunkohlenflöze. Zumeist waren die Bitterfelder Glimmersande der Zielhorizont, der vollständig durchteuft wurde. An einigen Stellen erfolgte zusätzlich die Erkundung tiefer liegender Horizonte bis in das Niveau der eozänen Braunkohlenflöze. In allen Erkundungsobjekten zusammen wurden 991 Bohrungen gezielt auf Bernstein hin untersucht. 185 dieser Bohrungen fanden Bernstein, zunächst unabhängig von Quantität, Größe und Qualität. Die Lage der erfolgreichen Bohrungen ist in Abb. 1.1 dargestellt.

Zusammen mit den historischen Funden und der reichen Bernsteinlagerstätte der Goitsche wurde Bernstein in einem trichterförmigen Gebiet von etwa 40 km x 40 km gefunden. Dieser Bereich war im Tertiär eine lokale Senke. Sie bildete eine Bucht der tertiären Ur-Nordsee, die Bitterfelder Bernsteinbucht genannt wird (Rappsilber 2022).

Die überwiegende Anzahl der Bernsteinfunde stammt aus Sedimenten, die im Übergangsbereich Oberoligozän/Untermiozän abgelagert wurden. Dort waren neben den in der Goitsche angetroffenen Bernsteinfolgen vor allem deren Äquivalente im Umfeld bernsteinführend, wie der Bitterfelder Glimmersand und hier vor allem Schlufflagen, aber auch das Liegende und Hangende des Flözes Breitenfeld und die Liegendsande und -schluffe des Flözes Bitterfeld.

In 21 der 185 fündigen Bohrungen wurde Bernstein aber auch in älteren Horizonten angetroffen. Die älteste stratigraphische Schicht, in der Bernstein gefunden wurde, ist der Liegendschluff des Flözes Bruckdorf (Borna-Formation), der in den Grenzbereich Mitteleozän/Obereozän (vor ca. 37 Millionen Jahren) eingeordnet wird. Die Zeitspanne bis zum Bitterfelder Bernsteinschluff, für den bei Knuth et al. (2002) ein Alter von 23,8–25,3 Millionen Jahren angegeben ist, wird kontinuierlich durch Bernsteinfunde abgedeckt.

Im Bereich der Schmiedeberger Stauchendmoräne, wo die eigentlich tiefer liegenden Schichten bis zur Erdoberfläche aufgestaucht wurden und wo bereits die ersten Bitterfelder Bernsteine gefunden wurden, konnte auch in neuerer Zeit ein Bernstein gefunden werden.

Dies gelang 2014 in der Sandgrube Köplitz (Abb. 1.1). Wimmer et al. (2017) berichteten von einem 4,5 cm x 5,0 cm großen und 29 g schweren Harzstück. Es stammte aus einem hell- bis dunkelbraungrauen, feinsandigen, kohligen und feingeschichteten Schluff, der sich mit dem Schluff des Bitterfelder Bernsteinvorkommens korrelieren lässt (Wimmer et al. 2017).

2. Retinit, Krantzit und Oxikrantzit im Hinterland der Bitterfelder Bernsteinbucht

Die Bernsteinlagerstätte Goitzsche und die umliegenden (zumeist historischen) Bernsteinfundstellen sind in interessierten Kreisen allgemein bekannt. Weniger bekannt ist, dass im gesamten mitteldeutschen Raum in den Braunkohlenlagerstätten recht häufig verschiedene andere fossile Harze angetroffen wurden.

Sie enthielten keine oder nur sehr wenig Bernsteinsäure und waren spröde. Etwa ab Mitte des 19. Jahrhunderts wurden diese Harze zur Unterscheidung vom Bernstein als Retinit angesprochen. Später kamen mitunter eigene Bezeichnungen für bestimmte Fundstätten oder aber bestimmte Varietäten auf. In Mitteldeutschland betraf das Krantzit und Oxikrantzit.

Breits Bergemann (1859) bezeichnete das Harzmaterial, das er später als Krantzit benannte, als unreinen Bernstein. Wenig später berichtete Berendt (1872) über ein fossiles Harz, das im Samland gefunden und „seiner Weichheit und Elastizität halber von den Arbeitern für noch nicht völlig erhärteten, unreifen Bernstein gehalten" wurde.

Spirgatis (1872) stellte die Ähnlichkeit dieses „sogenannten unreifen Bernsteins, welcher bisweilen unter dem Ostpreussischen Bernstein gefunden wird", mit Krantzit heraus. In der späteren Literatur wird der Begriff der unreifen Harze zuweilen für die spröden Harze: Retinit, Krantzit und Oxikrantzit verwendet.

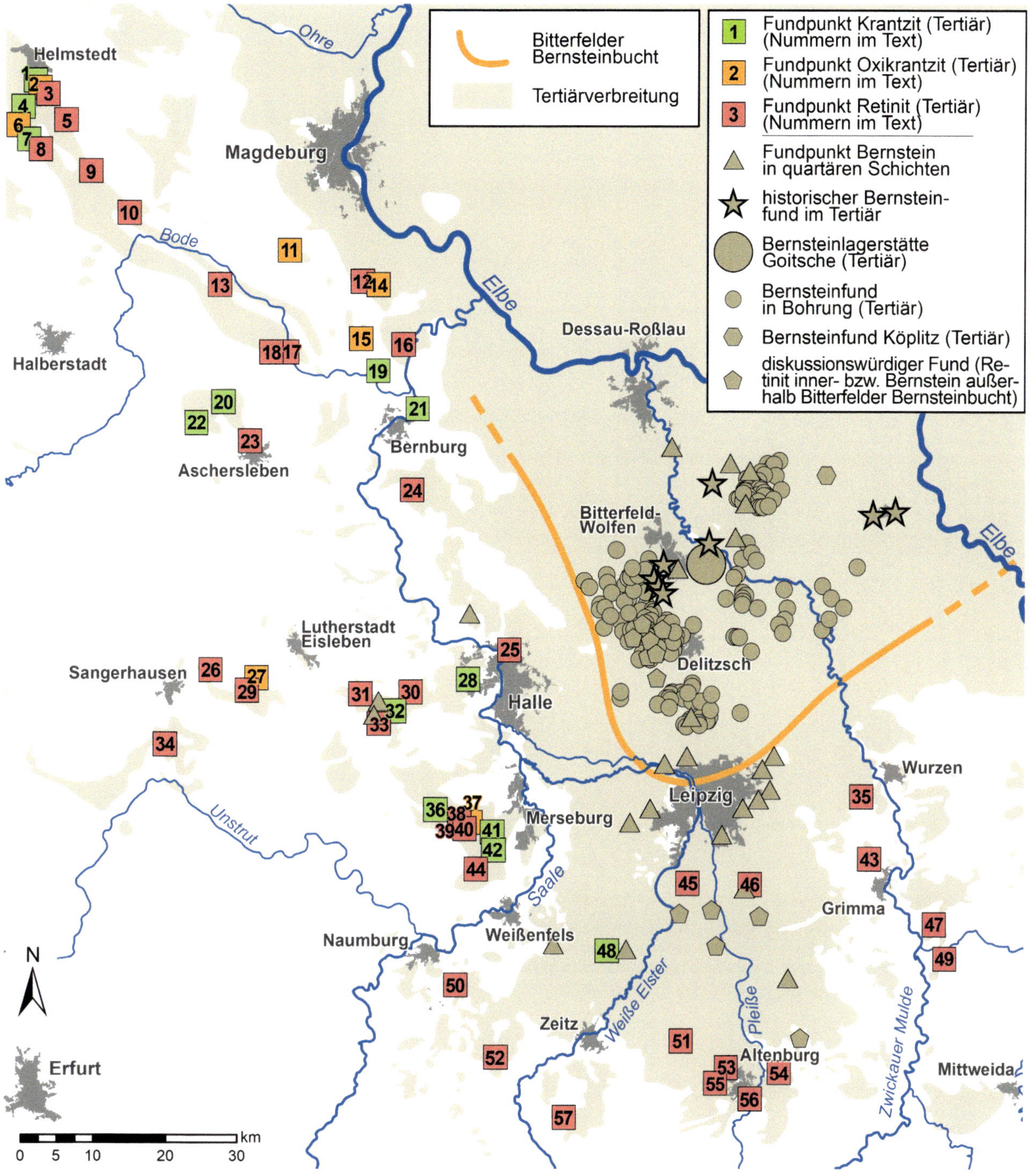

Abb. 2.1: Fundpunkte fossiler Harze in Mitteldeutschland. Teil 2: Farblich hervorgehoben sind Funde von Retinit, Krantzit und Oxikrantzit in tertiären Schichten. Diese treten nahezu ausschließlich außerhalb der Bitterfelder Bernsteinbucht auf.

2.1 Retinit

Die Erstbeschreibung des Namens Retinit ist nicht bekannt. Zincken (1867) kannte schon den Namen Retinit und schrieb über das fossile Harz: „Collectivname für diejenigen fossilen Harze der Braunkohlenformation etc., welche besondere Bezeichnungen noch nicht erhalten haben.

Retinit ist ein Gemenge von verschiedenen (gewöhnlich 2) Harzen und harzähnlichen Körpern, derb, in rundlichen Stücken von verschiedener Größe und Form, eingesprengt, als Ueberzug, je nachdem das Vorkommen aus einer Anhäufung von Harz durch Herabtröpfeln von Bäumen oder aus einer Zersetzung harziger Hölzer (Coniferen) hervorgegangen ist; Bruch muschelig; besitzt meistens wenig Festigkeit; H. 1,0–1,5; spec. Gew. 1,0–1,2; Farbe hellgelb bis dunkelbraungelb, grau, graugelb; fettglänzend; durchscheinend bis durchsichtig; Strich heller; leicht schmelzbar und mit aromatischem Geruche verbrennend; in Alkohol meistens völlig löslich; ...“

Auch Kaunhowen (1928), der eine ausführliche Auflistung verschiedener fossiler Harze zusammengestellt hatte, sah Retinit als eine Sammelbezeichnung für „verschiedene fossile Harze, die sich recht abweichend voneinander verhalten und teils Bernsteinsäure enthalten, teils bernsteinsäurefrei sind."

Einige der im Folgenden aufgezählten Krantzite und Oxikrantzite wurden bei ihrem Erstfund zunächst als Retinit angesprochen. Erst spätere Analysen mittels Infrarot-Spektroskopie erbrachen die richtige Zuordnung. Insofern ist nicht ausgeschlossen, dass sich hinter einigen der auch hier noch als Retinit bezeichneten Stücke in Wirklichkeit Krantzite und Oxikrantzite verbergen.

2.2. Krantzit

Aus den Braunkohlengruben von Lattdorf bei Nienburg wurden fossile Harze an die Mineralienhandlung Dr. Krantz gesandt. Von dort wurden sie zur Untersuchung an C. Bergemann gegeben, der erkannte, dass dieses Harz „... keinen Bernstein bildet, sondern aus einem nicht beschriebenen fossilen Harz besteht." Bergemann (1859) benannte das Harz nach dem Inhaber der Mineralienhandlung Krantzit.

Die Farbe von Krantzit variiert von gelblichweiß opak bis zu durchsichtigen Stücken mit bräunlich-gelber und grünlich-gelber Farbe. Krantzit gehört zur Gruppe der aromatischen Harze. Markant ist der starke Geruch, der sich aus seinem relativ hohen Schwefelgehalt von 4–6 % ergibt. Krantzit gehört mit einer Mikrohärte von 250–270 MPa zu den härteren fossilen Harzen, zerbricht aber aufgrund seiner Sprödigkeit leicht.

Mit einer Dichte von 0,97 g/cm3 (Bergemann 1859) gehört er zu den leichtesten der fossilen Harze. Eine Besonderheit ist das Vorhandensein von aromatischen Substanzen.

Katinas (1988) stellte die Ähnlichkeit von Krantzit und dem Harz von *Styrax argenta* fest und sah demzufolge Storaxbaumgewächse als mögliche Harzproduzenten des Krantzits an.

Krumbiegel & Kosmowska-Ceranowicz (1990) beschrieben erstmals IR-Spektren mitteldeutscher Krantzite. Nach dem Nachweis von Zimtsäure durch Vávra (beschrieben in Vahldiek 2001) rückten auch Hamamelisgewächse in den Fokus als mögliche Harzproduzenten für Krantzit. Vahldiek (2015b) fand im Helmstedter Braunkohlenrevier Krantzit als Anreicherung in situ unter einem Mutterbaum von *Doliostrobus taxiformis* und mit Krantzit gefüllte Nadeln der gleichen Pflanzenart. Das sind starke Hinweise für die Ableitung des Krantzits von der ausgestorbenen Koniferenfamilie der Doliostrobaceae.

2.3. Oxikrantzit

Die Erstbeschreibung von Oxikrantzit ist etwas unklar. In der Literatur wird sie verschiedentlich Sawkiewicz (1980) zugeschrieben. In dieser Literaturstelle findet sich aber keine Aussage zu Oxikrantzit. Kosmowska-Ceranowicz & Krumbiegel (1990) zufolge hat S. Sawkiewicz Harzproben aus der Grube Alexander bei Förderstedt, die er von N. Vávra aus der Sammlung der Universität Wien erhalten hatte, als Oxikrantzit bestimmt. Als Quellenangabe nannten Krumbiegel & Kosmowska-Ceranowicz (1992) eine briefliche Mitteilung von S. Sawkiewicz an N. Vávra.

Beim Oxikrantzit handelt es sich um eine dunkelrotbraune Variante mit brauner Verwitterungsrinde. Es deutet sich an, dass es eine Varietät von Krantzit mit einem höheren Sauerstoffgehalt sein könnte.

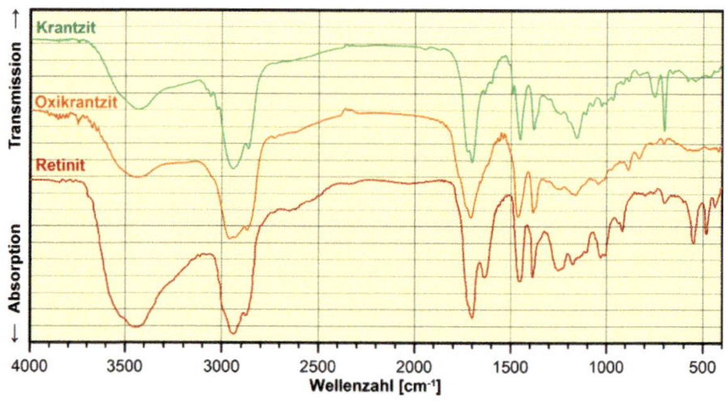

Abb. 2.2: Infrarot-Spektren von Krantzit, Oxikrantzit und Retinit.

Die Infrarot-Kurven der drei fossilen Harze unterscheiden sich leicht. Krumbiegel & Kosmowska-Ceranowicz (1992) wiesen auf Unterschiede in der Absorption in den Banden aromatischer Ringsysteme bei 700 und 750 cm-1 hin. Diese Absorption ist sehr deutlich beim Krantzit zu erkennen. Beim Oxikrantzit und Retinit ist sie wesentlich geringer, aber immer noch erkennbar.

Dieser Sachverhalt wurde als Einwirkungen auf den Oxidationsgrad in der Frühphase der Umwandlung zum fossilen Harz gedeutet. Markant ist bei allen drei dieser fossilen Harze auch die stärkere Ausbildung der Banden der C=O-Carbonyl-Gruppe bei 1700 cm-1 (charakteristisch für ungesättigte Carbonsäuren) im Vergleich zur Bande bei 1730 cm-1 (entspricht Schwingungen der Carboxylgruppe in Estern).

Unklar ist derzeit, ob die Unterschiede zwischen Retinit, Krantzit und Oxikrantzit auf verschiedene Harzerzeuger, unterschiedliche Wachstumsprozesse der gleichen Harzerzeuger oder geochemische Veränderungen während der Diagenese zurückzuführen sind.

2.4. Fundstellen

1 Helmstedt

Harz: Krantzit
Fundzeit: ca. 1980-2002
Zeitalter: Eozän (Lutetium)
Alter: 42 Ma

Von ersten Harzfunden im Tagebau Helmstedt berichtete Vahldiek (1986), dass er sie schon Jahre früher gemacht hatte. Nach zunächst Haldenfunden konnte er die Harze später auch im Tagebau in situ finden (Vahldiek 2001). Lietzow & Ritzkowski (1996) ordneten die Funde dem Flöz 2 der Helmstedt-Formation zu, die ins Lutetium gestellt wird.

Die Harzstücke waren recht häufig (insgesamt 10 kg); das größte Stück wog 130 g (Vahldiek 2015a). Die Stücke wurden als häufig plattig, teilweise knochigporös beschrieben mit Farben von weißlich bis honiggelb. Abgebildet sind einzelne Stücke in Vahldiek (2001).

Von den Harzfunden aus Helmstedt wurden durch B. Kosmowska-Ceranowicz Infrarot-Spektren angefertigt.

Eine Probe aus der Sammlung B.-W. Vahldiek (IRS 301) und eine Probe, die von B.-W. Vahldiek der Geiseltalsammlung (jetzt Zentralmagazin Naturwissenschaftlicher Sammlungen der Martin-Luther Universität Halle-Wittenberg) zur Verfügung gestellt wurde (IRS 204) wiesen das Harzmaterial als Krantzit aus. Zwei weitere Proben (s. Fundpunkt 2) ergaben Oxikrantzit.

2 Helmstedt

Harz: Oxikrantzit
Fundzeit: vor 1996-2002
Zeitalter: Eozän (Lutetium)
Alter: 43 Ma

Aus dem Tagebau Helmstedt wurden fossile Harze auch durch Lietzow & Ritzkowski (1996) beschrieben. Sie stammten aus dem Flöz 3 (Helmstedt-Formation), das ins Lutetium gestellt wird. Von den Harzfunden aus Helmstedt wurden durch B. Kosmowska-Ceranowicz Infrarot-Spektren angefertigt. Neben zwei Proben, die als Krantzit bestimmt wurden (s. Fundpunkt 1), wurden zwei Proben aus dem Bereich des Flözes H-3 (IRS 429, IRS 430) als Oxikrantzit bestimmt.

3 Harbke

Harz: Retinit
Fundzeit: 1842-1982
Zeitalter: Eozän (Lutetium)
Alter: 42 Ma

Bei Harbke begann der Braunkohlebergbau als Tiefbau August Ferdinand im Jahre 1842. Von 1909 bis 1982 wurde Braunkohle im Tagebau gewonnen. In der Aufzählung von Retinit-Fundstellen im Helmstedter Revier schrieb Zincken (1867): „bei Hötensleben, Harbke, Sommerschenburg, Warsleben, ...“.

Angesichts der in neuerer Zeit erfolgten Bestimmung fossiler Harze aus dem Helmstedter Revier als Krantzite stellt sich die Frage, ob nicht auch die historischen Funde der Region als Krantzite betrachtet werden müssen.

Probenmaterial oder Infrarot-Spektren davon sind nicht bekannt. Angesichts fehlender Angaben zum stratigraphischen Niveau der Funde kann die Einstufung ins Lutetium wie bei den meisten umliegenden Fundstellen des Helmstedter Reviers nur angenommen werden.

4 Treue

Harz: Krantzit
Fundzeit: vor 1986-1993
Zeitalter: Eozän (Lutetium)
Alter: 43 Ma

Der Tagebau Treue war ab 1906 in Betrieb. Aus der Anfangszeit des Braunkohlenabbaus ist nichts über Funde fossiler Harze bekannt.

Erst durch Aufsammlungen von B.-W. Vahldiek im Helmstedter Revier wurden die Harze bekannt. Aus dem Tagebau Treue stammte ein 2 mm großes Harzstück (Vahldiek 1986). Lietzow & Ritzkowski (1996) ordneten es dem Flöz 3 der Helmstedt-Formation zu. Sie benannten es als Krantzit.

5 Sommersdorf

Harz: Retinit
Fundzeit: 1847-1935
Zeitalter: Eozän (Lutetium)
Alter: 42 Ma

Westlich von Sommersdorf bauten die Tiefbaue Emilie und Dorothee im 19. Jahrhundert Braunkohle im Tiefbau ab. Den Fundort bei Sommerschenburg (östl. Sommersdorf) zählte Zincken (1867) als eine von mehreren Retinit-Fundstellen im Helmstedter Revier auf: „bei Hötensleben, Harbke, Sommerschenburg, Warsleben, ...".

Angesichts der in neuerer Zeit erfolgten Bestimmung fossiler Harze aus dem Helmstedter Revier als Krantzite stellt sich die Frage, ob nicht auch die historischen Funde der Region als Krantzite betrachtet werden müssen. Probenmaterial oder Infrarot-Spektren davon sind nicht bekannt.

6 Schöningen

Harz: Oxikrantzit
Fundzeit: vor 1996-2017
Zeitalter: Paläozän/Eozän (Thanetium/Ypresium)
Alter: 56 Ma

Lietzow & Ritzkowski (1996) berichteten von Harzfunden aus dem Nordfeld des Tagebaus Schöningen. Sie beschrieben Körner von roter, gelber und weißer Farbe. Sie stammten aus dem Fährberg-Member der Süplingen Formation mit einer Altersstellung im Bereich des Übergangs Paläozän/Eozän (Thanetium/Ypresium). Eine Probe, die durch B. Kosmowska-Ceranowicz mittels Infrarot-Spektroskopie untersucht wurde (IRS 244), ergab Oxikrantzit.

7 Schöningen

Harz: Krantzit
Fundzeit: vor 2015-2017
Zeitalter: Eozän (Ypresium)
Alter: 53 Ma

Vahldiek (2015b) berichtete über Krantzit-Funde aus dem Tagebau Schöningen. Die Harze kamen dort im Bereich des Flözes 6 vor (Schöningen Formation). In der Mitte des Flözes traten sie relativ oft auf: „In Nestern waren die bis zu 5 cm langen Krantzite auf unterschiedlichem Niveau dicht an dicht eingelagert (Vahldiek 2015a). In den angegebenen Literaturstellen ist die Fundsituation abgebildet. Besondere Bedeutung erlangten die Funde, da dort der Nachweis des Harzerzeugers geführt werden konnte: *Doliostrobus taxiformis*. Eine Infrarotspektroskopie an diesem Probenmaterial ist erfolgt. Sie erbrachte den Nachweis für Krantzit (Vahldiek 2015b).

8 Hötensleben

Harz: Retinit
Fundzeit: 1853-1963
Zeitalter: Eozän (Lutetium)
Alter: 45 Ma

Zincken (1867) zählte einige Retinit-Fundstellen auf, die zum Helmstedter Revier gehören: „bei Hötensleben, Harbke, Sommerschenburg, Warsleben, ...". Nach erfolgreichen Bohrungen auf Braunkohle in den Jahren 1853/54 begann der Braunkohlentiefbau östlich von Hötensleben.

Die Braunkohlentagebaue Victoria 1 und 2 im Norden von Hötensleben förderten bis 1963. Es ist davon auszugehen, dass sie in der hangenden Flözgruppe bauten, die ins Lutetium gestellt wird. Angesichts der in neuerer Zeit erfolgten Bestimmung fossiler Harze aus dem Helmstedter Revier als Krantzite stellt sich die Frage, ob nicht auch die historischen Funde der Region als Krantzite betrachtet werden müssen. Probenmaterial oder Infrarot-Spektren davon sind nicht bekannt.

9 Warsleben

Harz: Retinit
Fundzeit: vor 1867-ca. 1945
Zeitalter: Eozän (Lutetium)
Alter: 45 Ma

Zwischen Hötensleben und Warsleben begannen die Arbeiten auf Braunkohle bereits 1852. Auch Warsleben war eine der Retinit-Fundstellen im Helmstedter Revier, die Zincken (1867) aufzählte: „bei Hötensleben, Harbke, Sommerschenburg, Warsleben, ...". Möglicherweise handelte es sich bei dem in Warsleben gefundenen fossilen Harz ebenso um Krantzit, wie bei den benachbarten Fundorten im Helmstedter Revier. Probenmaterial oder Infrarot-Spektren davon sind nicht bekannt.

10 Oschersleben

Harz: Retinit
Fundzeit: 1790-1924
Zeitalter: Eozän (Lutetium)
Alter: 45 Ma

Der Braunkohlenbergbau nordwestlich von Oschersleben begann, nachdem 1790 auf einem Acker bei Hornhausen ein Stück Braunkohle gefunden wurde. Bei Neindorf wurde die Grube „Marie-Louise" betrieben. Als letztes war der Schacht „Graf Bülow" bis 1924 in Betrieb. Zincken (1867) vermerkte, dass „bei Oschersleben" Retinite die Braunkohle begleiten. Probenmaterial von dieser Fundstelle scheint nicht mehr zu existieren und eine Infrarot-Kurve ist nicht bekannt.

11 Altenweddingen

Harz: Oxikrantzit
Fundzeit: 1767-1922
Zeitalter: Eozän (Lutetium)
Alter: 45 Ma

Als erster beschrieb Zincken (1867) Funde von Retinit „bei Altenweddingen in Knollen bis mehrere Cubikzoll gross". Durch ein Infrarot-Spektrum wurde dieses fossile Harz aus der Sammlung des Zentralmagazins Naturwissenschaftlicher Sammlungen der Martin-Luther Universität Halle-Wittenberg (Abb. 2.3) durch Krumbiegel & Kosmowska-Ceranowicz (1992) als Oxikrantzit erkannt (IRS 137).

Abb. 2.3: Oxikrantzit (ca. 5 cm) aus Altenweddingen mit historischem Etikett und Etikett von G. Krumbiegel, das auf die Sammlungsnummer und die Nummer des Infrarot-Spektrums verweist. Sammlung: Zentralmagazin Naturwissenschaftlicher Sammlungen (ZNS) der Martin-Luther Universität Halle-Wittenberg (GM/O/8).

12 Biere

Harz: Retinit
Fundzeit: 1857-1922
Zeitalter: Eozän (Lutetium)
Alter: 45 Ma

Zincken (1867) zählte eine Reihe von Retinit-Fundstellen südlich von Magdeburg auf, die er, ausgehend von Calbe beschrieb mit „meistens eingesprengt, selten in grösseren Partien" und die er mit „desgleichen bei ..." ergänzte . Eine davon lag „bei Biere". Das Braunkohlenvorkommen östlich Biere erstreckt sich über Großmühlingen weiter nach Osten bis Kleinmühlingen.

Für die Altfunde von Groß-Mühlingen (Fundpunkt 14) aus der Harz-Sammlung des Zentralmagazins Naturwissenschaftlicher Sammlungen der Martin-Luther Universität Halle-Wittenberg wurde durch Krumbiegel & Kosmowska-Ceranowicz (1992) festgestellt, dass es sich um Oxikrantzit handelt. Ähnliches ließe sich für die Funde vom benachbarten Biere erwarten.

13 Westeregeln

Harz: Retinit
Fundzeit: ca. 1850-ca. 1960
Zeitalter: Eozän (Bartonium)
Alter: 40 Ma

Der Braunkohlenbergbau in Westeregeln begann mit den Gruben Louise und Bertha bereits vor 1850. Dort wurde fossiles Harz gefunden. Zu den Retinit-Funden von Westeregeln bemerkte Zincken (1867): „bei Westeregeln, hier sowohl im grünen hangenden Sande, als fein vertheilt häufig im oberen Flötze und als Knollen im Hauptflötze." Probenmaterial oder Infrarot-Spektren des Westeregelner Retinits sind nicht bekannt.

14 Groß-Mühlingen

Harz: Oxikrantzit
Fundzeit: 1857-1922
Zeitalter: Eozän (Lutetium)
Alter: 45 Ma

Braunkohle wurde nördlich von Groß-Mühlingen im Tiefbau in den Jahren 1857-1922 abgebaut. Die erste Nachricht von den Funden fossiler Harze lieferte Zincken (1867) noch als Reitnit: „bei Gross-Mühlingen in kleinen Mengen und als Retinerde". Später stuften Krumbiegel & Kosmowska-Ceranowicz (1992) die Altfunde aus der Harz-Sammlung des Zentralmagazins Naturwissenschaftlicher Sammlungen der Martin-Luther Universität Halle-Wittenberg, die aus dem Braunkohlenabbau bei Großmühlingen stammten, als Oxikrantzit ein. Grundlage war ein Infrarot-Spektrum (IRS 140).

15 Förderstedt

Harz: Oxikrantzit
Fundzeit: ca. 1850-1962
Zeitalter: Eozän (Bartonium)
Alter: 38 Ma

Der Braunkohlenabbau bei Förderstedt begann Mitte des 19. Jahrhunderts. Teilweise wurde vom Tiefbau- zum Tagebaubetrieb übergegangen. Eingestellt wurde der Kohleabbau 1962. S. Sawkiewicz bekam Harzmaterial aus dem Tagebau Alexander bei Förderstedt von N. Vávra zur Analyse zur Verfügung gestellt, das aus der Sammlung der Universität Wien stammte (Kosmowska-Ceranowicz & Krumbiegel 1990).

Dieses fossile Harz war sichtbar verwittert und hatte eine dunkelrotbraune Farbe. Das aufgenommene Infrarot-Spektrum wies eine Ähnlichkeit zur Kurve des Krantzits auf, allerdings mit einer weniger stark ausgeprägten Bande bei 700 cm-1.

Nach Krumbiegel & Kosmowska-Ceranowicz (1992) benannte S. Sawkiewicz dieses fossile Harz deshalb als Oxikrantzit und teilte das N. Vávra in einem Brief mit. Kosmowska-Ceranowicz & Krumbiegel (1990) bildeten das entsprechende Infrarot-Spektrum IRS 187 ab.

16 Calbe

Harz: Retinit
Fundzeit: 1850-1959
Zeitalter: Eozän (Bartonium)
Alter: 38 Ma

Der Braunkohlenabbau bei Calbe war von 1850 bis 1959 in Betrieb. Bereits Zincken (1867) berichtete von Retinitfunden „bei Calbe meistens eingesprengt, selten in grösseren Partien“. Die Fundstelle liegt zwischen den Fundpunkten Nienburg und Groß-Mühlingen, in denen Krantzit und Oxikrantzit gefunden wurde.

Das legt die Vermutung nahe, dass es sich auch bei den fossilen Harzen von Calbe in Wirklichkeit nicht um Retinit handelt. Nachweisen lässt sich das wohl nicht mehr, da weder Proben noch eine Infrarot-Kurve von dieser Fundstelle bekannt sind.

17 Löderburg

Harz: Retinit
Fundzeit: 1860-1961
Zeitalter: Eozän (Bartonium)
Alter: 40 Ma

Zwischen Löderburg und Groß Börnecke wurden die ersten Bohrungen auf Braunkohle bereits ab 1860 geteuft. Ein Tagebau wurde in diesem Gebiet ab 1916 aufgeschlossen, der bis 1961 förderte. Aus der frühen Bergbauperiode waren bei Zincken (1867) fossile Harze „meistens eingesprengt, selten in grösseren Partien“ genannt, für die die Aufzählung auch ein „desgleichen bei Löderburg“ beinhaltete.

18 Groß Börnecke

Harz: Retinit
Fundzeit: 1860-1961
Zeitalter: Eozän (Bartonium)
Alter: 40 Ma

Östlich von Groß Börnecke befanden sich Braunkohlengruben, die sich bis östlich von Löderburg erstreckten. Im Bereich beider Orte wurden auch fossile Harze gefunden, über die Zincken (1867) schrieb: „meistens eingesprengt, selten in grösseren Partien, desgleichen bei Börnecke“.

19 Nienburg

Harz: Krantzit
Fundzeit: ca. 1900
Zeitalter: Eozän (Bartonium)
Alter: 38 Ma

Nicht weit entfernt von der Fundstelle Latdorf, die das Material für die Erstbeschreibung des Krantzites lieferte, befanden sich zwischen Nienburg und nördlich Neugattersleben weitere Braunkohlengruben. Auch dort wurden in vergleichbarer stratigraphischer Position wie in Latdorf Krantzite gefunden (Abb. 2.4).

Abb. 2.4: Krantzit (ca. 2 cm) von Nienburg. Sammlung: Zentralmagazin Naturwissenschaftlicher Sammlungen (ZNS) der Martin-Luther Universität Halle-Wittenberg (GM/O/3).

20 Königsaue

Harz: Krantzit
Fundzeit: vor 1867–1990
Zeitalter: Eozän (Bartonium)
Alter: 40 Ma

Die erste Nachricht über fossile Harze aus Königsaue findet sich noch unter der Einstufung als Retinit bei Zincken (1867). Im Jahre 1988 sammelten Krumbiegel & Kosmowska-Ceranowicz (1992) in Königsaue weitere Proben. Sie berichteten, dass die Funde vor allem an Schluffbänke und Sande im Bereich von Rinnenstrukturen im Flöz II gebunden waren: „Ausschließlich in den dunklen, geschichteten Schluffbänken wurden Harzstücke von Millimetergröße bis zu Einzelstücken von mehreren Zentimetern Durchmesser in unregelmäßiger Verteilung, z. T. gehäuft, gefunden." Durch ein Infrarot-Spektrum (IRS 159 in Krumbiegel & Kosmowska-Ceranowicz 1992) wurde das Harz als Krantzit erkannt (Abb. 2.5).

Abb. 2.5: Krantzit (ca. 2 cm) von Königsaue. Sammlung: Zentralmagazin Naturwissenschaftlicher Sammlungen (ZNS) der Martin-Luther Universität Halle-Wittenberg.

21 Latdorf

Harz: Krantzit
Fundzeit: 1859
Zeitalter: Eozän (Bartonium)
Alter: 38 Ma

Nordwestlich von Latdorf existierte eine kleine Braunkohlengrube, die das Material für die Erstbeschreibung des Krantzites geliefert hat. Im Rahmen dieser Erstbeschreibung charakterisierte Bergemann (1859) die Proben wie folgt: „Das Harz findet sich an dem angegebenen Orte nicht selten und zwar in kleinen Körnern bis zu faustgroßen Stücken. Alle zeigen in ihrer Form, dass sie sich im flüssigen Zustande befunden haben müssen. ... Den Hauptbestandteil des Harzes bildet eine durchscheinende in dünnen Schichten fast durchsichtige Masse von lichtgelber oder grünlicher Farbe, die an einzelnen wenigen Stellen ins Rötliche und Bräunliche übergeht ..." (Abb. 2.6).

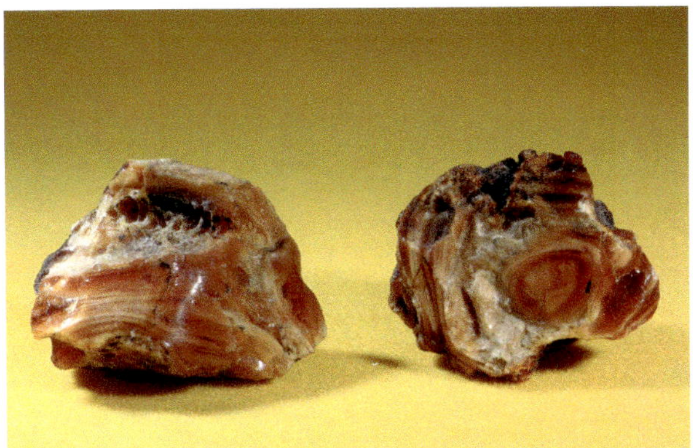

Abb. 2.6: Krantzit (ca. 2 cm) von Latdorf. Sammlung: Zentralmagazin Naturwissenschaftlicher Sammlungen (ZNS) der Martin-Luther Universität Halle-Wittenberg (GM/O/4).

22 Nachterstedt

Harz: Krantzit
Fundzeit: vor 1867, 2010/2013
Zeitalter: Eozän (Bartonium)
Alter: 40 Ma

Die erste Nachricht vom Fund eines fossilen Harzes bei Nachterstedt verdanken wir Zincken (1867), der es als Retinit bezeichnete. Bei Bohrarbeiten im Rahmen der Böschungssanierung Nachterstedt wurden 2010–2013 weitere fossile Harze angetroffen. Sie stammen aus dem „Basisbereich der Unteren Bank des mitteleozänen Zwischenflözes" bzw. aus einer „dunkel- bis schwarzbraunen, feingeschichteten kohligen Schluffstrate" (Wimmer et al. 2017). Ein Stück erreichte eine Größe von 2 cm, war honiggelb und spröde. Mittels Infrarot-Spektroskopie wurde eine Probe als Krantzit bestimmt. Das Infrarotspektrum ist bei Kosmowska-Ceranowicz (2015) als IRS 868 dargestellt.

23 Aschersleben

Harz: Retinit
Fundzeit: 1828-Anfang 20. Jh.
Zeitalter: Eozän (Bartonium)
Alter: 40 Ma

Im nördlichen Stadtgebiet von Aschersleben wurde ab 1828 Braunkohle in der Grube Georg abgebaut. Sie liegt stratigraphisch in einer vergleichbaren Position wie die von Königsaue in der Randsenke an der Nordostflanke des Ascherslebener Sattels.

In dieser Braunkohle wurde auch fossiles Harz gefunden. Zincken (1867) erwähnte Retinit „bei Aschersleben selten". Aufgrund der vergleichbaren stratigraphischen Position und der Nähe zur Fundstelle Königsaue ist davon auszugehen, dass es sich auch bei den fossilen Harzen von Aschersleben eigentlich um Krantzit handelt.

Weder Probenmaterial noch ein Infrarot-Spektrum von dieser Fundstelle sind bekannt.

24 Lebendorf

Harz: Retinit
Fundzeit: 1820-1914
Zeitalter: Eozän (Bartonium)
Alter: 38 Ma

Nördlich von Könnern wurde im Bereich der Ortslagen Lebendorf, Bebitz und Gerlebogk ab 1820 Braunkohle im Tief- und Tagebau abgebaut. Zincken (1867) vermerkte Retinitfunde „bei Lebendorf unweit Cönnern". Probenmaterial scheint nicht mehr vorzuliegen. Ein Infrarot-Spektrum ist nicht bekannt.

25 Trotha

Harz: Retinit
Fundzeit: 1849-1958
Zeitalter: Eozän (Priabonium)
Alter: 35 Ma

Nach ersten Erkundungsbohrungen bereits im Jahre 1722 auf dem Gebiet der späteren Grube „Carl-Ernst" begann der Abbau aber erst 1849/50. Über das Vorkommen fossiler Harze berichtete Zincken (1867): „bei Trotha Retinit und hellgelbe Retinerde, häufig Kerne von Retinit enthaltend". Probenmaterrial oder Infrarot-Spektrum von dieser Fundstelle liegen nicht vor.

26 Riestedt

Harz: Retinit
Fundzeit: 1601-1894
Zeitalter: Paläozän (Seelandium-Thanetium)
Alter: 58 Ma

Die erste Erwähnung eines Braunkohleabbaus im Tiefbau bei Riestedt stammt von 1601; eingestellt wurde der Bergbau 1894. In dieser Zeit muss des Öfteren auch fossiles Harz gefunden worden sein. Zincken (1867) berichtete: „bei Riestedt Retinit von gelber, hyacinthrother und olivengrüner Farbe, gewöhnlich auf den Schichtungsklüften der Braunkohle, in breitgedrückten, ½–1 Zoll starken Schalen abgesetzt, seltener in kugeligen Partien, an welchen noch der frühere tropfbar flüssige Zustand deutlich sich erkennen lässt, und eingesprengt.

Das grösseste Stück Retinit, welches bis jetzt vorgekommen ist, hatte 2 Cubikzoll Grösse, war von hellgelber Farbe, ganz rein und völlig durchsichtig; spec. Gew. 1,5". Etwas später war offensichtlich weiteres Material angetroffen worden, denn bei Zincken (1871) heißt es: „... bei Riestedt ist zwischen den Schächten XI und XII an der Emseloher „vierfachen Allee" auf der thonigen Kohle des 3ten Flözes eine 4 F. lange, bis 10 Z. starke Lage von derbem erdigen gelbbraunen Retinit vorgekommen." Eine moderne Infrarot-Aufnahme des Harzmaterials von Riestedt ist nicht bekannt.

27 Bornstedt (Tagebau „Neuglück")

Harz: Oxikrantzit
Fundzeit: 1836-1908
Zeitalter: Paläozän (Seelandium-Thanetium)
Alter: 58 Ma

Bereits Zincken (1867) erwähnte „Retinit" von Bornstedt „mit schaligen und knolligen Gestalten in der erdigen Braunkohle". Die Sammlung fossiler Harze des Zentralmagazins Naturwissenschaftlicher Sammlungen der Martin-Luther Universität Halle-Wittenberg beinhaltet auch historische Proben aus dem Braunkohlenvorkommen bei Bornstedt (in der Nähe der Lutherstadt Eisleben).

Diese Proben (Abb. 2.7) wurden durch Krumbiegel & Kosmowska-Ceranowicz (1992) durch ein Infrarot-Spektrum als Oxikrantzit bestimmt (IRS 136). Die tertiäre Schichtenfolge mit Braunkohlen bei Eisleben wird als Helfta-Formation ins Paläozän eingestuft (Blumenstengel & Krutzsch 2008).

Abb. 2.7: Oxikrantzit (ca. 4,5 cm) aus dem Tagebau „Neuglück" bei Bornstedt mit historischem Etikett. Sammlung: Zentralmagazin Naturwissenschaftlicher Sammlungen (ZNS) der Martin-Luther Universität Halle-Wittenberg (GM/O/10).

28 Nietleben

Harz: Krantzit
Fundzeit: um 1900
Zeitalter: Eozän (Bartonium/Priabonium)
Alter: 37 Ma

Bereits Zincken (1867) berichtete von Retiniten aus Nietleben „als hellgelbe bis erbsengroße Partien in der Braunkohle, soll schwerer als die meisten anderen Retinite schmelzen und 91 Procent eines in absolutem Alkohol auflöslichen und 9 Procent eines darin unlöslichen Harzes enthalten". Vergleiche von Infrarotspektren ließen Krumbiegel (1995) das fossile Harz von Nietleben als Krantzit einstufen (Abb. 2.8). Die Braunkohlen bei Nietleben werden heute den Flözen Wallendorf und Bruckdorf zugeordnet, die ins Bartonium und Priabonium gestellt sind.

Abb. 2.8: Krantzit (ca. 5 cm) von Nietleben. Sammlung: Zentralmagazin Naturwissenschaftlicher Sammlungen (ZNS) der Martin-Luther Universität Halle-Wittenberg (GM/O/2).

29 Holdenstedt

Harz: Retinit
Fundzeit: etwa 1850 bis 1925
Zeitalter: Paläozän (Seelandium-Thanetium)
Alter: 58 Ma

Im Braunkohlenbergbau um Holdenstedt wurde fossiles Harz gefunden, dass Zincken (1867) als „Retinerde" bezeichnete. Er verstand darunter „erdig gewordenen Retinit von weisser, hellgelber bis schmutzig ockergelber oder lederbrauner Farbe, umgiebt nicht selten noch einen Kern von Retinit, verbrennt mit langer russender Flamme und hinterlässt kohligen Rückstand; entwickelt gerieben keine Elektricität." Zur Fundstelle bei Holdenstedt schrieb er: „Retinerde gewöhnlich auf der Sohle der Flötze in unförmlichen Massen von bis 2 Cubikfuss Grösse in dem liegenden Thone, mitunter auch in der Kohle, namentlich im vierten Flötze eingesprengt, wodurch dieselbe ein scheckiges Ansehen erhält, ähnlich als wenn sie mit Kalkwasser besprengt worden wäre; bei Holdenstädt, Edersleben."

Eine moderne Infrarot-Aufnahme des Harzmaterials von Holdenstedt ist nicht bekannt.

30 Langenbogen

Harz: Retinit
Fundzeit: 1691-1910
Zeitalter: Eozän (Bartonium/Priabonium)
Alter: 37 Ma

Der Beginn der Braunkohlenförderung südlich von Langenbogen könnte schon vor dem Jahre 1691 gelegen haben, aus dem der erste schriftliche Nachweis stammt (Oelke 2010). Über fossile Harze berichtete Zincken (1867):

„Bei Langenbogen, bei Deutschenthal als bis mehrere Cubikzoll grosse abgerundete Stücke von braungelber Farbe und mit einer Kruste halb zersetzten Retinits überzogen." Es ist nicht bekannt, ob irgendwo noch Proben des Harzmaterials vorliegen. Ebenso ist kein Infrarot-Spektrum dieses Materials bekannt.

31 Röblingen

Harz: Retinit
Fundzeit: um 1900
Zeitalter: Eozän (Bartonium)
Alter: 38 Ma

Die vermutlich erste Meldung zum Vorkommen von fossilem Harz aus dem Unterflöz von Röblingen stammt von Willruth (1920): „Retinit findet sich überall in feiner Verteilung, nie in größeren Stücken. Auch er kann sich örtlich zu schwachen Bänken anreichern (besonders gut im II. Flöz der Grube Kupferhammer aufgeschlossen)." Proben von dieser Fundstelle liegen nicht mehr vor, sodass nicht geklärt werden kann, ob es sich um Retinit oder Krantzit handelt.

32 Amsdorf

Harz: Krantzit
Fundzeit: ab ca. 1900
Zeitalter: Eozän (Bartonium)
Alter: 38 Ma

Die historischen Funde aus dem Gebiet Amsdorf-Röblingen sind als Retinit benannt (vgl. Fundpunkte 30, 31, 33).

Für den Tagebau Amsdorf beschrieben Standke & Rascher (2013) die Fundsituation der fossilen Harze im Bereich eines klastischen Zwischenmittels zwischen den Flözen IIu und IIo als „lagig angereichert" und dispers in den Flözen. Sie sprachen in ihrer Arbeit zumeist von Retinit, benannten das Harz aber auch als Krantzit mit Fragezeichen.

Durch Infrarot-Spektren wurde eine Harz-Probe aus dem Tagebau Amsdorf, die im Zentralmagazin Naturwissenschaftlicher Sammlungen (ZNS) der Martin-Luther Universität Halle-Wittenberg aufbewahrt ist (Abb. 2.9), als Krantzit bestimmt (bisher unveröffentlichte Untersuchungen durch Rappsilber im Jahr 2013: Abb. 2.10).

Es lässt sich damit aber nicht sagen, ob nun alle bisher als Retinit angesprochenen fossilen Harze (auch die historischen) aus der Braunkohle von Amsdorf-Röblingen als Krantzite angesehen werden müssen. Einen Hinweis darauf, dass im Tagebau Amsdorf die beiden fossilen Harze Krantzit und Retinit nebeneinander vorkommen, findet sich in Huhle & Hohndorf (2013).

33 Amsdorf

Harz: Retinit
Fundzeit: ab ca. 1900
Zeitalter: Eozän (Bartonium)
Alter: 38 Ma

Bereits Zincken (1867) nannte Retinitfunde „bei Stedten unweit Querfurth". Schensky (1927) beschrieb die Lagerungsverhältnisse im Bereich der Braunkohlengruben, die später im Tagebau Amsdorf zusammengefasst wurden. Er ging dabei auch auf Retinit-Funde ein, die in der Unterkohle „nicht selten mehr als Walnußgröße" erlangten und stellenweise „in beträchtlicher Zahl" vorkamen. Etwas später schrieb Lehmann (1933): „In der Kohle des Oberröblinger Reviers ist Retinit besonders häufig. Es finden sich mitunter Stücke von 5-10 cm Ø und mehr."

34 Edersleben

Harz: Retinit
Fundzeit: 18./19. Jahrhundert
Zeitalter: Paläozän (Seelandium-Thanetium)
Alter: 58 Ma

Zincken (1867) handelte den Fund von „Retinerde" bei Edersleben zusammen mit dem Fund von Holdenstedt ab: „Retinerde gewöhnlich auf der Sohle der Flötze in unförmlichen Massen von bis 2 Cubikfuss Grösse in dem liegenden Thone, mitunter auch in der Kohle, namentlich im vierten Flötze eingesprengt, wodurch dieselbe ein scheckiges Ansehen erhält, ähnlich als wenn sie mit Kalkwasser besprengt worden wäre; bei Holdenstädt, Edersleben."

Es ist nicht bekannt, ob in einer Sammlung noch Probenmaterial von dieser Fundstelle vorhanden ist. Eine Infrarot-Aufnahme des Harzmaterials von Edersleben ist nicht bekannt.

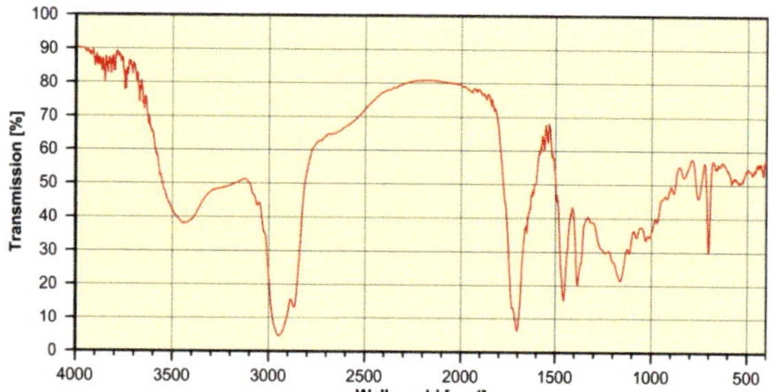

Abb. 2.10: IR-Spektrum des Krantzits von Amsdorf (siehe Abb. 2.9). Sammlung: Zentralmagazin Naturwissenschaftlicher Sammlungen (ZNS) der Martin-Luther Universität Halle-Wittenberg (GM/O/160).

Abb. 2.9: Krantzit (ca. 1,5 cm) von Amsdorf. Sammlung: Zentralmagazin Naturwissenschaftlicher Sammlungen (ZNS) der Martin-Luther Universität Halle-Wittenberg (GM/O/160).

35 Machern

Harz: Retinit
Fundzeit: 1831-1925
Zeitalter: Miozän (Burdigalium)
Alter: 18 Ma

Im Gebiet südöstlich von Machern wurde Braunkohle bereits in der ersten Hälfte des 19. Jahrhunderts von mehreren Gruben im Tief- und Tagebau abgebaut. Wimmer et al. (2019) zitierten Geinitz (1840), der Braunkohle beschrieb, die beim Bau der Eisenbahnstrecke Leipzig-Wurzen-Dresden angetroffen wurde:

„Auch Bernstein ist in kleinen Stücken vorgekommen und aus der Nähe dieses Lagers ist mir der Fund eines mehr als faustgroßen Stückes als eine interessante Tatsache bekannt". Pietzsch (1962) schrieb zu fossilen Harzen dieses Gebietes: „Zwischen Bennewitz und Leulitz führte die Kohle kleinere Partien von gelblichbraunem erdigen Retinit." Man sollte davon ausgehen, dass es sich bei diesen Funden um Retinit gehandelt hat. Es scheint kein Probenmaterial mehr vorhanden zu sein und ein Infrarotspektrum zu den Harzen dieser Fundstelle ist nicht bekannt. Wimmer et al. (2019) zufolge scheinen die Braunkohlen bei Machern altersmäßig dem Bitterfelder Decktonflöz oder dem Flöz Düben zu entsprechen, was eine Einstufung ins obere Untermiozän bedeuten würde.

36 Geiseltal (Tgb. Mücheln)

Harz: Krantzit
Fundzeit: ab ca. 1950 bis 1992
Zeitalter: Eozän (Lutetium)
Alter: 45 Ma

Krumbiegel (1955) führte in seiner Diplomarbeit feinstratigraphische Untersuchungen im Tagebau Mücheln durch und erwähnte harzreiche Partien der Braunkohle. 1992 konnten im Tagebau Mücheln-Südfeld weitere Funde geborgen werden, die als Krantzite identifiziert wurden (Krumbiegel 1995). Das Infrarot-Spektrum ist unter der Nummer IR 74 in Krumbiegel (1995) dargestellt.

37 Geiseltal (Körbisdorf)

Harz: Oxikrantzit
Fundzeit: ab ca. 1926 bis 1992
Zeitalter: Eozän (Lutetium)
Alter: 45 Ma

Körbisdorf lag im Bereich der Tagebaue Neumark-Nord und Neumark-West, die von 1926 bis 1992 in Betrieb waren. Dem Etikett (Abb. 2.11) und der Nummerierung (niedrige Sammlungsnummer) nach zu urteilen, handelt es sich bei dem Material, das sich im Zentralmagazin Naturwissenschaftlicher Sammlungen (ZNS) der Martin-Luther Universität Halle-Wittenberg befindet, um historisches Material. In Krumbiegel (1995) wurde erstmalig eine Infrarot-Kurve des Materials gezeigt und das Stück als Oxikrantzit eingestuft (IRS 139).

Abb. 2.11: Oxikrantzit (ca. 9 cm) von Körbisdorf mit historischem Etikett. Sammlung: Zentralmagazin Naturwissenschaftlicher Sammlungen (ZNS) der Martin-Luther Universität Halle-Wittenberg (GM/O/6).

38 Geiseltal (Gruben Leonhardt, Emma, Cecilie)

Harz: Retinit
Fundzeit: ab ca. 1910 bis 1962
Zeitalter: Eozän (Lutetium)
Alter: 45 Ma

Wahrscheinlich schon seit dem Beginn der Fossilausgrabungen im Geiseltal im Jahre 1925, spätestens aber im Zuge mehrerer Diplomarbeiten, mit denen feinstratigraphische Untersuchungen in verschiedenen Tagebauen des Geiseltals erfolgten, wurden auch fossile Harze gefunden. Dokumentiert ist das kaum. Über Proben aus dem Tagebau Leonhardt schreibt Krumbiegel (1995): „Das Harz des Tagebaues

Leonhardt sieht gelbbraun aus, seine verwitterte Oberfläche besitzt braunweiße Farbtöne“. Es stammte aus der Mittelkohle. Auch eine Probe dieses Harzes wurde durch Infrarot-Spektroskopie als Retinit bestimmt (Krumbiegel 1995: IR 72). Dieses Spektrum zeigte eine deutlich schmalere Ausbildung der C=O-Gruppe (Carbonyl-Bande bei 1695-1795 cm-1). Das deutete Krumbiegel (1995) als einen vermutlich höheren Oxidationsgrad bei der Diagenese.

39 Geiseltal (Tgb. Neumark-Süd)

Harz: Retinit
Fundzeit: ab ca. 1950 bis 1966
Zeitalter: Eozän (Lutetium)
Alter: 45 Ma

Retinite wurden in der Mittelkohle des Tagebaus Neumark-Süd relativ häufig gefunden, teilweise sogar in über faustgroßen Stücken (Wimmer et al. 2019). Eine Probe wurde durch Infrarot-Spektroskopie als Retinit bestimmt (Krumbiegel 1995: IR 76). Dieses Spektrum zeigte eine deutlich schmalere Ausbildung der C=O-Gruppe (Carbonyl-Bande bei 1695-1795 cm-1). Das deutete Krumbiegel (1995) als einen vermutlich höheren Oxidationsgrad bei der Diagenese.

40 Geiseltal (Tgb. Pfännerhall)

Harz: Retinit
Fundzeit: 1911 bis 1972
Zeitalter: Eozän (Lutetium)
Alter: 45 Ma

Der Tagebau Pfännerhall wurde bereits im Jahre 1911 aufgeschlossen. Bei der feinstratigraphischen Aufnahme der Flöze (Galle 1962) fand sich Retinit vereinzelt in den dunkelbraunen Bereichen der Unterkohle und in braunen und dunkelbraunen Partien der unteren Mittelkohle (Wimmer et al. 2019). Proben des Materials und ein Infrarot-Spektrum davon sind nicht bekannt.

41 Geiseltal (Tgb. Großkayna)

Harz: Krantzit
Fundzeit: ab ca. 1910 bis 1965
Zeitalter: Eozän (Lutetium)
Alter: 45 Ma

Der Tagebau Michel Vesta/Großkayna war ab dem Jahr 1908 in Betrieb. Spätestens bei feinstratigraphischen Untersuchungen in den 1950er Jahren wurden auch fossile Harze gefunden. Bereits Priese (1977) bezog eine Probe aus dem Tagebau Großkayna in seine Untersuchungen ein, die er als Retinit bezeichnete, obwohl er in der Auswertung bemerkte: „Neu ist hier eine Bande bei 700 cm-1, die auf eine aromatische Gruppierung schließen läßt“. Erst durch die Arbeiten von Kosmowska-Ceranowicz & Krumbiegel (1989) und Krumbiegel & Kosmowska-Ceranowicz (1992) wurden die fossilen Harze von Großkayna als Krantzit benannt. Ein Infrarotspektrum ist unter der Nummer IRS 71 bei Kosmowska-Ceranowicz (2015) abgebildet.

42 Geiseltal (Tgb. Kayna-Süd)

Harz: Krantzit
Fundzeit: ca. 1950 bis 1972
Zeitalter: Eozän (Lutetium)
Alter: 45 Ma

Aus dem Tagebau Kayna-Süd fanden sich Proben (Abb. 2.12) in der Geiseltal-Sammlung (Zentralmagazin Naturwissenschaftlicher Sammlungen (ZNS) der Martin-Luther Universität Halle-Wittenberg). IR-Spektren ergaben ebenfalls eine Einstufung als Krantzit (bisher unveröffentlichte Untersuchungen durch Rappsilber im Jahr 2013: Abb. 2.13).

Abb. 2.12: Krantzit (ca. 3 cm) von Kayna-Süd. Sammlung: Zentralmagazin Naturwissenschaftlicher Sammlungen (ZNS) der Martin-Luther Universität Halle-Wittenberg (GM/O/240).

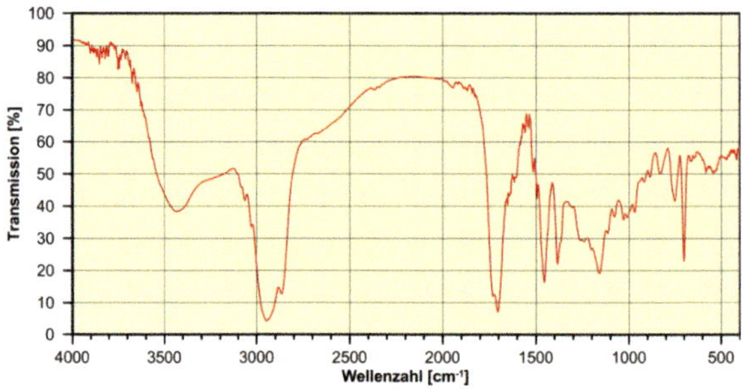

Abb. 2.13: IR-Spektrum des Krantzits von Kayna-Süd (siehe Abb. 2.12). Sammlung: Zentralmagazin Naturwissenschaftlicher Sammlungen (ZNS) der Martin-Luther Universität Halle-Wittenberg (GM/O/240).

43 Beiersdorf

Harz: Retinit
Fundzeit: 1870-1931
Zeitalter: Miozän (Aquitanium)
Alter: 22 Ma

Westlich von Grimma begann der Braunkohlen-abbau im Jahre 1870. Kurz danach berichtete Klemm (1879): „In manchen der vorkommenden Nadelholzstämme zeigen sich noch bedeutende Harzausscheidungen, die in Gestalt von Retinit oft von lebhaft gelber, orange- oder ziegelrother Farbe die Spalten derselben ausfüllen, ...“. Die Braunkohlen bei Beiersdorf werden in das Untermiozän gestellt (Standke et al. 2010). Probenmaterial oder Infrarotspektrum des Retinits von Beiersdorf sind nicht bekannt.

44 Geiseltal (Roßbach)

Harz: Retinit
Fundzeit: vor 1867-1979
Zeitalter: Eozän (Lutetium)
Alter: 45 Ma

Zincken (1867) beschrieb Retinit von Roßbach „in Stücken bis Wallnussgröße, im Inneren mit hellwachsgelber Farbe, welche nach außen zu in das Tombackbraune übergeht“. Von späteren Funden ist nichts bekannt. Der Tagebau Roßbach war bis 1979 in Betrieb.

45 Zwenkau

Harz: Krantzit
Fundzeit: 1921-1998
Zeitalter: Eozän (Priabonium)
Alter: 37 Ma

Braunkohle wurde im Tagebau Zwenkau von 1921 bis 1998 gewonnen. Vermutlich aus der jüngeren Betriebszeit stammten Harzfunde, die Standtke (2008a) erwähnte: "Aus dem Basisbereich des Hauptflözkomplexes sind zumindest aus dem Tagebau Zwenkau im Südraum Leipzigs zahlreiche, mehrere Zentimeter große Retinite bekannt geworden (Wegner, MIBRAG mbH, frdl. mdl. Mitt. 2008), die autochthone Verhältnisse belegen."

Das Infrarot-Spektrum einer Harz-Probe aus Zwenkau ist bei Kosmowska-Ceranowicz (2015) abgebildet, die es als Krantzit ausweist (IRS 426). Das zugehörige Probenmaterial liegt im Zentralmagazin Naturwissenschaftlicher Sammlungen (ZNS) der Martin-Luther Universität Halle-Wittenberg.

46 Espenhain

Harz: Retinit
Fundzeit: 1937-1996
Zeitalter: Eozän (Priabonium)
Alter: 37 Ma

Der Tagebau Espenhain war von 1937 bis 1996 in Betrieb. Wahrscheinlich aus neuerer Zeit stammten die Funde, über die Standke & Rascher (2013) informierten: „Aus dem Obereozän (Priabonium) werden von H.-J. Bellmann (Markkleeberg, frdl. Mitt. 2013) hauptsächlich Retinite im Hauptflözkomplex der Tagebaue Zwenkau und Espenhain (südlich von Leipzig) genannt“. Weder Probenmaterial noch Infrarot-Spektren dieses Materials sind bekannt.

47 Leipnitz

Harz: Retinit
Fundzeit: 1820-1958
Zeitalter: Miozän (Aquitanium)
Alter: 22 Ma

Standke & Rascher (2013) verwiesen unter Bezugnahme auf K. Pietzsch auf Braunkohlen mit hohen Retinit-Anteilen aus dem Gebiet des Thümmlitzwaldes (südlich Leipnitz). Dort wurde ab 1820 bis 1958 die Kohle abgebaut. Die tertiären Sedimente östlich von Grimma werden in das Untermiozän gestellt (Standke et al. 2010). Es ist nicht bekannt, ob noch irgendwo Probenmaterial von dieser Fundstätte vorliegt oder ob es ein Infrarotspektrum dieses Materials gibt.

48 Profen

Harz: Krantzit
Fundzeit: 2008-2015
Zeitalter: Eozän (Bartonium)
Alter: 38 Ma

Zuerst berichtete Standke (2008a) von Retinit-Funden aus dem Braunkohlentagebau Profen. Nachfolgende Exkursionen zur Fundstelle erbrachten weiteres Material, das analysiert und als Krantzit eingestuft werden konnte (Wimmer et al. 2013, Standke & Rascher 2013). Die fossilen Harze aus Profen erreichten Größen bis 8 cm und haben hellgelbe, orangegelbe, grünlichgelbe und weiße Farbe (Abb. 2.14). Es wurden klare, trübe und opake Stücke gefunden. Sie weisen ein beachtliches Formenspektrum auf: Oft waren es Tropfen und Stalaktiten; daneben traten knollige, plattige und schlaubenförmige Harzkörper auf (Wimmer et al. 2013). Der Krantzit kam in Profen in den Flözen Iu und Io und in einem geringmächtigen Zwischenmittel

Abb. 2.14: Krantzite (2-8 cm) von Profen. Sammlung: Rappsilber.

zwischen den genannten Flözen vor. Das Zwischenmittel besteht aus Tonen und Schluffen, für die Standke & Rascher (2013) eine marine Beeinflussung annahmen.

49 Skoplau

Harz: Retinit
Fundzeit: 1697-1924
Zeitalter: Miozän (Aquitanium)
Alter: 22 Ma

Unter den Braunkohlen von Colditz und Grimma beschrieb Naumann (1845) das Braunkohlenlager von Skoplau und erwähnte dabei: „Kleine Gypskrystalle und Anflug von Eisenkies kommen häufig vor, selten Spuren von Bernstein." Da es sich um Funde innerhalb der Braunkohlen handelte und eine räumliche Nähe zu den anderen Fundstellen im Gebiet Grimma-Colditz besteht, wird auch hier davon ausgegangen, dass es sich um Retinit handelte. Auch Pietzsch (1962) bemerkte im Zusammenhang mit dem Braunkohlenflöz bei Skoplau: „In dem Flöz findet sich häufig Retinit". Die erste Braunkohle wurde 1697 bei Skoplau entdeckt, der Abbau war bis 1924 aktiv. Es scheint kein Probenmaterial von diesem Fundpunkt mehr zu existieren; ein Infrarotspektrum davon ist ebenfalls nicht bekannt.

50 Mertendorf

Harz: Retinit
Fundzeit: 1763-1908
Zeitalter: Eozän (Priabonium)
Alter: 35 Ma

Bei Mertendorf wurde ab 1763 und im 19. Jahrhundert Braunkohle im Tiefbau abgebaut. Davon zeugte bis 1908 ein Förderturm. In der Kohle wurden auch fossile Harze gefunden. Zincken (1867) schrieb: „bei Märtendorf unweit Naumburg in Lignit eingewachsen, mit einem hellgelben, erdigen Ueberzuge, in Vorkommen und Asche dem Kranzit von Lattorf ähnlich".

Möglicherweise muss auch für diese Fundstelle davon ausgegangen werden, dass es sich um Krantzit handelte. Das Vorhandensein von Proben oder eines Infrarot-Spektrums sind nicht bekannt.

51 Meuselwitz

Harz: Retinit
Fundzeit: 1672-1960
Zeitalter: Eozän (Priabonium)
Alter: 35 Ma

Bei Meuselwitz begann der Braunkohlen-Abbau bereits gegen Ende des 17. Jahrhunderts, hatte seine Blütezeit Mitte des 19. Jahrhunderts und endete im 20. Jahrhundert. Priese (1977) hat Meuselwitz als Retinitfundpunkt nach Literaturangaben in seine Karte eingetragen, ohne im Text zu spezifizieren, aus welcher Literatur diese Angabe stammt.

Im Mauritianum Altenburg befinden sich Proben von verschiedenen Fundstellen in der näheren Umgebung von Meuselwitz:

Aus dem Tagebau Phönix beim nördlich gelegenen Mumsdorf (Nr.: GP3502), aus der Grube Ida (Zechau, südlich von Meuselwitz, Nr.: GP7275, Abb. 2-15) und aus der Grube Heureka (nordöstlich von Meuselwitz, Nr.: GP7268). Infrarot-Spektren liegen bisher nicht vor.

Es könnte sich bei allen diesen Proben auch um Krantzit handeln.

Abb. 2.15: Retinit (möglicherweise Krantzit) aus der Tiefbau-Grube Ida bei Zechau (südlich von Meuselwitz). Sammlung: Mautianum Altenburg (GP7275).

52 Walpernhain

Harz: Retinit
Fundzeit: vor 1867-ca. 1945
Zeitalter: Eozän (Priabonium)
Alter: 35 Ma

Nördlich von Walpernhain baute die Grube „Gustav Adolf“ Braunkohle im Tiefbau ab. Zu Retinitfunden in diesem lokalen Braunkohlevorkommen bemerkte Zincken (1867): „als Retinit und als Retinerde in der Braunkohle von Walpernhain“. Probenmaterial oder Infrarot-Spektren der Walpernhainer Retinite sind nicht bekannt.

53 Untermolbitz

Harz: Retinit
Fundzeit: 1840-1958
Zeitalter: Eozän (Priabonium)
Alter: 35 Ma

Bei Untermolbitz im Revier Altenburg-Meuselwitz bauten die Altenburger Kohlenwerke im Tiefbauverfahren Braunkohle ab. Zincken (1867) berichtete über Retinitfunde aus der dortigen Grube: „Sachsen-Altenburg in bis nussgrossen Partien in der Braunkohle von Untermolbitz …. , weiss und undurchsichtig“.

Probenmaterial von dieser Fundstätte befindet sich unter der Nummer GP4852 (547, 1400) im Mauritianum Altenburg (Abb. 2.16). Vom Aussehen her könnte es sich um Krantzit handeln. Die Aufnahme eines Infrarot-Spektrums steht noch aus.

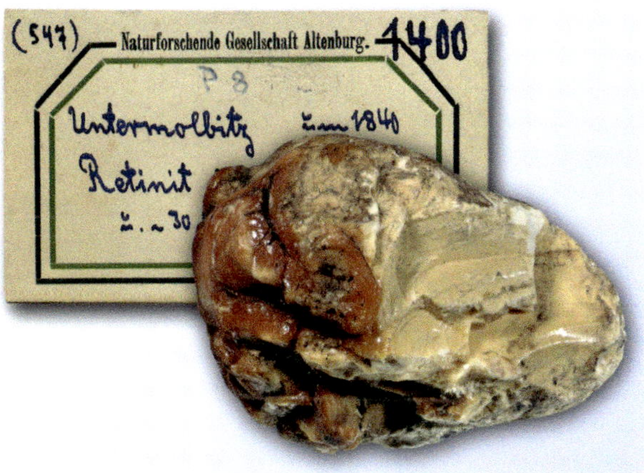

Abb. 2.16: Retinit (vielleicht auch Krantzit) aus Untermolbitz mit Etikett. Sammlung: Mauritianum Altenburg (GP04852).

54 Pöppschen

Harz: Retinit
Fundzeit: 1808-ca. 1960
Zeitalter: Eozän (Priabonium)
Alter: 35 Ma

Der Braunkohlenabbau zwischen Pöppschen und Bocka begann 1808. In dem Gebiet waren mehrere Gruben bis nach dem Zweiten Weltkrieg aktiv. Naumann (1845) erwähnte im Zusammenhang mit den Braunkohlen auch fossiles Harz: „Wenn auch nicht mächtiger, so doch weit mehr aufgeschlossen ist die Ablagerung von Pöpschen und Bocka, von welcher jeder Einwohner seinen besondern Antheil abbaut; sie soll viel Bernerde, zuweilen auch Bernstein führen.“ Harzproben aus der Braunkohle von Pöppschen liegen im Mauritianum Altenburg vor (Nr. 542, 3490). Ob es sich dabei um Retinit oder Krantzit handelt, werden zukünftig aufgenommene Infrarot-Spektren klären.

55 Oberlödla

Harz: Retinit
Fundzeit: 1840-1952
Zeitalter: Eozän (Priabonium)
Alter: 35 Ma

Rund um Oberlödla bauten mehrere Gruben zunächst im Tiefbau, ab 1910 westlich von Oberlödla auch im Tagebau Braunkohle ab. Über Retinit-Funde von dort schrieb Zincken (1867):

„Sachsen-Altenburg in bis nussgrossen Partien in der Braunkohle von … Oberlödla bei Altenburg, weiss und undurchsichtig“. Proben der Harze sind im Mauritianum Altenburg unter der Nummer GP7273 (1003a) vorhanden (Abb. 2.17). Auch bei diesem Harz könnte es sich dem Anschein nach um Krantzit handeln. Ein Infrarot-Spektrum könnte in Zukunft darüber Klarheit bringen.

Abb. 2.17: Retinit (vom Anschein her möglicherweise auch Krantzit) von Oberlödla. Sammlung: Mautianum Altenburg (GP7273).

56 Altenburg

Harz: Retinit

Fundzeit: 1739-1957
Zeitalter: Eozän (Priabonium)
Alter: 35 Ma

Südlich von Altenburg bauten vier Gruben im Tiefbau ab 1739 Braunkohle ab. Dort fanden sich Retinite, wie Zincken (1867) dokumentierte: „auch als Kern von Eisenkiesknollen in der Braunkohle von Altenburg". Allerdings scheinen sich keine Retinit-Proben von dieser Fundstelle erhalten zu haben. Auch ein Infrarot-Spektrum des dortigen Harzmaterials ist nicht bekannt.

57 Kleinaga

Harz: Retinit

Fundzeit: 1820-ca. 1930
Zeitalter: Eozän (Priabonium)
Alter: 35 Ma

Die Fundstätte bei Kleinaga gehört zu einer Reihe kleinräumiger Braunkohlenvorkommen im Raum Gera-Altenburg, in denen seit dem 19. Jahrhundert bis ins 20. Jahrhundert Abbau betrieben wurde. Nach Zincken (1867) wurden in der Braunkohle auch Retinite gefunden: „Reuss-Gera bei Klein-Aga". Probenmaterial von dieser Fundstelle scheint nicht mehr zu existieren und eine Infrarot-Kurve ist nicht bekannt.

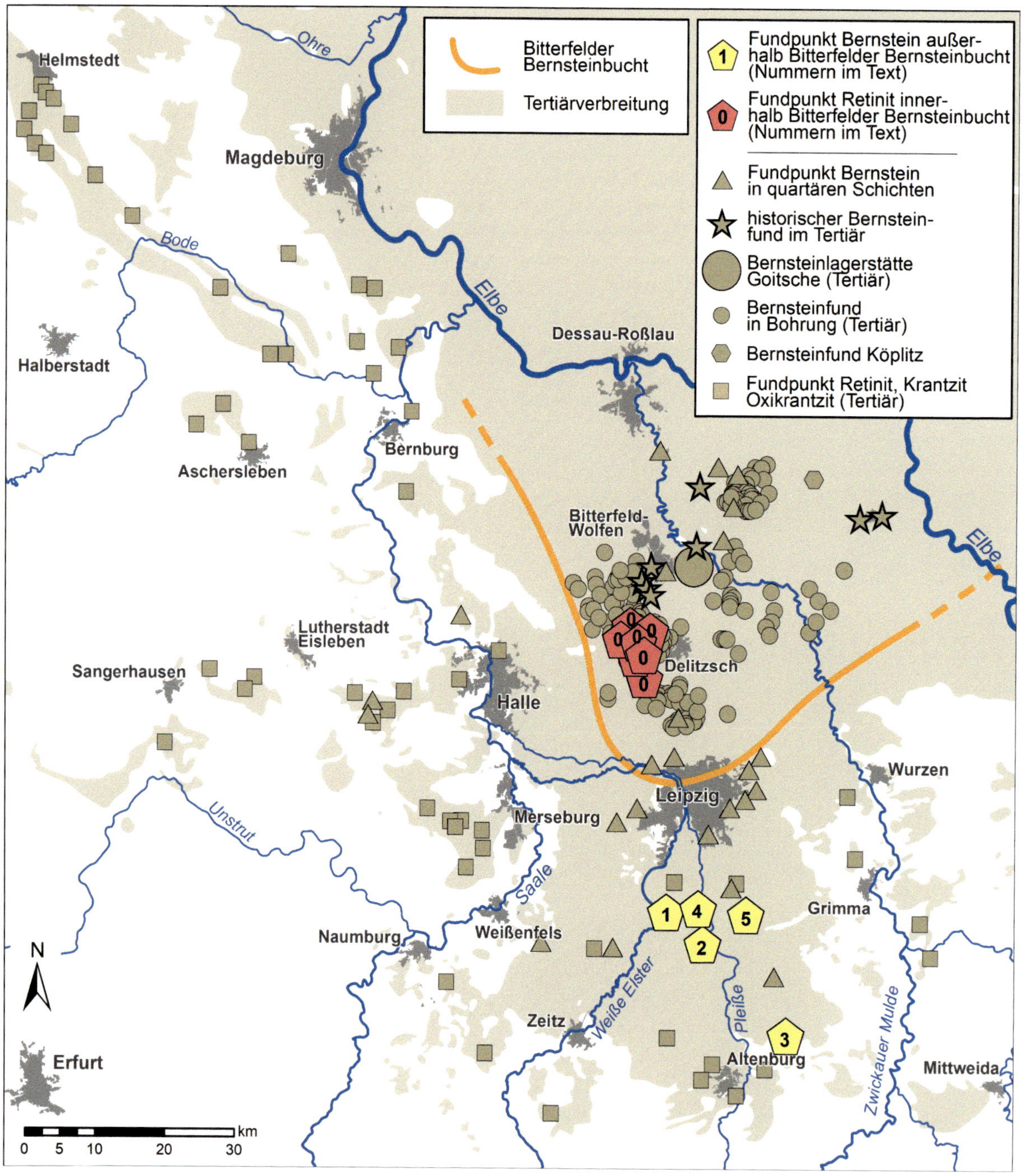

Abb. 3.1: Fundpunkte fossiler Harze in Mitteldeutschland. Teil 3: Diskussionswürdige Fundpunkte von Retinit innerhalb der Bitterfelder Bernsteinbucht und Bernstein außerhalb.

3. Diskussionswürdige Funde von fossilen Harzen

Die Verteilung der verschiedenen fossilen Harze in Mitteldeutschland scheint einem bestimmten Muster zu entsprechen, das im Kapitel 5 eingehender diskutiert wird: Im marinen Milieu der Bitterfelder Bernsteinbucht finden sich Succinit und seine akzessorischen Harze (Abb. 1.1); im Hinterland der Bitterfelder Bernsteinbucht treten in der Braunkohle und ihrem unmittelbaren Umfeld die „unreifen“ Harze Retinit, Krantzit und Oxikrantzit auf (Abb. 2.1). Dieses Schema wird nur von einigen wenigen Funden durchbrochen, die in diesem Kapitel behandelt werden sollen.

3.1. Retinitfunde innerhalb der Bitterfelder Bernsteinbucht

In sieben Bohrungen des Braunkohlen-Erkundungsobjektes Delitzsch-Nordwest II (Rabitsch et al. 1989) wurden Retinite gefunden (Fünfeck 0 in Abb. 3.1). Die Benennung der Harze als Retinit ist an dieser Stelle wohl kaum in Zweifel zu ziehen. Sie erfolgte im Rahmen der Erkundung des Begleitrohstoffs Bernstein durch Spezialisten die den Unterschied Retinit/Succinit sehr gut kannten. Im gleichen Bericht sind auch Bernsteinfunde in 14 Bohrungen dokumentiert.

Die Retinite wurden alle in einem tiefliegenden Horizont angetroffen – im Liegendschluff des Braunkohlenflözes Bruckdorf. Dieser Abschnitt hat ein Alter von ca. 37 Millionen Jahren. Zwei der genannten 14 Bernsteinfunde des gleichen Erkundungsobjektes stammten ebenfalls aus diesem Horizont (die 12 weiteren Bernsteinfunde kamen aus dem Glaukonitschluff mit einem Alter von etwa 28 Millionen Jahren). Im Liegendschluff des Flözes Bruckdorf wurden also nebeneinander Retinite und Bernsteine gefunden.

3.2. Bernsteinfunde außerhalb der Bitterfelder Bernsteinbucht

Diskussionswürdig sind fünf Punkte südlich von Leipzig, die in Abb. 3.1 als gelbes Fünfeck eingetragen sind.

Die Punkte 1–3 sind bei Priese (1977) als Fundpunkte tertiären Bernsteins nach Literaturangaben eingetragen: Löschütz/Rüssen, Kieritzsch und Frohburg. Nähere Angaben finden sich nicht, so dass sich nicht beurteilen lässt, ob es sich tatsächlich um Bernstein oder etwa auch um Retinit oder Krantzit handelte. Ebenso kann die Einstufung als tertiärer Bernstein in Frage gestellt werden. In der von Krumbiegel & Kosmowska-Ceranowicz (1992) vorgelegten Karte zur Verbreitung von Bernstein und anderen fossilen Harzen im mitteldeutschen Raum sind die Funde von Löschütz/Rüssen und Kieritzsch als quartärer Bernstein eingetragen.

Der mit 4 gekennzeichnete Bernsteinfund südlich von Leipzig bezieht sich ebenfalls auf eine Angabe von Priese (1977). Dabei ist ein Stück Bernstein gemeint, das „in neuerer Zeit ... aus mitteloligozänen Meeressanden im Tagebau Böhlen“ geborgen wurde.

Man kann davon ausgehen, dass die Angabe Bernstein korrekt ist, zumal bei Priese (1977) auf S. 277 ein Infrarotspektrum des Stückes abgebildet ist, dass deutlich die „Baltische Schulter“ zeigt. Hinterfragt werden könnte, ob es sich vielleicht um einen Bernstein aus quartären Schichten handeln könnte, der am Tagebaustoß in das Niveau der mitteloligozänen Meeressande verfrachtet wurde.

Bei dem südöstlich von Leipzig eingetragenen Bernsteinfund (5) handelt es sich um die Bohrung 311/1984 aus dem Braunkohlen-Erkundungsobjekt Espenhain/Störmthal. Auch dieser Punkt ist etwas fraglich. Im Untersuchungsbericht (Walther 1987) ist von relativ häufigem Retinit die Rede. Fuhrmann (2011) dagegen nannte die Funde Bernstein. Das Material stammt aus den Thierbacher Schichten. Ob es sich tatsächlich um Bernstein handelte oder um Retinit ist fraglich – auf jeden Fall ist der Fund ein Hinweis auf den Herantransport von Harzmaterial von Süden her durch das Thierbacher Flusssystem in die Bitterfelder Bernsteinbucht (Rappsilber 2022).

4. Bernsteinfunde in quartären Schichten

Bernstein, der im mitteldeutschen Raum in quartären Schichten gefunden wurde bzw. wird, ist mit relativer Sicherheit Baltischer Bernstein, der durch das Inlandeis bis hierher verfrachtet wurde. Eine Möglichkeit, das tertiärer Bitterfelder Bernstein durch elsterzeitliche Glaziärrinnen aus der Lagerstätte ausgespült und in quartäre Schichten eingetragen worden sein könnte, ist bei Rappsilber (2022) erläutert und als lediglich theoretisch eingestuft worden. Die in der Literatur dokumentierten Funde von Bernsteinen aus quartären Sedimenten sollen nachfolgend kurz beschrieben werden. Die Nummerierung entspricht den Eintragungen in Abb. 4.1.

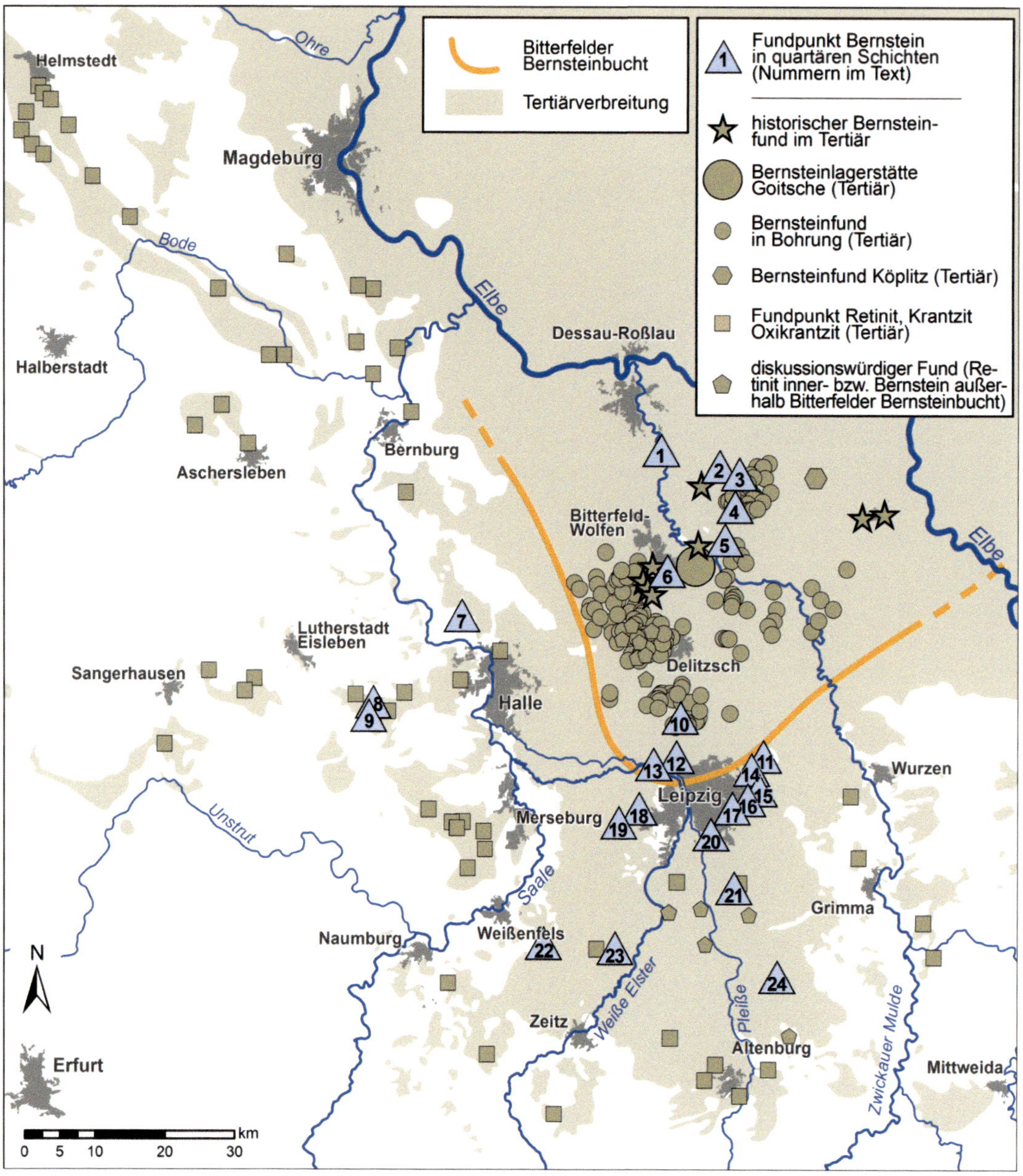

Abb. 4.1: Fundpunkte fossiler Harze in Mitteldeutschland. Teil 4: Fundpunkte von Bernstein in quartären Schichten. Dabei handelt es sich sehr wahrscheinlich um Baltischen Bernstein, der während der Eiszeit als Geschiebe nach Mitteldeutschland verfrachtet wurde.

1 Sollnitz

Dies ist der älteste dokumentierte Fund eines Bernsteins im mitteldeutschen Gebiet. Beckmann (1710) schrieb: „…daß nehmlich vor weniger Zeit / in diesem 1708tem Jahre / in der Mulde unfern Solnitz ein schönes Stücke Bernstein gefunden / aber von den unverständigen Findern gemißhandelt / und zerschlagen worden / wovon jedoch das jenige / so man Ihr. Hoh. nach Oranienbaum / noch etliche Unzen gewogen:

Es ist auch solches zwar an ihm selbst nicht durchsichtig / sondern etwas tunckel gewesen / wie das Succinum Fossile zu sein pflegen / wann man aber die Stücklein davon über Kohlen gehalten / so haben selbige nicht allein den gewöhnlichen Geruch / sondern auch die Klarheit des Bernsteins an sich spüren lassen.“

2 Jüdenberg

Über eine recht reiche Fundstätte nördlich von Gräfenhainichen berichtete v. Linstow (1912): „im jungdiluvialen Geschiebemergel zwischen Gräfenhainichen und Jüdenberg trifft man noch heute bis faustgroße Stücke, die zu allerhand Schmuckgegenständen verarbeitet werden.“

3 Gräfenhainichen

Diese Fundstelle ist als Punkt in einer Karte bei Krumbiegel & Kosmowska-Ceranowicz (1992) eingetragen. Erläuterungen im Text gibt es dazu nicht. Ob es sich möglicherweise um die Fundstelle 2 (zwischen Jüdenberg und Gräfenhainichen) handelt oder um eigene Aufsammlungen aus den Deckschichten im Bereich der Braunkohlentagebaue, kann nicht mehr nachvollzogen werden.

4 Gröbern

Bei v. Linstow (1912) ist dokumentiert: „Bemerkenswert ist der Fund eines faustgroßen Stückes Bernstein, das 1907 in diluvialen Sanden bei einer Bohrung nördlich von Gröbern zutage kam.“

5 Schlaitz

Über einen größeren Bernstein berichtete Freyberg (1848): „Im Herbste 1846 wurde zwei Stunden von Bitterfeld, dicht bei dem Dorfe Schlaitz, ein 15 Loth (≈250 g) schweres Stück Bernstein gefunden in dem Uebergange einer Sandschicht zur Lehmschicht.

Im Innern war der Bernstein schön blassgelb und wolkig durchscheinend, in seinem Umfange aber, wo sich der weisse Sand mit ihm zu einer umgebenden Kruste verbunden hatte, war er ganz dunkelbraun, und zwar um so dunkler, je weiter nach Aussen.“

6 Bitterfeld

Im Gebiet der Chemischen Fabrik Elektron wurden bei einer Bohrung oberflächennah Bernsteine angetroffen. V. Linstow (1912) schrieb: „Zahlreiche kleinere Stückchen dieses fossilen Harzes wurden ferner bei einer Brunnenbohrung auf Elektron I zutage gefördert; sie liegen aufbewahrt in der Altertümersammlung zu Bitterfeld.“

7 Beidersee

Ein Bernstein aus den quartären Schichten bei Beidersee (bei Halle) ist in der Kartendarstellung von Krumbiegel & Kosmowska-Ceranowicz (1992) eingetragen. Das 19 g schwere, plattige Stück befindet sich im Zentralmagazin Naturwissenschaftlicher Sammlungen (ZNS) der Martin-Luther-Universität Halle-Wittenberg (Abb. 4.2).

Abb. 4.2: Succinit, ca. 5 cm, aus quartären Schichten bei Beidersee. Sammlung: Zentralmagazin Naturwissenschaftlicher Sammlungen der Martin-Luther-Universität Halle-Wittenberg (GM/O/223).

8 Amsdorf

Im Vorfeld von Braunkohlentagebauen wurden großflächig die quartären Deckschichten abgetragen. Das ermöglichte immer wieder auch quartäre Bernsteinfunde. Bei Krumbiegel & Kosmowska-Ceranowicz (1992) sind Bernsteinfunde im Bereich des Tagebaus Amsdorf aus den Jahren 1984–1989 und 1990 in der Kartendarstellung dokumentiert.

9 Stedten

Benachbart zur Fundstätte 8 (Amsdorf) wurden schon mehr als hundert Jahre vorher Bernsteine gefunden. Darüber berichtete Zincken (1871): "Stedten in den diluvialen Schichten des Han-genden.

Die bis 2-3 Cubikzoll grossen Stücke sind mit einer 1-2 Linien starken Kruste rothgelben bröckeligen matten bis erdigen Bernsteins überzogen, im Innern z. Th. noch fest und gelb, z. Th. bröckelig und rothgelb, aber noch muscheligen Bruch zeigend.“

10 Breitenfeld

Auch aus dem Bereich quartärer Schichten bei Breitenfeld ist ein Bernsteinfund bei Krumbiegel & Kosmowska-Ceranowicz (1992) durch Karteneintragung vermerkt. Er trägt die Jahreszahl 1988. Nähere Informationen finden sich nicht.

11 Cradefeld
12 Leipzig-Lindenthal
13 Leipzig-Lützschena

Diese drei Bernsteinfundpunkte sind in der Karte bei Priese (1977) durch Punkte als Fundstellen quartären Bernsteins ausgewiesen.

14 Taucha

In den ehemaligen Kiesgruben im Bereich des Delitzscher Endmoränenzuges am Schwarzen Berg bei Taucha wurden nach Bartnik (2005) wiederholt kleinere Bernsteine geborgen.

15 Leipzig-Sommerfeld

Über den Fund eines außergewöhnlich großen Bernsteins berichtete Bartnik (2005): „Bei Schachtarbeiten in Leipzig-Sommerfeld fand der Leipziger Geschiebeforscher R. Gläsel im Jahre 1913 einen 490 g schweren Bernstein, der im Naturkundemuseum Leipzig aufbewahrt wird.“

16 Leipzig-Engelsdorf

Bei Engelsdorf fand laut Priese (1977) der Leipziger Geschiebeforscher R. Gläsel im Jahre 1911 einen 370 g schweren Bernstein, der ebenfalls im Naturwissenschaftlichen Museum Leipzig aufbewahrt wurde. Priese (1977) bildete ein Infrarot-Spektrum zu diesem Fund ab.

17 Leipzig-Mölkau

Dieser Fund ist in der Karte bei Priese (1977) durch einen Punkt als quartärer Bernstein eingestuft.

18 Leipzig-Miltitz

Über den Fundpunkt bei Miltitz berichtete Priese (1977), dass dort durch Mitglieder der Fachgruppe Geologie des Kulturbundes Leipzig und Mitarbeiter des Heimatmuseums Markranstädt in 18 Jahren durch Begehungen auf einer Fläche von 150 ha rund 1 kg Bernstein zusammengetragen wurde.

In der Karte sind diese Funde als pleistozäner Bernstein eingetragen. Priese (1977) bildete ein Infrarot-Spektrum zu diesem Fund ab.

19 Leipzig-Kulkwitz

Ein quartärer Fund aus der Umgebung von Kulkwitz im Jahre 1952 wog 131 g (Priese 1977). Priese (1977) bildete ein Infrarot-Spektrum zu diesem Fund ab.

20 Leipzig-Lößnig

Auch dieser Bernsteinfund im Leipziger Ortsteil Lößnig ist in Karte bei Priese (1977) durch einen Punkt als quartärer Bernstein gekennzeichnet.

21 Espenhain

Ein Fund aus Deckschichten des Tagebaus Espenhain ist bei Bartnik (2005) abgebildet. Er wog 85 g.

22 Köpsen

Auf Bernsteinfunde aus den quartären Deckschichten machte Stöhr (1867) aufmerksam: „Als Seltenheit fanden sich im hangenden Sande auf der Grube Köpsen, jedoch nicht im Flötze selbst, Bernsteinstücke bis zu Faustgrösse, mit rother Verwitterungsrinde."

23 Profen

Auf einen Bernsteinfund aus den quartären Sedimenten im Bereich des Tagebaus Profen weist ein Punkt in der Karte von Krumbiegel & Kosmowska-C. (1992) hin. Er trägt die Jahreszahl 1989.

24 Borna

Der nach Bartnik (2005) vermutlich größte Bernsteinfund in Nordwestsachsen wurde um 1970 im Bereich des ehemaligen Tagebaus Borna-Ost gemacht. Er hatte die Größe eines Kinderkopfes.

5. Diskussion

Die bereits genannte Zweiteilung wird durch die Karten (Abb. 1.1, 2.1) offensichtlich. Abgesehen von einigen wenigen Ausnahmen (Kap. 3) und den hier nur der Vollständigkeit halber aufgeführten Bernsteinfunden aus quartären Schichten (Kap. 4) folgt die Verteilung der verschiedenen fossilen Harze im mitteldeutschen Raum einem gewissen Schema:

In den braunkohleführenden paläozänen und eozänen Schichten finden sich die „unreifen" Harze Retinit, Krantzit und Oxikrantzit. In den marinen Sedimenten der Bitterfelder Bernsteinbucht aus dem Grenzbereich Oligozän/Miozän lagern Succinit und seine akzessorischen Harze.

Zuerst erkannten Krumbiegel & Kosmowska-Ceranowicz (1992) diesen Umstand anhand damals vergleichsweise weniger dokumentierter Fundpunkte.

Sie sahen die Verbreitung der fossilen Harze „in engem Zusammenhang mit den hier vorkommenden Sedimenten, deren lithologischer Genese sowie der paläogeographischen Entwicklung" und folgerten, dass die Sedimentationsbedingungen den Chemismus und die Verbreitung der fossilen Harze verursachten und bestimmten.

Grob kann die paläogeographische Entwicklung wie folgt skizziert werden. Die Küstenlinie der „Urnordsee" lag im Paläozän im Gebiet nördlich einer Linie Helmstedt-Magdeburg (Abb. 5.1).

Das Festland südlich davon war durch ausgedehnte Waldgebiete bedeckt. Gab es einen Meeresvorstoß, wie im Eozän bis in den Raum Halle/Bitterfeld, bildeten sich in den Senken Moore durch rückstauende Flüsse (Abb. 5.1).

Die Wurzeln der Bäume gerieten in Staunässe, was erhöhten Harzfluss zur Folge hatte. Die Harze (die späteren Retinite, Krantzite und Oxikrantzite) gelangten in die Moore, aus denen später Braunkohle entstand.

Die Mehrzahl der unreifen Harze wurde autochthon im Braunkohlenflöz gefunden. Durch Meeresspiegelschwankungen gab es kurzzeitige marine Einflüsse, wie die Lagerung einiger der aufgeführten unreifen Harze auch in marin beeinflusstem Sediment in unmittelbarer Nachbarschaft zur Braunkohle zeigt (parautochthon).

Das Oligozän war im mitteldeutschen Raum durch eine Meerestransgression weit nach Süden geprägt, die fast das gesamte Gebiet überflutete und potenziell auch eine Reihe zuvor entstandener Ablagerungen aufarbeitete. Es lagerten sich weiträumig glimmerreiche Schluffe und Sande ab.

Gegen Ende des Oligozäns bildete sich im Gebiet um Bitterfeld am Südrand der „Urnordsee" eine Meeresbucht, die Bitterfelder Bernsteinbucht aus, in die Harze aus dem Umland eingetragen wurden (Abb. 5.2). In diesem speziellen geochemischen Milieu (Meerwasser, glimmerreiche Sedimente) bildete sich Succinit.

Abweichend von diesem groben Muster existiert unterhalb der Bitterfelder Bernsteinbucht ein Übergangsbereich, in dem Succinit und Retinit unmittelbar nebeneinander vorkommen. Succinit wurde südlich von Bitterfeld (bei Delitzsch) in terrestrischen

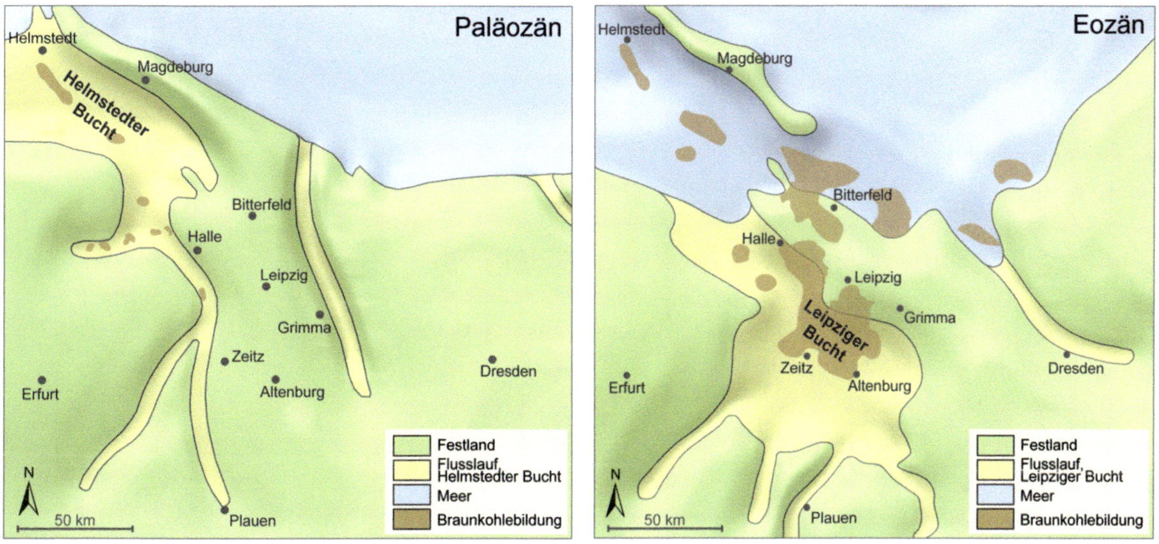

Abb. 5.1: Paläogeographische Situation im Paläozän (vor 65-56 Millionen Jahren) und im Eozän (vor 56-34 Millionen Jahren). Illustration nach Angaben aus Standke 2008b, Blumenstengel & Krutzsch 2008.

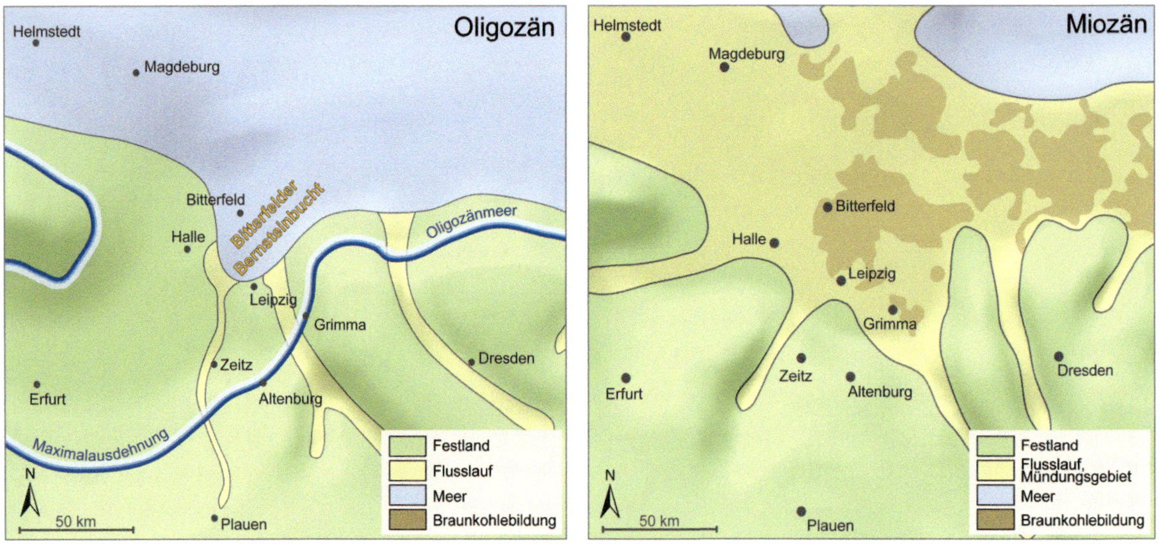

Abb. 5.2: Paläogeographische Situation im Oligozän (vor 34-23 Millionen Jahren) und im Miozän (vor 34-6 Millionen Jahren). Illustration nach Angaben aus Standke 2008b, Blumenstengel & Krutzsch 2008.

Schichten aus einer Zeit bereits vor der Meerestransgression gefunden (Rappsilber 2022). Die ältesten derartigen Funde stammten aus dem Liegendschluff des Flözes Bruckdorf (Priabonium vor ca. 37 Millionen Jahren).

Aus diesem Horizont stammen im gleichen Gebiet auch Retinite (Kap. 3.1). Aufmerksamkeit verdienen auch die Retinitfunde im Südosten von Leipzig. Diese Bildungen stammen aus einer Zeit nach den Ablagerungen in der Bitterfelder Bernsteinbucht (Miozän, Abb. 5.2). Sie sind nicht marin beeinflusst.

Zur Erklärung der Genese der verschiedenen fossilen Harze bieten sich zwei verschiedene Wege an. Einerseits scheint es möglich, dass an verschiedenen Stellen (dafür kommen die Gebiete und Zeitabschnitte in Frage, in denen keine Retinite, Krantzite oder Oxikrantzite gefunden wurden) die Vorläufer der Bernsteine aus ihrer primären Lagerstätte ausgetragen und in das marine Milieu der Bitterfelder Bernsteinbucht eingebettet wurden. Dort wären sie unter den besonderen geochemischen Bedingungen zu Succinit (und den anderen akzessorischen Harzen) umgewandelt worden. Die in den alttertiären Schichten verbliebenen Harze hätten sich zu Retinit, Krantzit und Oxikrantzit entwickelt.

Andererseits deutet sich auch an, dass die verschiedenen Harzarten auf unterschiedliche Harzproduzenten zurückzuführen sein könnten. So gibt es Hinweise, dass Krantzit von Koniferen der ausgestorbenen Familie der Doliostrobaceae abzuleiten ist (Kap. 2.3). Dagegen stehen als Harzproduzent des Bitterfelder Succinits andere Koniferen in der Diskussion, wie Schirmtanne (Sciadopityaceae), Kiefer (Pinaceae) oder *Cupressospermum saxonicum* (Geinitziaceae). Denkbar ist durchaus, dass sich im Tertiär zu unterschiedlichen Zeiten an verschiedenen Orten unter spezifischen klimatischen Bedingungen andere Pflanzengesellschaften ausgebildet hatten, die auch unterschiedliche Harze produzierten.

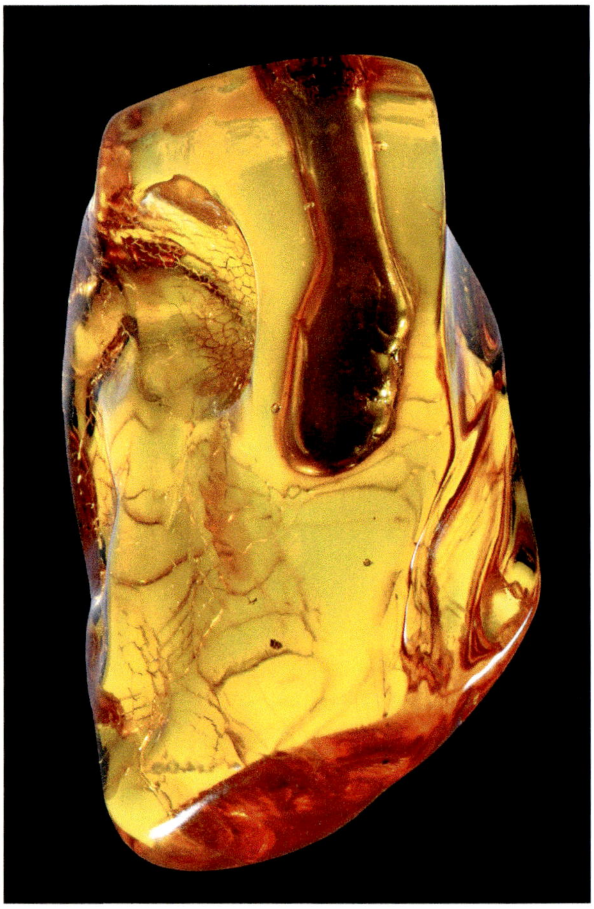

6. Literatur

Barthel, M. & Hetzer, H. (1982): Bernstein-Inklusen aus dem Miozän des Bitterfelder Raumes. – Z. angew. Geol., 28 (7): 314–336; Berlin.

Bartnik, D. (2005): Mineralogische Streifzüge durch Nordwest-Sachsen. – 126 S.; Leipzig (Selbstverlag).

Beck, C. W.; Lambert, J. B. & Frye, J. S. (1986): Beckerite. – Phys. Chem. Minerals, 13: 411–414; Berlin (Springer).

Beckmann, J. C. (1710): Historie des Fürstenthums Anhalt. In Sieben Theilen verfasset. – 588 S.; Zerbst (Verlag Gottfried Zimmermann).

Berendt (1872): Unreifer Bernstein. – Schriften der königlichen physikalisch-ökonomischen Gesellschaft zu Königsberg, 13. Jg.: 133–135; Königsberg.

Bergemann, C. (1859): Ueber ein neues fossiles Harz aus der Braunkohle (Krantzit). – J. prakt. Chemie, 76: 65–69; Leipzig.

Blumenstengel, H. & Krutzsch, W. (2008): Tertiär. – In: Bachmann, G.; Ehling, B.-C.; Eichner, R. & Schwab, M. [Hrsg.]: Geologie von Sachsen-Anhalt: 267–292; Stuttgart (E. Schweizerbart).

Dolezych, M. (2022): Holzanatomische Untersuchungen im Bitterfelder Bernstein. – Ergebnisbericht, 23 S., 11 Taf.; Hoyerswerda; [unveröff.].

Freyberg, C. (1848): Über den Honigstein und Bernstein von Bitterfeld in der Provinz Sachsen und über Abscheidung von Honigsäure. – Arch. d. Pharm., 2. R., Bd. LIII, 103 (3): 299–301; Hannover.

Fueß, W. (1929): Der Bernstein im Kreise Bitterfeld. – Heimische Scholle, 5, Nr. 28 (Beilage zu Nr. 240 d. Bitterfelder Anzeigers); Bitterfeld.

Fuhrmann, R. (2010): Die Bitterfelder Bernsteinarten. – Mauritiana, 21: 13–58; Altenburg.

Fuhrmann, R. (2011): Der Bernsteinwald im Tertiär Mitteldeutschlands – Auewald versus Sumpfwald. – Mauritiana, 22: 61–76; Altenburg.

Galle, H. (1962): Feinstratigraphische Flözinventarisierung im mittleren Geiseltal unter besonderer Berücksichtigung des Liegenden und des Hangenden der Kohle. – Diplomarbeit Geol.-paläontol. Inst. der Martin-Luther-Universität Halle-Wittenberg; Halle/Saale; [unveröff.].

Geinitz, H. B. (1840): Über die Braunkohlen Sachsens. – Meinhold Verlag, Dresden.

Huhle, H. & Hohndorf, G. (2013): Interessante Mineralienfunde aus dem Braunkohlentagebau Amsdorf bei Halle a. d. Saale. – Mineralienwelt, 6/2013: 119–129; Salzhemmendorf (Bode-Verlag).

Hübner, F.; Grosse, R.; Lauer, D.; Gerhardt, R. & Helbig; C. (1979): Bernsteinerkundung Goitsche 12/1979. – Ergebnisbericht; 87 S., 8 Anl.; Freiberg (VEB Geologische Forschung und Erkundung); [unveröff.].

Katinas, V. (1988): Fossil resin studies by chemical and physical methods. – In: VIth meeting „Amber and Amber-bearing Sediments"; Warszawa.

Kaunhowen, F. (1928): Bernstein. – In: Dammer, B. & Tietze, O. (1928): Die Nutzbaren Mineralien mit Ausnahme der Erze und Kohlen, II. Band: 467-535; Stuttgart (Enke).

Klemm, J. G. (1870): Die Braunkohlenablagerungen von Beiersdorf bei Grimma. – Sitzungsber. Der naturwiss. Ges. Isis 1870: 178–179; Dresden (Verlag Hermann Schöpff).

Knuth, G.; Koch, T.; Rappsilber, I. & Volland, L. (2002): Zum Bernstein im Bitterfelder Raum – Geologie und genetische Aspekte. – Hallesches Jahrb. Geowiss., B24: 35–46; Halle.

Kosmowska-Ceranowicz, B. (2015): ATLAS Infrared spectra of the World's resins / Holotype characteristics. – 280 S.; Warszawa (PAN Mu-zeum Ziemi).

Kosmowska-Ceranowicz, B. & Krumbiegel, G. (1989): Geologie und Geschichte des Bitterfelder Bernsteins und anderer fossiler Harze. – Hall. Jb. f. Geowiss., 14: 1–25, 1 Beilage; Gotha (VEB H. Haak).

Kosmowska-Ceranowicz, B. & Krumbiegel, G. (1990): Bursztyn bitterfeldzki (saksonski) i inne żywice kopalne z okolic Halle (NRD). – Przeglad Geologiczny, 38 (9): 394–400; Warszawa.

Krumbiegel, G. (1955): Feinstratigraphische Untersuchungen der Braunkohle im Tagebau Mücheln. Ein Beitrag zur Kenntnis der Geologie des westlichen Geiseltales. – Nova Acta Leop. N.F. 17, 120: 282–355; Leipzig.

Krumbiegel, G. (1995): Fossile Harze aus der Geiseltalbraunkohle und aus dem Tagebau Königsaue (Sachsen-Anhalt). – Hallesches Jahrb. Geowiss., B17: 139–148; Halle.

Krumbiegel, G. & Kosmowska-Ceranowicz, B. (1990): Vorkommen von Glessit, Siegburgit (?) und Krantzit im Tertiär Mitteldeutschlands (Bitterfeld, Niederlausitz). – Fundgrube, XXVI: 78–81, Berlin.

Krumbiegel, G. & Kosmowska-Ceranowicz, B. (1992): Fossile Harze der Umgebung von Halle (Saale) in der Sammlung des Geiseltalmuseums der Martin-Luther-Universität Halle-Wittenberg. – Wiss. Z. Univ. Halle, 41/92M (6): 5–35; Halle.

Krumbiegel, G. & Kosmowska-Ceranowicz, B. (2007): Die Arten des Bitterfelder Bernsteins. – Bitterfelder Heimatblätter, H. XXVIII, Sonderheft 2007: 43–64; Bitterfeld.

Krumbiegel, G. & Krumbiegel, B. (2005): Bernstein – Fossile Harze aus aller Welt. – Fossilien, Sonderband 7, 3. Aufl.: 112 S.; Korb/Weinstadt (Goldschneck-Verlag).

Kunzmann, L. (1999): Koniferen der Oberkreide und ihre Relikte im Tertiär Europas. Ein Beitrag zur Kenntnis ausgestorbener Taxodiaceae und Geinitziaceae fam. nov..– Abhandl. Staatl. Mus. Min. Geol. Dresden, 45; Dresden.

Lehmann, H. (1933): Die geologischen Verhältnisse der Grubenfelder der A. Riebeck´schen Montanwerke. Das

Oberröblinger Revier. – In: Riebeck´sche Montanwerke. Die Geschichte einer mitteldeutschen Bergwerksgesellschaft: 243-250. – München (Verlag F. Bruckmann AG).
Liehmann, G. (1996): Der Braunkohlentagebau Goitsche bei Bitterfeld und die Bernsteingewinnung. – In: Ganzelewski, M. & Slotta, R. [Hrsg.]: Bernstein, Tränen der Götter, Veröff. Deut. Bergb. Mus., 64: 101–114; Bochum (Deutsches Bergbau-Museum).
Lietzow & Ritzkowski (1996): Fossile Harze in den braunkohlenführenden Schichten von Helmstedt (Paläozän – Eozän, SE Niedersachsen. – In: Ganzelewski, M. & Slotta, R. [Hrsg.]: Bernstein, Tränen der Götter, Veröff. Deut. Bergb. Mus., 64: 83–88; Bochum (Deutsches Bergbau-Museum).
Linstow, O. v. (1912): Die geologischen Verhältnisse von Bitterfeld und Umgebung (Carbon, Porphyr, Kaolinisierungsprozesse, Tertiär, Quartär). – N. Jahrbuch Geol. Paläont.; 13, Beil.-Band: 754–830; Stuttgart.
Naumann, C. F. (1836): Erläuterungen zu der geognostischen Charte des Königreiches Sachsen und der angränzenden Länderabtheilungen. Erstes Heft. – 494 S.; Dresden und Leipzig (Arnoldsche Buchhandlung).
Oelke, E. (2010): Die königliche Braunkohlengrube Langenbogen (bis 1840). – Der Anschnitt, 6 H.3: 99–113; Bochum.
Pietzsch, K. (1962): Geologie von Sachsen. – 870 S.; Berlin (VEB Deutscher Verlag der Wissensch.).
Priese, O. (1977): Infrarotsprektrographie an pleistozänen und tertiären Bernsteinfunden des Halle-Leipziger Raumes. – Hercynia, N.F., 14 (3): 272–280, Leipzig.
Rabitzsch, K.; Eisenächer, L.; Kriebel, I. & Präger, R. (1989): Erkundung Braunkohle Delitzsch-NW II, Berichtsteil II: Begleitrohstoffe. – Bericht; 77 S., 9 Anl.; Halle (VEB Geologische Forschung und Erkundung); [unveröff.].
Rappsilber, I. (2016): Fauna und Flora des Bitterfelder Bernsteinwaldes. Eine Auflistung der bis 2014 publizierten Organismentaxa aus dem Bitterfelder Bernstein. – 78 S.; Halle (Ampyx-Verlag Dr. A. Stark).
Rappsilber, I. (2017): Formen des Bitterfelder Bernsteins. – Mauritiana, 30: 58–76; Altenburg.
Rappsilber, I. (2022): Bitterfelder Bernstein. Geschichte l Vielfalt l Entstehung. – 323 S.; Ampyx-Verlag Dr. A. Stark, Halle (Saale).
Rappsilber, I. & Wendel, A. (2019): Bernsteingewinnung aus dem Bernsteinsee bei Bitterfeld und erste wissenschaftliche Ergebnisse. – Mauritiana, 37: 87–112; Altenburg.
Sawkiewicz, S. S. (1970): Янтар. – 192 S.; Leningrad (Nedra-Verlag).
Sawkiewicz, S. S. (1980) [Савкевич, С. С. (1980)]: Новое в минералогическом изучении янтаря и некоторых других ископаемых смол. – Gem minerals. Proceedings oft he XI. General Meeting of IMA, Novosibirsk, 4.-10. September 1978: 17-28.
Schensky, M. (1927): Die Braunkohlenablagerungen südlich des ehemaligen Salzigen Sees bei Oberröblingen. – Jahrbuch des Halleschen Verbandes für die Erforschung der mitteldeutschen Bodenschätze und ihrer Verwertung, N. F., 6: 27–71; Halle (Verlag Hallescher Verband).
Schubert, K. (1961): Neue Untersuchungen über Bau und Leben der Bernsteinkiefern [*Pinus succinifera* (Conw.) emend.]. – Beih. Geol. Jb., 45: 149 S.; Hannover.
Spirgatis, H. (1872): Über die Identität des sogenannten unreifen Bernsteins mit dem Krantzit.– Schriften der phys.-ökonom. Ges. zu Königsberg, 13 Jg.: 136–137; Königsberg.
Standke, G. (2008a): Bitterfelder Bernstein gleich Baltischer Bernstein? – Eine geologische Raum-Zeit-Betrachtung und genetische Schlussfolgerungen. – In: Rascher, J.; Wimmer, R.; Krumbiegel; G. & Schmiedel, S. [Eds.]: Bitterfelder Bernstein versus Baltischer Bernstein – Hypothesen, Fakten, Fragen; EDGG, 236: 11–33; Hannover.
Standke, G. (2008b): Paläogeografie des älteren Tertiärs (Paläozän bis Untermiozän) im mitteldeutschen Raum. – Z. dt. Ges. Geowiss., 159/1: 81–103; Stuttgart.
Standke, G.; Escher, D.; Fischer, J. & Rascher, J. (2010): Das Tertiär Nordwestsachsens, Ein geologischer Überblick. – 158 S.; 3 Anl.; Dresden (Sächsisches Landesamt für Umwelt, Landwirtschaft und Geologie).
Standke, G. & Rascher, J. (2013): Eozäne Harze in den Braunkohlentagebauen Profen und Amsdorf - Ein Beitrag zur Genese von Bernsteinlagerstätten. – In: Rascher, J.; Rappsilber, I. & Wimmer, R. [Hrsg.]: Bitterfelder Bernstein und andere fossile Harze aus Mitteldeutschland; EDGG, 249: 76–89; Hannover.
Stöhr, E. (1867): Das Pyropissitvorkommen in den Braunkohlen von Weißenfels und Zeitz. – N. Jb. Min., Geol., Paläont.: 405–428; Stuttgart (Schweizerbart).
Vahldiek, B.-W. (1986): Bernstein aus aus den eozänen Braunkohlen von Helmstedt (Bundesrepublik Deutschland, Niedersachsen). Stratigraphie und Ausbildung. – Aufschluß, 37 (5): 165–177; Heidelberg.
Vahldiek, B.-W. (2001): Auf der Suche nach den Bernsteinproduzenten von Helmstedt. – Arbeitskreis Paläontologie Hannover, 29: 32–57; Hannover.
Vahldiek, B.-W. (2015a): Bernstein aus der Braunkohle von Schöningen. – In: Joger, U.; Kosma, R. & Zellmer, H. [Red.]: Zeitkapsel Bernstein, Lebewesen vergangener Welten; 37–39; München (Verlag Dr. Friedrich Pfeil).
Vahldiek, B.-W. (2015b): Bernstein aus dem Tagebau Schöningen, Baufeld Süd, (Niedersachsen, Norddeutschland): Der Mutterbaum von Krantzit ist identifiziert! – Arbeitskreis Paläontologie Hannover, 43: 35–45; Hannover.
Walther, H. (1987): Bohrungen Espenhain-Störmtal 1984. – Ergebnisbericht, 17 S.; Dresden (Staatliches

Museum für Mineralogie und Geologie); [unveröff.]; Anlage 4.4.1 in: Kramer, H.-J. et al. (1987): Vorratsberechnung Braunkohle Espenhain/Störmtal.
Willruth, K. (1920): Die Braunkohlenlagerstätte von Oberröblingen. – Jb. Hall. Verb., N.V., 2: 50-63; Halle/ Saale.
Wimmer, R.; Galle, H. & Wagner-Wysiecka, E. (2019): Retinit im mittleren Geiseltal und in Nordwestsachsen.– Mauritiana, 37: 32–41; Altenburg.
Wimmer, R.; Krumbiegel, G.; Kosmowska-Ceranowicz, B. & Rappsilber, I. (2013): Historische und neue Funde von Krantzit in Mitteldeutschland.– In: Rascher, J.; Rappsilber, I. & Wimmer, R. [Hrsg.]: Bitterfelder Bernstein und andere fossile Harze aus Mitteldeutschland; EDGG, 249: 104–110; Hannover.
Wimmer, R.; Krumbiegel, G.; Kosmowska-Ceranowicz, B. & Wagner-Wysiecka, E. (2017): Neufunde von fossilen Harzen aus dem Mitteldeutschen Braunkohlenrevier.– Mauritiana, 31: 164–176; Altenburg.
Ziegler, G. & Liehmann, G. (2007): Gewinnung und Verwertung von Bitterfelder Bernstein. – Bitterfelder Heimatblätter, H. XXVIII, Sonderheft 2007: 33–42; Bitterfeld.
Zincken, C. F. (1867): Die Physiographie der Braunkohle. – Leipzig (Alfred Krüger Verlagsbuchhandlung).
Zincken, C. F. (1871): Ergänzungen zur Physiographie der Braunkohle. – Halle (Verl. Buchhandlung Waisenhaus).

Rappsilber, I. (2022): Bitterfelder Bernstein. Geschichte l Vielfalt l Entstehung. – 323 S.; Ampyx-Verlag Dr. A. Stark, Halle (Saale).

Link zum Bestellen: https://bernstein-manufaktur.com/produkt/bitterfelder-bernstein-buch/

BERNSTEIN IN DER LAUSITZ

Wilfrid Sauer berichtet, leicht verändert und ergänzt aus:
DER AUFSCHLUSS 1, Zeitschrift für die Freunde der Mineralogie und Geologie, Jahrgang 48, 1997

Es war bekannt, dass während des Braunkohleabbaus im Tagebau auch Bernstein zutage gefördert wurde. Er fand aber kaum eine Beachtung.

Mit der rasanten Zunahme der Abbautätigkeit auf Braunkohle im Tagebau seit ca. 1930 wurden gewaltige Abraummassen - meistens Kiese und Sande des Quartärs - abgebaggert, transportiert, verkippt und auf Spülkippen verspült. Auch nahm das Interesse der Bergleute und Sammler ständig zu, so dass man mehr auf diese gelben Stückchen im Abraum achtete. Durch natürliche Erosionen an Kippen sowie an Spülsäumen entstanden durch das geringere spezifische Gewicht des Bernsteins oft Anreicherungen dieses geschätzten fossilen Harzes an der Oberfläche.

Aber auch immer mehr Funde aus der tertiären Kohle selbst und vor allem aus dem Liegenden des Braunkohleflözes wurden bekannt. Hierzu die Schilderung des Bergmannes Siegfried Pohl über einen dieser Funde bei Burghammer:

„Im Sommer 1973, kurz vor dem Auslaufen des Tagebaues Burghammer, wurde bei Entwässerungsarbeiten von zwei Häuern ein bemerkenswertes Stück fossilen Harzes gefunden.

Das Besondere ist wohl die Größe des Harzes und der Fundort. Wilfrid Sauer wurde über diesen Fund benachrichtigt und konnte sich diesen genau ansehen.

Im Liegendton, unmittelbar unter der Kohle, war der Abdruck einer Knolle von etwa 30x25x25 cm zu erkennen. Der Harzklumpen war durch Baggerarbeiten in mehrere Stücke zersprungen, wodurch das Stück höchstwahrscheinlich überhaupt erst bemerkt worden ist. Es waren nur noch ca. 50% des Gesamtstückes vorhanden, wovon Wilfrid Sauer 3 Stücke (15x10x7 cm, 18x8x5 cm, 15x10x10 cm) sowie einige kleinere Splitter mit einem Gesamtgewicht von ca. 1300g erhielt.

Nach heutiger Einschätzung sind die 3 Stücke ca. 25 bis maximal 30% des Gesamtfundes, so dass dieser ein Gesamtgewicht von ca. 4500 g hatte. Der Fundort ist etwa 2000 m südwestlich vom Ort Burghammer in einer Tiefe von ca. 60 m von Übertage.

Das Harz ist von dunkelbrauner Farbe mit einer schwachen, strukturierten Schale. Im Innern sind z. T. homogene, glatte Partien, in Splittern auch gelb durchscheinend, vorhanden. In anderen Teilen sind helldunkelbraune, schuppige Partien mit runden dunkelbraunen bis 2 cm großen homogenen Einschlüssen, die teilweise bis zu 3 mm große Hohlräume aufweisen, vorherrschend. Die drei Stücke weisen innerlich wie äußerlich vollkommen verschiedene

Blau: Geflutete ehemalige Braunkohlegruben in der Umgebung von Burghammer.

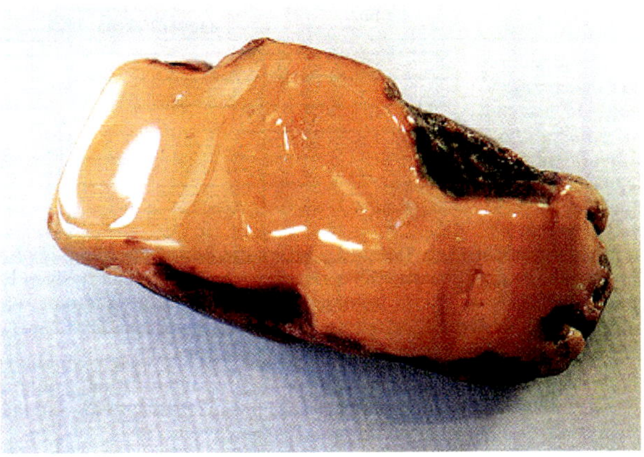

Oben: Poliertes Bruchstück (700 g) eines sehr großen Bernsteins aus dem Tagebau Lohsa, Foto und Sammlung W. Sauer.

Unten: Aufgebrochener Bernstein (220 g), Tagebau Schlabendorf-Nord, Foto und Sammlung W. Sauer.

Merkmale auf. Eine genaue Analyse des Fundes wäre angebracht gewesen. Leider blieben Bemühungen zum Erwerb weiterer Teile dieses Fundes ergebnislos."

Burghammer ist ein Ortsteil der Gemeinde Spreetal im Landkreis Bautzen in Sachsen, also der Oberlausitz. Südlich des Dorfes befindet sich der Bernsteinsee, der durch Flutung des ausgekohlten Tagebaus Burghammer entstand.

Der nahegelegen Scheibe-See, der Haussee der Stadt Hoyerswerda, ist bis 2011 ebenfalls durch die Flutung des ehemaligen Tagebaus Scheibe entstanden. Früher stand dort das Dorf Scheibe. Ebenso entstanden zwischen 1997 und 2016 die Wasserspeicher des Lausitzer Seenlandes durch die Flutung des ehemaligen Tagebaus Lohsa und der Spreetaler See aus den gefluteten Tagebauen Spreetal-Nordost, Grube, Brigitta und Spreetal.

Über den Braunkohleflözen liegt ein zig Meter dickes Deckgebirge (Abraum), bestehend u. a. aus einer Schwemmkiesschicht, die durch die Eiszeiten bzw. nach den Eiszeiten abgelagert wurden. In diesen Kiesen kann man in ganz Norddeutschland bis hin zur sogenannten Feuersteinlinie Bernstein finden. Die riesigen Eismassen des Quartär haben Bernsteinlagerstätten im heutigen Ostseebereich ausgeräumt und nach Süden und Südwesten getragen und dann mit ihrer Grund- oder Endmoräne abgelagert.

Roland Noack, ein emsiger Sammler u. a. im Tagebau Greifenhain, berichtet:

„1992 wurde mir im Tagebau Greifenhain eine Stelle bekannt, wo der Bernstein in einer großen Stückzahl auftrat. Besonders im Jahr 1993, als der Bagger Es 3150 in Greifenhain noch seinen Dienst versah, konnte eine Vielzahl von Bernsteinen auf engstem Raum gefunden werden.

Was war an dieser Stelle das Besondere? Etwa 40 Meter über dem Kohleflöz, unterhalb der ehemaligen Arbeitsebene des SRS 6300, befindet sich eine Schwemmkiesschicht, in der abgerollte Kohlestücke eingelagert sind. Diese Form des Aufbaus der sedimentären Schichten ist heute noch gut zu erkennen. Man kann hierbei von einer bernsteinfarbenen Schicht sprechen, die heute noch ansteht.

Jedesmal, wenn der Es 3150 im Hochschnitt in diesen Bereich kam, konnte man im Nachhinein viele Bernsteine bis Faustgröße von der Böschung sammeln. Nach Regentagen war die Ausbeute an dieser Stelle besonders hoch.

Die von den Baggern geförderten Abraummassen gelangten über eine Bandanlage zu den Absetzern 1096 und 1102 unweit der Ortslage Altdöbern. Nachdem sich der Kippenboden etwas gesetzt hatte, konnten auch dort einige schöne Bernsteine gefunden werden.

Durch die Stilllegung des Tagebaues Greifenhain ist zwar die Fundhäufigkeit zurückgegangen, aber dennoch nicht erschöpft. Das beweisen weitere Funde im Herbst 1994 auf bereits eingeebneten Flächen."

Hier zeigt sich ein großes Problem. Findet man in den Abraumhalden Bernstein, dann kann man sich nicht sicher sein, um welchen Bernstein es sich handelt: Um Baltischen Bernstein, der mit den Eiszeiten hierher verfrachtet wurde oder um Braunkohlebernstein aus den Flözen. Auch Flöze bzw. Flözfalten wurden durch die Gletscher abgetragen und somit auch der unter den Schwemmsanden liegende tertiäre Bernstein umgelagert.

In „früheren Zeiten" wurden Bernsteine in den Tagebauen besonders häufig durch die „Kohleputzer" (beseitigten manuell Abraumreste vom Hangenden des freigelegten Kohleflözes) gefunden. Besonders

Großer Bernstein aus dem Tagebau Schlabendorf, Foto und Sammlung Roland Noack.

fündig waren dabei der Abraumfuß auf dem Hangenden des Flözes sowie „Auskolkungen" auf dem Kohleflöz, die vielfach mit sog. Rollkohle und Bernstein angereichert waren. Aber auch Vermesser (Markscheider) und Pegelmesser konnten häufig Funde machen.

An dieser Stelle muss aber nachdrücklich vor dem Betreten von Restlöchern - besonders bei aufgehendem Wasser und kippenseitig - gewarnt werden.

Es ist wegen der hohen Gefährdung durch Rutschungen verboten - denn es besteht dabei Lebensgefahr!

Viele trockene Kippen - insbesondere am Fuß der einzelnen Kipprippen, der Fuß von Erosionsrinnen und auch der Böschungsfuß auf Halden - und Baggerseiten im aktiven Tagebau bieten Fundmöglichkeiten.

Aber auch bei landwirtschaftlichen und forstwirtschaftlichen Arbeiten auf ehemaligen Kippenflächen sind Funde möglich. Insbesondere bei Sanierungs- und Rekultivierungsarbeiten ergeben sich vielfältige Möglichkeiten, den begehrten und beliebten Lausitzer Bernstein zu finden.

Wo kann der Lausitzer Bernstein gefunden werden?

1. Im Liegenden der tertiären Braunkohleflöze, ähnlich den Vorkommen des Baltikums in grau-blauen Tonen/ Schluffen ("Blaue Erde"). Dabei wird man besonders in den Gräben der Liegendentwässerung und bei Ausspülungen fündig.

2. In der tertiären Braunkohle selbst sind bisher nur sehr wenige Funde bekannt. Dies sind dann meist auch nur kleine Stückchen (ca. Kirschkorn-Größe).

3. In den pleistozänen Sanden und Kiesen des Quartär über den Kohleflözen. Dabei kommt es zu Einzel- und Zufallsfunden an verschiedensten Stellen, aber auch zu Anreicherungen insbesondere in Gesellschaft mit „Rollkohle" (durch Schmelzwasser abgetragene, umgelagerte und abgerollte Teile des Kohleflözes) in Form von Schichten im Deckgebirge (Abraum) bzw. in Auskolkungen des Kohleflözes (Strudellöcher).

AKZESSORISCHES HARZ GLESSIT

Eine Besonderheit unter den Lausitzer Harzfunden bildet das fossile, tertiäre Harz, das man Glessit (lat. glaesum - Glas) nennt. Es kommt in mehreren Farbvarietäten vor: Schwarz bis schwarzbraun und orange. Es findet sich gemeinsam mit dem Succinit in den oligozänen und miozänen Ablagerungen der Tagebaue der Lausitz.

Der Glessit hat einen halbglasartigen Glanz auf frischem Bruch und eine feinkörnige Struktur, die zum Teil Fließtexturen (verfestigte Bewegungserscheinungen des ehemals flüssigen Harzes) aufweist. Aufgrund der leichten Erkennbarkeit des Glessits lässt er sich in manchen Fällen sogar als Leitmineral benutzen.

Glessit wurde nicht nur in untermiozänen Sedimenten der Tagebaue Goitsche bei Bitterfeld,Lohsa/OL. und Burghammer/OL. gefunden, sondern auch in Pleistozän-Ablagerungen; so in Lohsa/OL.

Die Gerölle von Glessit dienen als Leitmineral, wenn sie in Altquartär-Sedimenten südlich der Linie Tagebau Golpa bei Gräfenhainichen - Tagebau Lohsa/OL. gefunden werden, da sie dort auf den Anteil des lokalen Sedimentmaterials in den Schmelzwassersedimenten und auf die Intensität der pleistozänen Erosion hindeuten.

Untersuchungen des Glessits mit Hilfe der Infrarotabsorptionsspektroskopie haben ergeben, dass dieses fossile Harz ein Harz von Angiospermen (bedecktsamige Pflanzen) aus der Familie der Burseraceae oder Balsambaumgewächse ist.

Der Nachweis dieses Harzes ist aus paläoökologischer, insbesondere paläoklimatischer Sicht daher von großem Interesse, denn es deutet in Analogie zu rezenten Vertretern der Burseraceaen auf das Vorhandensein einer tropischen Pflanzenwelt während der Bildungszeit der Lausitzer Braunkohlen hin.

Glessit-Varietäten aus untermiozänen Sedimenten des Baunkohletagebaues.

Alle Abbildungen: Coll. und © W. Sauer.

Lohsa/OL: Oben: schwarzbraune Varietät, unten links: Gebändert orange-gelbe Varietät, unten rechts: Hellbraune Varietät. Größen: 7,5 - 10 cm.

Rechts Mitte: Dunkel- bis schwarzbrauner Glessit aus untermiozänen Sedimenten des Tagebaues Lohsa/OL. Größe des Stückes: 10 cm.

Rechts: Orange-gelb gebänderter Glessit aus untermiozänen Sedimenten des Tagebaues Lohsa. Breite 7,5 cm.

ERLEBNIS IM TAGEBAU LOHSA

Ein misslungener, aber dafür lohnender Sprung

Ein Erlebnisbericht von Rainer Melcher

Im ehemaligen Braunkohlen-Tagebau Lohsa habe ich zu tiefsten DDR-Zeiten mit meiner Arbeit als Hilfsgerätefahrer dazu beigetragen, dass das „braune Gold" kontinuierlich gefördert wurde und damit jedermann zu Hause Strom und im Winter auch eine „warme Stube" hatte.

Irgendwann kam aber der Zeitpunkt, an dem das bis dahin abbaufähige Kohleflöz sich erschöpfte und kaum noch etwas hergab. Trotzdem wurde im Tiefschnitt fleißig weiter gebaggert, weil man hoffte, dass sich unter den nur noch sehr tonhaltigen Abraumschichten wieder abbaufähige Kohle befindet.

Die damals übliche Abbautechnik führte dazu, dass sich zum Teil tiefere versetzte Rinnen im Gelände bildeten, die sich bei Niederschlägen mit Regenwasser füllten. Da dieses auf Grund des hohen Tongehalts im Boden nicht abfließen konnte, stand es oft wochenlang und man musste sich durch diesen Matsch zu seinem Arbeitsplatz durchkämpfen.

Eines Tages wollte ich wieder zu meinem Arbeitsgerät gelangen und überwand mühsam Rinne für Rinne, bis ich auf eine traf, die ich mit einem Sprung überqueren wollte.

Doch der Sprung misslang, ich fiel in den Matsch, wollte mich mit beiden ausgestreckten Händen abstützen, damit ich nicht auch noch mit dem Gesicht eintauchte – und in meiner linken Hand fühlte ich plötzlich einen größeren festen Klumpen.

Nachdem ich mich wieder aufgerichtet hatte, öffnete ich meine Hand und entdeckte einen richtigen Schatz – es war ein dunkelbrauner Bernstein. Mein Missgeschick fast vergessend und hocherfreut säuberte ich den mit einer dicken Tonschicht umhüllten Zufallsfund und entdeckte dabei, dass es sich um ein besonders schönes, aber auch besonders seltenes Stück handelte.

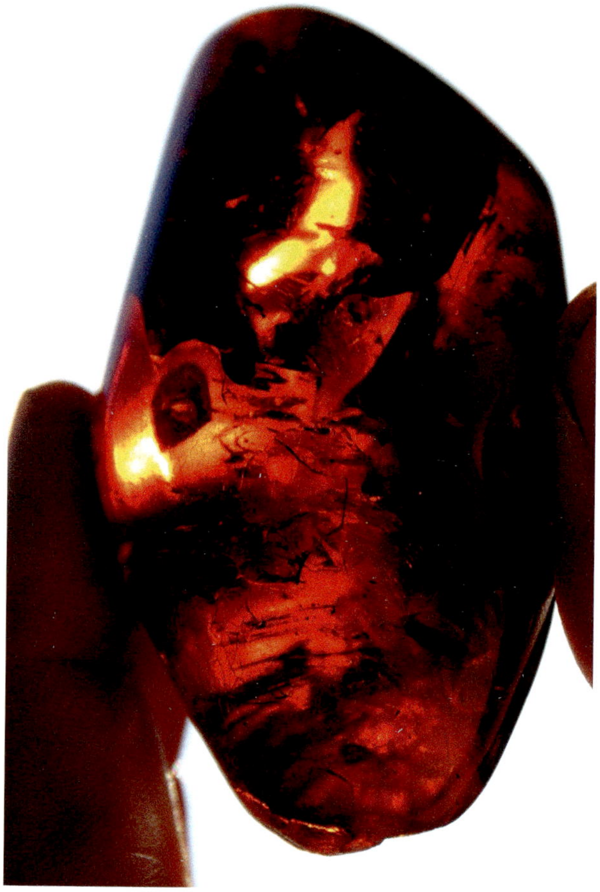

Der Zufallsfund von Rainer Melcher, Foto © Frank Sauer.

Dieser Bernstein wies nämlich auch so genannte „Spannungsblättchen" auf, die normalerweise so nicht vorkommen, sondern nur dann, wenn er einer größeren Hitzeeinwirkung ausgesetzt war, also vielleicht einem unterirdischen Schwelbrand.

In meiner Bernstein-Sammlung mit sehr schönen Stücken aus dem Lohsaer Tagebau (unter anderem habe ich hier auch meinen allerersten Bernstein gefunden, später dann noch einige weitere Dutzend) hat dieses Exemplar natürlich einen „Ehrenplatz" inne.

TAGEBAU NOCHTEN

Der Tagebau Nochten liegt im Freistaat Sachsen, südwestlich der Stadt Weißwasser. Er wurde 1968 aufgeschlossen und lieferte 1973 erstmals Braunkohle an den Kraftwerksstandort Boxberg. Heute betreibt die LEAG (Lausitz Energie Verwaltungs GmbH, Lausitz Energie Bergbau AG, Lausitz Energie Kraftwerke AG) als einer der größten Stromerzeuger die Anlage.

Die Familie Sauer ist seit Generationen mit dem Braunkohlebergbau verbunden. Frank Sauer berichtet:
„Mein Großvater war in seinen Jugendjahren noch als Kohleputzer im Tagebau beschäftigt. Zu dieser Zeit wurde die Oberseite des Kohleflözes noch händisch vom Sand befreit (gefegt) um so keine Verluste bei der Kohleförderung zu haben.

Er hat damals in Strudellöchern auf dem Kohleflöz auch viele Bernsteine gefunden. Heute wird mit Großgeräten die obere Schicht der Kohle mit dem Abraum verkippt, damit man eine saubere Oberfläche frei von Sand hat…

Will man Bernsteine sammeln muss man die Böschungskanten absuchen, wo im Abraum Kohle eingelagert wurde. Da der Regen immer wieder Abraumschichten abwäscht, kann man über lange Zeit an denselben Abraumflächen Bernsteine sammeln.

Es ist kaum möglich, direkt im Tagebau Bernstein zu finden; außerdem ist es strengstens verboten, dieses Gelände zu betreten…

1997 hatte ich eine Bernsteinsammelaktion im Braunkohletagebau Nochten organisiert (siehe Bild unten) – alle Teilnehmer haben etwas gefunden.“

Links und rechts: Bilder von einer Werbeseite der LEAG, © LEAG.

AMTSKETTE MIT BERNSTEIN

Wilfried Sauer berichtet:

Dieses Stück Bernstein entstand einst zwischen Kernholz und Borke eines Baumes. Der Abdruck der Borke ist besonders gut erhalten und wertet es damit zu einem geologisch und naturkundlich herausragenden Exemplar auf.

Doch statt der Nachwelt erhalten zu bleiben, lag es im Rathaus in Hoyerswerda und sollte für die Amtskette des Oberbürgermeisters zerkleinert werden. Welch ein Wahnsinn!

Ich habe für einen Tausch einige Stücke mit gleichem Gesamtgewicht und gleicher Qualität angeboten. Daraus hätte man fünf Amtsketten fertigen können. Zusage, Handschlag und der Tausch war besiegelt. Damit konnte dieses einmalige Stück gerettet und für die Zukunft erhalten werden.

Die Amtskette wird von Amtsinhaber zu Amtsinhaber „weitervererbt".

Amtskette: Torsten Ruban-Zeh neuer OBÜ ab 2020.

Hier bekommt Stefan Skora als neue Oberbürgermeister 2006 die Amtskette umgehängt.

Einige der eingetauschten Bernsteine sind in dieser Ausstellung zu sehen, Fotos von Frank Sauer.

BERNSTEINRIESE AUS CALAU

Beowulf Kayser schreibt für die Sächsische Zeitung vom 6.5.2001:

Die Planierraupe stoppt. Der aus Calau stammende Fahrer springt wie elektrisiert in den Abraum des Tagebaus Schlabendorf-Süd.

Vor ihm liegt ein knallgelber Klumpen, der sich in der Sonne spiegelt. Lausitzer Bernstein - 20 Millionen Jahre alt - wie sich später herausstellt.

Gefunden wurde der riesige Batzen mit einem Gewicht von 1.260 Gramm Anfang 1980. Einige Jahre später erwarb der heutige Kustos der Geologischen Sammlungen in Cottbus, Rolf Striegler, das kostbare Stück. Für die Museumsrarität bezahlte der 58-Jährige damals für jedes Gramm eine DDR- Mark.

Jetzt ist der „Schlabendorfer Riese" unter 600 Bernsteinen aus aller Welt eine der Attraktionen in der Sonderausstellung „Faszination Bernstein" im Cottbuser Museum der Natur und Umwelt.

1961 wurde die Abteilung Naturkunde des Bezirksmuseums Cottbus gegründet, die 1995 in das eigenständige Museum der Natur und Umwelt überging.

Im Jahr 2005 wurde das Museum der Natur und Umwelt Cottbus auf Grund fehlender Räumlichkeiten für die Öffentlichkeit geschlossen.

Der Naturwissenschaftliche Verein der Niederlausitz e. V. Cottbus setzt sich für die Wiedereröffnung eines Natur-Museums in Cottbus ein.

Der Bernsteinriese aus Calau, Foto © Rainer Weisflog, Fotografie vom Profi - Bilder mit Energie.

BITTERFELD – EIN RIESIGES BERNSTEINVORKOMMEN

Im Heft „Bernstein aus Bitterfeld“ in der Zeitschrift Fossilien Nr. 3 von 1991 schreibt Günter Krumbiegel:

„Die älteste Nachricht von Bernsteinfunden im Raum Bitterfeld – Bad Schmiedeberg findet man in einer „Chursächßschen Chronicke“ aus dem Jahre 1669. 1673 wird erneut in einer Disputation in Wittenberg darüber bericht et. 1731 fand man Bernsteinstücke beim Aushub eines Mühlgrabens in der Nähe von Schmiedeberg und 1756 veröffentlichte der polnisch-sächsische Bergrat J. F. Henkel eine eingehende lithologische Beschreibung dieses Sächsischen Bernsteins…

Am Ende des 19. Jahrhunderts wurde der Succinit von Schmiedeberg erstmals wirtschaftlich genutzt. Man fertigte Pfeifen- und Zigarettenspitzen daraus… Erste Bernsteinfunde im Bitterfelder Raum wurden 1848 erwähnt.“

Die Entdeckung dieses ergiebigen Bernsteinvorkommens ergab den Wandel von der Bitterfelder Braunkohle- zur Bernsteinförderung. Tonnenweise Bernstein gelangte von Bitterfeld nach Ribnitz-Damgarten und ließ den VEB Ostseeschmuck aufblühen.

Das Ende der Bernsteinförderung und die Rekultivierung der Landschaft stellten den Beginn einer beispiellosen Verwandlung einer Region zu einem Urlaubsparadies dar. Parallel dazu entstand nach der Wende einer der modernsten Chemieparks Europas mit allerhöchsten Standards.

Die Abenteuer des Bernsteinsammelns, die Förderung des Bernsteins im Trockenabbau und später im Nassabbau und Ausblicke in die Zukunft beschreibt Carsten Gröhn ausführlich in seinem Buch „Abenteuer Bitterfeld“ (2010) und „BITTERFELDER BERNSTEIN – Abenteuer, Förderung, Zukunft“ (in Planung: 2025-6).

Ivo Rappsilber hat mit einem anderen, wissenschaftlich fundierten Ansatz sein Buch „Bitterfelder Bernstein – Geschichte, Vielfalt, Entstehung“ (2022) geschrieben. Es wird über die Entstehung der Bernstein-Lagerstätte, die Historie von Bitterfeld, den damaligen Bernsteinabbau berichtet. Beide Bücher ergänzen sich hervorragend.

Entstehung der Bernsteinlagerstätten

Noch bis vor kurzem glaubte man, dass der Bitterfelder Bernstein ein eigenständiger miozäner Bernstein sei, also gut 20 Millionen Jahre alt. Er sollte in den dortigen Wäldern seinen Ursprung gehabt haben.

Untersucht man die Flora und Fauna, die im Bitterfelder Bernstein eingeschlossen ist, so findet man eine Fülle von Arten, die einem eher warm-gemäßigten Klima zuzuordnen sind. Solch ein Klima herrschte im Eozän, also vor ca. 35 - 40 Millionen Jahren. Gegen Ende des Eozäns wurde es kälter, im Oligozän noch kälter, Im Miozän dann wieder etwas wärmer – vergleichbar mit dem späten Eozän.

Arten sind in ständigem Wandel begriffen. Es ist unwahrscheinlich, dass sich ein und dieselbe Art über viele Millionen Jahre unverändert gehalten hat. Zwei gleiche Arten in obendrein unterschiedlichen Klimaten und über 20 Millionen Jahre auseinander kann es nicht geben. Es ist z. B. die kleine Spinnenart *Mysmena groehni* sowohl im Baltischen als auch im Bitterfelder Bernstein nachgewiesen.

Da Spinnen eine große Evolutionsgeschwindigkeit haben, ist allein diese Spinnenart ein gesicherter Beweis für die Datierung, also dafür, dass die beiden Bernsteine etwa dasselbe Alter haben müssen.

Es kann heute als gesichert gelten, dass diese Bitterfelder Bernsteine, die Tiere aus warmgemäßigten Klimazonen enthalten, genauso alt wie die Baltischen Bernsteine sind. Es ist anzunehmen, dass der Ursprung nicht die Blaue Erde von Jantarny ist, sondern ein geografisch anderswo gelegener Ort, so wie auch der Ukrainische Bernstein eozänes Alter hat, aber nicht aus dem Baltikum stammt.

Einige artbestimmte und beschriebene Inklusen, z. B. die Bockkäferart *Eurapatophysis groehni*, sind nicht diesem warmem Klima zuzuordnen, sondern einem viel kühleren Klima. Der diesen Bockkäfer beschreibende Wissenschaftler Vitali Francesco ordnet ihn einem Klima zu, das im oberen Oligozän/ unteren Miozän herrschte.

Wie kann man diese beiden Aussagen in Einklang bringen? Anscheinend eindeutig eozäne und anscheinend eindeutig oligozäne/miozäne Arten zusammen in einer Lagerstätte?

Zum einen erstreckte sich der Bernsteinwald über Hunderte Kilometer, also auch auf höher gelegenen Arealen. Auf Bergen ist es kühler und kühle Bäche flossen hinab. Dort könnten die Arten gelebt haben, die gemäßigtes Klima bevorzugten.

Es könnte aber auch sein, dass ein Teil des Bitterfelder Bernsteins tatsächlich einen oligozänen bis miozänen Ursprung hat. So könnte aus den südlich gelegenen oligozänen/miozänen Wäldern Harz in die „Bitterfelder Meeresbucht" geschwemmt worden sein und sich dort abgelagert haben, wo sich lange Zeit vorher Harz aus dem Eozän ablagerte – aber in einem anderen Horizont.

Die Bitterfelder Bernsteinhorizonte haben ein Alter von 23-25 Millionen Jahren, also sind sie im späten Oligozän anzusiedeln (vor 30 Jahren wurde das Alter von 23 – 25 Millionen Jahren noch zum Miozän gerechnet).

Die jahrelange Diskussion zwischen Günter Krumbiegel (Vertreter der oligozänen/miozänen Altersstellung) und Wolfgang Weitschat (Vertreter der eozänen Altersstellung) muss wohl neu eröffnet werden. Dazu geben Roland Fuhrmann und Ivo Rappsilber interessante Gedankenspiele, die ansatzweise im Folgenden erläutert werden. Es sei betont, die folgenden Erläuterungen sind Gedankenspiele und gelten nicht als gesicherte Erkenntnisse.

Roland Fuhrmann schreibt in seiner Abhandlung „Der Bitterfelder Bernstein – seine Herkunft und Genese":

„Der Bernstein der Bitterfelder Lagerstätte kann nur aus südwestlicher Richtung zusammen mit dem ihn einschließenden Sedimentmaterial antransportiert worden sein, der Bernstein des Zöckeritzer Horizontes entlang der Küste des Zöckeritzer Rückens und der Bernstein der Friedersdorfer Schichten entlang der Küste des Bitterfelder Rückens…

Logischerweise muss der Bernstein der Lagerstätte aus dem Flussgebiet stammen, über das auch das Sedimentmaterial geliefert wurde... Der dortige Wald mit Bernsteinlieferanten muss in der Aue des Westarms des „Thierbacher Flusses" gestockt haben und deshalb wurde er auch als „Sächsischer Bernsteinfluss" bezeichnet."

Anmerkung zum Verständnis:
Es ist natürlich nicht der Bernstein durch die Flüsse in die Meeresbucht getragen worden, sondern das Harz der Bäume des südlich gelegenen Waldes. Erst in den Sedimenten des Flussdeltas wurde das Harz durch einen fortschreitenden Polymerisationsprozess im Laufe der Millionen Jahre zu Bernstein.

Wie aber kommt eozäner Bernstein in die Schicht, in der oligozäner/miozäner Bernstein gefunden wird? Einleuchtend ist folgende Erklärung. Eozäner Bernstein lagert tief im Untergrund der miozänen Wälder. Miozäne Flüsse schneiden sich bis in diese eozänen

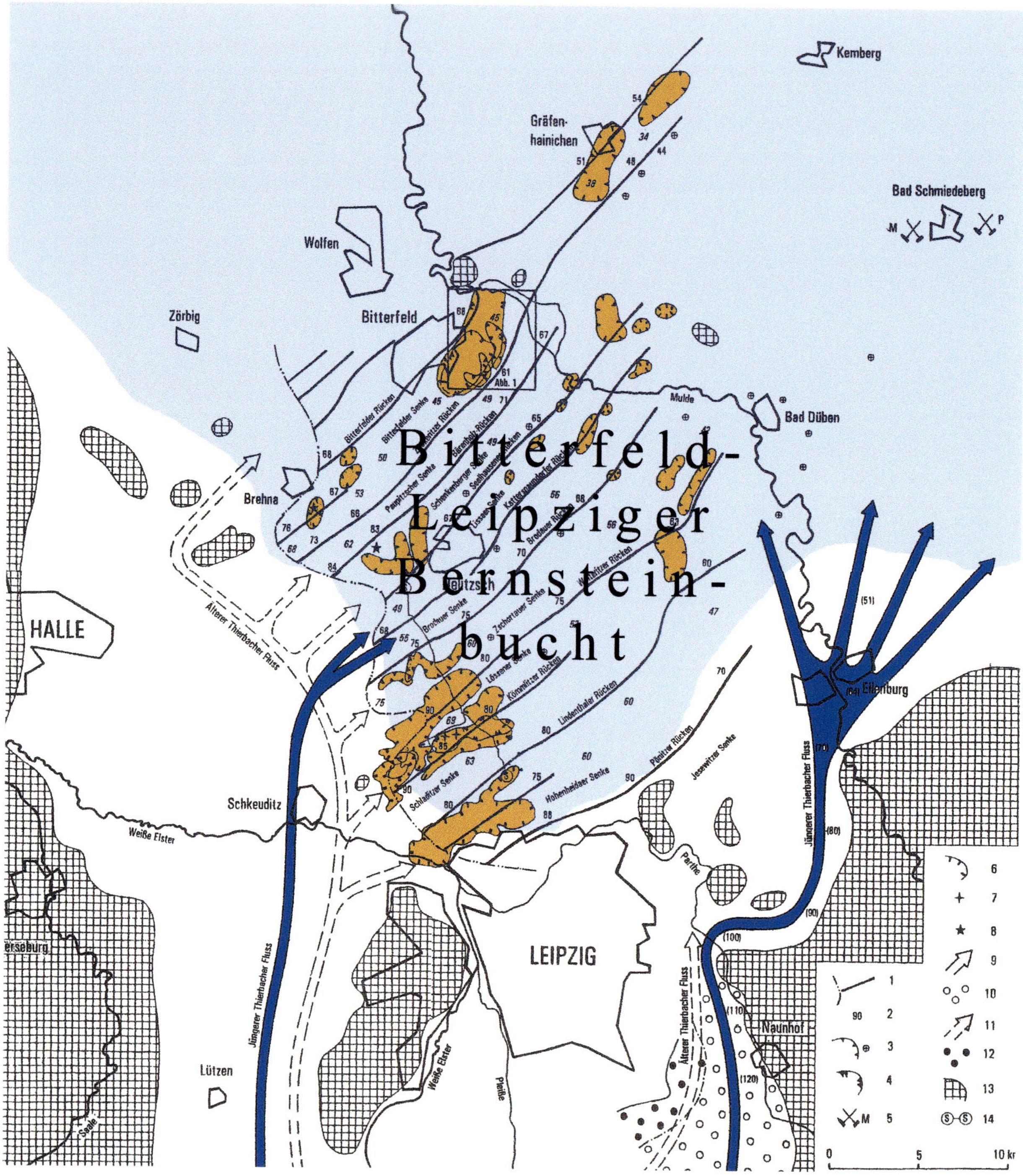

Oben: Übersichtskarte des Raumes Leipzig – Bitterfeld mit paläogeografischer Situation im Oberen Oberoligozän und Unteren Untermiozän. Stark verändert, aus: Exkursionsführer GGW 224 (2004), S.33, Wimmer, R., Holz, U. & Rascher, J.„Bitterfelder Bernstein: Lagerstätte, Rohstoff, Folgenutzung.

Hellblau: Das Meer zur Zeit der letzten oberoligozänen-tiefmiozänen Nordseetransgression, nach „Erde hat Gedächtnis", L. Eissmann.

Orange: Verbreitung bernsteinführender Sedimente vom Typ Zöckeritzer Horizont und Friedersdorfer Schichten.

Kastenstruktur: Prätertiäre Landoberfläche im Oberoligozän (nach Lithofazieskarte Tertiär Nordwestsachsen).

Schichten hinab und spülen eozänen Bernstein heraus, der zusammen mit dem miozänen Harz in die Bitterfelder Bucht geschwemmt wird. Deshalb finden wir heute miozänen und eozänen Bernstein am selben Ort in ein und derselben Schicht. Unterstützt wird diese These durch Funde von eozänem Bernstein aus verschiedenen Bohrungen im Bitterfelder Raum. Die Schichten mit eozänem Bernstein liegen deutlich tiefer als der Bernstein führende Schluff des Oligozäns/Miozäns.

Wir sehen (dunkelblau hervorgehoben) die Jüngeren Thierbacher Fluss-Systeme (links) und die Älteren Thierbacher Fluss-Systeme (rechts), die von Süden in die Bitterfelder Bucht führten. Diese Flüsse hatten sich im Laufe der Jahrhunderte/Jahrtausende immer tiefer in den Untergrund geschnitten.

Unbestritten ist, dass der Bitterfelder Bernsteinschluff auf die Grenze zwischen Untermiozän und Oberoligozän zu datieren ist. Weiterhin gibt es einige Meter tiefer zwischen den Oberen und Unteren Bitterfelder Glimmersanden eine Bernstein führende Schicht, den Zöckeritzer Bernsteinhorizont. Dieser ist auf das Oberoligozän datiert.

Bis 1993 wurde Bernstein industriell gefördert, danach begann die Rekultivierung der riesigen Braunkohlegrube. Die Bernsteinsammler konnten – illegalerweise – bis Ende der 90er Jahre nach ihrem Suchtstein suchen und graben und haben teilweise unvorstellbare Mengen Bernstein gefunden.

Bilder: rechts oben © Monika Schipplick, rechts unten © Rolf Reinicke, alle anderen: Carsten Gröhn.

Langsam, ganz langsam sollte die Riesengrube geflutet werden, man ging von 5-8 Jahren aus. 2002 kam es dann ganz schnell anders: Die große Flut ließ die Gruben innerhalb von 2 Tagen randvoll laufen. Der Damm zwischen Grube und dem Fluss Mulde, die durch das Elbehochwasser ebenfalls Höchstwasserstände verzeichnete, brach und schaffte vollendete Tatsachen.

Beginnende Flutung – vor der großen Flut.

Bilder von der Flut © Michael Maul.

Bild Gitzsche-See © Steffen Schellhorn.

Aus der Traum vom Bitterfelder Bernstein! Oder doch nicht? Der Visonär Hans-Werner Müller entwickelte Ideen, wie man von der Wasseroberfläche aus den Bernstein fördern könnte. Zusammen mit Carsten Gröhn erreichte er eine Genehmigung für sogenannte Feldversuche zur Bernsteinförderung.

Es begann mit einfachsten Mitteln. Von einem Ponton aus, auf dem ein Aggregat zur Stromerzeugung stand, führte ein Taucher einen Saugschlauch über und in den Boden des Sees. Ein einfaches Sieb fing die Steine, Kohle und Bernsteine auf.

Die nächsten Feldversuche waren schon aufwändiger, mit starkem Gerät – das „Seeungeheuer" (siehe oben).

Der Schluff, in dem der Bernstein steckte, war aber so hart, dass selbst der härteste Wasserstrahl nicht in ihn dringen konnte. Das Unterfangen musste noch professioneller angegangen werden. Deshalb übernahm die eigens gegründete Goitzsche Bernstein GmbH & Co. OHG die Förderung und ließ eine High-Tec-Anlage bauen. Ein großer Bohrkranz an einem 30 m langen starren Rohr sollte den harten Schluff bewältigen.

Von einem Führerhäuschen auf dem Schwimmbagger aus konnten alle Arbeiten gesteuert und überwacht werden. Mit starkem Wasserstrahl über einem Rüttelsieb wird das Geförderte gereinigt, die Feststoffe gelangen in eine Salzwasserwanne, in der der Bernstein aufschwimmt und abgefischt werden kann.

Mit dieser höchstprofessionellen Anlage wird nun bis heute und hoffentlich auch in Zukunft der Bernstein aus der Tiefe gefördert.

Bilder © Andreas Wendel.

Bild: © Steffen Schellhorn.

Oben: Steuerzentrale der Förderanlage.

Rechts Bedüsungsanlage über dem Sieb und Salzwasserwanne.

Carsten Gröhn mit einem der größeren Bernsteine.

Nachtrag Bitterfelder Bernsteinarten

In einem vorigen Kapitel hat Ivo Rappsilber die neun verschiedenen Bernsteinarten beschrieben, die nach neuesten Erkenntnissen als gesichert zugeordnet gelten:

Succinit (weit über 99 % des geförderten Bernsteins), Gedano-Succinit, Glessit, Gedanit, Beckerit, Siegburgit, Stantienit, Pseudostantienit, Goitschit.

In älteren Veröffentlichungen finden zwei weitere Bernsteinarten Erwähnung, die ich nicht außer Acht lassen möchte: Bitterfeldit und Durglessit.

Zunächst der Wissensstand bis 2004:
Die Namen für diese beiden Bernsteinarten sind bei der Erstbeschreibung im Jahr 1986 durch Fuhrmann & Borsdorf vergeben worden. Als Fundort ist bisher nur die Braunkohlegrube Bitterfeld bekannt. Es sind ca. 150 bzw. 30 Stücke gefunden worden, von denen einige im Naturkundlichen Museum Mauritanium Altenburg aufbewahrt werden.

Bitterfeldit gehört nach der sphäroidischen Struktur und dem Infrarotspektrum zur Glessit-Gruppe (Fuhrmann 1989). Er ist sehr spröde und hat einen schwachen aromatischen Eigengeruch. Der Bruch ist muschelig, die Bruchflächen fettglänzend matt. Die Erzeugerpflanze hat zwei Harzformen gebildet, die immer zusammen vorkommen. Die meisten Stücke zeigen eine Fließstruktur, bei denen unregelmäßig bogige Scherkörper durch ein tiefdunkelbraunes relativ klares Harz getrennt werden. Das klare Harz ist leicht trüb und hat eine sphäroidische Struktur (Korngröße kleiner als 0,01 mm). Das zweite Harz ist undurchsichtig und setzt sich aus einer transparenten Grundmasse und sehr feinkörnigen opaken Einsprenglingen zusammen.

Durglessit gehört nach der sphäroidischen Struktur und dem Infrarotspektrum zur Glessit-Gruppe. Die Härte ist ähnlich wie beim Succinit, er ist deutlich härter als der Glessit. Die Grundmasse ist sphäroidisch und dadurch schwach trüb. Seine Farbe ist rötlichgelbgrau mit grünlichem Stich. Die hellgrauen und kugligen Einsprenglinge sind sehr unterschiedlich groß und häufig mit unscharf aufgelöst erscheinenden Rändern. Die Einsprenglinge sind weicher als die Grundmasse. Die dunkelrötlichbraune bis schwarzbraune Verwitterungsrinde ist meist nur dünn und fest haftend, der äußere Bereich ist zuckerkörnig.

Die Herkunftspflanze dieser beiden Bernsteinarten ist noch nicht bekannt, wahrscheinlich gehörte sie auch zur Familie der Balsambaumgewächse (Burseraceae).

Quelle für beide Texte und Bilder (rechts): Roland Fuhrmann (2010), aus: Wikimedia Commons „Bernstein Bitterfeld, Bitterfeldit und Durglessit, Eigenes Werk, Roland Fuhrmann 2008".

Neuere Erkenntnisse:

Inzwischen sind Bitterfeldit und Durglessit durch andere Forscher abgelehnt worden. Insbesondere durch Vergleiche von Infrarotspektren haben z. B. Kosmowska-Ceranowicz, G. Krumbiegel (2004) oder auch N. Vavra (1993) gezeigt, dass es sich nur um Varianten von Glessit handelt. Somit bleibt es nach heutigem Wissensstand bei den neun Bitterfelder Bernsteinarten, die Ivo Rappsilber auch in seinem Buch (2022) vorstellt.

Fuhrmann, R & Borsdorf, R. (1986): Die Bernsteinarten des Untermiozäns von Bitterfeld. In: Zeitschrift für angewandte Geologie, Band 32, Berlin 1986, Seiten 309–316.

Fuhrmann, R. (2010): Die Bitterfelder Bernsteinarten. In: Mauritiana, Band 21, Altenburg 2010, ISSN 0233-173X, Seiten 13–58.

Kosmowska-Ceranowicz, B & Krumbiegel, G. (1989): Geologie und Geschichte des Bitterfelder Bernsteins und anderer fossiler Harze. In: Hallesches Jahrbuch für Geowissenschaften, Band 14, Gotha 1989, Seiten 1–25.

Kosmowska-Ceranowicz, B., Krumbiegel, G. & Vavra, N. (1993): Glessit, ein tertiäres Harz von Angiospermen der Familie Burseraceae. In: Neues Jahrbuch für Geologie und Paläontologie, Abhandlungen, Band 187, Heft 3, Stuttgart.

Krumbiegel, G. (1993): Glessit, ein tertiäres Harz von Bedecktsamern. In: Fossilien, Jahrgang 10, Heft 2, Korb 1993, Seiten 83–90.

Krumbiegel, G. & Kosmowska-Ceranowicz, B. (2004): Bitterfelder Bernsteinarten und -varianten im Vergleich zu anderen Lagerstätten (Stand der Untersuchungen 2004). In: Exkursionsführer und Veröffentlichungen der Deutschen Gesellschaft für Geowissenschaften, Heft 224, Berlin.

Rappsilber, Ivo (2022): Bitterfelder Bernstein – Geschichte, Vielfalt, Entstehung. Ampyx-Verlag Dr. A. Stark, Halle.

Oben: Bitterfeldit, unten: Durglessit. Wikimedia Commons, Bilder: Fuhrmann.

BERNSTEIN IN BRAUNKOHLE AUS DEM NIEDERRHEINISCHEN REVIER

Tagebaue Garzweiler, Hambach, Friesdorf, Roisdorf und Liblar

Von Frank Telge

Das Niederrheinische Revier ist heute das größte Braunkohleabbaugebiet Europas[1]. Und es brauchte nur wenige „Zutaten“ für seine Entstehung: Einen Grabenbruch, subtropisches Klima und wiederkehrende Überflutungen aufgrund schwankender Meeresspiegel.

Nicht nur in Afrika gibt es ein Rift Valley. Durch Europa zieht sich vom Vikinggraben zwischen Norwegen und den Shetland Inseln durch die Nordsee, die Niederlande, den Rheingraben, Frankreich und das Mittelmeer vor Spanien bis hin zur Atlantikküste Afrikas ein Grabenbruchsystem: Das Westeuropäische Riftsystem[2] .Und das blieb nicht ohne Folgen.

Schon in der Oberkreide standen weite Teile Norddeutschlands unter Wasser, denn die Meeresspiegel lagen weltweit relativ hoch und die Wellen der Paläo-Nordsee rollten über die norddeutsche Tiefebene. Vor ca. 50 Mio. Jahren begann zuerst im Grabensystem des Oberrheins ein Absenkungsprozess. Die Entwicklung beschleunigte sich und vor gut 30 Mio. Jahren durchbrach der Graben das Rheinische Schiefergebirge. Teile hiervon sanken ab und es bildete sich die niederrheinische Bucht. Das Meer konnte nun weiter vordringen und der Strand der Paläo-Nordsee lag vorübergehend bei Kassel[3]. Aber die Zeit der konstant hohen Meeresspiegel ging zu Ende. Die Paläo-Nordsee zog sich langsam zurück und es entstand zwischen den heutigen Städten Aachen, Mönchengladbach, Düsseldorf, Köln und Bonn ein Niederungsgebiet mit einer üppigen, artenreichen Flora in subtropischem Klima. In einer Zeitspanne von vor 30 bis vor 15 Mio. Jahren wuchsen hier Pflanzen, starben ab und versanken im Wasser und Schlamm der Moore. Es entstand Torf. Die Schicht wurde beständig dicker und wuchs bis auf 270 Meter an. Die Überreste von Bäumen, Sträuchern, Gräsern und Farnen wurden schließlich durch den Druck der darüber liegenden Schichten zu Braunkohle gepresst. Aber auch Schutt aus den Alpen und Mittelgebirgen, den die Vorläufer des Rheins heran trugen, lagerte sich ab. Und schwankende Meeresspiegel überfluteten immer wieder die Niederrheinische Bucht. Zeitweise reichte das Meer bis zu den Städten Mönchengladbach, Erkelenz und Aachen und deckte mit seinen Sedimenten mehrfach die pflanzlichen Schichten ab[4].

Vor sechs Millionen Jahren kühlte sich dann das Klima in der Region ab. Die vielen tropischen Pflanzen verschwanden ebenso wie die wärmeliebende Tierwelt.

Die Braunkohleflöze liegen heute teilweise übereinander, getrennt durch Ablagerungen, zum Teil sind sie auch durch Verschiebungen der Erdkruste zerrissen. Es lassen sich vier große Braunkohlenschollen unterscheiden, die alle abgebaut werden bzw. Abbau erfahren haben: Die Rur-Scholle (Tagebau Inden), die Erft-Scholle (Tagebau Hambach), die Venloer Scholle (Tagebau Garzweiler) und die Kölner Scholle (ehemalige Tagebaue in der Ville, Friesdorf bei Bonn). Aber es gab eine große Zahl weiterer, längst aufgegebener Tagebaue. Die Kohle liegt teils wenige Meter, teils bis zu 160 Meter unter der Geländeoberfläche. Und wie so oft hat uns der Rohstoffabbau nicht nur Energieträger, sondern auch Erkenntnisse über die Geologie und die Flora und Fauna der damaligen Zeit verschafft.

In den marinen Phasen haben Wale, Haie und andere Meeresbewohner ihre Relikte in den Ablagerungen hinterlassen. Zu terrestrischen Zeiten war der König der Niederrheinische Bucht nicht der Löwe, sondern der ähnlich große Bärenhund. Er stellte Urelefanten, Nashörnern, Urpferden und Primaten nach, während in den Gewässern Krokodile Jagd auf Schildkröten, Amphibien, Otter und Riesenbiber machten[5].

Und natürlich hat die subtropische Flora Blätter, Früchte und Stämme einer Vielzahl von Pflanzen und Bäumen hinterlassen. Es waren exotische wie Tupelobäume, Palmen und Bananengewächse, aber auch Bäumen und Pflanzen, die uns aus unseren Wäldern vertraut sind. Vor allem aber gab es Koniferen wie Mammutbäume, Sumpfzypressen, Kiefern, Fichten und Tannen, die hier ebenso wuchsen wie Amber- und Storaxbäume[6] [7]. Daher verblüfft es nicht, dass bei so vielen potentiellen Harzlieferanten aus allen Braunkohleschollen kleine Stücke fossilen Harzes bekannt geworden sind:

- Im Tagebau Inden gelang ein ganz besonderer Fund, der im Folgebeitrag gesondert behandelt wird.
- In Garzweiler konnte eine Reihe von fossilen Harzkörnern geborgen werden, die von Millimetern bis zu

wenigen Zentimetern groß sind. Sie sind teilweise opak, teilweise klar, und reichen farblich von gelb-orange bis dunkelbraun. In zwei Untersuchungen wurde festgestellt, dass es sich aufgrund des Fehlens von Bernsteinsäure definitiv nicht um Succinit, also um kein chemisch dem Baltischen Bernstein entsprechendes Harz, handelt. Auch die Erzeugerpflanze(n) konnte(n) nicht auf Gattungsniveau bestimmt werden, es handelt sich aber definitiv um Koniferen. Die eine Studie deutete dabei auf Pinaceen (und zwar auf Kiefern oder Fichten), die andere auf Pinaceen oder Cypressaceen (Zypressengewächse), was bei mehr als einer harzproduzierenden Pflanze letztlich auch beides zutreffen könnte.[9] [10].

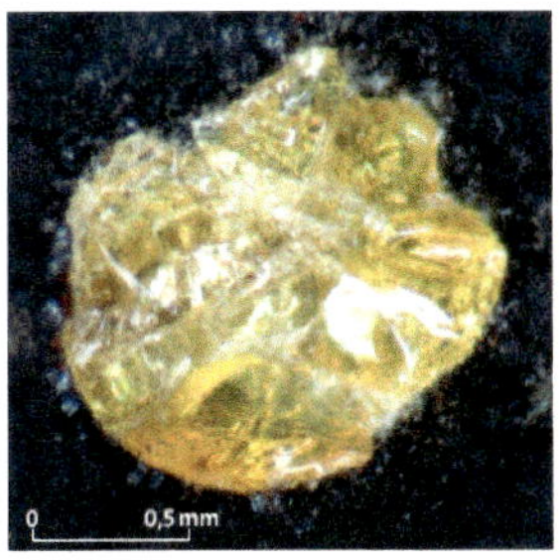

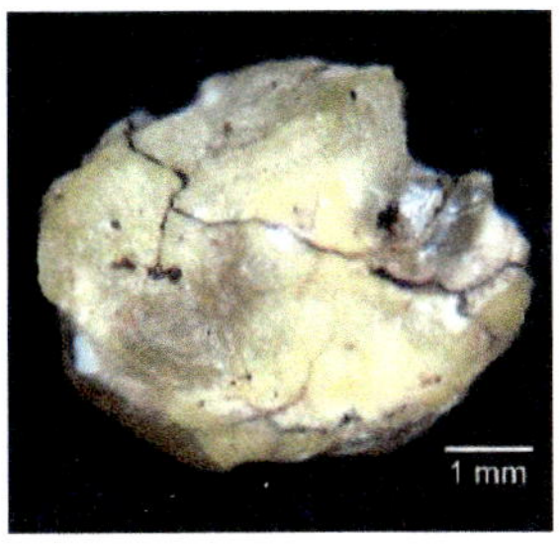

Oben: Tagebau Garzweiler. Klarer und trüber Bernstein aus Flöz Frimmersdorf, Slg. Lieven, Fotos © Th. Thielemann RWE Power AG, Abt. Lagerstätte.

Mitte: Tagebau Garzweiler. Bernstein aus Flöz Morken, Slg. Lieven, Foto © Th. Thielemann RWE Power AG, Abt. Lagerstätte.

Unten: Hambach: Zapfen mit Harzkanälen (Bernstein), Slg. Lieven, Foto © Th. Thielemann RWE Power AG, Abt. Lagerstätte.

Jüchen, Tagebau Garzweiler, Flöz Frimmersdorf (inzwischen Tagebau Garzweiler). Zwei hellgelbe Bernsteine in Braunkohle, mittleres Miozän.

Jüchen, Tagebau Frimmersdorf-Süd, Flöz Morken II. Isolierte Bernsteinfragmente, unteres Miozän.

Jüchen, Tagebau Frimmersdorf-Süd, Flöz Morken II. Die geologisch ältesten Bernsteine aus dem Rheinischen Braunkohlenrevier, unteres Miozän.

Bildnachweise: Bilder rechte Spalte von Jörg Schardinel. Mit freundlicher Genehmigung der RWE Power AG und Geologischer Dienst NRW, Krefeld.

- In Hambach wurden bislang zwar keine Harzkörner, dafür aber Zapfen und Hölzer mit Harzkanälen entdeckt. Mindestens eine Erzeugerpflanze des Harzes ist danach die Kiefer gewesen, da es sich um deren Zapfen handelt. Ob die inkohlten Hölzer, in denen Harzkanäle überliefert wurden, ebenfalls von Kiefern stammen, ist bislang nicht veröffentlicht worden[11].

-Begonnen hatte der Braunkohleabbau in der Niederrheinischen Bucht allerdings im Südrevier, da die Kohle hier oberflächennah lagerte. In der Gegend von Köln und Bonn bestand bereits im 18. und 19. Jahrhundert eine große Zahl kleiner Abbaustellen, aus denen Kohle für den Hausbrand oder zu Feuerungszwecken für die Alaungewinnung oder Ziegelherstellung entnommen wurde. In Friesdorf bei Bonn / Bad Godesberg wurde der Annaberg (ehem. Pützberg) durch den Abbau teilweise verwüstet. Im 12 km entfernten Roisdorf wurde neben moderaten Mengen Braunkohle auch noch Quarzsand exzessiv abgebaut. Und nochmals 17 km weiter bei Liblar im Villegebiet war der Boden so stark ausgebeutet worden, dass eine ganze Seenlandschaft entstand, als die ehemaligen Gruben im 20. Jahrhundert rekultiviert wurden. Heute ist von den damaligen Vorkommen nichts mehr erhalten bzw. zugänglich, aber dass auch dort fossile Harze in der Braunkohle gefunden wurden, ist überliefert[12]:

„... von Dechen zeigte ein Stück Retinit [...], welches 10 Loth wiegt und [...] in dem unmittelbar unter dem Alaunthonflötze der Godesberger Alaunthon- und Braunkohlen-Grube auftretenden schwachen Braunkohlen-Lager gefunden worden ist". Der Retinit wog 156 Gramm, war faustgroß und damit ein wirklich großer Fund; außerdem soll bituminöses Holz von Koniferen aufgefunden worden sein[13 14]. Ein weiteres Stück dieses Retinits befand sich angabegemäß in der Sammlung der Universität zu Poppelsdorf (heute Universität Bonn). Das Harz ist nach der Beschreibung von geringer Härte, ist durchscheinend, braunrot und an den Rändern gelbgrün. Es ist leicht schmelzbar mit bituminösem Geruch, destilliert zu braunem Öl und ist in Alkohol und Äther rückstandslos löslich.

- „Ein in derselben Sammlung stehendes Stück aus den Braunkohlenschichten bei Roisdorf, nordwestlich von Bonn, führt die Etiquette: Bernstein". Das Harz hat eine rotgelbe Farbe, Fettglanz, einen muscheligen Bruch und ist nur an den Kanten durchscheinend. Es ist deutlich weniger hart als Succinit und mit dem Fingernagel ritzbar. Und es schmilzt schnell und gänzlich anders als der baltische Bernstein. Außerdem brennt es leicht und mit bituminösem Geruch. Es destilliert zu einem braunen, schweren Öl und enthält keine Bernsteinsäure.

- „... in der Literatur findet sich [...] das häufige Vorkommen von Retinit [...] von der Braunkohlengrube Concordia bei Liblar [...]; er fand sich dort auf Lignit und bildete auf demselben 1 Linie dicke Überzüge." Die Stärke dieses Harzüberzuges betrug nach heutigen Maßstäben 2,18 mm. Es ist weder eine chemische Untersuchung bekannt, noch ein Verbleib in geologischen Sammlungen. Tatsächlich fand der Retinit in der Kirche von Liblar Verwendung als Ersatz für Weihrauch.

In voraussichtlich neun Jahren wird der Abbau der Braunkohle im Rheinischen Revier nach Jahrhunderten enden. Die Tagebaue werden dann geflutet und fossile Harze werden wie alle Fossilien dieser Lagerstätten nicht mehr zugänglich sein. Zwar reichen die Harzfunde in diesem Revier bei weitem nicht an die teilweise ergiebigen Lagerstätten anderer Regionen und Zeitalter heran, aber sie ermöglichen doch bedeutsame Erkenntnisse.

Entscheidend ist dabei weniger, was gefunden wurde, sondern eher, was in der ganzen Niederrheinischen Bucht nicht gefunden werden konnte: Succinit. Bei den untersuchten Harzen handelte es sich um Bernsteine und Retinite, die keine Bernsteinsäure enthielten und auch in anderen Eigenschaften deutliche Unterschiede zu dem als Vergleichsmaßstab herangezogenen baltischen Bernstein aufwiesen. Und auch der Fund aus dem Tagebau Inden wird aufgrund des fossilisierten Holzes einem Zypressengewächs zugeschrieben[14]. Alle aufgefundenen fossilen Harze waren also keine Succinite.

Aufgrund der Faunenunterschiede[16 17 18], der abweichenden Anteile akzessorischer Harze[19], aufgrund bestimmter chemischer Unterschiede[20 21 22], der Ungereimtheiten im Hinblick auf einen Gletscher- oder Flusstransport über so weite Entfernungen[23 24] und letztlich aufgrund der Ablagerungsumstände[25 26] setzt sich zunehmend die Erkenntnis durch, dass Sächsischer Succinit (Bitterfelder Bernstein) nicht aus baltischer Lagerstätte umgelagert wurde.

Aufgrund der Verteilung von Land und Meer zur Zeit der Ablagerung im späten Oligozän / frühen Miozän ist davon auszugehen, dass ein Flusstransport des Sächsischen Bernsteins von erster, südlich gelegener Lagerstätte stattgefunden hat[27 28 29]. Dort wäre dann auch der ursprüngliche Standort der Erzeugerpflanzen anzunehmen.

Ein solcher „Bernsteinwald" hätte sich also auf gleicher geographischer Breite befunden wie die Niederrheinische Bucht. Es ist nicht plausibel, warum die Erzeugerpflanze des Succinits in Ostdeutschland gediehen wäre, in der Niederrheinischen Bucht und ihren Zustromgebieten zur gleichen Zeit aber nicht. Es drängt sich daher auf, dass dies ein weiteres Indiz für eine eozäne Entstehung des Sächsischen Bernsteins ist und es für ein Aussterben der Erzeugerpflanze des Succinits in Mitteleuropa vor der Entstehung der Niederrheinischen Braunkohle (also spätestens im Laufe des Oligozäns) spricht.

Literaturhinweise:

[1] https://www.bund-nrw.de/themen/braunkohle/hintergruende -und publikationen/braunkohlentagebaue/ Abruf vom 12.08.2024.

[2] Goldscheider, N. (2011): „Hydrogeologie des Oberrheingrabens (ORG) Übersicht bisheriger Projekte der Karlsruher Hydrogeologie im Oberrheingraben und mögliche Beiträge für ein gemeinsames Forschungsprojekt“, Karlsruher Institut für Technologie / Institut für Angewandte Geowissenschaften – Abteilung Hydrogeologie,https://www.ipf.kit.edu/downloads/s1_goldscheider.pdf, Abruf vom 12.08.2024.

[3] Illies, J. H. (1977): „Ancient and recent rifting in the Rhinegraben“, in: Geologie en Mijnbouw, Vol. 56, S. 329 - 350, Springer Science+Business Media B.V. (formerly Kluwer Academic Publishers), Haarlem 1977 .

[4] Hiß, M. et al., (2016): Geologie und Boden in Nordrhein-Westfalen. - In: Geologischer Dienst NRW, Krefeld 2022, S. 95 ff.

[5] Mörs, T. (2000): Die erste Wirbeltierfauna aus der miozänen Braunkohle der Niederrheinischen Bucht (Ville-Schichten, Tagebau Hambach). - In: Paläontologische Zeitschrift, Vol. 74, S. 145 - 170, Herausgeber: Paläontologische Gesellschaft, Springer Verlag, Berlin und Heidelberg.

[6] Gregor, H.-J. et al.. (2018): Fossil floras from the Lower Rhenish Embayment - opencast mines Hambach, Garzweiler and Inden (RWE Power AG) – a never ending story (in honour of our colleague Zlatko Kvaček, Prague), - In: Documenta naturae, Heft 195.5, Verlag Documenta naturae, München .

[7] Lieven, U. et al., (2012): Neufunde fossiler Pflanzen aus der Hauptflözgruppe der Niederrheinischen Braunkohle (mittl. Miozän) im Tagebau Garzweiler (RWE Power AG). - In: Documenta naturae, Heft 190, S. 1 - 47, Verlag Doc. nat., München.

[8] Lieven, U (2007): Bernstein(chen) aus den Braunkohlenflözen der Niederrheinischen Bucht. http://www.geo-lieven.com/garz_geo_info/5/5ggi.htm, Abruf vom 12.08.2024.

[9] Vávra, N. (2012): Nachweis von Coniferen-Harz (Pinaceae, Pinus vel Picea) im Flöz Morken (mittl. Miozän) des Tagebaues Garzweiler (RWE Power AG). - In: Documenta naturae, Heft 190, S. 49–56, Verlag Documenta naturae, München .

[10] Horn, S. et al. (2018): Tränen der Götter - Biomarker in miozänen Bernsteinen des Rheinischen Braunkohlenreviers. - In: Archäologie im Rheinland 2017, herausgegeben vom LVR-Amt für Bodendenkmalpflege im Rheinland, Theiss Verlag der Wissenschaftlichen Buchgesellschaft, Darmstadt, S. 50-52.

[11] Soentgen, J. (2021): Ortsbesuch in Hambach. - In: Merkur - Dtsch. Zeitschr. f. Europäisches Denken, Heft 865, 75. Jhrg., S. 29-38, Verl. Klett-Cotta, Stuttgart .

[12] Von Lasaulx, A. (1875): Mineralogi.-krystallographische Notizen. - In: Neues Jahrbuch für Mineralogie, Geologie und Paläontologie“, S. 128 - 133, E. Schweizerbart'sche Verlagshandlung (E. Koch), Stuttgart.

[13] Heusler, C. (1897): Beschreibung des Bergreviers Brühl-Unkel und des niederrhein. Braunkohlenbeckens. S. 41 ff., Verlag Adolph Marcus, Bonn 1897.

[14] Gurlt, A. (1872): Uebersicht ueber das Tertiär-Becken des Nieder-Rheins. S. 1 - 47, Verlag Carl Georgi, Bonn.

[15] Lieven, U. & Thielemann, T. (2015): Ein sensationeller Bernsteinfund im Tagebau Inden. - In: Archäologie im Rheinland 2015, S. 61, herausgegeben vom LVR-Amt für Bodendenkmalpflege im Rheinland, Theiss Verlag der Wissenschaftlichen Buchgesellschaft, Darmstadt 2016.

[16] Röschmann, F. (1997): Ökofaunistischer Vergleich von Nematoceren-Faunen (Insecta; Diptera: Sciaridae und Ceratopogonidae) des Baltischen und Sächsischen Bernsteins (Tertiär, Oligozän-Miozän). - In: Paläontologische Zeitschrift, Vol. 71, S. 79 - 87, Hrsg: Paläontologische Gesellschaft, Springer Verlag, Berlinund Heidelberg.

[17] Jdunlop, J. A. et al. (2018): Arachnids in Bitterfeld amber: A unique fauna of fossils from the heart of Europe or simply old friends ? - In: Evolutionary Systematics, Vol. 2, S. 31 - 44, CeNak Hamburg, Verlag Pensoft Publishers, Sofia / Bulgaria.

[18] Ahrens , J. et al. (2019): Pseudoscorpions in Bitterfeld amber – a survey“. - In: Mauritiana (Altenburg), Heft 37, S. 113 -147, Verlag Mauritianum, Altenburg 2019.

[19] Kosmowska-Ceranowicz, B. (2020): Bernstein – Faszinierende fossile Harze aus aller Welt. S. 68. Sax-Verlag, Leipzig.

[20] Vávra, N. (2008): Chemie des Baltischen und Bitterfelder Bernsteins: Methoden, Möglichkeiten, Resultate. - In: Rascher, J., Wimmer, R., Krumblegel, G. & Schmledel, S. [Eds.]: Bitterfelder Bernstein versus Baltischer Bernstein.

[21] R.N.S. Sodhi, R. N. S. et al. (2013): Preliminary characterization of Palaeogene European ambers using ToF-SIMS. - In: Surface and Interface Analysis, Vol. 45, S. 557 -560, John Wiley & Sons, Hoboken, NJ, USA.

[22] Wolfe, A. P. et al. (2016): Bitterfeld amber is not Baltic amber: Three geochemical tests and further constraints on the botanical affinities of succinite. - In: Review of Palaeobotany and Palynology, Vol. 225, S. 21 - 32, Elsevier Science B.V., Amsterdam.

[23] Barthel, M. & Hetzer, H. (1982): Bernstein-Inklusen aus dem Miozän des Bitterfelder Raumes. - In: Zeitschrift für angewandte Geologie, Jhrg. 28, Heft 7, S.314 - 336, Berlin.

[24] Standke, G. (2008): Bitterfelder Bernstein gleich Baltischer Bernstein? – Eine geologische Raum-Zeit-Betrachtung und genetische Schlussfolgerungen. - In: Rascher, J., Wimmer, .R., Krumblegel, G. & Schmledel, S. [Eds.]: Bitterfelder Bernstein versus Baltischer Bernstein. EDGG, Heft 236, S. 28, Mecke Druck und Verlag, Duderstadt.

[25] Fuhrmann, R. (2008): Der Bitterfelder Bernstein - seine Herkunft und Genese. - In: Mauritiana (Altenburg), Heft 20.2, S. 207 - 228, Verlag Mauritianum, Altenburg.

[26] Wimmer, R. et al. (2008): Geologie der Bitterfelder Bernsteinlagerstätte unter Berücksichtigung neuer Erkenntnisse. - In: Rascher, J., Wimmer, .R., Krumblegel, G. & Schmledel, S. [Eds.]: Bitterfelder Bernstein versus Baltischer Bernstein – Hypothesen, Fakten, Fragen. EDGG, Heft 236, S. 34 - 45, Mecke Druck und Verlag, Duderstadt.

[27] Fuhrmann, R., a.a.O.

[28] Wolfe, A. P. et al., a.a.O.

[29] Wimmer, R. et al., a.a.o.

BERNSTEIN IN BRAUNKOHLE aus Tagebau Inden

Das LVR-Amt für Bodendenkmalpflege im Rheinland schreibt mir (2022):

In den Braunkohleflözen des Rheinischen Reviers ist fossiles Harz (Retinit) häufig anzutreffen. Allerdings handelt es sich in der Regel um stecknadelkopfgroße Kügelchen, die zumeist eingetrübt sind. Bislang wurden nur sehr wenige glasklare Stücke von 3–5 Millimeter Größe bekannt.

Die Bernsteine wurden bislang nicht näher untersucht und konnten bisher auch keinem Harzproduzenten zugeordnet werden. Das änderte sich mit dem schönen, seltenen Fund aus 2016.

Im Tagebau Inden (Eschweiler, StädteRegion Aachen) entdeckten Mitarbeiter der RWE Power AG kürzlich erstmals bis zu 23 mm große, klare, hellgelbe Bernsteine. Die Stücke sind etwa zehn Millionen Jahre alt (oberes Miozän). Zuordnung: Inden-Formation, Flöz Friesheim. Der Tagebau Inden war namensgebend für die geologische Bezeichnung der Formation.

Tagebau Inden – Bernstein aus Flöz Friesheim, 21 mm, Slg. RWE Power AG, Abt. Lagerstätte, © Th. Thielemann

Es ist ein seltener Glückfall, dass auch im Inneren des Holzstücks Bernsteinspuren vorhanden sind, wodurch eine eindeutige Zuordnung zu der harzproduzierenden Baumart möglich wurde. Die holzanatomischen Untersuchungen haben ergeben, dass es sich um ein Zypressengewächs handelt (Cupressaceae sensu lato).

Die Stücke stammen aus der Sammlung RWE Power AG, Abt. GET-L, Lagerstätte.

Die Bernstein-Stücke wurden im Monat April 2016 im Foyer des LVR-Landesmuseums Bonn präsentiert.

Foto rechts: Bernstein in Holz © Jörg Schardinel, GD NRW – Fund der RWE Power AG.

Tabelle © Geologischer Dienst NRW, unter: https://www.gd.nrw.de/zip/ge_ev_tabelle_tertiaer.pdf.

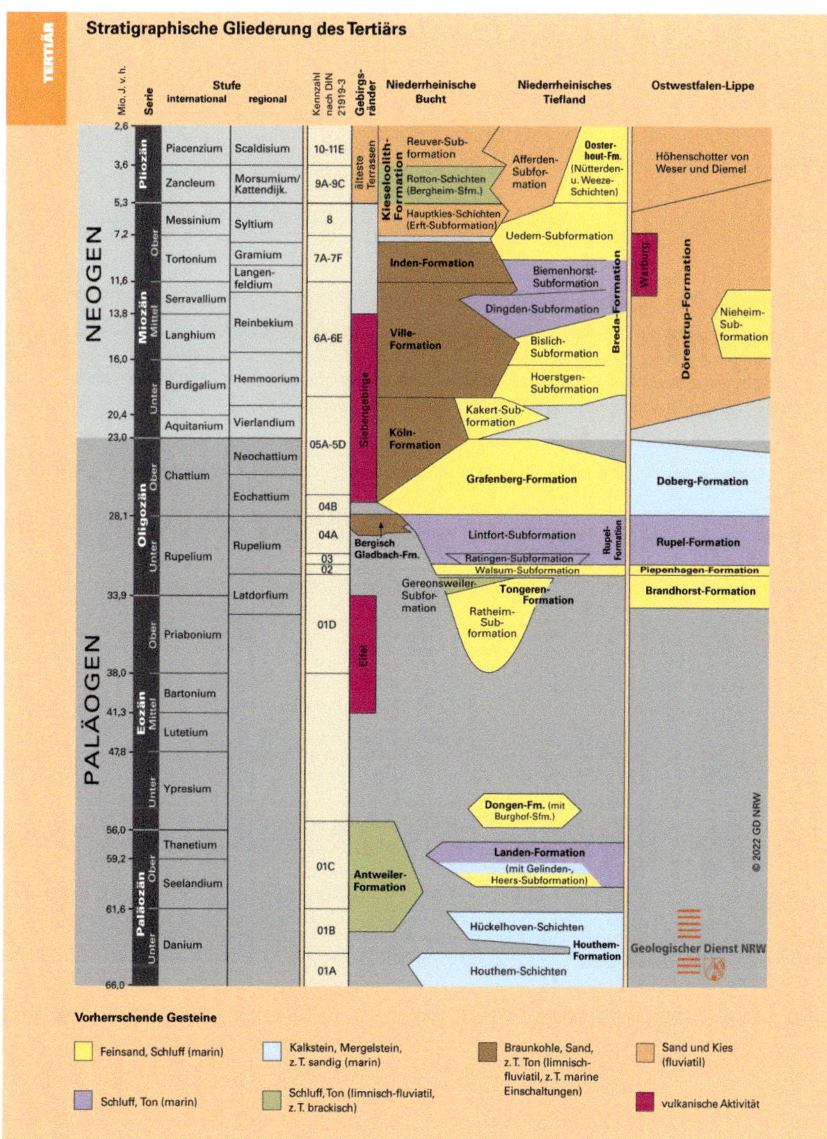

HESSISCHE ZAUBERNÜSSE

Von Frank Telge

Leider sind einige Bernsteinfundorte mit schweren Grubenunglücken verknüpft. Im nordhessischen Braunkohlenrevier war dies die Grube Stolzenbach in Borken bei Kassel. 1988 ereignete sich dort das letzte große Unglück dieser Art in Deutschland. Die gewaltige Kohlenstaubexplosion zerstörte die Grube und beendete auch die Braunkohleförderung in diesem Revier[1].

Dies markierte dann das Ende der dortigen Fossilfunde, die seit den sechziger Jahren beim untertägigen Abbau der Kohle in Stolzenbach entdeckt worden waren. Viele tierische und pflanzliche Relikte des Eozäns hatte der Reviersteiger Oschkinis aus der Tiefe geborgen und dabei glitzernde Einschlüsse in der Kohle bemerkt. Diese entpuppten sich als fossile Harzstückchen von wenigen Millimetern Größe. Bis zum Ende der Förderung fanden sich in der Braunkohle weitere, bis zu 5 cm große Harzstücke, aber auch in den dortigen Tonschichten konnten „Bernsteineinschlüsse“ in Pflanzenfossilien (insbesondere in Koniferen) entdeckt werden[2,3].

Zeitlich fällt die Fundstelle mit den Urpferdchen, Tapiren und Krokodilen aus dem hessischen Messel und dem sächsischen Geiseltal ebenso zusammen, wie mit der Lebenswelt der fennoskandischen Bernsteinwälder, in denen der baltische Succinit entstand. Anders als beim Succinit haben die fossilen Harze der Grube Stolzenbach jedoch mit hoher Wahrscheinlichkeit einen Erzeuger aus der Gruppe der Zaubernussgewächse (Hamamelidaceae). Zu diesem Ergebnis kamen Untersuchungen, die einen hohen Anteil an Zimtsäure und Hydrozimtsäure ergaben[4].

Es dürfte kein Zufall sein, dass uns im nachfolgenden Oligozän in nur 170 km Entfernung Zaubernussgewächse die als „Sandbernsteine“ bekannten Siegburgite hinterlassen haben[5]. Es ist gut vorstellbar, dass die Erzeugerpflanzen in der Gegend von Siegburg und Troisdorf auf die eozäne Vegetation zurückgehen, die in Stolzenbach aufgefunden wurde. Jedenfalls wird an beiden Fundorten ein naher Verwandter des Liquidambarbaumes als Verursacher vermutet.

Und auch im nachfolgenden Miozän gediehen nicht weit entfernt in der Niederrheinischen Bucht noch zwei Vertreter der Gattung *Liquidambar*[6]. Erst am Ende des Miozäns vor ca. 5 Mio. Jahren starben mit ihnen die in Deutschland natürlich beheimateten Zaubernussgewächse aus.

Ob die nachweislich am anderen Ende des nordhessischen Braunkohlenreviers in den eozänen Ablagerungen der Zeche Hirschberg in Großalmerode entdeckten und als Retinite angesprochenen fossilen Harze die gleichen Erzeugerpflanzen hatten, ist nicht bekannt[7,8].

[1] Mattes, H. (2018): Grubenunglück von Borken: Tod unter Tage. - In: Frankfurter Allgemeine vom 01.06.2018, Frankfurter Allgemeine Zeitung GmbH, Frankfurt am Main.

[2] Gregor, H.-J. et al. (2005): Pflanzen und Tiere aus den eozänen Braunkohlen des Untertagebaues Stolzenbach bei Kassel (PreußenElektra, Niederhessen). - In: Philippia, Vol. 12, Heft 2, S. 147 - 181, Naturkundemuseum im Ottoneum der documenta-Stadt Kassel.

[3] Oschkinis, V. und Gregor, H.-J. (2005): Die eozänen Braunkohleschichten aus dem Untertagebau Stolzenbach bei Kassel (PreußenElektra, Niederhessen) I Geologie und Fundumstände. - In: Documenta naturae, Bd. 156, S. 1 - 25, Verlag Documenta naturae, München.

[4] Vávra, N. (2005): Die eozänen Braunkohleschichten aus dem Untertagebau Stolzenbach bei Kassel (PreußenElektra, Niederhessen) IV Analyse des

Grube Stolzenbach: Schlierig-kompaktes Bernsteinstück, freiliegend und orange-bernsteinfarben, x 3, aus: Doc nat 156, 2005: Die eozänen Braunkohleschichten aus dem Untertagebau Stolzenbach bei Kassel, IV Analyse des Bernsteins. Bild © Norbert Vávra.

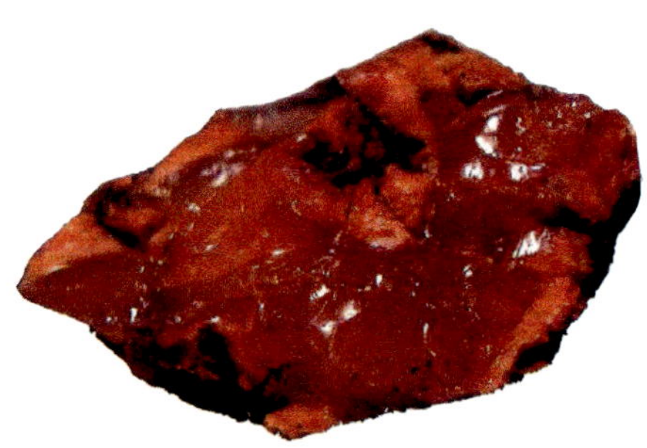

Grube Stolzenbach: Muschelig brechende Fläche eines gelbbraunen Bernsteinstücks, x 3, aus: Siehe links. Bild © Norbert Vávra.

Bernsteins. - In: Documenta naturae, Bd. 156, S. 95 - 111, Verl. Doc. Nat., München.

[5] Pastorova, I. et al. (1998): 3-Phenylpropanyl-cinnamate, a copolymer unit in Siegburgit fossil resin: a proposed marker for the Hammamelidaceae. - In: Org. Geochem., Vol. 29, S. 1381 - 1393, Elsevier B.V., Amsterdam, NL.

[6] Gregor, H.-J. & Winterscheid, H. (2006): Funde des Amberbaumes aus mio-pliozänen Tonen der niederrheinischen Braunkohlen-Tagebaue (RWE Power AG) – Liquidambar europaea A. Braun und Liquidambar lievenii nov. sp. - In: Documenta naturae, Heft 157, S. 1 – 35, Verlag Documenta naturae, München.

[7] Naumann, P. (1995):Retinit und Kieselholz von Großalmerode/Meißner. - In: Fossilien – Zeitschrift für Hobbypaläontologen, 12. Jhrg., Heft 2, S. 72 - 73, Verlag Goldschneck, Weinstadt-Korb 1 (heute: Quelle & Meyer Verlag GmbH & Co., Wiebelsheim).

[8] Naumann,P. (1999): Retinit und Quarz in der Braunkohle von Großalmerode. - In: Hessischer Gebirgsbote – Zeitschrift des Hessisch-Waldeckischen Gebirgs- und Heimatvereins e. V., Jahrgang 100, Heft 1, S. 15 ff., A. Bernecker Verlag GmbH, Melsungen.

Grube Stolzenbach: Siehe vorne. Braunkohlestück mit Harzbröckchen eingelagert, x1, Bild © Norbert Vávra.

Grube Stolzenbach: Siehe vorne. Steinkern einer Mastixie, Bild © Norbert Vávra.

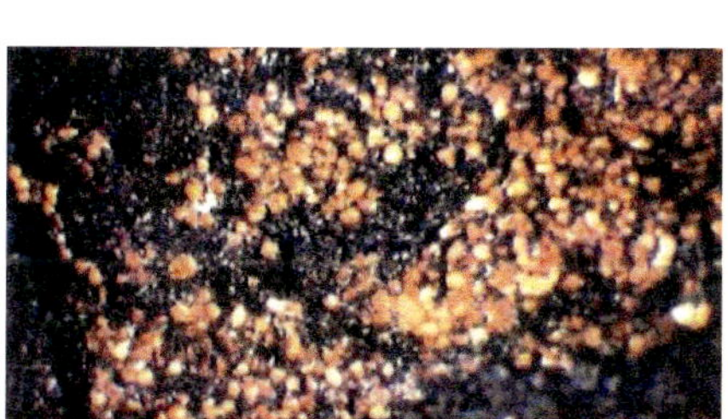

Grube Stolzenbach: Siehe vorne. Bernsteinkügelchen in Braunkohle, Bild © Norbert Vávra.

ROTES HARZ IN GRÜNEM SANDSTEIN

Von Frank Telge

Im Deutschen Bergbau-Museum Bochum lagert in den „Geowissenschaftlichen Sammlungen der Westfälischen Berggewerkschaftskasse Bochum“ ein ganz besonderes Exponat, das im Jahr 1935 in der Zeche Monopol / Schacht Grimberg IV in Bergkamen entdeckt wurde und so nach knapp 100 Mio. Jahren wieder in das Licht der Welt trat[1 2 3].

Es ist ein rötliches Stück fossilen Harzes von ca. 30 mm Durchmesser, das in einem Sandstein des Essener Grünsandes eingeschlossen ist. Zwar diente das Bergwerk dem untertägigen Abbau von Steinkohlen des Karbons, in den Jahren 1934 bis 1936 wurde der betreffende Schacht jedoch erst abgeteuft (niedergebracht)[4], so dass beim Durcharbeiten durch den überlagernden Grünsand das Fossil entdeckt werden konnte. Leider ist diese Zeche aber mehr als Schauplatz des schwersten Grubenunglücks der deutschen Geschichte in Erinnerung[5], als durch den dortigen Kohleabbau oder den seltenen Harzfund.

Der Essener Grünsand bildet mit seiner sandig-glaukonitischen Fazies das gesamte Cenoman (untere Oberkreide) des Südwestens der Westfälischen Bucht[6]. Im Albium, also gegen Ende der Unterkreide, setzte ein starker Meeresspiegelanstieg ein, durch den sich die Küstenlinie von Norden her weit auf die Rheinische Masse verlagerte. Das Ruhrgebiet war dadurch ab dem Cenoman nahezu komplett überflutet. In Küstennähe wurden im flachen Wasser Sedimente in Form von Sand- und Sandmergelsteinen abgelagert, die in der Regel mit dem grünen Mineral Glaukonit durchsetzt waren. Sie werden daher als Grünsandstein bezeichnet[7].

Die erwähnte Küstennähe erlaubte neben dem Eintrag der Sedimente auch die Ablagerung von Material tierischen und pflanzlichen Ursprungs, das im entstehenden Sandstein fossilisierte und überliefert wurde. So muss auch das Stück Harz in den Grünsand gelangt sein. Da beim Steinkohleabbau die überlagernden Grünsande nur zur Herstellung von Zugängen kleinflächig durchstoßen wurden, ist es gut vorstellbar, dass in diesen Schichten noch eine Reihe weiterer fossiler Harzeinschlüsse überliefert sind.

Aber auch dieses einzelne Fundstück darf als Hinweis auf eine untergegangene Lebenswelt betrachtet werden, in der harzerzeugende Bäume oder Pflanzen Teil einer äußerst lebendigen Momentaufnahme der Evolution waren. Zur gleichen Zeit, zu der auf der anderen Seite der Welt im heutigen Myanmar der Burmit mit all seinen faszinierenden Einschlüssen entstand[8], scheint auch Deutschland einen „Bernsteinwald“ gehabt zu haben. Nur leider haben sich dessen Relikte nicht annähernd so gut erhalten.

Feinkörniger, grüner Sandstein mit einem Einschluss orangefarbenem, fossilem Harz (Dm max. ca. 30 mm, Bernstein). Als "Original" ist das Stück mit zwei roten Punkten markiert und besitzt einen alten Begleitzettel der WBK © Montanhistorisches Dokumentationszentrum (montan.dok) beim Deutschen Bergbau-Museum Bochum [060003442001], Dr. Michael Ganzelewski.

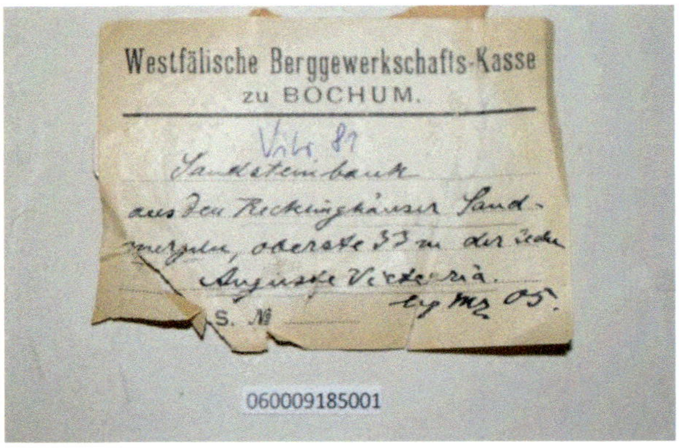

Begleitzettel der Westfälischen Berggewerkschaftskasse zu Bochum, Nummer 060009185001 in der Vitrine 1 zum Bernstein.

[1] „Essener Grünsand mit fossilem Harz (Bernstein)“. - In: Europeana.eu (virtuelle Bibliothek), URL: https://www.europeana.eu/de/item/1043/item RJDYY7PUC-OFWD4BI5JMGTMUHRBIYGOJ6, Abrufdatum: 07. April 2024.

[2] Deutsche Bergbau-Museum Bochum – Leibniz-Forschungsmuseum für Georessourcen, Geowissenschaftliche Sammlungen der Westfälischen Berggewerkschaftskasse Bochum, URL: https://westfalen.museum-digital.de/object/19909,Abrufdatum: 19.08.2024.

[3] Dölling, M. (2020): Erläuterungen zum Kartierprojekt Ruhrgebiet, 3.2.2 Trias. - In: Integrierte geologische Landesaufnahme in Nordrhein-Westfalen, S. 64, Herausgeber: Geologischer Dienst NRW, Krefeld.

[4] Kistner, H.-J. (1994): Kleine Chronik der Zeche Monopol 1871 - 1994. Knappenverein Glückauf-Südkamen 1901, URL:https://monopol2000.de/die-zeche-grillo-monopol-und-ihre-halden-2/, Abrufdatum: 19.08.2024.

[5] Toben, H. (2016): Als Zeche Grimberg 3/4 zum Massengrab wurde. - In: „Die Welt“ vom 19.02.2016, Axel Springer Verlag, Berlin.

[6] Dillmann, O. O.: Die Oberkreide Westfalens - Die oberkreidezeitlichen Sedimente und ihre Fauna. URL: https://www.geodienst.de/oberkreidewestfalens.pdf, Abrufdatum: 20.08.2024.

[7] Hiss, M. (2020): Übersicht über die geologische Entwicklung / 2.2 Deckgebirge (Perm bis Tertiär). - In: Integrierte geologische Landesaufnahme in Nordrhein-Westfalen, S. 22 - 23, Herausgeber: Geologischer Dienst NRW, Krefeld.

[8] Zherikhin, V. V., & Ross, A. (2000): A review of the history, geology and age of Burmese amber (Burmite). - In: Bulletin of the Natural History Museum - Geology series“, Vol. 56, S. 3 - 10, Natural History Museum, London, England.

FOSSILES HARZ UND SAURIER IM RHEINLAND

Von Frank Telge

„In diesem tropischen Meer haben kleine Meerestiere Faszinierendes geleistet. Entstanden sind riesige Riffe, die größte von Lebewesen gebildete Struktur der Welt. Eine Kette aus unzähligen, einzelnen Riffen, gebaut von hunderten Arten von Korallen und schwammähnlichen Tieren und mit einer Gesamtlänge von tausenden Kilometern. Gebildet haben sich Habitate für unzählige weitere Meerestiere – ein wahres Unterwasserparadies, das jeden Naturfreund in Ehrfurcht und Erstaunen versetzt."

Wenn man bei diesen Worten das Great Barrier Reef vor der Küste Australiens vor Augen hat, so kommt dies nicht von ungefähr. Der Text ist an eine aktuelle Tourismuswerbung für einen Besuch genau dieses Naturwunders auf der anderen Seite der Erde angelehnt.

Tatsächlich soll aber in diesem Beitrag an ein anderes, längst vergangenes Paradies erinnert werden: Vor knapp 400 Millionen Jahren, als das Rheinland als Bestandteil eines längst vergessenen Kontinents südlich vom Äquator lag, da war auch dieser Teil des heutigen Deutschlands von einem flachen, tropischen Meer bedeckt. Die umfangreichen Kalkvorkommen, die an vielen Stellen im Rheinland abgebaut wurden und werden, sind die Reste der riesigen Riffe, die dort von Korallen und Stromatoporen über Jahrmillionen gebildet worden waren. Die vorstehende Werbung hätte also auch das Rheinland des Devons zutreffend beschrieben[1].

Tatsächlich war es aber eine wirklich fremde Wasserwelt, die von großen Panzerfischen und mächtigen Seeskorpionen beherrscht wurde. An Stelle der heutigen Krebse war eine Vielzahl verschiedener Trilobiten am Grund des Meeres unterwegs. Im Freiwasser jagten Kopffüßer (teils mit geraden, teils mit aufgerollten Gehäusen), Quastenflosser und urtümliche Haie kleine, primitive Fische und manchmal auch einander.

Nur an Land war noch nicht viel los. Die Pflanzen entwickelten zwar bereits komplexere Arten und breiteten sich aus, aber größere Pflanzenfresser fehlten ebenso wie deren natürliche Feinde. So konnten erste Gliederfüßer wie flügellose Insekten und Spinnen beginnen, einen leeren Lebensraum für sich zu erobern. Harzabsonderungen und daraus entstehenden Bernstein hat es in dieser Welt allerdings noch nicht gegeben.

Aber die Zeit des Devons ging vorüber und das tropische Meer verschwand, als sich das Variszische Gebirge hieraus erhob. Es entstanden Sümpfe und Wälder, die uns im Zeitalter des Karbons die heutigen Steinkohlevorkommen hinterließen. Auch das tierische Leben eroberte zunehmend das Land und ließ eine Fauna entstehen, die nun der Flora ebenbürtig wurde. Und das Rheinland wurde Teil des Großkontinents Pangäa und wanderte auf dem Globus langsam nordwärts[2].

Ab dem Karbon wurde Nordwestdeutschland wiederholt von meist flachen Meeren überflutet, war aber zeitweilig auch Festland. Das Rheinische Schiefergebirge hob sich als Rheinische Masse überwiegend wie eine Insel aus diesen Meeresflächen heraus. Und da die Kalkvorkommen der devonischen Riffe nicht länger von Meer bedeckt waren, konnte Regen- oder Sickerwasser mittels aus der Luft aufgenommener Kohlensäure das Calciumcarbonat in den Gesteinen auflösen. Es bildeten sich Karsthöhlen, die unter dem Einfluss fließenden Wassers immer größere Dimensionen annahmen.

Im Rheinischen Schiefergebirge sind auf diese Weise zahlreiche Karsthöhlensysteme entstanden. Da in diese in allen nachfolgenden Zeitaltern Sedimente mit Resten von Flora und Fauna der jeweiligen Zeit eingeschwemmt wurden, fungiert der Massenkalk des Devons auch als Hüter erdgeschichtlicher Schätze. Das Rheinland ist seit langer Zeit eher ein Abtragungsgebiet, so dass fossile Relikte aus einigen dieser Erdzeitalter selten sind. Das macht diese Karsthohlräume so wertvoll. Sie sind hervorragende Archive der Erd- und Lebensgeschichte und geben seltene Einblicke in frühere Lebensbedingungen auf dem Festland. Das Spektrum reicht dabei vom ikonischen Vormenschenfund aus einer Höhle im Neandertal bei Mettmann und bis hin zu den unterkreidezeitlichen Relikten einer ganzen Lebenswelt der Saurierzeit aus Höhlen bei Brilon-Nehden und Balve[3 4].

Da in einigen dieser Karsthöhlen auch Fossilien von Pflanzen und Gliederfüßern überliefert wurden, konnte man beweisen, dass in der Kreidezeit ein tiefgreifender Umbruch stattfand. Damals kam es mit dem ersten Auftreten von Blütenpflanzen zu einer gewaltigen Veränderung, die als die bedeutsamste während der gesamten Entwicklung der Pflanzen angesehen wird. In kurzer Zeit entstand eine enorme Zahl von Blütenpflanzen. In der Folge machten auch die Gliederfüßer als ökologisch bedeutsame Gruppe eine rasche Evolution durch, die von der Wechselwirkung zwischen ihnen und den Blütenpflanzen geprägt war. Diese Veränderungen wirkten sich sogar auf die Landwirbeltiere aus, so dass man die Kreidezeit zu Recht als prägend für die heutigen Ökosysteme des Festlandes ansehen kann[5].

Um diesen Zusammenhängen auf den Grund zu gehen, mussten kleinste Relikte der Vergangenheit aufgespürt und mit feinsten Untersuchungsmethoden analysiert werden. Es kann nicht verwundern, dass bei so akribischer Arbeit mit Sieb, Hi-Tech und Geduld in zwei Karsthöhlen des devonischen Massenkalks bei Wuppertal und Wülfrath auch fossile Harze aus der Kreidezeit entdeckt werden konnten.

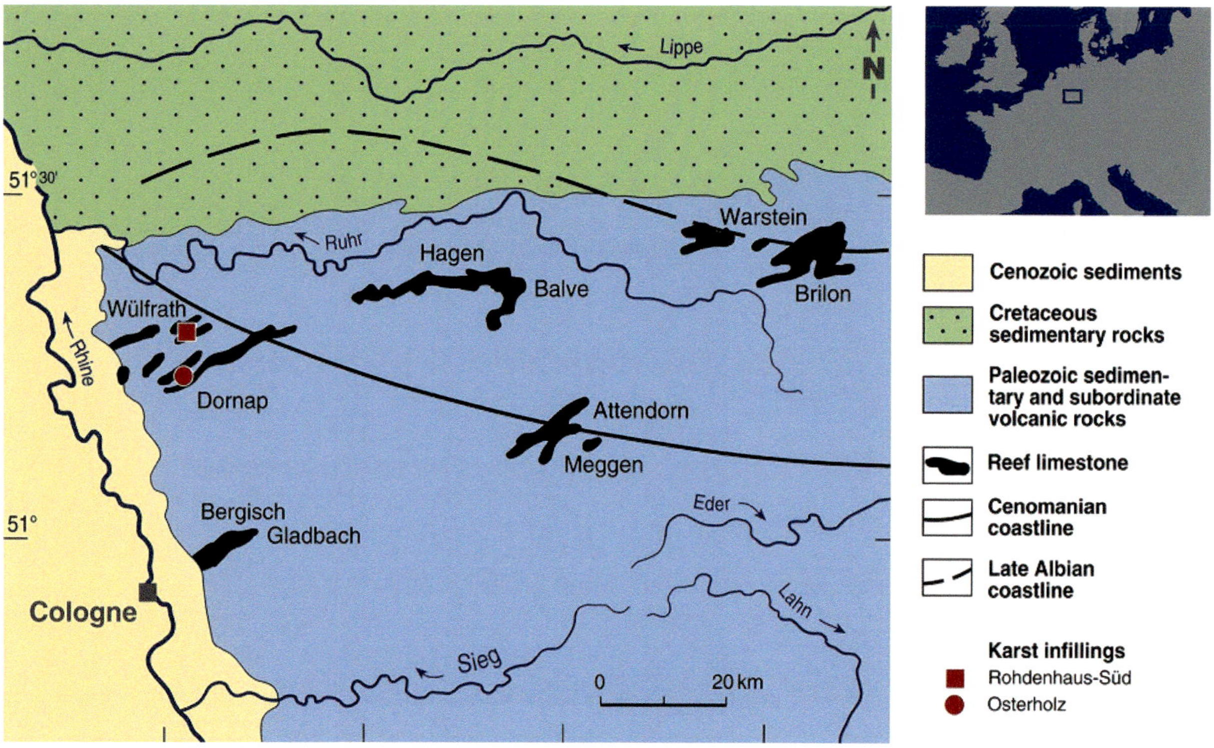

Abbildung der regionalen Ablagerungsverhältnisse und der Belegenheit der Fundorte:

Teil des nördlichen Rheinischen Schiefergebirges mit Verbreitung mittel- und oberdevonischer Riffkomplexe, südlichen Küstenlinien des Mittelkreidemeeres und Lage der Steinbrüche Osterholz zwischen Wuppertal und Mettmann sowie Rohdenhaus-Süd (und -Nord) bei Wülfrath (basierend auf Clausen und Leuteritz 1989). © Springer Nature, International Journal of Earth Sciences. Licensed Content Author: Bernd R. T. Simoneit et al.

In den betreffenden Steinbrüchen Rohdenhaus-Süd und -Nord (bei Wülfrath) und Osterholz (bei Wuppertal) wurden durch den Abbau des Kalkes Karsthöhlensysteme von hunderten Metern Länge und erheblicher Tiefe freigelegt, die Sedimente aus verschiedenen Zeitaltern enthielten. In der Kreidezeit waren vor allem Sande in die Höhlensysteme gelangt. Diese enthalten häufig verkohlte Holzreste, generell sind aber nur sehr kleine Relikte aus dieser Zeit überliefert.

Bilder der Karstfüllungen aus der Mittelkreide in devonischen Kalksteinen, freigelegt in Steinbrüchen im nördlichen Teil des Rheinischen Schiefergebirges, Deutschland:

a Hauptsächlich Sand mit eingelagerten schwarzen, kohlereichen Horizonten, die zahlreiche verkohlte pflanzliche Mesofossilien enthalten; Steinbruch Rohdenhaus-Süd.

© siehe unter folgender Abbildung (b).

b Abfolge aus Sand- und Schlufftonhorizonten mit Rutsch- und Wasseraustrittsstrukturen, die die dynamische Sedimentationsumgebung im Höhlensystem veranschaulichen; Steinbruch Osterholz.

Aus den Sandablagerungen, deren Alter grob auf 100 Mio. Jahre geschätzt wird (oberes Albium bis unteres Cenomanium), konnten vereinzelt winzige fossile Harzpartikel geborgen werden. Teilweise wurden diese beim Aussieben aufgesammelt, teilweise aus Matrix herausgelöst. Beschrieben wurden diese Resinite als gerundet mit einem Durchmesser von 1 bis maximal 4 mm.

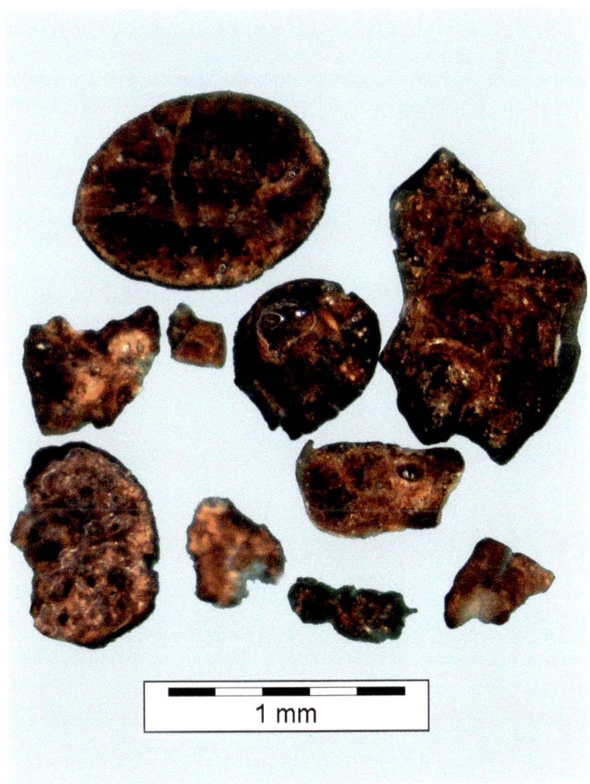

Fundort: Steinbruch Osterholz bei Wuppertal, Karstfüllung - Stratigraphie: mittlere Kreide - Bildautor: Christoph Hartkopf-Fröder.

In der Grube Osterholz wurden dabei die meisten fossile Harzstücke entdeckt, einzelne auch im Steinbruch Rohdenhaus-Süd und weitere in Rohdenhaus-Nord, wobei letztere aber leider keine analysefähigen Substanzen aufwiesen[6]. Es wurden mehrere Proben aus Osterholz und Rohdenhaus-Süd mittels der Pyrolyse-Gaschromatographie auf ihre Bestandteile hin untersucht. Aus bestimmten so ermittelten chemischen Fingerabdrücken können Rückschlüsse auf die Herkunft der fossilen Harze gezogen werden.

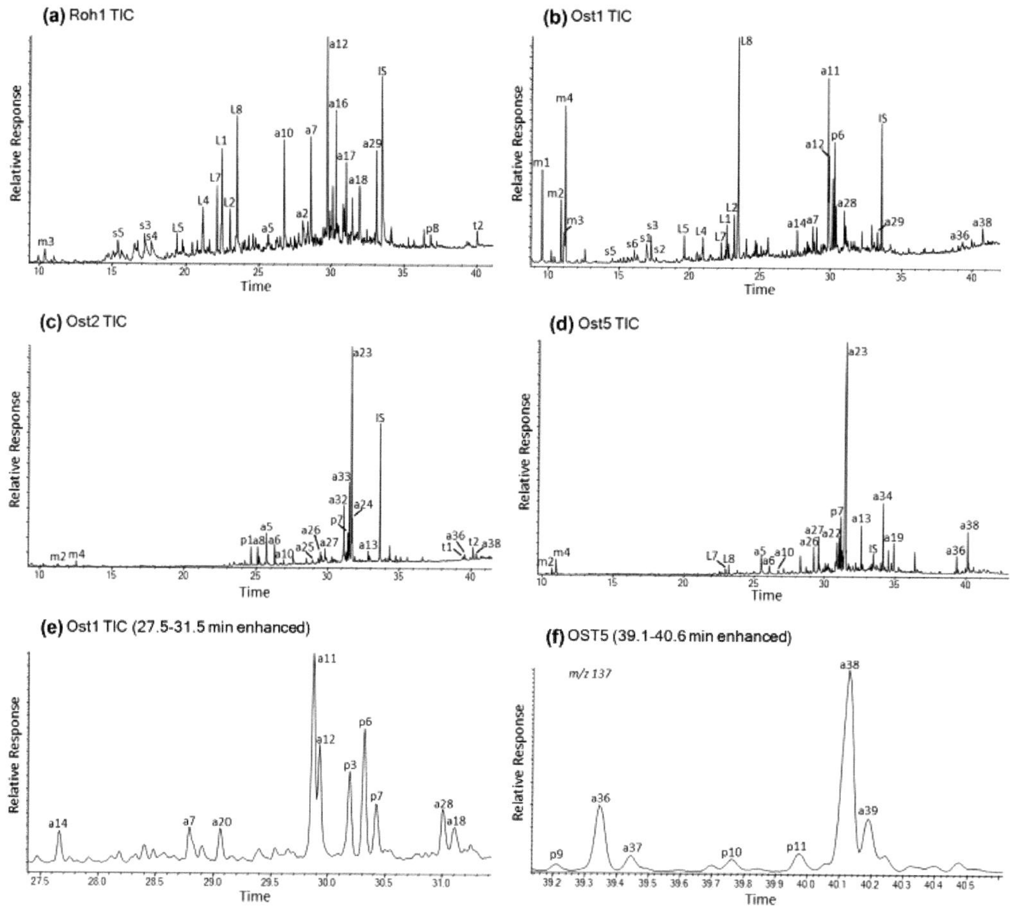

GC–MS-Daten für die silylierten Gesamtlösungsmittelextrakte von Resiniten aus den Karstfüllungen der Mittelkreide der Steinbrüche Rohdenhaus-Süd und Osterholz. © Springer Nature, International Journal of Earth Sciences. Licensed Content Author: Bernd R. T. Simoneit et al.

Die Resultate zeigten klar, dass die Erzeugerpflanzen der Resinite in allen Fällen Koniferen waren, und entweder aus der Familie der Kieferngewächse stammten oder zu den Zypressenartigen gehörten. Mit diesen Ergebnissen korrespondierende Pflanzenfossilien sind in den kreidezeitlichen Karstfüllungen des Rheinlands auch tatsächlich gefunden worden. Allerdings wiesen die Resinit-Proben auch Unterschiede auf.

Ob dies auf unterschiedliche Herkunftspflanzen hinweist, oder ob es einer abweichenden Genese der Resinite geschuldet ist, steht bislang nicht fest[7].

Auch ein einzelner Bernstein gleichen Alters, der beim Abteufen eines Grubenschachtes in Bergkamen in küstennah entstandenem, marinen Sandstein gefunden wurde (vgl. Beschreibung in diesem Buch), dürfte dem gleichen kreidezeitlichen Lebensraum entstammen – einer ganz anderen Welt als der heutigen. Und beide Welten auf dem Boden des Rheinlands unterschieden sich nicht nur untereinander, sondern noch mehr von der des Devons.

1 Hiß, M. et al. (2016): „Geologie und Boden in Nordrhein-Westfalen“, Geologischer Dienst NRW [Hrsg.].
2 „Die Erdgeschichte unseres Landes“, Geologischer Dienst NRW – Landesbetrieb –, Krefeld, unter: https://www.gd.nrw.de/ge_ev_stratigraphie.htm (abgerufen am 27.12.2024).
3 Hiß, M. et al., a.a.O.
4 K.- H. Ribbert, K.-H. et al. (2010): „Geologie im Rheinischen Schiefergebirge“, Geologischer Dienst NRW [Hrsg.], Krefeld.
5 Hartkopf-Fröder, C. et al. (2012): „Mid-Cretaceous charred fossil flowers reveal direct observation of arthropod feeding strategies“. – In: Biology Letters, 8(2), S. 295-298, The Royal Society Publishing, London/UK.
6 Simoneit, B. R. T. et al.(2023): „Terpenoids in resinites from middle Cretaceous karst infllings in the Rhenish Massif (Rhineland, Germany): botanical source and preservation“. – In: International Journal of Earth Sciences 113: 1803-1816, Geologische Vereinigung e. V. (GV).
7 B. R.T. Simoneit et al., a.a.O.

BERNSTEIN AUS DEM HELMSTEDTER REVIER

Das Helmstedter Braunkohlerevier wird auch Braunschweigisch-Helmstedtisches Revier genannt. Es liegt südlich von Helmstedt. In ihm wurde die salzhaltige Braunkohle (Salzkohle) im Tagebauverfahren abgebaut. Das Helmstedter Braunkohlerevier zählte bis 1945 zum Mitteldeutschen Braunkohlerevier. 2016 wurde mit dem Tagebau Schöningen-Süd der Braunkohlebergbau dort beendet.

Er bestand aus zwei Flözen mit einer Mächtigkeit von zusammen 32 m. Die älteren Tagebaue zwischen Helmstedt und Schöningen sind schon länger verfüllt und teilweise schon geflutet. Die Gegend gehört heute zum größten Geopark Deutschlands (UNESCO-Geopark Harz · Braunschweiger Land · Ostfalen).

Der Tagebau Schöningen-Süd wurde vor allem durch die sogenannten „Schöninger Speere" bekannt, die ältesten vollständig erhaltenen Jagdwaffen der Welt und ein wichtiger Beleg für die aktive Jagd des Homo heidelbergensis. Diese ursprünglich als Holz-Stoßlanzen angesehenen Waffen waren aber Wurfspeere aus der Altsteinzeit, ca. 300.000 Jahre alt.

Das Revier liegt teilweise in Niedersachsen, teilweise in Sachsen-Anhalt (Landkreis Börde). An den Rändern der Lagerstätte im Helmstedter Revier reicht die Braunkohle teilweise bis dicht unter die Erdoberfläche und wurde schon vor langer Zeit abgebaut.

In diesen Bereichen wurden die meisten Bernsteine in Zusammenhang mit Braunkohlevorkommen gesammelt. Der Hauptteil der Flöze liegt jedoch bedeutend tiefer. Sie fallen zur Muldenmitte hin bis auf eine Tiefe von rund 350 Metern ab.

Die Braunkohle in der Helmstedt-Oschersleber Mulde entstand vor 50 bis 60 Millionen Jahren. Die Braunkohlebildung endete im mittleren Eozän, danach folgte die letzte Meerestransgression, die das Braunschweiger Land erreichte, siehe Grafik unten.

Betrachtet man die Braunkohle näher, kann man in fast allen Flözen Bernsteine entdecken, die nach der Kohlepetrographie als Retinite einzustufen sind (Die Abgrenzung zu Krantzit und Oxikrantzit – siehe Beitrag Ivo Rappsilber).

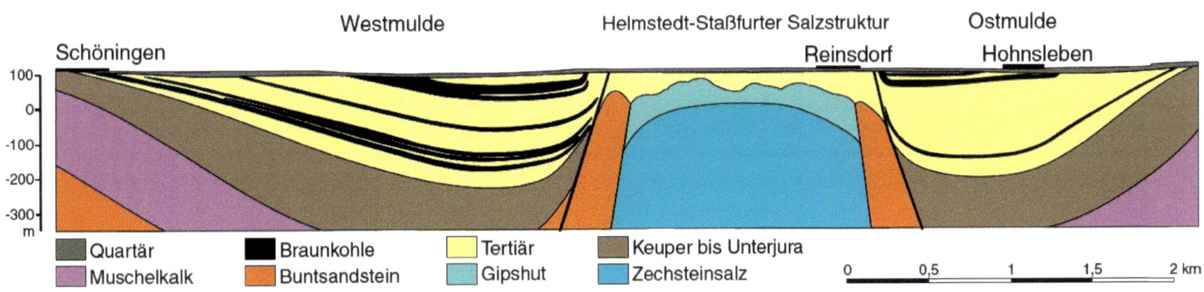

Schnitt durch das Helmstedter Revier, leicht verändert nach Look 1984. Aus: Carsten Gröhn et al.: Zeitkapsel Bernstein. Lebewesen vergangener Welten. Pfeil (2015).

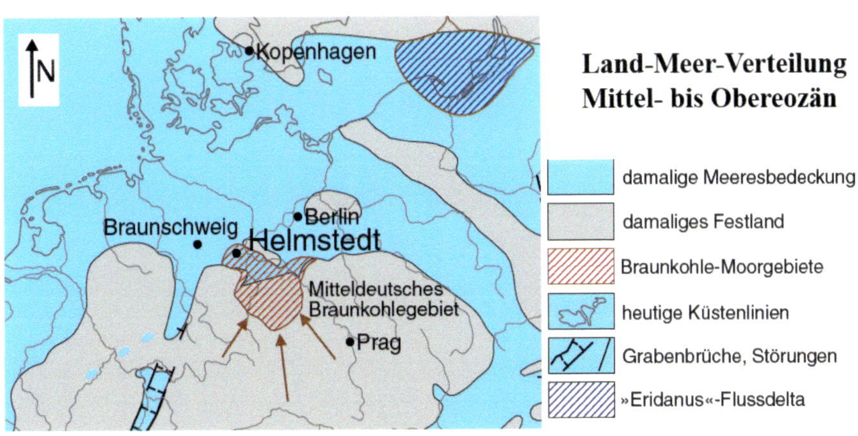

Verteilung von Land und Meer im Mittel – bis Obereozän mit der Lage des Mitteldeutschen Braunkohlegebietes und dem Bereich der „Blauen Erde". Aus: Carsten Gröhn et al.: Zeitkapsel Bernstein. Lebewesen vergangener Welten. Pfeil (2015).

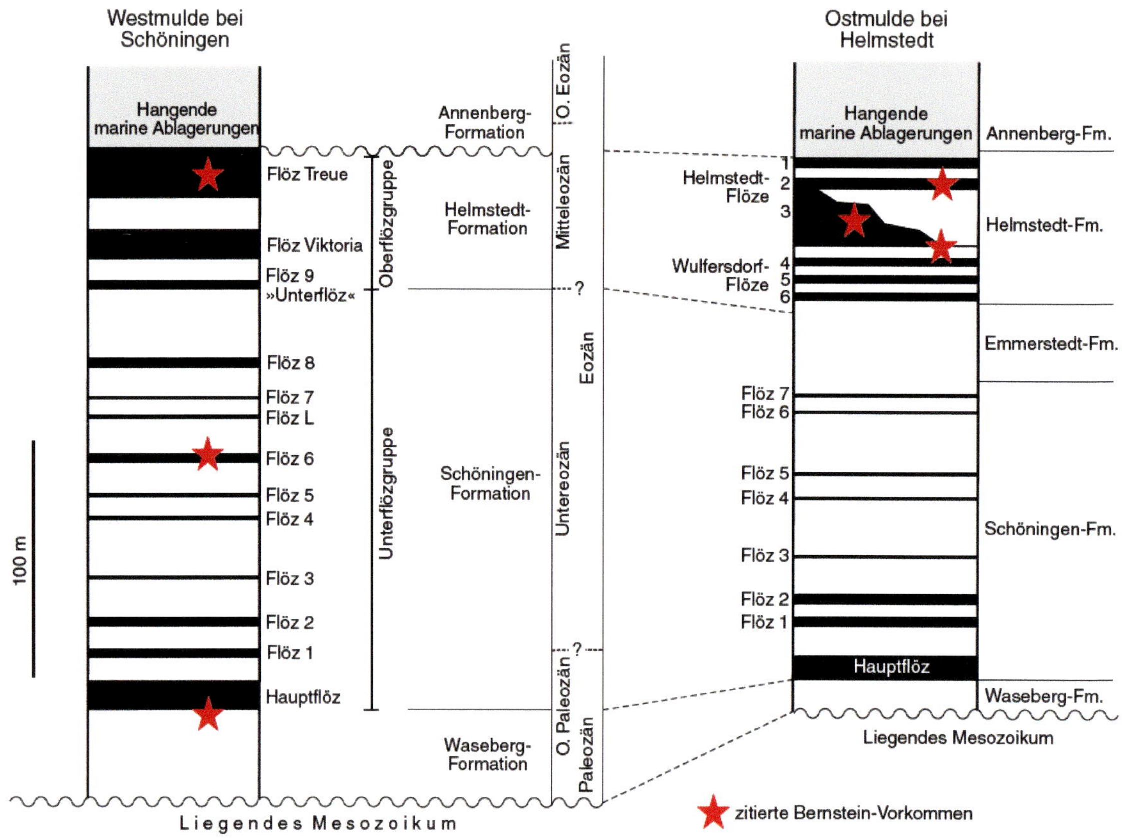

Oben: Stratigraphisches Profil des Tertiärs im Helmstedter Revier, verändert nach Riegel et al. 2012 und 2015. Aus: Carsten Gröhn et al.: Zeitkapsel Bernstein. Lebewesen vergangener Welten. Pfeil (2015).

Norddeutschland in der Elstereiszeit, Verwendung mit freundlicher Genehmigung von Ludger Feldmann, veröffentlicht in: Feldmann et al. (2002), Die geologische Entwicklung der Tiefebene und der Mittelgebirge in Niedersachsen.

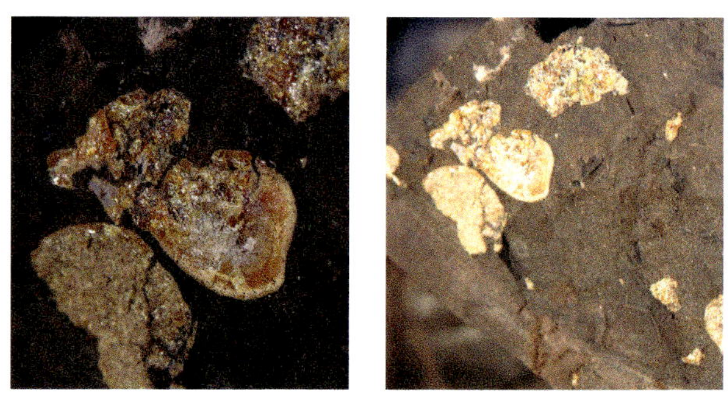

Fotos © Bernd-W. Vahldiek.

Oben: Krantzite in Braunkohle.

Unten: Braunkohle, die beim Trocknen aufblättert.

Im Altttertiär des o. g. Geopark-Gebietes wurde mindestens an zwei weiteren Stellen Bernstein gefunden: Ehemaliger Tagebau Königsaue des Nachterstedter Reviers bei Aschersleben und bei Bornstedt südlich von Eisleben (nach Krumbiegel 1995, Wilde 2015).

Bis dorthin, wo die Gletscher der Eiszeiten den Untergrund ausgehobelt haben und verschiedenstes Material transportierten, finden wir auch Baltischen Bernstein.

So kommt es vor, dass dann auch im Braunkohlegebiet Baltischer Bernstein zu finden ist. Nur wenn man den Bernstein direkt aus den Kohleschichten bergen kann, ist man sicher, dass es sich um autochtonen, also primär genau dort entstandenen Bernstein handelt. Und nur dann ist eine genaue Altersdatierung möglich. So ist z. B. das Alter der Bernsteine aus einigen Flözen recht genau datierbar (nach Vahldiek 2015):

- Tagebau Helmstedt/Buschhaus – Lutetium (ca. 45 Millionen Jahre)
- Flöz 6 des Tagebau Schöningen: Aufschluss von Schichten des oberen Paläozäns, dem Thanatium (ca. 58 Millionen Jahre), sowie die weitgehend ungestörten Schichtenfolgen des unteren Eozäns, dem Ypresium (ca. 50 Millionen Jahre).

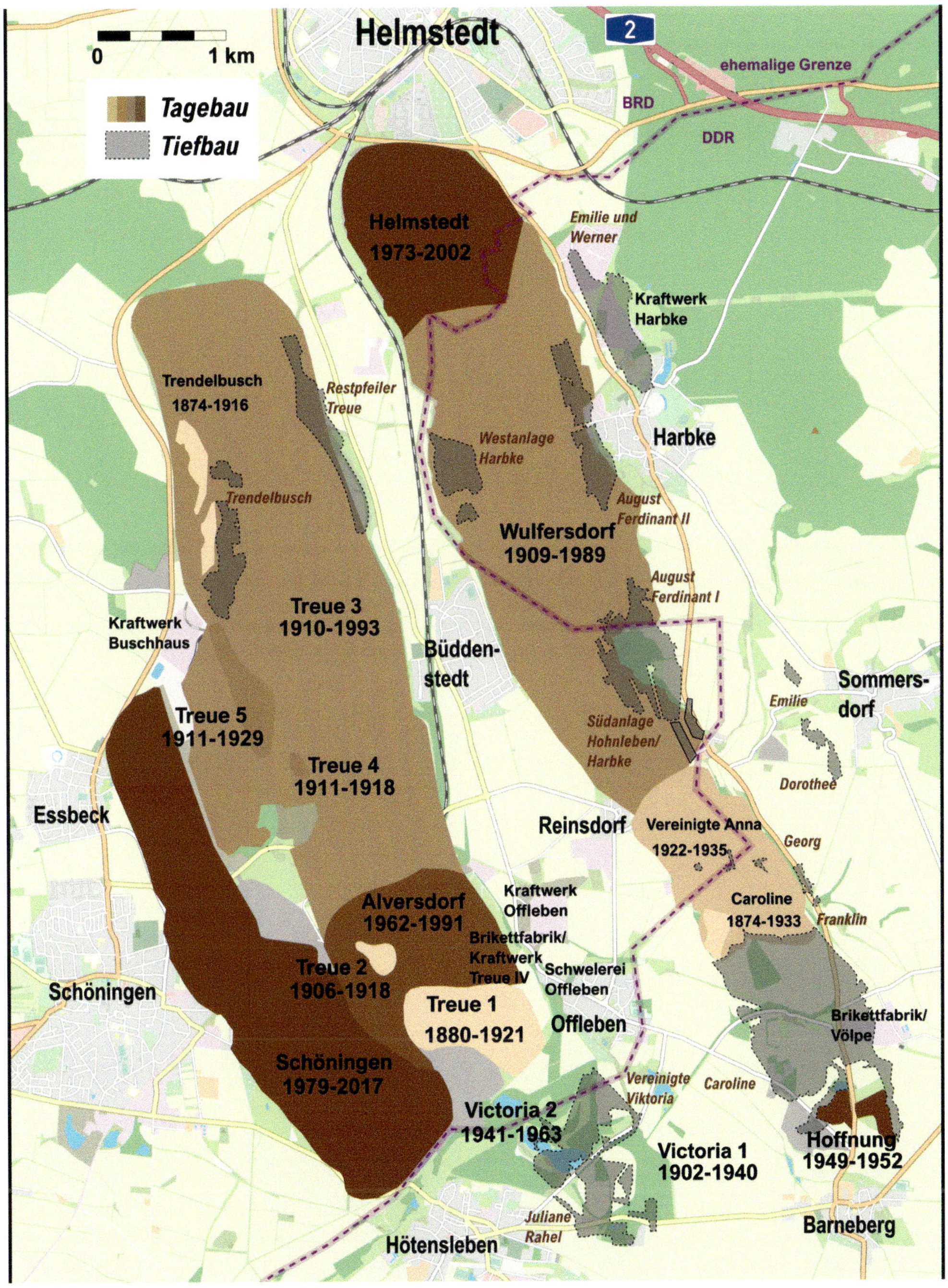

Revierkarte Helmstedter Revier, © CC BY-SA 4.0 (Alabasterstein - Eigenes Werk based on open-streetmap.org (new map), https://www.agreement-berlin.de/wp-content/uploads/2019/10/doku-14_Wulfersdorf.pdf.

BERNSTEIN AUS DER BRAUNKOHLE VON SCHÖNINGEN

Kaum jemand kannte sich besser mit dem Braunkohlebernstein aus als Bernd-Wolfgang Vahldiek, der viele Jahrzehnte in diese Richtung forschte und schon viele Veröffentlichungen hervorgebracht hat. Aus diesem Grunde möchte ich seinen Bericht mehr oder weniger unverfälscht hier übernehmen.

Nach Bernd-Wolfgang Vahldiek.

In: Carsten Gröhn et al.: Zeitkapsel Bernstein. Lebewesen vergangener Welten. Pfeil (2015).

Die ersten Bernsteinfunde im Revier Helmstedt

1986 machte ich die Funde fossiler Harze aus dem damals noch aktiven Tagebau Helmstedt in einem Aufsatz bekannt. Die ersten Stücke fielen mir schon Jahre früher während einer Begehung der Abraumhalden auf.

Sie leuchteten gelb aus einem in der Sonne gleißend hellen weißen Quarzsand. Sie sahen attraktiv aus. Diese ersten Oberflächenfunde motivierten mich, den feinen Sand nach weiteren Bernsteinen zu durchsuchen.

Diese Stelle und weitere langgezogene bogenförmige Feinsandstreifen auf der Halde wurden in der nächsten Zeit Ziel von gemeinsamen, erfolgreichen Exkursionen mit Georg Raabe, einem Steiger der BKB. Aber allzu lange hielt unser Glück leider nicht an.

Bernsteinfunde im Tagebau Helmstedt

Die Haldenfunde ließen bereits eine grobe Einordnung der Fundstücke in bestimmte Lagen der Schichtenfolge zu. Alle Anzeichen, wie z. B. hellgrauer oder weißer, teilweise schluffiger Quarzsand und Kohlebrocken, wiesen auf Zwischenmittel der Flöze hin.

Diskussionen mit meinem Exkursionspartner und Freund über mögliche Fundschichten brachten den Tagebau Helmstedt ins Spiel, der zu der damaligen Zeit noch in Betrieb war.

Nach den Zufallsfunden auf der Halde folgte eine Zeit der Forschung nach den produktiven weißen Feinsanden. Der erwies sich nicht als so fündig wie erhofft. Später gelang es, an einer angeschrägten Berme wieder Bernsteine zu finden. Sie waren durch abfließendes Regenwasser ausgewaschen.

Ich hatte erneut eine bislang nicht abgesammelte Stelle entdeckt, denn Bernsteine lagen an den Säumen von Schwämmfächern manchmal dicht an dicht. Größere Stücke blieben auf den abgelagerten Sanden. Dort, wo fließendes Wasser tiefe Rinnen in die sandigen und kohligen Sedimente der Berme gespült hatte, konnte ich die gesuchte Schicht ausfindig machen: Es war das Sediment einer fossilen Totarmrinne. Schon damals stand für mich fest: „Der aus einem Zwischenmittel des Tagebaues Helmstedt gefundene Bernstein entstand in einem Hochwald, dessen Verbreitung Randbereiche eozäner Moore umfasste."

Die Ergebnisse der nun folgenden intensiven Forschung fanden ihre Beschreibung in dem oben erwähnten Aufsatz von 1986. Sie interessierten den Bernsteinexperten Dr. Dieter Schlee, Stuttgart, und wir verabredeten eine gemeinsame Exkursion an die Fundstelle. Die BKB genehmigte großzügig die Befahrung des Tagebaues. So konnten wir eine gemeinsame Grabung durchführen. Wir bargen Stücke, die sich noch heute im Bernsteinkabinett des Museums Am Löwentor in Stuttgart befinden. In dem Ausstellungskatalog beschrieb Schlee die Bernsteine.

Besonders interessiert war auch Herr Dr. Günter Krumbiegel, Museumsrat und Leiter des Geiseltalmuseums in Halle. Da er aber keine Reisegenehmigung von den Behörden der DDR erwirken konnte, sandte ich ihm einige aussagekräftige Bernsteine. Er gab sie Frau Prof. Dr. Kosmowska-Ceranowicz, Warschau, die sie mit Infrarotspektroskopie untersuchte. Sie stellte fest, dass es sich bei diesem Bernstein um Krantzit handelte. Gemeinsam mit

Die Ansicht der Südostwand des Tagebaues Helmstedt, Baufeld Süd, im Jahr 2004, Foto © Bernd-W. Vahldiek.

Krumbiegel publizierte sie dieses Ergebnis (Krumbiegel et al. 1992). Die untersuchten Krantzite aus Helmstedt werden im Geiseltalmuseum Halle aufbewahrt.

Das größte von mir gefundene Stück aus dem Tagebau Helmstedt war 130 g schwer, also schon ein ansehnliches Exemplar. Bernstein aus Helmstedt habe ich auch Herrn Prof. Dr. Norbert Vavrà, Wien, zur Untersuchung der chemischen Zusammensetzung geschickt.

Sein Ergebnis:
„Chemisch ist der Helmstedter Bernstein mit keiner bisher (von ihm) untersuchten Art identisch und fällt vollkommen aus dem Rahmen. Auch mit rezentem Vergleichsmaterial kann er noch nicht verglichen werden." Dies publizierte ich im Jahre 2001.

Glücksfunde im Tagebau Schöningen, Baufeld Süd

Der Tagebau Schöningen hat durch die Ergebnisse der archäologischen Forschungen zu Recht weltweiten Bekanntheitsgrad erreicht. Die „Schöninger Speere", andere Jagdwaffen aus Holz und Werkzeuge aus Knochen, die rund 300 000 Jahre alt sind, sorgen für eine revolutionäre Veränderung unseres Bildes von den Menschen der Altsteinzeit.

Aber auch die viel älteren Schichten im Liegenden des Tagebaues Schöningen haben Aufsehen erregende und wissenschaftlich bedeutende Entdeckungen ermöglicht. Hier sind Schichten des oberen Paläozäns, dem Thanetium, sowie Schichtenfolgen des unteren Eozäns, dem Ypresium, aufgeschlossen gewesen.

Das war eine einmalige Gelegenheit, nicht nur das Klimageschehen dieser Erdzeitalter zu studieren.

Auch die Ablagerungsbedingungen der Braunkohlenflöze auf festländischem Grund gaben Gelegenheit, durch geologische und paläontologische Forschungen neue Erkenntnisse über die damalige Umwelt und vor allem die Florenentwicklung zu gewinnen.

Die liegenden Schichten im Aufschluss enthielten sechs Braunkohlenflöze, vier davon bauwürdig. Zwischenmittel sind zumeist bräunlich bis grau. Lediglich Ablagerungen von damaligen Flüssen stachen mit dem Hell des weiß gebleichten Sandes ins Auge. Alle vier bauwürdigen, liegenden Flöze enthielten Krantzit.

Flöz 6

Besonderes Augenmerk widmete ich dem bauwürdigen Flöz 6 sensu RIEGEL, WILDE und LENZ. Zunächst fiel die Erosionsrinne eines Flusses auf. Sie hatte die Braunkohle auf rund 40 Metern Länge fast gänzlich abgetragen. In ihrem Gleithangbereich lagerte sich toniges Sediment ab. Daraus konnten besonders gut erhaltene Pflanzenreste geborgen werden: u. a. große Blätter, sehr gut erhaltene Zweige von *Doliostrobus taxiformis* und Kiefernnadeln bis 30 cm Länge (!).

106 verheerende Wald- oder Buschbrände hinterließen Fusitlagen (= Lagen von Holzkohlestücken) in der Kohle des Flözes 6. Besonders viele Brandereignisse wurden im oberen Bereich des Flözes als dicht übereinander liegende, parallel zueinander abgelagerte Schichten nachgewiesen:

Insgesamt zählten wir 88! Wie konnte es zu einer so großen Dichte der Brandereignisse kommen? Dazu folgende Berechnung: Die Entstehung von 1 m Torf dauert etwa 1000 Jahre. Eine Braunkohlenschicht von ebenfalls 1 Meter Mächtigkeit entsteht aus ca. 5 Metern Torf. Ein Flöz mit der Mächtigkeit von 4 Metern benötigt also eine (für uns) lange Zeit, um entstehen zu können.

Wegen dieser Zeiträume konnten zwischen den einzelnen Brandereignissen durchaus 50 bis mehr als 1 000 Jahre verstreichen, weil in den unteren 2 m des Flözes nur 18 solcher Brandereignisse gezählt wurden. Der tropische Regenwald regenerierte sich in dieser Zeit wieder.

Als große Besonderheit erwies sich eine Schicht mit unterschiedlich häufig auftretenden Krantziten in der Kohle. Sie traten relativ oft in der Mitte dieses Flözes in einer nicht durch Waldbrände beeinflussten, etwa 1 m mächtigen Bank fester, heller Bruchwaldkohle auf. In Nestern waren die bis zu 5 cm langen Krantzite auf unterschiedlichem Niveau dicht an dicht eingelagert.

Dies interpretierte ich als Entstehungsorte der Krantzite unter einem ihrer Mutterbäume, auch deswegen, weil sie sozusagen in mehreren „Stockwerken" übereinander anzutreffen waren.

Obwohl nicht häufig, so traten sie doch hin und wieder über die gesamte aufgeschlossene Länge des Flözes 6 in der gleichen hellen Kohle auf.

Die ungleichmäßige Verteilung der Holzkohlenlagen (untere 2 m: 18, obere 2 m: 88) lassen den Schluss zu, dass es während der Flözbildung eine bedeutende Veränderung des Klimas gab:
Es wandelte sich im Verlauf der Torfbildung von regenreichen, ganzjährig feuchten Wetterbedingungen hin zu ausgeprägten Trocken- und Regenzeiten. Damit verbunden war auch ein Wechsel der

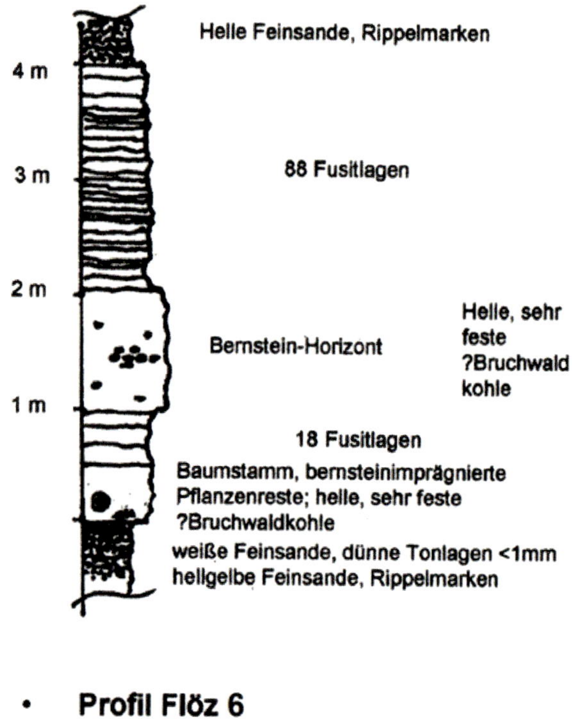

Profil des Flözes 6, aufgenommen vom Verfasser im Jahre 2005. Die weißen Zettel markieren Zählergebnisse für die Fusitlagen, der Zollstock zeigt als Maßstab die Höhe von 1 m an.

Vegetation: Die Basis und die Mitte dieses Flözes bildeten Bruchwaldkohle.

Ein tropischer Regenwald konnte sich auf den Sanden des Untergrundes entwickeln. Ein diesem Klima und dem feuchten, nährstoffarmen Boden angepasster Baum wurde zu einem prägenden Element dieses Waldes: Der ausgestorbene, besonders harzreiche und großwüchsige Urwaldbaum mit dem wissenschaftlichen Namen *Doliostrobus taxiformis*.

Ein ganz besonderer Glücksfund im Flöz 6 gelang im Jahre 2003: Beim Aufspalten von Schichten der Kohle fanden sich Zweige von *Doliostrobus taxiformis* in der untersten Lage. An den Zweigen sind nadelartig geformte Blätter, gefüllt mit Krantzit, zu erkennen.

Beides, die Entdeckung von Krantziten in Anreicherungen unter einem Mutterbaum und die mit Krantzit gefüllten Nadeln des Mutterbaums im gleichen Schichtkomplex sowie weitere Beobachtungen und Ergebnisse führten mich zu der Erkenntnis:

„Der Mutterbaum von Krantzit ist identifiziert!"

Krantzitnest im Anschnitt. Zu verschiedenen Zeiten tropfte das Harz vom Mutterbaum auf den Boden und wurde in übereinander liegenden „Stockwerken" eingelagert, aus dem Ypresium.

Foto © Bernd-W. Vahldiek.

Zweige aus Basis Flöz 6, die als *Doliostrobus taxiformis* ((STERNBERG) KVACEK emend.) bestimmt worden sind. Fotos © Bernd-W. Vahldiek.

Rechts unten: Krantzit in aufgespaltenen Braunkohlebrocken.

Schluss

Die Sedimente des Tagebaues Schöningen gehören zum Mitteldeutschen Ästuar, das im oberen Paläozän und im Eozän zwischen den Braunkohlenrevieren Helmstedt und dem Geiseltal auffällig viele Fundstellen manchmal autochthoner (d. h. an der Stelle ihres Entstehens eingebetteter) Krantzite oder Oxikrantzite aufzuweisen hat. In den alttertiären Braunkohlen des Mitteldeutschen Ästuars konnte wegen der damaligen klimatischen, botanischen und geologisch-geographischen Voraussetzungen Krantzit entstehen und überliefert werden.

BERNSTEINPRODUZENTEN AUS DEM HELMSTEDTER BRAUNKOHLEREVIER

Von Bernd-Wolfgang Vahldiek, leicht verändert

Die Schichten des Tagebaus Helmstedt, in denen der „Bernstein" autochthon vorkommt, enthalten inkohlte Blätter und Pflanzensubstanz, die teilweise von mit „Bernstein" gefüllten Harzgängen durchzogen ist. Ihre Erhaltung zeigt, dass das Sediment nicht verlagert oder durch Erosion zerstört worden ist.

Fossile Zapfenschuppen aus dem autochthonen Lager der fossilen Harze und den Kalkgeoden gehören der Gattung *Doliostrobus* sp. an. Sie sind mit Harzgängen durchzogen und lassen die Vermutung zu, dass ein Teil der in Helmstedt gefundenen fossilen Harze von Bäumen dieser Gattung stammt.

Untersuchungen von fossilen Harzen aus Helmstedt mit Hilfe der computergestützten Gaschromatographie/Massenspektrometrie wiesen in einer Probe Zimtsäure nach. Somit können auch Hamamelidaceae als weitere Harzlieferanten in Frage kommen.

Succinit konnte für Helmstedt bisher weder mithilfe der IRS noch der computergestützten Gaschromatographie / Massenspektrometrie nachgewiesen werden.

Einführung

Seit der letzten Arbeit über das autochthone Bernsteinlager von Helmstedt (VAHLDIEK, 1986) befuhr der Verfasser 15 Jahre lang regelmäßig die Helmstedter Tagebaue. Mehrmals im Jahr suchte er das autochthone Bernsteinlager auf und sammelte dabei schichtorientiert fossile Harze. Jedes Mal konnten zwischen 50 g bis 100 g Harze horizontiert und auf kleinen, in unmittelbarer Nähe der Fundschichten entstandenen Schwämmfächern aufgesammelt werden.

Es erscheint unverständlich, dass andere Autoren, die über Funde fossiler Harze im Tagebau Helmstedt berichteten, nicht ebenfalls ähnlich große Mengen Harze haben finden können.

Insgesamt konnte der Verfasser ca. zehn Kilogramm „Bernstein" bergen. Auf diesem Material, den regelmäßigen Beobachtungen über einen langen Zeitraum und gezielten Untersuchungen des Sedimentes, Laboruntersuchungen und dem Studium der einschlägigen Literatur beruhen die Schlüsse der nachfolgenden Arbeit. Bei der Suche nach den Bernsteinproduzenten konnten Fortschritte erzielt werden.

Die Bedeutung des Helmstedter Vorkommens fossiler Harze

Im Vorkommen fossiler Harze des Tagebaues Helmstedt ist „Bernstein" vor allem in den Sedimenten der Zwischenmittel, aber auch in den Braunkohlen selbst vorhanden. Die Fundstücke, die der Verfasser aufsammeln konnte, stammen bis auf ganz wenige Ausnahmen aus den Zwischenschichten der Kohlenflöze (Flöz H-2-Member – Lage 8 sensu VAHLDIEK (1986) - und Flöz H-3-Member) (vgl. Abb.). Sie sind in der Lage 8 zusammen mit den fossilen Resten ihrer möglichen Produzenten eingebettet worden.

Die Lagerstätte ist vor allem deswegen von Bedeutung, weil hier erstmals eine autochthone Bernsteinlagerstätte des Mittleren Eozäns vorlag.

Darüber hinaus lieferten die jahrzehntelang gut zugänglichen und erforschten Schichten des Liegenden und Hangenden eine Vielzahl von stratigraphischen und geologischen Informationen. Somit können gesicherte Aussagen über Entstehung und Diagenese der fossilen Harze aus dem Tagebau Helmstedt gemacht werden.

Zeitlich lässt sich die Fundlage in das Mittlere Eozän einordnen. Die Küste des eozänen Meeres war im Norden nicht allzu weit entfernt.

Die Funde von Oxikrantzit sind nicht Gegenstand dieser Ausführungen.

Der Farben- und Formenschatz der fossilen Harze aus Helmstedt

Der Formenschatz der fossilen Harze aus Helmstedt ist durch bemerkenswerte Eigenartigkeit gekennzeichnet. Kein einziges Stück aus dem zahlreichen Fundmaterial, auf dem diese Untersuchungen basieren, zeigt Trockenrisse, kein einziges Stück ist durch Wasserbewegung von seiner Kruste befreit oder zeigt Formen, die durch Abrollung hervorgerufen sein könnten.

Anhaftende Baumrinde oder Borke, die zum Teil inkohlt ist, weisen fast alle Stücke auf. Vielen haftet eine Kohlenschicht mit Strukturen der Baumrinde an. Oft finden sich auch Imprägnation von Holzresten und Inkohlung nebeneinander. Es gibt nur wenige Stücke ohne anhaftende Baumrinde. Knochig- poröse fossile Harze sind teilweise so leicht, dass sie schon in Leitungswasser aufschwimmen.

Die Oberflächen der fossilen Harze sind zerfurcht, stellenweise unregelmäßig ruschelig. Teilweise sind sie blasig-porös. Größere Brocken können zentimetertiefe, parallele Rinnen aufweisen. Vor allem in den Rinnen haftet noch inkohlte oder imprägnierte Holzsubstanz an. Im Innern ist der „Bernstein" kompakt, meistens weißlich bis honiggelb, durchscheinend bis trüb. Die äußeren Lagen sowie die nur dünnen Rinnenwände sind undurchsichtig und verschiedenfarbig.

Plattiger, fester „Bernstein" von höchstens zehn Millimeter Dicke ist verhältnismäßig häufig. Anhaftende Kohle oder Baumrinde kann bei weniger als der Hälfte dieser Stücke beobachtet werden. Die Farbe der plattigen, fossilen Harze reicht von elfenbeinweiß bis dottergelb. Die Ausbildung ist porzellanartig undurchsichtig bis höchstens schwach durchscheinend.

Fließstrukturen zeigen viele Stücke des Fundmaterials. Teilweise sind sie tröpfchenförmig und länglich. Größere „Bernsteine" zeigen manchmal konzentrische Ringe, die an stalaktitische Formen gebunden sind. Die Oberflächen fast aller Fundstücke bestehen aus Kombinationen verschiedener Strukturen, teils mit anhaftender, imprägnierter oder inkohlter Borke. Konzentrische Strukturen kommen untergeordnet vor.

Großes Bernsteinstück (15,4 x 7,0 x 3,3 cm) aus dem Tagebau Helmstedt, konkave und konvexe Seite, Fotos © C. Vahldiek.

Obwohl Pflanzenreste recht häufig anhaften, sind Holzstrukturen oder Rinde oft nur andeutungsweise zu erkennen. Ein Stück zeigt bernsteinimprägnierte Rinde mit einem Zweigansatz. Andere weisen imprägnierte Rinde oder Holz mit mehr oder weniger gut erkennbaren Strukturen auf, die als Leitbündel gedeutet werden können.

Die fossilen Harze von Helmstedt sind in ihrer Mehrzahl sehr empfindlich. Das verbietet das Anschleifen und Polieren, weil sie dadurch zerstört werden würden. Dennoch gelingen Schliff und Politur, wenn man sie vorher in Gießharz einbettet. Dann offenbaren sie ihre besondere, eigenartige Schönheit.

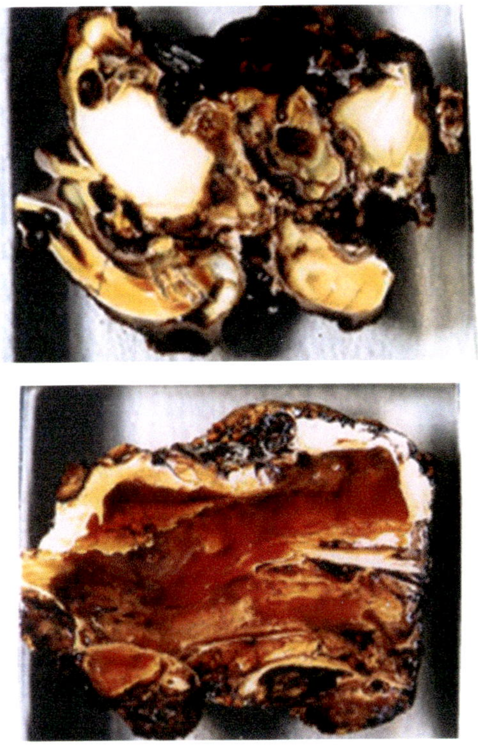

Eingegossener, angeschliffener und polierter Bernstein aus Helmstedt, Fotos © H. Nickel.

Farbvarianten sind weißlichgelb in porzellanartiger Ausbildung, zitronengelb (klar bis leicht getrübt), honiggelb (durchscheinend, trüb), dottergelb, gelbbraun, braunrot, ockerbraun, dunkelbraun, schwarzbraun (alle porzellanartig), rot (klar), elfenbeinfarben sowie blau, weiß und beige (alle porzellanartig).

Unter UV - Licht zeigen die einzelnen Farbvarianten unterschiedliche Fluoreszenzen. Braun erscheint tiefer und kräftiger, Gelbtöne werden in der Farbintensität gesteigert, in Ausnahmefällen bei stark milchig-porzellanartigem Aussehen kommt es zu einer bläulichen Fluoreszenz.

Angeschliffene zitronengelbe Stücke fluoreszieren hellblau, weiße Schlieren intensiv bläulichweiß, während blaugefärbte Zonen intensiv blau erscheinen.

Das autochthone Bernsteinlager

Der für die Erforschung der Bernsteindiagenese weitaus wichtigste Aufschluss war in den letzten Jahren mit ca. 15 Metern Breite nur noch sehr kleinräumig. Allerdings war die Mächtigkeit der Fundlage, zwei kleine Flöze, abweichend von den Angaben bei VAHLDIEK (1986) mit insgesamt etwa einem Meter größer als dort angegeben. Auch diese Flöze enthielten gut erhaltene Pflanzenreste. Sie waren durch unregelmäßig eingeschaltete, hauchdünne Lagen feinsten weißen Quarzsandes gekennzeichnet.

Auffallend an diesem autochthonen Bernsteinlager im Tagebau Helmstedt ist die inkohlte Pflanzensubstanz gewesen. Es enthielt neben gut erkennbaren Blättern Xylite, deren inkohlte Substanz teilweise mit mikroskopisch feinen Lagen (> 0,1 mm Durchmesser) von mit roten, klaren Bernsteinkügelchen gefüllten Harzgängen durchzogen war. Sie bildeten Ketten, die vereinzelt eine Länge von ca. 20 cm erreichten. An manchen Stellen verdickten sich diese bernstein-imprägnierten Harzgänge zu tropfenähnlichen Gebilden, die bis zu 3 cm Länge und 0,5 cm Breite erreichten. Diese wiesen häufig eine weißlich-trübe Farbe auf.

Im Jahre 1987 bat D. SCHLEE, Stuttgart, darum, ihm die Fundstelle zu zeigen, einer Bitte, der der Autor gern nachgekommen ist.

Während der gemeinsamen Befahrung des Tagebaues wurde die beiden bernsteinführenden Flöze der Lage 8 durch eine Grabung erschlossen. Blätter, bernsteinimprägnierte Harzgänge und fossile Harze konnten in situ beobachtet werden. Aus dieser Lage 8 wurden im Laufe der Grabung viele Bernsteinstücke entnommen.

Zur weiteren Untersuchung der Zusammensetzung und der inkohlten Pflanzenlagen der Lage 8, aus der die fossilen Harze stammen, wurden Blöcke des Sediments herausgeschnitten und in das Staatliche Naturkundemuseum Stuttgart überführt.

Insgesamt konnten während der Grabung durch Aufsammlung auch aus den Schwämmfächern in der unmittelbaren Nähe der Fundschicht mehrere hundert Gramm fossiler Harze geborgen werden. Sie befinden sich alle in der Sammlung des Naturkundemuseums Stuttgart. Von diesen Stücken wurden hier Schliffe angelegt und der Farben- und Formenschatz weiter untersucht.

Es ist sehr zu bedauern, dass andere Fachleute keinen Kontakt gesucht haben, um das schwer aufzufindende autochthone Bernsteinlager untersuchen zu können. Sie hätten aus einer gemeinsamen Grabung gesicherte Fakten über die bedeutsamen Fundumstände der autochthonen fossilen Harze erhalten können. Das war um so notwendiger, weil die Lage 8 im Zuge des Abbaus der Kohlen im Tagebau Helmstedt Mitte des Jahres 2000 abgebaggert wurde und der weiteren Forschung leider verloren sind.

Aus der Lage 8 dieses Aufschlusses konnte der Autor bis zum Zeitpunkt der Zerstörung der Fundstelle mehrere Kilogramm „Bernstein“ horizontiert aufsammeln. Weitere ca. 4 - 5 Kilogramm stammen aus dem Abraum oder aus den Schwämmfächern von Oberflächenwasser.

Das größte vom Autor geborgene Einzelstück erreicht 135 Gramm Gewicht. Es ist 15,4 cm lang, 7,0 cm breit und 3,3 cm dick und wurde 1996 einem ca. 30 cm dicken Stammstück entnommen, das über eine Strecke von rund 4,5 Metern im Sediment verfolgt werden konnte. Die Form und die leichte Wölbung des Harzbrockens weisen auf eine Bildung an der Außenseite des Stammes hin, wobei auf der konkaven Seite der Abdruck der Rinde zu erkennen ist und auch noch kleine Reste davon anhaften.

Die konvexe Fläche zeigt auffällige Löcher im „Bernstein“, die wenige Millimeter in die Bernsteinsubstanz hineinreichen. Sie sind wohl als Flüssigkeitsblasen im Harz anzusehen, die in dem noch plastisch verformbaren Harz an die Oberfläche gerieten. Zum anderen zeigt das Harz an dieser Fläche tränen- bis tropfenähnliche Formen.

Was ist „autochthone Position“?

Auch in den abbauwürdigen Kohlenflözen findet sich „Bernstein“ (VAHLDIEK, 1986; LIETZOW & RITZKOWSKI, 1996). Dieser entstammt einem autochthonen, etwa 7 m mächtigen Kohlenflöz.

Das gelbe Harz wurde in einem hellbraunen, xylitreichen Horizont innerhalb der Kohlen gefunden. Aus ihrem Einzelfund leiten LIETZOW & RITZKOWSKI ab, dass dieses xylitische Niveau in einem ehemals trockenen Waldmoor gebildet worden sei. Folglich sei dieses Einzelstück das einzige Stück aus dem Tagebau Helmstedt, das in „autochthoner Position“ gefunden worden sein soll. Diese Auffassung ist aus mehreren Gründen angreifbar.

DIETRICH (1975) beschäftigt sich in seiner Untersuchung „Zur Entstehung und Erhaltung von Bernstein-Lagerstätten“ mit den Bildungsmechanismen von Bernsteinvorkommen. Er führt aus, dass die Erhaltung von Harzen bei autochthonen Vorkommen von den chemischen, physikalischen und biologischen Bedingungen am Bildungsort abhängig sei.

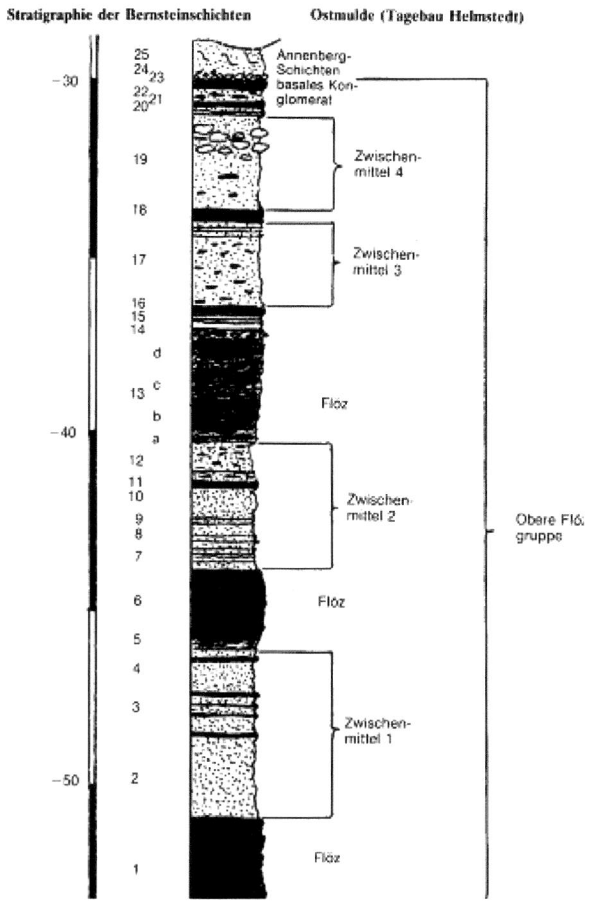

Profil nahe der Westwand des Tagebaues Helmstedt. Aus: VAHLDIEK (1986).

Er nennt mehrere Stadien, die die Diagenese eines harzführenden Sediments durchläuft. Während dieses Prozesses kommt es zu einer Harzanreicherung, die unmittelbar mit beginnender Sedimentation einer harzproduzierenden Moor- und Sumpfwaldflora einsetzt und zwei Torfbildungsphasen umfasst.

Aus dem von LIETZOW & RITZKOWSKI gekennzeichneten Flöz H - 3 hat der Autor dieses Aufsatzes ebenfalls Stücke fossilen Harzes bergen können. Obwohl die Flöze über Jahre hinweg immer wieder aufgesucht worden sind, konnten nur drei Fundstücke aufgesammelt werden.

Einzelfunde wie diese haben den Autor dieses Aufsatzes niemals zu einer so weitreichenden Feststellung veranlasst, wie es die beiden genannten Autoren tun.

Sie stellen lediglich fest, dass dieser Fund der einzige sei, der in Helmstedt in „autochthoner Position" gemacht worden sei. Ihre Feststellung sichern sie mit dem oben schon wiedergegebenen Argument. Bezogen auf das umgebende Sediment, einem autochthonen und nicht aufgearbeiteten Braunkohlenflöz, hat es seine Berechtigung. Die „Position" ist zweifelsfrei autochthon. Aber gilt das auch für die Herkunft der Harze im Flöz?

In diesem Aufsatz wird der Begriff „autochthon" in dem Sinne verwendet, dass die fossilen Harze im Zusammenhang mit den Resten ihrer Erzeugerpflanzen am Ort des Gedeihens der Produzenten und Entstehens des „Bernsteins" eingebettet worden sind und hier auch ihre Diagenese durchlaufen haben.

„Bernstein" auf einer autochthonen Lagerstätte befindet sich danach zusammen mit den Pflanzenresten des ihn erzeugenden „Bernsteinwaldes" auf dem fossil erhaltenen Boden, auf dem er als Harz am lebenden Baum ausgeschieden wurde, auf den er eventuell gefallen und in den er eingebettet worden ist.

Die Frage, ob der „Bernstein" aus dem Flöz H - 3 autochthon oder allochthon sei, muss unter Einbeziehung der dargestellten Gegebenheiten der Definition beantwortet werden. Dabei kann nur die Würdigung aller Fundumstände wirklich Aufschluss über die Lagerung dieser Harze geben.

Untersuchungen der zugänglichen Bereiche des Flözes H - 3 am Fundort mit intensiver Nachsuche in zeitlichen Abständen konnten jedoch weder über die erwähnte Anzahl hinaus weitere Fundstücke noch morphologisch erhaltene, erkennbare Pflanzenreste, noch Blätter, noch bernsteinimprägnierte Harzgänge wie in der Lage 8 nachweisen.

Nun kann der Torfbildungs- und der Inkohlungsprozess diese pflanzlichen Fossilien zerstört haben, wie DIETRICH (1975) es darstellt. Damit verbunden wäre aber eine Anreicherung von Harzen gewesen.

LIETZOW & RITZKOWSKI haben nach eigenen Angaben das Stück Harz aus einem hellen Band innerhalb des Flözes H – 3 geborgen. Sie schließen aus der Farbe der Kohlen, dass sie in einem „ehemals trockenen Waldmoor" gebildet sein müsse. Eine Analyse der Waldsukzession liege noch nicht vor.

PFLUG (1952, S. 121 ff.) führt im Zuge seiner palynologischen Untersuchung der Waldsukzession der nur wenig mehr als einen Kilometer von der Ostmulde des Tagebaus Helmstedt entfernt liegenden Westmulde des Helmstedter Reviers auch eine Analyse der „hellen Bänder" des Flözes Treue durch.

Seine Ergebnisse haben auch für das hellbraune Band im Flöz H – 3 Bestand, denn wie alle Autoren, die über das Revier Helmstedt publizierten [BACH-MAYER, F. & MUNDLOS, R. (1968), MUNDLOS, R. (1975), FÖRSTER, R. & MUNDLOS, R. (1982), LIENAU, H.-W. (1984),

VAHLDIEK, B.-W. (1984 und 1986) und SCHLEICH, H. H., VAHLDIEK, B.-W., KARL, H. V. & WINDOLF, R. (1994)] übereinstimmend feststellten, findet zeitgleiche und übereinstimmende Sedimentation und Diagenese der Schichten in beiden Mulden des Helmstedter Reviers statt.

Nach PFLUG (1952) erscheinen die „hellen Bänder" der Flöze durch die in ihnen fehlenden Humusverbindungen als hell. Humusstoffe bilden sich danach bei der Zersetzung von Xylit. Er setzt die „hellen Schichten" gleich mit „Phasen der Moorbildung (...), in denen der mittlere Grundwasserspiegel so hoch stand, dass Holzgewächse nicht mehr gedeihen konnten." Diese Auffassung belegt er mit pollenanalytischen Befunden.

Er kommt zu dem Schluss: „Absenkungsrhythmus, Pollenspektrum, Farbe und Kohlentypus stehen also in unmittelbarem Zusammenhang". Dieses Ergebnis kann auf Grund der oben dargestellten Übereinstimmungen auf die Flöze und die Fundsituation im Tagebau Helmstedt übertragen werden, die LIETZOW & RITZKOWSKI schildern. Das Holz in dieser hellbraunen Schicht des Flözes ist nicht zersetzt. Es kann nur eingeschwemmt worden sein.

Die geologische Situation des Tagebaues Helmstedt ist gekennzeichnet von Kleinräumigkeit. Von dem Rand des Mittelsattels bis zum Muldentiefsten der Ostmulde, in dem sich der Tagebau Helmstedt befindet, beträgt die Entfernung noch nicht einmal einen km. Es muss auch auf dieser kurzen Entfernung mit Niveauunterschieden auf Grund der vorhandenen Salztektonik gerechnet werden, die durchaus den Transport von leichterem Material wie Harz von der produzierenden Pflanze hin zu seinem Ablagerungsort zulassen.

Anders als durch Einschwämmung ist die Seltenheit der Einzelfunde fossiler Harze in den Braunkohlenflözen nicht erklärbar, zumal anderenfalls eine „Anreicherung der Harze" sensu DIETRICH zu beobachten sein müsste.

Dieser „Bernstein" muss sich deswegen auf allochthoner Lagerstätte gebildet haben, denn ein Torfmoor, in dem Holzgewächse nicht mehr gedeihen konnten, kann als Standort für die „Bernstein" erzeugenden Bäume nicht geeignet sein. Denkbar ist, dass die Einzelstücke des fossilen Harzes zusammen mit Baumstämmen oder daran anhaftend in den damals vorhandenen Moorsee geschwemmt worden sein könnten. Damit liegt im Flöz H – 3 im Sinne der oben dargestellten Definition allochthon erhaltenes Harz vor.

Die Lagerungsstrukturen des autochthonen Bernsteinlagers von Helmstedt

Das Revier Helmstedt gehört zum Mitteldeutschen Braunkohlenrevier und befindet sich an seinem nordwestlichsten Rand. KRUMBIEGEL & KOSMOWSKA-CERANOWICZ (1992) stellen für das gesamte Mitteldeutsche Braunkohlenrevier einen engen Zusammenhang zwischen Sedimenten, der lithologischen Genese und der paläogeographischen Entwicklung fest. Chemismus der Sedimente und Verbreitung der fossilen Harze sind danach Produkt der hier herrschenden Sedimentationsbedingungen. Hilfreich ist deswegen der Blick auf ein Vorkommen von Krantzit in relativer Nähe des Reviers Helmstedt.

Lagerungsstrukturen in Königsaue

KRUMBIEGEL (1996, S. 128) beschreibt die seit langem bekannten Funde fossiler Harze („Bernstein" genannt) aus dem Tertiär (Untereozän bis Obereozän?) von Königsaue. Das Vorkommen dieser Harze sei an bestimmte Lagerungsstrukturen gebunden, die auf wenigen Randböschungen des Tagebaues aufgeschlossen waren. Er definiert diese Strukturen als „intratertiäre Unstetigkeitensflächen der tertiären Schichtfolgen", spricht sie als Erosionsdiskordanzen in Form von Rinnenstrukturen von wenigen Dekametern bis zu hundert Metern Spannweite, einer Amplitude von wenigen Metern an.

Gefüllt sind diese Erosionsrinnen des Tagebaues Königsaue mit Sand (seltener mit Kies) und mit Schluff. Der Schluff kann weißbraun, massig, ungeschichtet oder dunkelgrau, geschichtet und als kohlenstreifiger Schluff vorkommen. Eine deutliche Bänderung infolge Sedimentation ist erkennbar. Ausschließlich in den dunklen, geschichteten Schluffbänken wurden Harzstücke von Millimetergröße bis zu Einzelstücken von mehreren Zentimetern Durchmesser in unregelmäßiger Verteilung, z T. gehäuft gefunden.

Nach seinen Beobachtungen ist das Auftreten von fossilem Harz ausschließlich an derartige geschichtete Schluffe in den Rinnenstrukturen gebunden. KRUMBIEGEL (1996) deutet die Harzvorkommen als örtlich fluviatile Seifenbildungen im Randbereich eines großflächigen tertiären Bruchwaldes.

Lagerungsstrukturen des autochthonen Bernsteinlagers in Helmstedt

Ähnliche geologische Bildungen mit fossilen Harzen beobachtete der Autor in dem Tagebau Helmstedt (VAHLDIEK 1986). Auch hier fanden sich „Bernsteine" in

Schluffsandlagen, die eine ähnliche Lagerung haben wie die aus dem Tagebau Königsaue beschriebenen.

Die Schluffsandlagen verdanken ihre Entstehung aber in Helmstedt wohl weniger der Erosion durch fließendes Wasser als der Salztektonik und den dadurch verursachten unregelmäßigen Absenkungen der Sedimente.

Vollkommen anders ist jedoch das autochthone Vorkommen der „Bernsteine" gewesen. Es war beschränkt auf die Lage 8 des Profils, das VAHLDIEK 1986 mitteilt (siehe Profil).

Bei dieser Lagerstätte handelt es sich um ein geringmächtiges Flöz von tiefschwarzer Farbe, das eine Mächtigkeit von 0,1 m bis ca. 1 m aufwies. Sehr dünne Lagen feinsten weißen Quarzsandes durchzogen es in unregelmäßigen Abständen. Auf den Spaltflächen der Kohlen fanden sich gut erhaltene Blätter und Pflanzenreste. Die „Bernsteine" lagen oft umgeben von leider nicht zu bergenden Bündeln aus den oben beschriebenen feinsten „Bernsteinketten", die wohl aus geweiteten, harzimprägnierten Harzkanälen der Bernsteinproduzenten entstanden sein könnten.

Diese Fundumstände belegen, dass die Flöze der Lage 8 nach der Einbettung der pflanzlichen Reste nicht noch einmal umgelagert worden sind, weil eine Umlagerung sowohl die Pflanzenreste und Blätter als auch die geweiteten, bernsteinimprägnierten Harzkanäle zerstört hätte. SCHLEE (1990) bestätigte dies auf Grund der schon erwähnten Befahrung des Tagebaues, den Befunden der gemeinsamen Grabung in der Lage 8 und einer Diskussion der Grabungsbefunde mit dem Autor.

DIETRICH (1975) führt zur Bildung autochthoner Bernsteinlagerstätten aus, dass auch Harze von Produzenten auf trockenerem Standort abgelagert werden können, eine Auffassung, die auch MAI (1965) für das Geiseltal beschreibt.

Die Harze und die mit ihnen zusammen abgelagerten organischen Reste unterliegen dann der Verwitterung bzw. der Tätigkeit der Destruenten. Auch dabei kommt es zu einer Anreicherung der gegenüber Verwitterung oder organisch verursachtem Stoffabbau resistenteren Harze.

Er führt weiter aus: „Sind Reste einer harzliefernden Pflanzengemeinschaft an ihrem ursprünglichen Standort erhalten, kann dort der Boden während der frühdiagenetischen Phase nicht ständig gut durchlüftet gewesen sein, da sonst sämtliche Pflanzensubstanz durch Verwesung zersetzt worden wäre. Anfängliche oxidierende Verhältnisse mussten also relativ rasch durch unterbundene Durchlüftung in reduzierende übergehen." (DIETRICH (1975).

Die Bildung von Zwischenmitteln weist auf einen Stillstand in der Moorbildung hin. Denkbar ist, dass in Helmstedt für eine gewisse Zeit die vorhandenen Salzabsenkungen zum Stillstand gekommen waren oder sich der Untergrund langsamer absenkte und das Moor austrocknete. Sedimentation sorgte für die Ablagerung feiner, weißer Quarzsande. Das mit Huminsäuren und Sulfaten belastete Grundwasser beeinflusste den Boden sicherlich. Auf den nun eher trockenen, sandigen Böden wuchs ein lichter Sekundärwald, der an einigen Stellen im Hangenden des Zwischenmittels durch eine Vielzahl von gut erhaltenen und inkohlten Baumstämmen nachgewiesen werden konnte.

Der Untergrund der Flöze im Tagebau Helmstedt senkte sich nach solchen Phasen des (relativen) Absenkungsstillstandes wie in dem westlich des Mittelsattels gelegenen Tagebau Treue durch Salzauslaugung und Salzabwanderung wieder schneller ab. (MANGER, 1952).

Nur diesen Absenkungen ist es zu verdanken, dass erstens die Braunkohlenflöze entstanden und erhalten geblieben sind. Zweitens sorgten sie auch dafür, dass sich das autochthone Bernsteinlager in Helmstedt bilden konnte und der Einwirkung der Erosion entzogen wurde.

Die Entstehung der Lage 8 beginnt mit wieder verstärkter Absenkung des Untergrundes. Es bildete sich ein auf feuchtem Untergrund wachsender Wald, den man mit PFLUG (1952) als „semiterrestrischen Bruchwald" bezeichnen könnte. In diesem eozänen Sumpfwald gediehen auch die harzproduzierenden Mutterbäume des Bernsteins.

Anaerobe Bildungsbedingungen stellten sich ein. Harze und die Reste der harzproduzierenden Bäume sowie anderer Komponenten der Flora wurden eingebettet und konnten erhalten bleiben.

Harzlieferanten für fossile Harze

Im Profil des Tagebaues Helmstedt spielen die Zwischenmittel eine große Rolle. Sie zeigen im Revier Helmstedt stets das Ende der Torfbildung und der normalen Kohlenbildung an.

In der Regel treten sandige oder schluffige Zwischenmittel an den Beckenrändern gehäuft auf. Aus solchen Mitteln sind nur wenige pflanzliche Fossilien bekannt geworden (WILDE, 1989).

Doliostrobus sp. - ein Bernsteinproduzent des Helmstedter Tertiärs

Zapfenschuppen, deren Harzgänge mit gelbem „Bernstein“ gefüllt sind, konnten in der Lage 8 und aus Kalkgeoden des Zwischenmittels (Flöz – H - 2 – Member) des Tagebaus Helmstedt geborgen werden. In den Lagen mit feinen, weißen Quarzsanden dieses Zwischenmittels sind darüber hinaus vollständige Zapfen erhalten geblieben, die allerdings nur in Ausnahmefällen geborgen werden konnten.

Diese Kalkausfällungen in Form der Kalkgeoden sind bemerkenswert. Sie zeigen, dass es eine Zufuhr von Kalk, wahrscheinlich in Wasser gelöst, gegeben haben muss. Bei der Erhaltung von Pflanzenresten wie der Zapfenschuppen von *Doliostrobus* sp. spielte dieser Kalk eine entscheidende Rolle. Er bedingte nicht nur eine Neutralisierung der Huminsäuren, sondern konservierte auch die leicht zerfallenden Schuppen.

Diese Geoden bildeten sich in einem höheren Niveau des Zwischenmittels im Flöz – H - 2 - Member, im Hangenden der Lage 8. In ihnen fanden sich Lagen von inkohlten Pflanzenresten, darunter auch die 1986 aus den Kalkgeoden von Helmstedt beschriebenen „birnenförmigen Strukturen“ (VAHLDIEK, 1986). WILDE (1989) ordnete sie der Gattung *Doliostrobus* MARION zu. Die Ausbildung des „Bernsteins“ in ihren Harzgängen lassen vermuten, dass zumindest ein Teil der in Helmstedt gefundenen fossilen Harze von Bäumen der Gattung *Doliostrobus* MARION stammen.

Die Gattung *Doliostrobus* MARION 1884 ist sicher im Alttertiär Europas und Nordamerikas nachgewiesen, wobei die Hauptverbreitung im Alttertiär zu liegen scheint (BUZEK, C., HOLY, F. & KVACEK, Z. 1968b und 1969, MAI 1976, RÜFFLE 1976, WILDE, 1989). Sie gehört der Ordnung Coniferales an und wird zur Familie Araucariacea vel Taxodiacea gezählt.

WILDE (1989) beschreibt sie aus dem Mitteleozän von Messel und Helmstedt sowie aus dem Obereozän von Borken. Bekannt sind sie außerdem aus Südengland (Mitteleozän) sowie aus dem Weißelsterbecken und dem Geiseltal (RÜFFLE 1976).

Die Zapfen dieser Gattung sind sehr harzreich und zerfallen leicht. Einzelne Zapfenschuppen sind kräftig und weisen eine Länge von etwa 1 - 1,5 cm auf. Sie sind asymmetrisch-rhombisch. Ihre größte Breite erreichen sie mit etwa 1 cm im vorderen Drittel.

Harzgänge, die mit gelblichem und stark fluoreszierendem „Bernstein“ ausgefüllt sind, durchziehen sie. Die Gänge folgen außen den Umrissen der Zapfenschuppe, werden zur Mitte hin immer schwächer gebogen, so dass der mittlere Harzgang gerade durchläuft.

Oben: Zapfen von *Doliostrobus* sp. aus dem Zwischenmittel Flöz – H 2 – Member. Länge des fossilen Zapfens: 13,4 cm.

Links: Detailaufnahme, dargestellt ist ein beschädigter Teil des Zapfens von *Doliostrobus* sp. mit gut sichtbaren ehemaligen Harzkanälen. Fotos © Nickel.

CZECZOTT (1961) hat drei Familien der Nadelbäume als Bernsteinproduzenten festgelegt:

Pinaceae mit insgesamt 11 Arten, darunter 8 Kiefernarten der Gattungen *Abies*, *Larix* und *Pinus*.
Taxodiaceae mit insgesamt 4 Arten der Gattungen *Glyptostrobus* und *Sequoia* sowie

Cupressaceae mit insgesamt 18 Arten der Gattungen *Chamaecyparis*, *Libocedrus*, *Thuja* und *Widringtonia*.

Auf der Grundlage dieser Ergebnisse CZECZOTTs hat A. KOHLMANN-ADAMSKA (1997) einen Rekonstruktionsversuch der Waldgemeinschaften des frühen Tertiärs vorgenommen. Sie unterscheidet drei Ökogemeinschaften:

- In dem Nadelwald höherer Gebirgsregionen wuchsen *Sequoia* (Mammutbaum), *Abies* (Tanne), *Picea* (Fichte), *Larix* (Lärche), *Sciadopitys* (Schirmtanne), Cupressaceae [*Libocedrus* (Flusszeder), *Thujopsis* (Hibalebensbaum), *Chamaecyparis* (Scheinzypresse) und *Thuja* (Lebensbaum)].

- In dem lichten Kiefern-Palmen-Eichen-Steppenwald niederer Gebirgsregionen gediehen u. a. *Pinus* (Kiefer), Arecaceae (Palmen) und *Quercus* (Eiche) sowie Lauraceae (Loorbeergewächse), *Magnolia* (Magnolie), *Castanea* (Esskastanie), *Fagus* (Buche), *Ilex* (Stechpalme), Pittosporaceae (Klebsamengewächse), *Zamia* (Zapfenpalme) und Gräser.

- In dem feuchten Flussauenwald gediehen *Glyptostrobus* (Wasserfichte), die strauchförmigen Clethraceae (Scheinerlengewächse), Myricaceae (Gagelgewächse), Salicaceae (Weidengewächse) und große Stauden aus der Familie Connaraceae (Seifenbaumartige).

Im Gebiet der bernsteinführenden Schichten der Lage 8 bildete sich in Helmstedt ein kleines Flachmoor mit dem Charakter eines Verlandungsmoores. Der Standort dieses Sumpfwaldes gleicht am ehesten dem des Flussauenwaldes sensu A. KOHLMANN-ADAMSKA (1997). Durch das Fehlen von fließendem Wasser in größerem Ausmaß stellten sich schnell anaerobe Bedingungen ein.

So konnten die Kohlen der Flöze in der Lage 8 die autochthone Vegetation eines eng begrenzten Gebietes überliefern. Sie stellt auf Grund ihrer Entstehung während einer Phase der Unterbrechung der Kohlenbildung keine Flora des eigentlichen Braunkohlenmoores dar, sondern sind Reste des auf dem sandig-feuchten Untergrund gedeihenden eozänen Sumpfwaldes.

Als Bernsteinproduzenten kommen in Helmstedt Koniferen der Familie Araucariaceae vel. Taxodiaceae und Angehörige der Familie der Hamamelidaceae über die dort aufgezählten Formen hinaus in Frage. Näheres dazu siehe weiter unten.

Diskussion

RÜFFLE (1976) berichtet von „gut erhaltenen Harzgängen“ in Zapfen von *Doliostrobus* MARION und den dazugehörigen vegetativen Teilen aus dem gesamten Geiseltalgebiet. Von größeren harzführenden Baumstämmen nahm er an, dass sie von *Doliostrobus* MARION stammen. In deren unmittelbarer Nähe kamen in den gleichen Fundstellen des Geiseltals „freiliegende Retinite“ vor. Er sieht deshalb *Doliostrobus* MARION als einen der Bernsteinproduzenten des Vorkommens im Geiseltal an; aus diesem Fundgebiet sind bisher nur Krantzite bzw. Retinite bekannt.

Funde aus der Ukraine, die SCHMALHAUSEN (1883) als *Sequoia* – ähnliche Zweige beschreibt, werden von BUZEK, C., HOLY, F. & KVACEK, Z. (1968) der Gattung *Doliostrobus* MARION zugeordnet. Daneben fanden sich auch an diesem Fundort Hölzer und „reichlich“ vorkommende Retinite.

Aus dem Revier Helmstedt beschreibt GOTTWALD (1966) mehrere Hölzer, die aus den Quarzsanden des Zwischenmittels von Flöz Treue und Flöz Victoria bzw. dem Liegenden des Flözes Victoria stammen. Obwohl die Fundhorizonte nicht mit dem des autochthonen Lagers der „Bernsteine“ übereinstimmen, läge es nahe, bernsteinproduzierende Baumarten im Bereich der von GOTTWALD beschriebenen Gattungen und Arten wie *Podocarpoxylon helmstedtianum* GOTTWALD und *Podocarpoxylon cf. knowltoni* KRÄUSEL zu suchen.

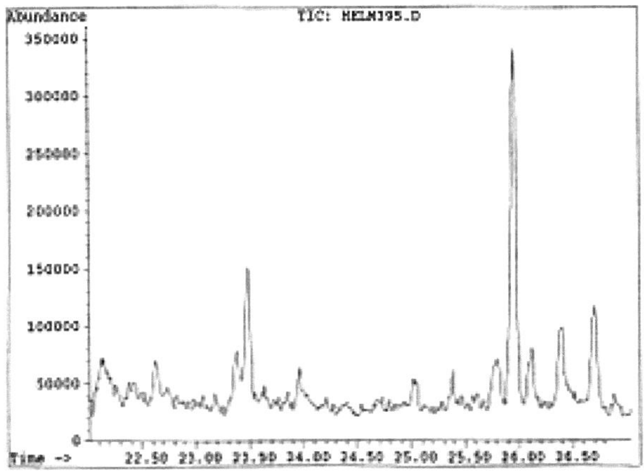

Chromatogramm der Probe 3 aus dem Tagebau Helmstedt mit dem Nachweis einer kleinen Menge Zimtsäure, Mitteilung von VÁVRA (2000).

RÜFFLE (1976) vermutet, dass das Holz von *Podocarpoxylon* GOTHAN eventuell zu *Doliostrobus* MARION zu stellen sei. Dadurch werden die von VAHLDIEK (1986) beschriebenen Pflanzenreste, z. B. Holz und Rinde an den fossilen Harzen, wichtige, noch zu untersuchende Hinweise auf den oder die Bernsteinproduzenten.

Ein Stück zeigt bernsteinimprägnierte Rinde mit einem Zweigansatz. Andere weisen harzimprägnierte Rinde oder Holz mit mehr oder weniger gut erkennbaren Strukturen auf.

Ein vollkommen inkohltes Stammstück aus der Lage 8 enthält zwischen einzelnen Jahresringen Bernsteinlagen von maximal einem halben Millimeter Dicke. An günstigen Spaltflächen kann man feinste Holzstrukturen erkennen. Nur der teilweisen Imprägnation mit Harzen ist seine Erhaltung zu verdanken.

Diese Funde legen es im Zusammenhang mit den dargestellten Ergebnissen der Forschung aus der Literatur nahe, auch für das Revier Helmstedt Bäume der Gattung *Doliostrobus* MARION als Produzenten eines Teils der fossilen Harze anzunehmen. Insbesondere ist auch die Gleichartigkeit der Lagerstätten im Mitteldeutschen Braunkohlenrevier (KRUMBIEGEL & KOSMOWSKA-CERANOWICZ 1992) zu beachten, die dies nahe legt.

Weitere mögliche Harzproduzenten für die fossilen Harze aus Helmstedt

VÁVRA nahm sich dankenswerter Weise der chemischen Untersuchung der fossilen Harze von Helmstedt an. Er untersuchte 10 charakteristische Proben mit Hilfe der computergestützten Gaschromatographie/ Massenspektrometrie. In ihnen konnte er eine ganze Reihe Substanzen nachweisen, wie sie durch diagenetische Veränderungen von bestimmten Terpenen entstehen.

Im Harz sind sicher bizyklische Sesquiterpene enthalten gewesen, wie sie in vielen Harzen anzutreffen sind. Ein Peak ergab ein Massenspektrum, das mit dem Muurolen identisch ist. Das ist der Nachweis eines Restes eines möglichen Ausgangsmaterials. Sonst fanden sich Dimethylisopropylnaphthalin und zwei verschiedene Dimethyltetraline, Produkte der Diagenese, wie sie durch fortschreitende Aromatisierung und Dealkylierung entstehen.

Eine der untersuchten Proben, ein kompakt/plattiges Harz, dessen Farbe weißlich-gelb ist, zeitigte ein überraschendes Ergebnis, denn nach Silylierung ergab eine Chromatographie den eindeutigen Nachweis von einer kleinen Menge Zimtsäure. Daneben fand sich auch noch Phenylpropansäure - ein vermutliches Diageneseprodukt der Zimtsäure (siehe Chromatogramm). Dies kann als ein wertvoller Hinweis auf eine mögliche Erzeugerpflanze betrachtet werden. Zimtsäure in Form ihrer Ester findet sich vor allem in Harzen der Hamamelidaceae (Mitteilung von VÁVRA).

Für Krantzit stellt KATINAS (1988) Ähnlichkeiten mit dem Harz von *Styrax argenta* fest und diskutiert diese Art als mögliche Erzeuger dieser Harze, eine Auffassung, die jedoch KOSMOWSKA-CERANO-WICZ & KRUMBIEGEL (1990) aufgrund der Ergebnisse der Infrarotspektroskopie nicht teilen.

Weitere Ergebnisse der Chromatographie

Die Proben aus Helmstedt sind von „Bernstein“ im Sinne des "klassischen" Succinit ganz sicher und deutlich unterscheidbar. Es fehlt eine ganze Reihe von Substanzen, die für Succinit als weitgehend typisch angesehen werden. Die untersuchten Proben enthalten keine Bernsteinsäure, kein Borneol, keinen Kampfer, keinen Fenchylalkohol usw. (Mitteilung von VÁVRA)

KRUMBIEGEL & KOSMOWSKA -CERANOWICZ (1992) untersuchten zwei vom Autor dem Geiseltalmuseum Halle/Saale überlassene Proben mit Hilfe der Infrarotspektroskopie. Das Resultat deutet darauf hin, dass in Helmstedt nicht nur eine Harzart vorkommen könnte.

Die Forschungsergebnisse, die verschiedene Autoren in der Literatur zu Bernsteinproduzenten mitteilen und die der Gaschromatographie/Massenspektrometrie von VÁVRA, die hier dargestellt werden, sowie die Ergebnisse dieser Arbeit erhärten diese Vermutung.

Diagenetische Beeinflussung fossiler Harze

WEITSCHAT & WICHARD (1998) deuten an, dass Harze verschiedener botanischer Herkunft einen ähnlichen chemischen Aufbau aufweisen können, wenn ihre Diagenese unter den gleichen Bedingungen im gleichen Sediment stattfand.

KOTEJA (1997) führt in einer Literaturbesprechung aus, dass es zwei Hypothesen zur Entstehung fossiler Harze gebe. Die eine besagt, dass das Schicksal eines Harzes nach seiner Ausscheidung von den Bedingungen seiner Umgebung und von der Zeit abhänge.

Als Folge davon kann Harz derselben Pflanzenart sich in unterschiedlichen Sedimenten in verschiedene Chemofossilien verwandeln. Andererseits könnte sich Harz aus verschiedenen botanischen Quellen unter einer Abfolge von ähnlichen Bedingungen in einander ähnliche Chemofossilien verwandeln.

Die andere Hypothese besagt, dass Harz im Zuge der Fossilisierung verschiedene physikalische und chemische Veränderungen erfährt (hauptsächlich Polymerisation von einigen Substanzen und Verdampfen von anderen), aber dennoch manche Eigenschaften und Komponenten unverändert blieben.

Die botanische Herkunft fossilen Harzes könne festgestellt werden, wenn die Veränderungen nachvollzogen werden könnten. Beide Annahmen belegt er mit je einem Beispiel aus der Literatur. Er stellt dann die Frage, ob es sein könnte, dass Harz nach verschiedenen Regeln fossilisiert.

Diagenetische Beeinflussung der fossilen Harze von Helmstedt

Inwieweit diese Vermutung auch auf das fossile Harz Krantzit zutreffen könnte, wäre am Beispiel der Funde aus Helmstedt am ehesten zu überprüfen, da es sich in der Lage 8 – wie oben dargestellt - um ein autochthones Bernsteinlager handelt, dessen chemisches Milieu und damit die Bedingungen, unter denen die Diagenese der darin aufgefundenen fossilen Harze vonstatten ging, wenigstens teilweise nachzuvollziehen sind.

Somit kann ein etwaiger diagenetischer Einfluss im Diagenesepfad der fossilen Harze aus Helmstedt auf dem Weg zum „Bernstein“ erfasst und charakterisiert werden.

In der Literatur wird ausführlich dargelegt, dass der Mutterbaum die Art des fossilen Harzes bestimmt (LANGENHEIM & BECK 1968 u. a.). WEITSCHAT & WICHARD (1998) deuten jedoch an, dass Harze verschiedener botanischer Herkunft einen ähnlichen chemischen Aufbau aufweisen können, wenn ihre Diagenese unter den gleichen Bedingungen im gleichen Sediment stattfand.

Nach diesen Autoren können sie dann viele gleiche Eigenschaften und eben auch sich ähnelnde oder auch in wesentlichen Verläufen gleiche Kurven im Infrarotspektrogramm zeigen.

Bernstein aus der Niederlausitz – Bischdorf

Im Naturpark Niederlausitzer Landrücken, südlich des Spreewaldes, liegt bei Bischdorf heute ein schöner See von über 250 Hektar, damals der Tagebau Seese-Ost. Hier wurde zwischen 1960 und 1996 Braunkohle abgebaut. Seit 2000 wurde das Restloch zum Bischdorfer See geflutet.

Der Sohn eines damaligen Arbeiters berichtet:„Mein Vater hat 1960 eine neue Arbeit gesucht, da die Kohlegruben um Frankfurt/Oder geschlossen wurden und die daraus entstandenen Restlöcher (Helenesee und Katjasee) die bergbauliche Tätigkeit beendet haben.

Die beiden gefundenen Bernsteine von 132 und 60 g stammen aus dem rot umrandeten Gebiet, die genaue Bezeichnung damals war Schacht 5 in der Nähe zum Dorf Bischdorf. Zu dieser Zeit wurde noch 60 m unter Tage entwässert. Stollen wurden horizontal vorangetrieben, mit kleinen Maschinen mit Kettenantrieb und einem Abbauwerkzeug vorn dran.

Mein Vater hat mir oft seine Arbeit gezeigt und für mich waren das immer kleine Panzer, sie hießen aber "Streckenvortriebsmaschinen". Insgesamt hat mein Vater 23 Jahre unter Tage als Bergmann in der Entwässerung als Rohrleger gearbeitet und zig Kilometer Rohre geschweißt, mitsamt den Unterwasserpumpen.

Im Abraum gab es viele Bernsteine zu finden, meist kleine unter 10 g, aber auch größere von einigen hundert Gramm, siehe Foto. Unser Dorf Bischdorf hat überlebt, viele andere in der Gegend wurden einfach weggebaggert.“

132-Grammer Bernstein.

BERNSTEINSUCHE im ehemaligen Braunkohlerevier Cottbus-Nord

45 g Bernsteine eines Sammeltages.

Ein Sammler berichtet: Auf dem Campingplatz Kallinchen am Motzener See stand unser Wohnmobil. Dann sind wir eine Stunde Richtung Cottbus gefahren, haben unsere Autos auf einem Parkplatz abgestellt und sind mit dem Fahrrad weiter gefahren.

Im ehemaligen Braunkohlerevier angekommen, sind wir mit einsetzender Dunkelheit mit Taschenlampe und UV-Lampe ausgerüstet losmarschiert, zunächst durch dichten Wald, dann in offenes Gelände.

Mittlerweile war es stockdunkel, da der Mond nicht zu sehen war. Aber wir konnten deshalb einen wunderschönen klaren Sternenhimmel bewundern.

Dann hatten wir den Rand des Restloches erreicht und begannen die Suche mit UV-Licht. Nur so kann man den Bernstein finden, denn er hat meist eine dunkle Verwitterungskruste und ist tagsüber fast nicht zu erkennen.

Zwischen 23.30 Uhr und 3 Uhr morgens hatten wir sehr anstrengende Stunden, aber der Körper setzt bei solchen Abenteuern unglaubliche Kräfte frei. Vor allem, wenn man ab und zu auch Bernstein findet. Ich bin mit der Ausbeute hoch zufrieden und besitze jetzt Braunkohlebernstein aus der Lausitz.

129g gesammelter Bernstein aus dem Braunkohlerevier Cottbus-Nord in 2023.

Oben: Unsortiert, Rechts: Sortiert nach Farben.

RADIOAKTIVER BERNSTEIN?

Von Frank Telge

Lagerstätte Ronneburg, Erztagebau Lichtenberg, Bildquelle: www.unbekannter-bergbau.de, Sammlung H.A.W.

Wo heute Grünflächen neben dem Ort Ronneburg liegen, klaffte jahrzehntelang wie eine Wunde ein riesiges Loch in der thüringischen Landschaft. Umgeben war der 230 Meter tiefe Tagebau Lichtenberg von vier gewaltigen Kegelhalden, die wie ägyptische Pyramiden jeweils über 100 Meter in den Himmel ragten[1 2]. Das Ensemble war ein Relikt des kalten Krieges, denn gefördert wurde hier Uranerz für das Atomprogramm der Sowjetunion und zwar zuerst als Reparationsleistung nach dem Zweiten Weltkrieg und später als Lieferung unter Bruderstaaten[3]. Ein Unterfangen, das nicht nur die Region, sondern auch die dort lebenden Menschen mit den schwerwiegenden Folgen radioaktiver Strahlung zurückließ[4].

In der Sammlung eines dort tätigen Bergmanns fand sich das Stück eines dunklen und marmorierten, fossilen Harzes, das nach den Fundangaben im Jahr 1959 im Tagebau Lichtenberg entdeckt worden war[5].

Das erscheint schwer vorstellbar, denn das dort geförderte Uranerz entstammte einer Lagerstättenbildung in den marinen Sedimenten des Silurs [6]. Aus dieser Zeit sind jedoch keine fossilen Harzfunde plausibel.

Die Auflösung dieses Rätsels ist jedoch ebenso einfach wie naheliegend: Der Ronneburger Horst war im Tertiär ein Abtragungsgebiet, so dass jungpaläozoische und mesozoische Sedimente im Gebiet des Ronneburger Horstes nicht abgelagert bzw. teilweise erodiert worden sind. Daher liegen in der Schichtenfolge direkt unter quartären und tertiären Lockergesteinen die Sandsteine und Schiefertone aus dem triassischen Buntsandstein. Neben erosionsresistenten Quarziten sind in Senken geringmächtige tertiäre Ablagerungen erhalten geblieben. So wurden 1957 in einem Erkundungsschurf südlich Ronneburg in einem Meter Tiefe innerhalb eines Sand-/Kieslagers tertiäre Pflanzenreste gefunden und aus Bohrungen westlich Beerwalde sind Braunkohlenreste bekannt[7].

Ronneburg-Bernstein, Tagebau Lichtenberg, Foto © Andreas Gerstenberg raritaetenjaeger.

Am 02.05.1958 begannen die Aufschlussarbeiten für den Tagebau Lichtenberg. Mit Baggern wurden in 1958 1,6 Mio. m^3 und in 1959 3,6 m^3 Material abgebaut, so dass Ende 1959 bereits eine Teufe von 36 Metern erreicht war[8].

Theoretisch könnte das gefundene fossile Harz aus dem Quartär, dem Tertiär und der Trias stammen. Da das Quartär in Lichtenberg wahrscheinlich schon in 1958 vollständig abgebaut wurde und aus triassischen Schichten kein fossiles Harz dieser Größe oder dieses Aussehens überliefert ist, dürfte das gefundene Harz tertiären Ursprungs sein. Egal, ob es durch Transportvorgänge nach Ronneburg gelangt ist oder dort autochthon abgelagert wurde – das Harz könnte demselben Waldgebiet entstammen, aus dem fossile Harze im oberen Oligozän und unteren Miozän in die nur 100 Km entfernte Lagerstätte Bitterfeld eingeschwemmt wurden.

Und tatsächlich ähnelt der Fund zwei dort gefundenen Harzen der Glessit-Gruppe, sowie einem bislang unbestimmten und unbenannten Harz aus der dortigen Lagerstätte[9].

[1] Wismut GmbH, „Der Tagebau Lichtenberg“, URL: https://www.wismut.de/de/nl-ronneburg_tagebau-lichtenberg.php, Abrufdatum: 24.08.2024.

[2] Bergbautraditionsverein Wismut BTV, „Die Pyramiden von Ronneburg: Uranerzbergbau in Ostthüringen“, Hrsg.: Verein zur Förderung, Bewahrung und Erforschung der Traditionen des Sächsisch-Thüringischen Uranbergbaus e.V., Hartenstein 2006.

[3] Lesniewski, B. (2013): Trockene Schläge aus dem Untergrund in Ronneburg“, Ostthüringer Zeitung v. 13.03.2013, Ostthüringer Zeitung Verlag II GmbH & Co. KG, Gera.

[4] Kahlert, J. (1992): Wismut und die Folgen des Uranbergbaus: Eine Tagung der Friedrich-Ebert-Stiftung am 19. Juni 1992 in Gera. - In der Reihe “Wirtschaftspolitischer Diskurs” 31, Verlag J.H.W. Dietz Nachf., Bonn.

[5] Raritätenjäger (Pseud.), „Bernstein – Ronneburg“, URL: https://www.mineralienatlas.de/lexikon/index.php/LokationMineralData?lang=de&param=-4842%2C370%2C0, Abrufdatum: 24.08.2024.

[6] Menning, M. & Deutsche Stratigraphische Kommission (2012): Erläuterung zur Stratigraphischen Tabelle von Deutschland Kompakt 2012. [Explanatory notes to the Stratigraphic Table of Germany Compact 2012.]. - In: Zeitschrift der Deutschen Gesellschaft für Geowissenschaften (ZDGG), Jhrg. 163, Heft 4, S. 389, Schweizerbart Science Publishers, Stuttgart.

[7] Gatzweiler, R. et al. (1997): Geologie, Bergbau und Sanierung des Ostthüringer Uranerzbergbaureviers. - In: Regionale Geologie von Mitteleuropa – Exkursionsführer, S. 239 – 264, Schriftenreihe der Deutschen Geologischen Gesellschaft (SDGG), Heft 3, Schweizerbart Science Publishers, Stuttgart.

[8] Mitka, l. et al.: Tagebaue der SAG / SDAG Wismut zur Urangewinnung: Der Tagebau Lichtenberg. URL:„http://www.unbekannter-bergbau.de/inhalte/spot_12_2016_Lichtenberg.htm, Abrufdatum: 24.08.2024.

[9] Fuhrmann, R.(2010): Die Bitterfelder Bernsteinarten. - In: Mauritiana, Heft 21, S. 13 - 58, Naturkundemuseum Mauritianum, Altenburg..

Alle Bilder rechts: Lagerstätte Ronneburg, Erztagebau Lichtenberg, Bildquelle:

www.unbekannter-bergbau.de.

Erztagebau kurz vor der Stilllegung.

Erztagebau Restloch 1991.

Erztagebau fertig saniert 2018.

FOSSILES HARZ IN HAMBURGS UNTERGRUND

Von Frank Telge

Wenn es stimmt, dass das Verhüllte reizvoller ist als das Offensichtliche, dann müsste die Fundstelle fossiler Harze in Hausbruch bei Hamburg-Harburg eine der bekanntesten und meistbeschriebenen in Deutschland sein.

Tatsächlich ist aber weitgehend unbekannt (und nicht einmal unbestritten), dass dort von 1919 bis 1922 im Rahmen einer vorübergehenden Kohleförderung in nennenswertem Maße auch fossile Harze aufgefunden wurden. Abgebaut wurden Braunkohlensande mit einem Kohlengehalt von ca. 55%. Die Kohle lag in abgerollten Stücken von Weizenkorn- bis Kindskopfgröße, größtenteils jedoch in Pflaumengröße vor. Es war offensichtlich, dass die Kohle umgelagert und nach einem (Schmelz-)Wassertransport in Hausbruch im Urstromtal der Elbe zur Ablagerung gekommen war. Nichts anderes galt für die fossilen Harzstücke, die – ähnlich in Gewicht und Größe – mit der Kohle dort eine neue Lagerstätte fanden.

Um es gleich vorweg zu nehmen: Die bei Hamburg-Harburg aufgefundenen Harze sind vermutlich weder hinsichtlich ihrer Genese, noch ihrer Provenienz etwas wirklich Neues. Gletscher- und Wassertransport haben nur nach Größe, Gewicht und Härte selektiert, so dass die mitgeführten Harzstücke aus allen norddeutschen Lagerstätten stammen können, die die Urstromtäler der Elbe und ihrer Zuflüsse vor der Ablagerung in Hausbruch angeschnitten haben. Auszugehen ist daher vor allem von Succinit – egal ob ursprünglich aus dem Baltikum oder der Lausitz stammend – und den begleitenden akzessorischen Harzen.

Die Braunkohlen wurden nach herrschender Meinung vor etwa 5 Mio. Jahren am Ende des Tertiärs (im oberen Miozän und unteren Pliozän) in Sumpfwäldern und Verlandungsgebieten gebildet und während der Elster-Eiszeit unter Gletschereinfluss aufgearbeitet und umgelagert. In Hausbruch fanden die Braunkohlen allerdings erst während der Saale-Eiszeit vor etwa 300.000 bis 126.000 Jahren als Ergebnis erneuter Umlagerung gemeinsam mit den fossilen Harzen ihre endgültige Lagerstätte[1 2 3]. Eine gemeinsame Entstehung von Harz und Braunkohle muss dabei als möglich, aber eher unwahrscheinlich angesehen werden.

Obwohl Bernstein in ganz Norddeutschland im Geschiebe vorkommt und auch in- und außerhalb Hamburgs in unteren und oberen Braunkohlensanden immer wieder angetroffen werden kann, ist die Lagerstätte in Hausbruch aus zwei Gründen besonders:

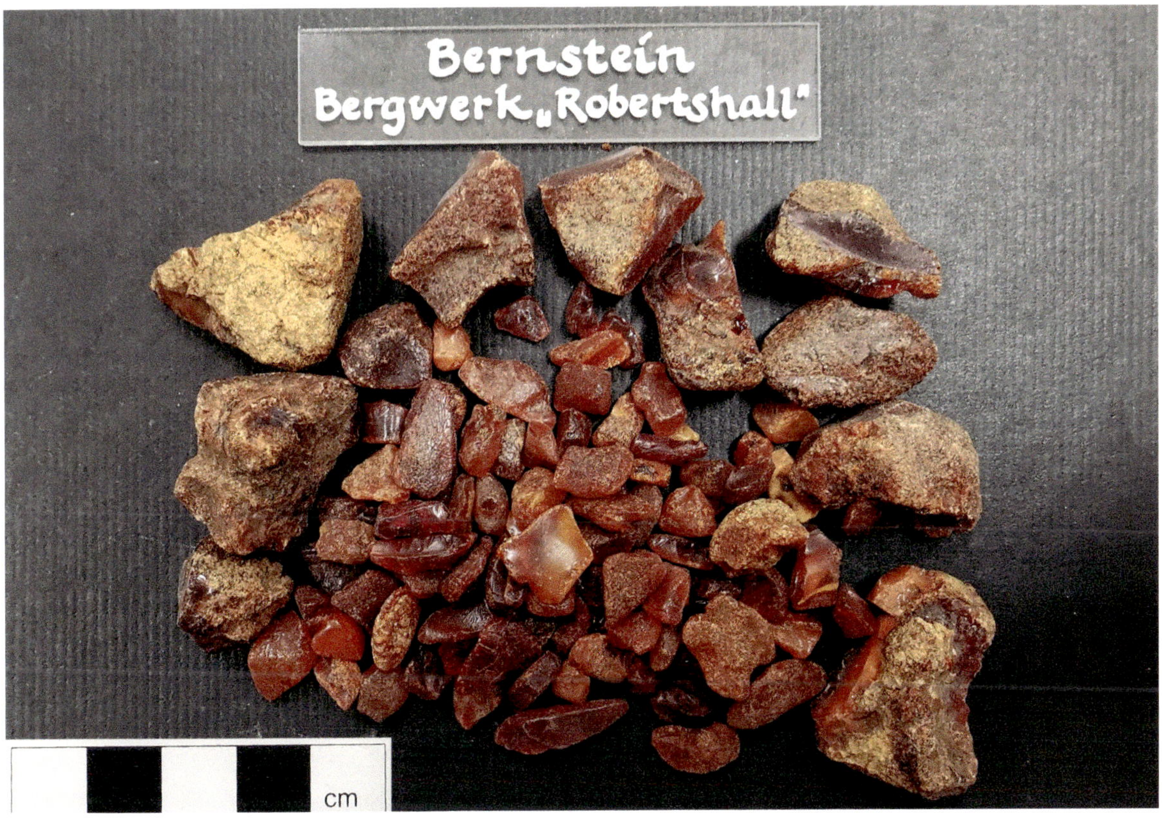

Foto © Frank Moseler - mit freundlicher Genehmigung des Archäologischen Museums HH, verändert.

Das Braunkohlebergwerk Robertshall (unbekannter Künstler), aus: lostplaces.de – 100 Jahre Weltwirtschaft im Spiegel eines Unternehmens, zur Verfügung gestellt von: Archiv Phoenix.

Der Kohleabbau erfolgte in ca. 17m Tiefe in den dort ungewöhnlich oberflächennahen oberen Braunkohlensanden, allerdings im Untertagebergbau. Ein solcher Abbau ist in Hamburg einmalig geblieben und er war auch nur aufgrund von Nachkriegsbeschränkungen vorübergehend wirtschaftlich sinnvoll. Das Bergwerk mit dem klangvollen Namen „Robertshall" wurde daher schon 1922 verfüllt und geschlossen (dass diese Verfüllung unvollständig erfolgte und nach wie vor Erdfälle nach sich zieht, stellt den Hamburger Straßenbau auch heute noch vor erhebliche Probleme ...).

Die Fundstelle ist allerdings seit der Einstellung des Kohleabbaus – also schon seit 100 Jahren – nicht mehr zugänglich. Lange hat man geglaubt, dass auch keine musealen Exponate dieses fossilen Harzes (mehr) existieren würden. Unmittelbar vor Drucklegung dieses Buches konnten aber Bernsteine aus dem Bergwerk Robertshall in einer Museumssammlung aufgefunden werden. Eine gesonderte Veröffentlichung zur "Enthüllung des Mysteriums" ist zeitnah vorgesehen.

Darüber hinaus muss es sich auch um eine bemerkenswert reiche Bernsteinlagerstätte handeln. Der Geologe Prof. Dr. Karl Gripp, der den Bernsteingehalt der Fundstätte schon 1933 erwähnte[4], soll nach Dr. Richard Hennig 1942 nochmals über Braunkohle und Bernstein „... in riesigen Mengen ..." berichtet haben, so dass „... nach dem Weltkrieg ein Gummiwerk in Harburg die Kesselanlagen mit einem Gemisch von Braunkohle und Bernstein aus Sanden der Harburger Gegend geheizt hat."[5] Nach Recherchen und Gesprächen mit ehemaligen Bergleuten bestätigte auch Hinrich Prigge 1956, dass die Arbeiter in dem Braunkohlen-Sandgemisch verschiedentlich Bernstein gefunden haben[6].

Natürlich befindet sich auf Hamburger Gebiet auch an anderer Stelle Bernstein: Im eiszeitlichen Geschiebe[7], in den Sedimenten der heutigen Elbe[8] [9] [10] [11] [12] und unerreichbar in den teilweise mehrere Hundert Meter unter der Oberfläche liegenden Braunkohlensanden[13]. Neben diesen über die Fläche und Tiefe der Stadt weit verstreuten Vorkommen besitzt Hamburg aber in Hausbruch an seiner südlichen Grenze eine offenbar reiche, relativ oberflächennahe, nur leider aktuell unzugängliche Fundstelle für Bernstein.

Literaturverzeichnis:

Hamburger Geogr. Studien Heft 48, „HH Stadt und Hafen - Umland und Küste 37 Geographische Exkursionen", herausgegeben von Klaus Schipull, HH, Institut für Geographie der Universität Hamburg 1999.

Mitteilungen der Geographischen Gesellschaft in Hamburg Band 68, „Die quartäre Morphogenese der Harburger Berge und ihrer Umgebung“ von Jürgen Ehlers, Hamburg, Geograph. Ges. in HH 1978.

„Geologie von HH und seiner näheren Umgebung“ von Prof. Dr. Karl Gripp, HH, Ges. der Freunde des vaterländischen Schul- und Erziehungswesens in Hamburg, C. Boysen Verlag, Hamburg 1933.

„Terrae Incognitae, Band I. Altertum bis Ptolemäus“, Dr. Richard Hennig, Düsseldorf, zweite, verb. Auflage, Verl. E. J. Brill, Leiden 1944.

„Harburger Jahrb. 1956 VI.“, Hrsg. von Prof. Dr. Willi Wegewitz, HH-Harburg, Museums- und Heimatverein Harburg Stadt und Land e.V., Verlag G. Lühmann C. Hergeröder's Nachf., HH-Harburg 1956.

„Bernstein im Urstromtal der Elbe bei HH-Harburg“ von Kurt W. Eichbaum, Hamburg, in „Der Aufschluss - Zeitschrift für die Freunde der Mineralogie und Geologie“, Jg. 15, Heft 2, S. 39 - 40, herausgegeben von der Vereinigung der Freunde der Mineralogie und Geologie (VFMG) e.V., Heidelberg/Göttingen 1964.

„Der Bernstein im nordwestlichen Deutschland“, Dr. Ludwig Häpke, Bremen, in „Abhandlungen des Naturwissenschaftlichen Vereins zu Bremen 1873-1874“, Band 4, S. 525-550, Bremen 1874.

„Führer durch die Geol. Abt. des Helms-Museums - 1965“, von Hinrich Prigge, HH-Harburg, zweite Auflage, Verlag G. Lühmann C. Hergeröder's Nachf., HH-Harburg 1965.

„Der Bernstein der norddeutschen Ebene auf zweiter, dritter, vierter, fünfter und sechster Lagerstätte“, von Ludwig Meyn, Uetersen, in Zeitschrift der Deutschen Geol. Gesellschaft, Band 28, S. 172 - 198, Stuttgart 1876

„Bernstein vom unteren Lauf der Elbe zwischen HH und Cuxhaven“, Karlheinz Krause, Buxtehude, in „Der Steinkern“, Heft 44, Ausg. 1/2021, Steinkern Verl. 2021.

„Bernstein a. D. Küsten und im Binnenland der norddeutschen Tiefebene“, Karlheinz Krause, Buxtehude, in „Der Aufschluss - Zeitschrift für die Freunde der Mineralogie und Geologie“, Jg. 49, Heft 4, hrsg. von der Vereinigung der Freunde der Mineralogie und Geologie (VFMG) e.V., Heidelberg/Göttingen 1998 .

„Der Bahrenfelder See - Beiträge zur Erforschung seines Ursprungs“ von Prof. Emil Koch, Hamburg, in „Mitteilungen aus dem Mineralogisch-Geologischen Institut in Hamburg“, 1. Beiheft zum Jahrbuch der Hamburgischen Wissenschaftlichen Anstalten XXXV. 1917, im Otto Meissners Verlag, HH.

[1] Schipull, K.: (1999) Die Naturlandschaften im Großraum Hamburg – kurze Erläuterungen zu einer Übersichtskarte. - In Hamburger Geographische Studien Heft 48, S. 1 – 7.

[2] Ehlers, J. (1999): Das Quartär im Hamburger Raum. - In Hamburger Geographische Studien Heft 48. S. 9 – 19.

[3] Ehlers, J.: - In Mitteilungen der Geographischen Gesellschaft in Hamburg Band 68.

[4] Gripp, K. (1933): Geologie von Hamburg und seiner näheren und weiteren Umgebung. - In: Gesellschaft der Freunde des vaterländischen Schul- und Erziehungswesens, C. Boysen Verlag. S. 79 und 80 .

[5] Hennig, R. in „Terrae Incognitae“, S. 177 .

[6] Prigge, H. (1956): Das Braunkohlenbergwerk „Robertshall“ bei Hamburg-Hausbruch“. - In: Harburger Jahrbuch 195. S. 43.

[7]Eichbaum, K. W. (1964): Über Bernstein in einer Kiesgrube in HH-Neuland. - In: Bernstein im Urstromtal der Elbe bei Hamburg-Harburg. Der Aufschluss, Jg. 15, Heft 2, S. 39 und 40.

[8] Häpke, l. (1874): Über verschiedentlichen Elbbernstein bei Hamburg. -In: Der Bernstein im nordwestlichen Deutschland, Abhandlungen des Naturwissenschaftl. Vereins zu Bremen 1874, S. 549.

[9] Prigge, H.: Über Bernstein aus Elbsanden zwischen HH-Fischbek und HH-Teufelsbrück. - In: Führer durch die Geologische Abteilung des Helms-Museums. S. 18.

[10] Meyn, l. (1960): Über Elbbernstein bei HH-Blankenese und HH-Schulau. -In: Der Bernstein der norddeutschen Ebene auf zweiter, dritter, vierter, fünfter und sechster Lagerstätte. Zeitschrift der Deutschen Geologischen Gesellschaft, Bd. 28, S. 176.

[11] Krause, K. (2021): Über Elbbernstein bei HH-Francop. - In: Bernstein vom unteren Lauf der Elbe zwischen Hamburg und Cuxhaven. Der Steinkern, Heft 44, S. 35.

[12]Krause, K. (1998): Über Bernstein auf der Hamburger Elbinsel Schweinesand. - In: Bernstein an den Küsten und im Binnenland der norddtsch. Tiefebene. Der Aufschluss, Jg. 49, Heft 4, S. 207.

[13] Bohrbefund aus ca. 136 Meter Tiefe auf dem früheren Gelände der Holstenbrauerei, Holstenstr. 224, Hamburg-Altona, in „Mitteilungen aus dem Mineralogisch-Geologischen Institut 1917“, S. 35.

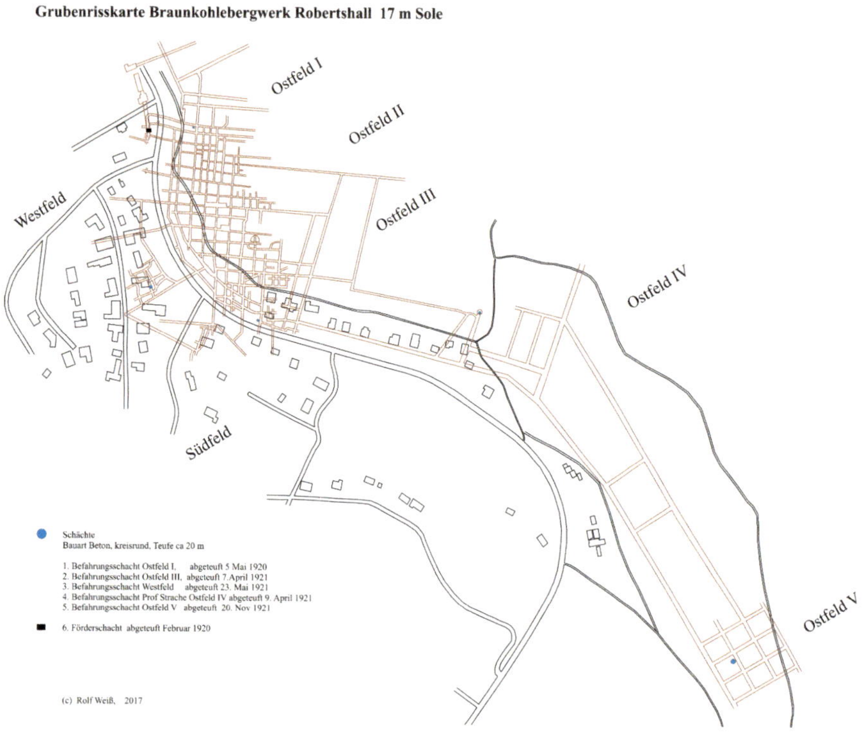

Robertshall: Schächte und Stollen in ca. 17 Meter Tiefe, Grafik © Rolf Weiß 2017.

Spätfolgen und Spekulationen

Tagesbruch auf der Straße Emmetal, Verursacher: Ehemaliges Braunkohlebergwerk Robertshall in Rosengarten bei Hamburg.

Quelle: Landesamt für Bergbau, Energie und Geologie, Veröffentlichung vom 29.3.2022.

Grund ist höchstwahrscheinlich ein Hohlraum, der durch das ehemalige Braunkohlebergwerk Robertshall entstanden ist. Die ehemaligen Grubenbaue werden derzeit durch das LBEG im Rahmen der Gefahrenabwehr im Nachbergbau saniert.

Björn Völlmar Vom LBEG schreibt ergänzend zu den Angaben zum Bergwerk Robertshall:

Gestatten Sie uns abschließend ein Wort zur Eignung des Braunkohlebergwerks Robertshall als Lagerort für das Bernsteinzimmer:

Schon während des Betriebes des Bergwerks Robertshall (Anfang der 1920er Jahre) hat man die ausgekohlten Bereiche planmäßig zu Bruch gehen lassen, so dass nach Einstellung des Werkes kaum noch geeignete Hohlräume zur Verfügung gestanden haben dürften. Bei der endgültigen Schließung des Werkes in den 1920er Jahren wurden sämtliche Zugangsschächte verfüllt. Im Rahmen der Erkundung und Sanierung des Bergwerks Robertshall wurden sämtliche Grubenbaue auf niedersächsischer Seite erkundet und verfüllt.

Keiner der angetroffenen Hohlräume war so groß, dass er für Einlagerungszwecke im Rahmen der Untertageverlagerung geeignet gewesen wäre. Es muss davon ausgegangen werden, dass auf Hamburger Seite ein ähnliches Bild anzutreffen ist. Hinzu kommt, dass sämtliche Grubenbaue des Bergwerks Robertshall in sandigem Boden aufgefahren wurden und massiver Ausbau zum Abstützen der Grubenbaue notwendig war. Erfahrungsgemäß hat man jedoch für Projekte der Untertageverlagerung in Bergwerken ausschließlich Grubenbaue genutzt, die in standsicherem Gebirge gestanden haben. Das Werk Robertshall war somit aufgrund seines Verwahrungszustandes und des nicht vorhandenen standsicheren Deckgebirges für eine Untertageverlagerung denkbar ungeeignet.

NIEDERSACHSEN-BERNSTEIN - TIEFE EINBLICKE IN DIE KREIDEZEIT

Von Frank Telge

Bernstein in der norddeutschen Tiefebene wird überwiegend mit Strand- und Kiesgrubenfunden assoziiert. Aber auch Bernsteine aus eiszeitlichem Geschiebe anderer Fundstellen, sowie aus Sedimenten heutiger oder früherer Seen und Flüsse sind in Norddeutschland nicht unbekannt. Der gemeinsame Nenner dieser Funde ist die Annahme einer Herkunft aus dem Baltikum. Selbst wenn in Ausnahmefällen ein Schmelzwassertransport aus anderen Entstehungs- oder Ablagerungsgebieten akzeptiert wird, so ist Bernstein in Norddeutschland der Vorstellung nach tertiären Ursprungs.

Es war Kommissar „Zufall" in Person des anerkannten und vielfach (bis hin zum Bundesverdienstkreuz) ausgezeichneten deutschen Mikropaläontologen Prof. Dr. Heinrich Hiltermann[1], der bereits in 1949 – allerdings ohne große Resonanz – an diesem Bild rüttelte. Im Rahmen seiner Tätigkeit beim Reichsamt für Bodenforschung untersuchte er Bohrkerne und blickte durch sein Mikroskop tiefer in den Boden Nordwestdeutschlands als andere Menschen dies konnten. Immer wieder fielen Hiltermann und seinem Team Bernsteinsplitter in den Proben auf, die er aber zuerst als Verunreinigungen aus oberen, eiszeitlichen Schichten deutete. Aber sogar in Schlämmrückständen von Tonproben aus der Unterkreide nördlich von Hannover fanden sich Bensteinstückchen[2].

Klarheit brachten allerdings erst einwandfrei saubere Kernproben aus Rotarybohrungen in der Nähe von Isernhagen, Thören und Eldagsen im Umland von Hannover. Hiltermann hierzu a. a. O.:
„Es fanden sich bei der Untersuchung von Wealdentonen aus Bohrungen in der Umgebung von Hannover stellenweise sogar ziemlich häufig gelbe oder rotgelbe, meist durchsichtige Splitterchen. Nach der Lagerung und Einbettung war nur eine Herkunftserklärung möglich, es mußte sich hier um ein autochthones Harz aus der Wealdenformation handeln. Hiermit war nun auch e i n e befriedigende Erklärung gegeben für die […] merkwürdige Beobachtung von „Bernstein"-Stückchen in den rein marinen Neokomtonen. Diese Harzstückchen konnten eigentlich nur von den Pflanzen des nachweislich nahen Festlandes stammen …"

Eine optische Untersuchung einzelner fossiler Harzsplitter aus diesen Bohrungen führte Prof. R. Weyl durch, eine chemische Überprüfung erfolgte durch Dr. Feichtinger. Auch hierbei ergaben sich Unterschiede zu Proben von Succinit (Baltischem Bernstein).

Im Einzelnen erläuterte Hiltermann die vorgenommenen Bohrungen und ihre Ergebnisse in der zitierten Veröffentlichung wie folgt:

A. Thören nahe Wietze bei Celle

„Die erste Probe, bei der ich auf die Autochthonie des Wealden-„Bernsteines" aufmerksam wurde, stammte aus Bohrung 14 in Thören [.], westlich Celle. Hier fand sich im oberen Wealden ein bräunlichgrauer, weicher Schieferton bis milder Tonstein mit verstreuten Pflanzenresten, in den mehrere 20—30 cm dicke Lagen einer tonigen Kohle eingelagert waren [.]. Der sandfreie Schlämmrückstand einer Mischprobe von ca. 1 m dieser Schicht besteht ausschließlich aus schwarzbraunen, seltener braunen und hellbraunen Pflanzenresten. Bei manchen lassen sich deutlichere Oberflächenstrukturen, selten sogar Reste von Fruchtständen, erkennen. Vereinzelt finden sich pyritisierte Wurmgangreste. Zwischen den inkohlten unbestimmbaren Pflanzenresten finden sich Megasporen […] Daneben sind nicht selten kleine, z. T. traubige oder strähnige Harzstückchen von goldgelber bis rotgelber Farbe vorhanden."

B. Nesselberg nahe Eldagsen bei Springe

„Die oberste harzführende Bohrprobe von Wesertal[3] am Fuße des Nesselberges stammt aus 61,5 m Teufe. Der im Gegensatz zu den vorherigen Proben fossilarme Schlämmrückstand besteht vorwiegend aus verschieden gestalteten eckigen Quarzkörnern. Daneben finden sich Reste von Tonstein, einer Glanzkohle (ca. 10%), einige halbmondförmige bis 1 mm lange Farnsporen (?), einige ca. 0,2 mm große scheibenförmige Megasporen […] und einige Harzstückchen. — In derselben Bohrung fanden sich auch noch in 74,0 m und 82,0 m ähnliche Harzreste. Der Schlämmrückstand aus 74 m besteht aus Kohlestückchen und einigen Tonsteinresten und enthält untergeordnet etwas Pyrit, bräunliche Pflanzenreste und rotgelbe Harzstückchen. — Der Schlämmrückstand aus 82 m besteht vorwiegend aus Resten eines schwach feinstglimmerigen Tonsteines, verschieden gestalteten, z. T. auch gerundeten Quarzkörnern, Kohleresten und zwei Splitterchen eines hellgoldgelben Harzes."

C. Ziegeleigrube Kananohe nahe Isernhagen beim Flughafen Hannover-Langenhagen

„Der Hauterive-Ton von Kananohe enthält die übliche artenreiche rein marine Invertebratenfauna, wovon als besonders individuen- und artenreich die Foraminiferen hervorzuheben sind. Das Harz befindet sich hier [...] auf allochthonem Lager."

Das führt zur Frage nach der Entstehung dieser fossilen Harze, nach ihrem Transport an den Ablagerungsort und nach dem Grund, warum sie erhalten geblieben sind.

Ein Blick auf paläogeographische Karten liefert die Erklärungen hierfür:

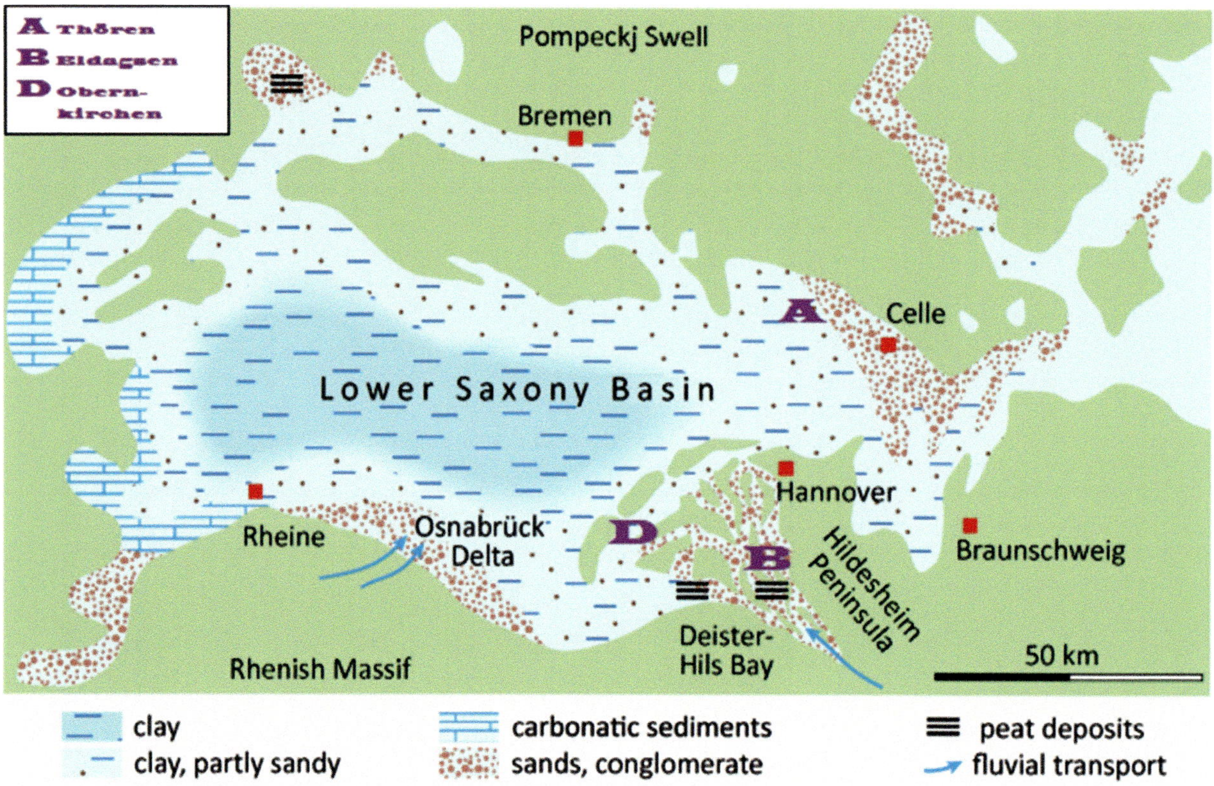

Paläogeografische Karte des Berriasiums im Niedersächsischen Becken, modifiziert nach Dr. Martin Meschede & Dr. Laurence N. Warr, „The Geology of Germany - a Process-oriented Approach", Springer Verlag, Berlin-Heidelberg 2019.

Zu A.: Thören nahe Wietze bei Celle

Die Bernsteinstücke aus der Bohrung bei Thören waren in Tonen der frühen Kreidezeit (im Berriasium oder Valanginium - ehemals Wealden - etwa 134 – 145 Mio. Jahre vor heute) mit vielen, wenig aufgearbeiteten Pflanzenresten abgelagert. Das deutet darauf hin, dass das Fossilmaterial von einer nahen Küste eingeschwemmt wurde. Unter Wasser gelagert und danach in den Tonschichten luftdicht abgeschlossen blieb dieser Bernstein bis heute erhalten. Er entstammt einer tropischen Vegetation und die begleitenden Pflanzenfossilien haben ihre Herkunft in Sumpf- bzw. Küstengebieten, teilweise auch in feuchten Wäldern. Für diese Region sind an großen Gewächsen u. a. Ginkos, Schachtelhalme und Vertreter der Koniferen nachgewiesen[3]. Letztgenannte sind in anderen Lagerstätten bekanntlich oft Produzenten der fossilen Harze gewesen[4].

Ergänzend sei darauf hingewiesen, dass Hiltermann von dem Fundort bei Thören auch die Entdeckung eines Bernsteinstückes von ca. 12 g erwähnte, das aus der – nicht von ihm selbst vorgenommenen – Rotary-Bohrung Thören 6 stammte. Das Fundstück soll aus 500 - 600 m Tiefe (!!) stammen. Da Hiltermann erfuhr, dass die Bohrung verrohrt gewesen sein soll, ist eine Herkunft des Stückes aus eiszeitlichen Ablagerungen unwahrscheinlich. Somit lag jedenfalls kein umgelagerter baltischer Bernstein vor und vermutlich war auch dieses fossile Harz viel älteren Ursprungs.

Zu B.: Nesselberg nahe Eldagsen bei Springe

Ebenfalls aus der Unterkreide stammen die Bernsteinsplitter gleichen Alters, die bei Eldagsen in den Sedimenten eines früheren Flussdeltas zwischen Quarzkörnern und Tonsteinen zusammen mit Kohlestückchen und Pflanzenresten abgelagert wurden. Der Transport durch das damalige Flusssystem erfolgte von der Landmasse zwischen Deister-Hils-Bucht und Hildesheimer Halbinsel. Auch diese fossilen Harze konnten nur durch ihre Lagerung in den Sedimenten des Deltas erhalten bleiben und sind noch heute von den Resten der sie damals umgebenden Vegetation begleitet. In der Lebenswelt, in der diese fossilen Harze gebildet wurden, herrschten an Land Dinosaurier und in den Lagunen und Sümpfen des Deltas Krokodile über eine reichhaltige Fauna – und zwar mitten in Niedersachsen (Hornung et al., a. a. O).

Zu D.: Sandsteinbruch bei Obernkirchen (nur in der Grafik dargestellt)

Aber Hiltermanns Funde stehen nicht alleine da. Auch bei Obernkirchen sind in der frühen Unterkreide Harze deponiert worden. Zur Zeit der Ablagerung handelte es sich um einen Bereich, der dem Flussdelta bei Eldagsen von der Seeseite aus vorgelagert war und aus Inseln, Barrieren, Lagunen und weiteren Flachwasserzonen bestand.

Da diese Welt von einer reichen Saurierfauna dominiert wurde, haben diese beeindruckenden Lebewesen ihre Fußabdrücke - neben Spuren und Fossilien der übrigen Tier- und Pflanzenwelt - im Sand der damaligen Strände und ufernahen Küstenbereiche hinterlassen. Sturmereignisse haben diese dann mit gewaltigen Sandschüttungen überdeckt. Heute sind hieraus die hochwertigen Sandsteinbänke entstanden, die um Obernkirchen schon seit Jahrhunderten abgebaut werden und u. a. in einem aktiven Steinbruch aufgeschlossen sind. Hornung et al. wiesen darauf hin (a. a. O.), dass im Berriasium Bernstein in den Schichten der Bückeberg Formation eingeschlossen wurde.

Leider ist dieses Harz bislang nicht genauer untersucht und beschrieben worden. Aber Dr. Mike Reich, einer der Autoren und Direktor des Staatlichen Naturhistorischen Museums in Braunschweig, teilte auf Anfrage freundlicherweise mit, dass entsprechendes Material in Obernkirchen geborgen wurde. Es handelt sich – wie bei Hiltermann – um mikropaläontologische Funde, die in Obernkirchen im sandig-siltigen Zwischenmittel abgelagert wurden. Dies sind dünne Schichten, die wie dunkle, schmale Bänder zwischen den mächtigen Sandsteinbänken liegen.

Während die Sandsteinschichten eher kurze Wetterereignisse dokumentieren, sind die bernsteinhaltigen Zwischenmittel in langen, ruhigen Phasen abgelagert worden. Wenn diese Funde weiter untersucht werden (z. B. mittels Infrarot-Spektroskopie) und vielleicht

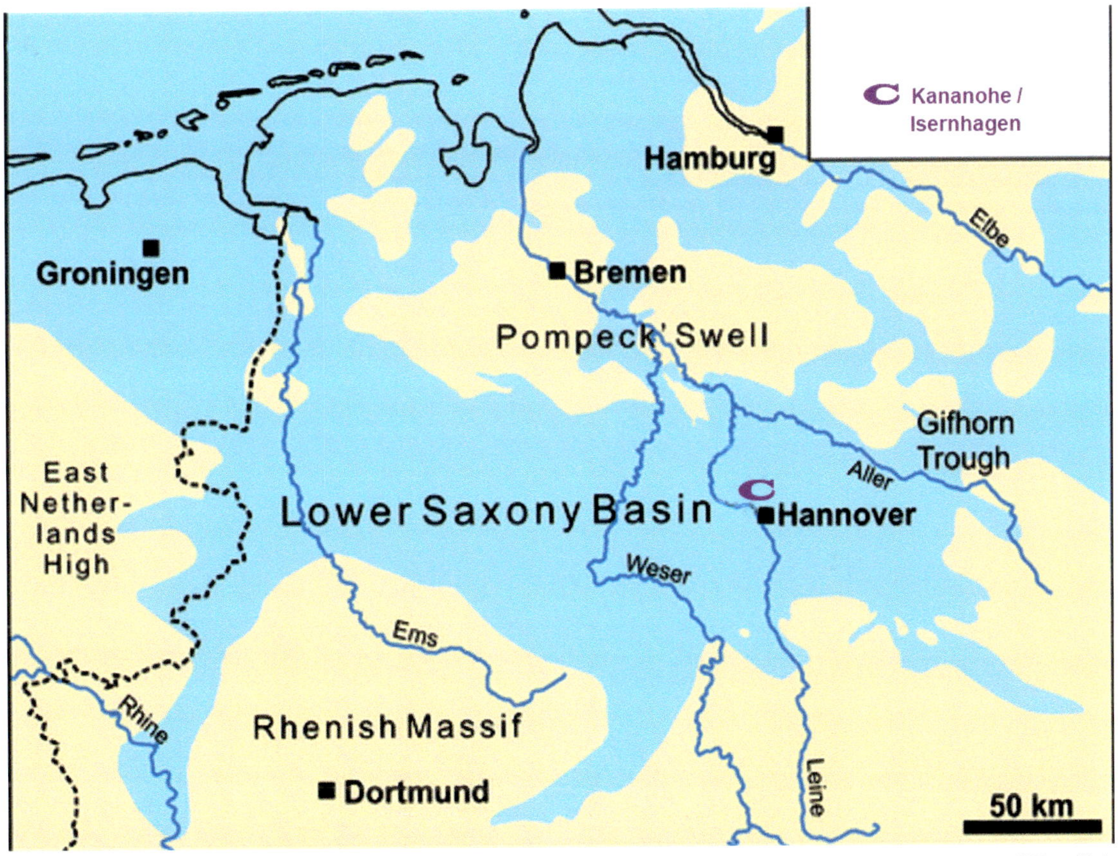

Paläogeografische Karte des Hauteriviums im Niedersächsischen Becken, modifiziert, basiert auf der Veröffentlichung von Schott et al. (1967/1969), entnommen aus Thöle et al., „Using high-resolution XRF analyses as sequence stratigraphic tool in a mudstone-dominated succession (Early Cretaceous, Lower Saxony Basin, Northern Germany)“, in: The Depositional Record, 6 (1), S. 236-258, 2019/2020.

auch an anderen Orten fossile Harze aus Sedimenten der Unterkreide des Niedersächsischen Beckens geborgen werden, wird man sicherlich noch interessante Erkenntnisse über die Flora dieser spannenden urzeitlichen Welt gewinnen können.

Nachzutragen bleiben noch die Verhältnisse zur Zeit der Ablagerung bernsteinhaltiger Tone in Kananohe bei Isernhagen:

Zu C.: Ziegeleigrube Kananohe bei Isernhagen nahe dem Flughafen Hannover-Langenhagen

Die Tonschichten des Hauteriviums in Kananohe sind etwas jünger als die bereits erwähnten Wealdenschichten (etwa 130 – 133 Mio. Jahre). Die begleitenden Fossilien hat Hiltermann als artenreiche marine Fauna beschrieben. Pflanzenfossilen erwähnt er nicht.

Ein Transport weit auf das Binnenmeer hinaus war daher anzunehmen, und dies deckt sich mit den Erkenntnissen zum Fundort. Alle Landmassen sind relativ deutlich entfernt und es bleibt offen, von welcher Küste die abgelagerten Bernsteinstückchen stammten. Parallelen zum Transport des Baltischen Bernsteins, der an vielen Stellen an die Küsten der heutigen Ostsee geworfen wird und auch auf See in manchem Fischernetz landet, drängen sich auf.

Und genauso wie der Baltische Bernstein haben auch die fossilen Harze von Kananohe in den Sedimenten des damaligen Meeresbodens überdauern können. Als diese Harze am Boden des damaligen Binnenmeeres im Niedersächsischen Becken abgelagert wurden, zogen im Wasser darüber nicht nur Fische, sondern auch Ammoniten und Belemniten ihre Kreise[5]. Die Bernsteinsplitter, die in Kananohe gefunden wurden, entstammen einer gänzlich anderen Welt als die Baltischen Bernsteine, die ca. 90 Mio. Jahre später in den Wäldern Fennoskandiens entstanden.

Es drängt sich die Hypothese auf, dass in der Unterkreide in allen Küstenbereichen des Niedersächsischen Beckens, mindestens aber in sämtlichen Mündungsbereichen der Zuflüsse fossile Harze abgelagert wurden. Dieses Vorkommen könnte nach dem in Norddeutschland so reichlich vorhandenen Succinit die ausgedehnteste Bernsteinlagerstätte unseres Landes sein. Vielleicht sind auch nicht alle Stücke so klein, wie die bislang aufgefundenen.

Aber es bleibt das Verdienst Heinrich Hiltermanns, diese fossilen Harze tief im Boden unter Norddeutschland zuerst entdeckt und publiziert zu haben.

Ergänzungen:

Die paläogeografische Karte des Berriasiums im Niedersächsischen Becken ist modifiziert nach Dr. Martin Meschede & Dr. Laurence N. Warr, „The Geology of Germany - a Process-oriented Approach“, Springer Verlag, Berlin-Heidelberg 2019.

Die paläogeografische Karte des Hauteriviums im Niedersächsischen Becken ist modifiziert, basiert auf der Veröffentlichung von Schott et al. (1967/1969) und ist entnommen aus Thöle et al., „Using high-resolution XRF analyses as sequence stratigraphic tool in a mudstone-dominated succession (Early Cretaceous, Lower Saxony Basin, Northern Germany)“, in: The Depositional Record, 6 (1), S. 236-258, 2019/2020.

Literatur:

[1] Kieser, H. et al. (1999): Nachruf „Prof. Dr. Heinrich Hiltermann“, Osnabrücker Naturwissenschaftliche Mitteilungen, Band 25, S. 7-13, Herausgeber: Naturwissenschaftlicher Verein Osnabrück e.V., Osnabrück.

[2] Hiltermann, H. (1949): Funde von bernsteinartigen Harzen in der Unterkreide Nordwestdeutschlands. - In: Schriften des Naturwissenschaftlichen Vereins für Schleswig-Holstein, 24_1: S. 70 - 73.

[3] Hornung, J. J. et al. (2012): Vertebrate tracksites in the Obernkirchen Sandstone (late Berriasian, Early Cretaceous) of northwest Germany - their stratigraphical, palaeogeographical, palaeo–ecological, and historical context. - In: Paläontologische Zeitschrift, Band 86, 3: S. 231 - 267, Herausgeber: Paläontologische Gesellschaft, Springer Verlag, Berlin-Heidelberg.

[4] Langenheim, J. H. (2003): Plant Resins: Chemistry, Evolution,. Ecology, and Ethnobotany. S. 51 ff., Timber Press, Portland / Oregon.

[5] Möller, C. et al. (2014): Middle Hauterivian biostratigraphy and palaeoceanography of the Lower Saxony Basin (Northwest Germany). - In: Zeitschrift der Deutschen Gesellschaft für Geowissenschaften, Bd. 165, Heft 4, S. 501 - 520, Herausgeber DGGV, Stuttgart.

JURABERNSTEIN AUS DEM HARZ

„Klein, aber fein“, so könnte man die Bernsteinfunde aus der Jurazeit bezeichnen, die in einem Steinbruch des Harzes gefunden wurden. Monika, Manfred Schipplick und ihr Sohn, die sehr mit diesem Naturerbe verbunden sind, an Ausgrabungen teilgenommen haben, Führungen veranstalteten, hatten durch Zufall beim Präparieren zuhause in dem grauen Gestein kleinste Bernsteine entdeckt.

Der Steinbruch Oker bei Langenberg liegt am nördlichen Harzrand ca. 300 m über NN. Das Kalkwerk Oker (Rohstoffbetriebe Oker GmbH & Co.) baut das Gestein ab und verarbeitet es zu Baustoffen, Industrie- und Düngekalk.

Rainer Müller (Institut für Geologie und Paläontologie, TU Clausthal) schreibt in „planeterde“ 2002, Niedersächsisches Landesamt für Bodenforschung:

Die Aufrichtungszone am nördlichen Harzrand: Der Steinbruch Langenberg bei Oker

Gegen Ende der Kreidezeit wurde der Block des heutigen Harzes nach Norden über die Deckgesteine aus dem Mesozoikum geschoben. Vertikal wurde er dabei um mehr als 4 km angehoben. Seine Bewegungsbahn ist die markante, an der Oberfläche steil nach Süden einfallende Harznordrandstörung, eine der bedeutendsten Bruchzonen in Norddeutschland.

Bei diesem Bewegungsvorgang wurden die benachbarten Schichten durch einen Schleppungsprozess steilgestellt, zum Teil sogar steil nach Norden überkippt und überfahren. Diese Situation bringt einen für Geowissenschaftler außergewöhnlich glücklichen Umstand mit sich: Dass nämlich auf engem Raum nahezu lückenlos Zeugnisse von 350 Mio. Jahren Erdgeschichte aufgeschlossen sind (“Goldene Quadratmeile der Geologie”).

Fritz J. Krüger schreibt:

„Der Steinbruch erschließt ein ca. 200 m mächtiges Malmprofil vom Unteren Korallenoolith des Oxford im Südteil des Bruches bis zum Oberen Kimmeridge...(Malm = „weißer Jura“ – Oberjura, ca. 152 - 157 Mio. Jahre).

Die Schichten der subherzynen Mulde sind an ihrer Südflanke, am Nordrand des Harzes, durch die Heraushebung des variskischen Harzkernes steil aufgerichtet und teilweise sogar überkippt worden. Die Erosion hat die Malmschichten als langgestreckten Höhenzug freigelegt.

Ihre Gesteine bestehen aus mergeligem, dolomitischem und reinem Kalk... Er ist geprägt von Foraminiferen und Ostracoden. Beide Tierklassen besitzen den gleichen marinen Lebensraum und dieselben Nahrungsquellen...

Das Überwiegen sandschaliger Foraminiferen nach Arten- und Individuenzahl lässt auf Flachwasser mit geringem Salzgehalt schließen... Ein weiterer wichtiger Indikator für Süßwasserzufluss in einem Deltabereich mit Brackwasser ist das Massenvorkommen von Characeen (Armleuchteralgen)...

Nach den Untersuchungen von Pape (1970)[1] und Huckriede (1967, 1991)[2] [3] gehört das Gebiet des Langenberges seit dem Unteren Kimmeridge zu einer Bucht des Niedersächsischen Beckens, die im Süden und Osten von einem Festland umschlossen wurde und von dort einen Süßwasserzufluss erhielt".

Pape schreibt über den Fossilinhalt einer Probe aus der Ton-Mergelsteinlage: „Die beiden Foraminiferenarten *Lenticulina* (*Vaginulinopsis*) *pasquetae* (BIZON 1958) und *Citharina lepida* (SCHWAGER 1867) sind reichlich vertreten. Nach LUTZE (1960) entspricht das der Fauna des Unteren Korallenooliths von Heersum." Alter: 155 - 152 Mio. Jahre.

Der Zufluss in das Niedersächsische Becken muss auch die Harzteilchen aus den umliegenden Wäldern eingeschwemmt haben, die dann zu Bernstein geworden

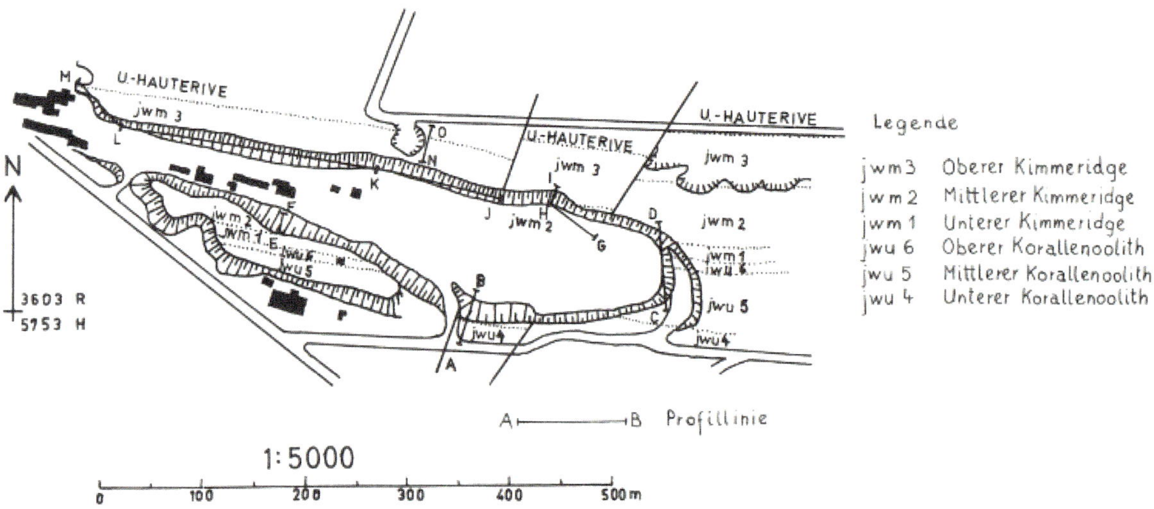

Steinbruch des Kalkwerkes Oker am Westende des Langenberges, aus: Pape (1970), verändert.

Der Stern markiert die Schicht, in der die Bernsteine gefunden wurden.

sind. Ungewöhnlich ist, dass nur winzige Bernsteine meist länglicher Form zu finden sind.

Es scheint, dass das Harz aus Harzkanälen stammt. Die recht einheitlichen Größen sind wohl mit der Sinkgeschwindigkeit zu begründen. Über den harzenden Baum ist nichts bekannt. Zu dieser Zeit gab es noch keine Kiefern, nur primitive Nacktsamer (Nadelhölzer).

Durch Säure herausgelöste Bernsteine, unter dem Mikroskop untersucht, zeigen mulmartige Einschlüsse. Strukturierte Einschlüsse bzw. Inklusen sind bisher nicht gefunden worden.

In dieser Schicht kommen auch kleine Schnecken vor, die von der Größe und Form sehr den heutigen winzigen Wattschnecken ähneln, die tausendfach pro Quadratmeter Watt vorkommen.

Anfangs war nicht bekannt, wo genau der bernsteinhaltige Kalkstein im Steinbruch vorkommt, denn die Kalksteine wurden am Fuße der steilen Hänge aufgesammelt.

Durch Erosion und kleine Sprengungen wurden Teile aus den steilen Wänden herausgelöst. Die Konzentration von bernsteinhaltigen Kalksteinen auf der obersten Plattform grenzte schließlich die trächtige Schicht ein. Sie befindet sich nur mit langer Leiter erreichbar in einer schrägen, dunklen Schicht (siehe Sternchen auf dem Foto).

Im untersten Bereich der Grube, häufig mit Wasser bedeckt, sind wertvollste Fossilien wie Knochenfische, der *Europasaurus*, Sauropoden und Schildkröten gefunden worden.

[1] Pape, Hansgeorg (1970): Die Malmschichtfolge vom Langenberg bei Oker (nördliches Harzvorland), Institut für Geologie und Paläontologie der Technischen Universität Hannover.

Durch Säure aus dem Kalkstein gelöster Bernstein, Foto © Max J. Kobbert.

[2] Huckriede, Reinhold (1991): Fossilien vom Langenberg bei Oker, in: Arbeitskreis Paläontologie Hannover, 19. Jahrgang 1991.

[3] Huckriede, Reinhold (1967): Molluskenfaunen mit limnischen und brackischen Elementen aus Jura, Serpulit und Wealden NW-Deutschlands und ihre paläogeographische Bedeutung, in: Beih. Geol. Jb. 67, Hannover.

Mit Hammer und Meißel wird der Kalkstein bearbeitet.

Kalkstein-Bruchstück mit vielen kleinen Bernstein-Einsprengseln.

Bernstein-Einsprengsel im Millimeterbereich.

OBERJURA - BAUMHARZ

Baumharz aus dem Oberjura der Porta Westfalica

Von Frank Telge

Dr. Wilhelm Dunker, ein deutscher Geo-, Paläonto- und Zoologe, meldete 1838 den Fund von Bernstein bei der Porta Westfalica[1]. Nach seiner Beschreibung konnten kleine Exemplare, aber auch ein Stück in der Größenordnung zwischen 1 und 2 cm in konglomeratartigen, eisenschüssigen Sandsteinen festgestellt werden, die Dunker als Oolithen erkannte[2].

Das größere Harzstück beschrieb er als honiggelb mit einem Stich ins Braunrote, innen allerdings dunkelbraun mit einigen blassgelben Streifen. Die kleineren Stücke sollen stumpfeckig, abgerundet und im Randbereich durchscheinend gewesen sein. In mehreren, nicht näher beschriebenen Tests sollen sich die fossilen Harzstücke vollkommen wie Baltischer Bernstein verhalten haben. An der Oberfläche der Bernsteine sah Dunker Abdrücke „... krystallinischer Quarz-Körner ..." und er vermutete als Lieferanten des Bernsteins Koniferen, die an der Fundstelle angabegemäß häufig – teils verkohlt, teils in Eisenoxyd-Hydrat umgewandelt – als Fossilien oder Abdrücke vorkamen.

Leider ließ sich heute nach immerhin 185 Jahren kein Nachweis zu diesem Fund mehr führen. Insbesondere die Sandsteine und Korallenoolithen an der Porta Westfalica sind durch fortgesetzten Abbau eingeschlossener Eisenerzlinsen nicht mehr in ihrer damaligen Gestalt erhalten.

Allerdings gibt es keinen Grund an den Angaben von Wilhelm Dunker, der in Göttingen Berg- und Hüttenwesen studiert hatte und ein anerkannter Wissenschaftler und Lehrender seiner Zeit war[3], zu zweifeln. Sicherlich ist das aufgefundene fossile Harz nicht unbedingt Bernstein gewesen, denn die heutigen Klassifizierungen bestanden damals noch nicht. Sowohl die aufbauenden Kalkooide als auch die teilweise häufigen Korallen deuten bei dem Oolith-Gestein um die Porta Westfalica aber auf eine Sedimentation in einem gut durchlichteten und durchlüfteten Flachmeer hin.

Und die eingelagerten oolithischen Eisenerzflöze sprechen für ein nahes Festland als Lieferanten der Eisenlösungen[4]. Das jedoch sind die klassischen Ablagerungsbedingungen, die auch vielen anderen fossilen Harzen die Erhaltung bis zum heutigen Tag ermöglicht haben.

Aus dem Vorstehenden folgt aber, dass dieses fossile Harz im unteren Malm vor ca. 152 bis 155 Mio. Jahren abgelagert worden sein dürfte[5]. Es wäre damit annähernd zur gleichen Zeit wie die bernsteingefüllten Harzkanäle in Araukarien-Zapfenschuppen des Nusplinger Plattenkalkes und die Bernsteinfunde aus dem Kalksteinbruch Langenberg/Oker im oberen Jura gebildet worden und ist daher gemeinsam mit diesen ein bemerkenswerter Teil des deutschen Fossilberichtes.

[1] Von Dechen, H. & Rauff, H. (1887): Geologische und Mineralogische Litteratur der Rheinprovinz und der Provinz Westfalen sowie einiger angrenzenden Gegenden. S. 235, Verlag Cohen, Bonn.

2 Dunker, W. (1841): Vorkommen von Bernstein. - In: Studien des Göttingischen Vereins Bergmännischer Freunde IV, S. 281 - 282, Verlag Rosenbusch, Göttingen.

[3] Hessische Biografie, Stand: 15. April 2021, in: Landesgeschichtliches Informationssystem Hessen (LAGIS).

[4] Geologie im Weser- und Osnabrücker Bergland, S. 63, Geologischer Dienst Nordrhein-Westfalen, Krefeld, 2003.

[5] Menning, M. & Hendrich, A. (2016): Für die Deutsche Stratigraphische Kommission: Stratigraphische Tabelle von Deutschland. Deutsches GeoForschungsZentrum, Potsdam.

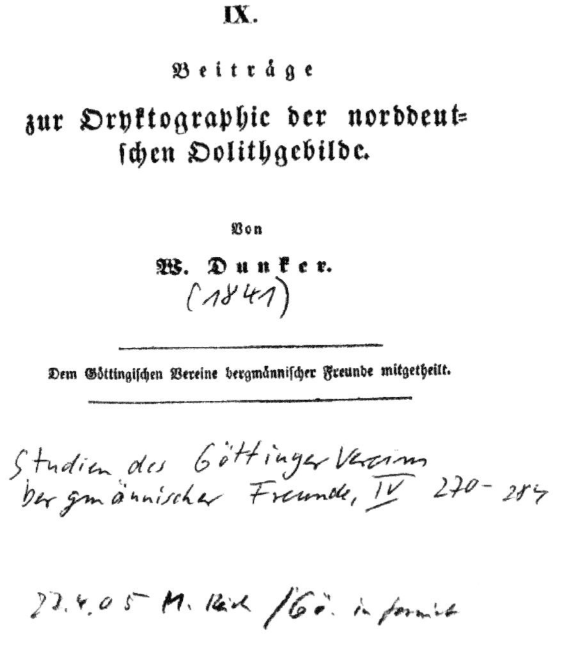

IX.

Beiträge

zur Oryktographie der norddeutschen Oolithgebilde.

Von

W. Dunker.

(1841)

Dem Göttingischen Vereine bergmännischer Freunde mitgetheilt.

Studien des Göttinger Vereins bergmännischer Freunde, IV 270-284

BERNSTEIN IN DEN ALPEN

Aus der kalkalpinen Kreide des Allgäu

Geschrieben von Tobias Klöck & Giuseppe Gulisano, Bildmaterial und Grafiken © T. Klöck.

Fundstücke aus den Privat-Sammlungen T. Klöck & G. Gulisano.

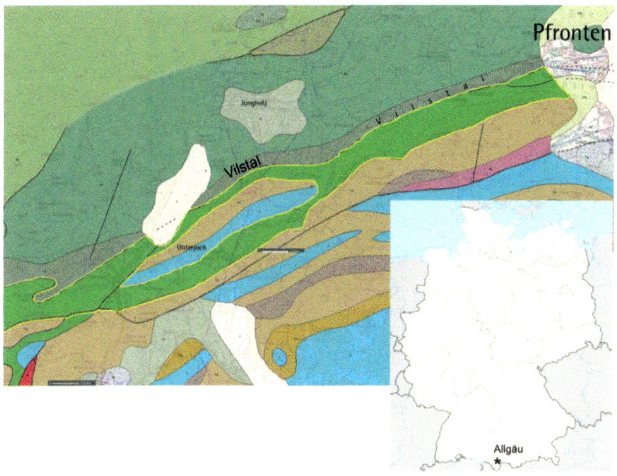

Exkursionsgebiet © T. Klöck.

Karte © NordNordWest, Lizenz: Creative Commons by-sa-3.0 de.

Eine Wiederentdeckung aus der kalkalpinen Kreide des Allgäus reiht sich nun in die bisher bekannten alpinen Fundstellen ein.

An der Wende vom 19. zum 20. Jahrhundert verfasste der Allgäuer Heimatforscher und Geologe Karl August Reiser (1853–1922) mit seinem Buch zur „Geologie der Hindelanger und Pfrontener Berge im Allgäu" eine detaillierte geologische Beschreibung samt Karte der dortigen Gegend. Seine Bestrebungen gingen über das bloße Aufsammeln von Fossilien weit hinaus, denn durch intensives Erschürfen verschiedenster bekannter und neuer Fundstellen wollte Reiser zu einem Gesamtbild der fossilen Fauna und Flora der einzelnen Schichtkomplexe gelangen.

Einer Fundstelle an der Grenze zur Tiroler Exklave Jungholz an den Südhängen des Sorgschrofens widmete er anscheinend aufgrund ihres reichhaltigen Fossilmaterials besondere Aufmerksamkeit. Auf einer Länge von rund 6 Metern wurde von ihm inmitten einer Viehweide eine Sandsteinschicht aufgegraben und so ausgebeutet, dass laut seinen eigenen Worten ein Vordringen in größere Tiefe nur mit „Sprengmaßnahmen" möglich gewesen wäre. Der noch heute vereinzelt als Lesefunde auffindbare Sandstein besteht aus überwiegend winzigen, eckigen und unregelmäßig geformten und nur selten kantengerundeten Quarzkörnern, die in eine mergelige Grundmasse eingebettet sind.

Neben verschiedensten kleinwüchsigen Muscheln fanden sich auch pflanzliche Überreste in Form von inkohltem Detritus. Als „Seltenheit" bezeichnete Reiser schon damals das Auffinden von bis zu „nussgroßen Stücken" fossilen Harzes von roter, wachsgelber oder schmutzig-gelber Farbe, die ebenfalls in dieser Sandsteinschicht eingebettet waren. Diese für das Allgäu außergewöhnlichen Funde gelangten so in seine Sammlung („Reiser-Sammlung"), die bis zur Schließung des Allgäuer Naturkundemuseums viele Jahrzehnte lang im Kemptener Zumsteinhaus untergebracht war. Mittlerweile wird sie in einem Depot der Stadt Kempten verwahrt und wartet dort auf eine neue Heimat in hoffentlich baldiger Zukunft. Nach Abschluss der Grabung verfüllte Reiser seine Schürfstelle wieder und ebnete das Areal ein.

Bei einer erneuten Profilaufnahme Ende der 1930er Jahr durch die Geologen August Custodis (1910–1992) und Paul Schmidt-Thomé (1911–1997) konnte die Fundstelle nochmals lokalisiert werden. Heute jedoch, fast 100 Jahre später, blieb ein Auffinden der anstehenden „Zehrer Fossilschicht" trotz etlicher Geländebegehungen erfolglos.

Lediglich Belegstücke des Sandsteins lassen sich noch als Lesefunde aufsammeln. Die Zehrer Fossilschicht ist als lokale Besonderheit im Kontext mit einem zwischen dem Vilstal westlich von Pfronten und dem Weißen-

bach südwestlich von Unterjoch (ein Ortsteil von Bad Hindelang) verlaufenden Band aus Ablagerungen der obersten Unterkreide und der untersten Oberkreide (zwischen 112 und 94 Mio. Jahren) zu sehen. Zu Beginn der geologischen Erforschung, so auch bei Reiser, wurde alles in dieser Randzone stratigraphisch unter dem Begriff „Cenoman" bzw. wegen des Auftretens dieser Zone am Nordrand der Nördlichen Kalkalpen als „Randcenoman" zusammengefasst.

Sehr bald wurde jedoch deutlich, dass die ursprünglich als „Cenoman" klassifizierten Ablagerungen einen weitaus längeren Zeitraum umfassen. Sie setzen bereits im späten Albium ein und reichen über das eigentliche Cenomanium bis in das Turonium hinein. Mittlerweile wird fachlich korrekter nur noch von einer Kalkalpinen Randzone bzw. einer Randschuppe gesprochen (Scholz 2016).

Gezielte Nachsuche hat Erfolg

Um dem für das Allgäu als Seltenheit zu bezeichnenden Umstand eines Bernsteinfunds nachzuspüren, galt unsere Aufmerksamkeit dem rund 3,5 km^2 großen Gebiet zwischen Pfronten und Unterjoch. Der Fokus der Suche lag primär bei Gesteinsaufschlüssen, die stratigraphisch der Losenstein- und der Branderfleck-Formation (Albium – Cenomanium) zugeordnet werden können. Im Gelände stehen diese Schichten in Form kleiner Felshänge, in Weganschnitten oder entlang von steilen Bacheinschnitten – im Allgäu Tobel genannt – an.

Vorige Seite: Reisers Fundstücke von nussgroßen Bernsteinen aus der Zehrer Fossilschicht, wie sie einst in der geologischen Sammlung im Kemptener Zumsteinhaus ausgestellt war. Sammlung Zumsteinhaus Kempten.

Oben: Die Aufschlusssituation in der Umgebung des Weißenbachs. Ein Hanganschnitt mit Wechsellagen aus feinkörnigen Sandsteinschichten und kalkig-mergeligen Ablagerungen.

Rechts: Bisher größter gefundener Allgäuer Bernstein auf Matrix.

Der Weißenbach bei Unterjoch durchschneidet die kalkalpine Randzone, transportiert fundträchtiges Gesteinsmaterial zu Tal.

In der weiteren Umgebung des Weißenbachs zeigte sich an einem frischen Hanganschnitt ein vielversprechender Aufschluss mit Wechsellagen aus feinkörnigen Sandsteinen und kalkig-mergeligen Ablagerungen. An mehreren Stellen dieses Aufschlusses ließen sich zentimetergroße inkohlte Pflanzenreste nachweisen, ebenso auf Schichtflächen verteilter pflanzlicher Detritus innerhalb der Sandsteinlagen. Im Querbruch frisch angeschlagener Sandsteine zeigte sich zudem in einer bestimmten Schichtfläche eine bituminöse Flüssigkeit.

In unmittelbarer Nachbarschaft dieser Schicht gelang uns der Fund des bisher größten bekannten Bernsteinstücks im beschriebenen Gebiet zusammen mit mehreren Bruchstücken eines weiteren Klumpens. Die Größe des kompletten Klumpens liegt bei 3,4 cm Durchmesser, die Bruchstücke bewegen sich zwischen 4,1 x 1,8 cm und 2,2 x 1,8 cm. Das Gesamtgewicht des Funds beläuft sich auf 42 Gramm. Die Farbe reicht im Durchlicht von honiggelb bis rötlich. Die sichtbare Schlierenstruktur im Inneren des abgebildeten Bernsteinstücks lässt sich wohl als Resultat von Druck- und Hitzewirkung auf die Sandsteine bei der Alpenfaltung und damit einer plastischen Verformung des fossilen Harzes erklären.

Der bisher größte Allgäuer Bernstein im Durchlicht. Das Stück hat einen Durchmesser von 3,4 cm und ein Gewicht von 13 Gramm.

Bruchstück im Durchlicht: Die sichtbare Schlierenstruktur lässt sich wohl als Resultat von Druck- und Hitzeeinwirkung auf die Sandsteine bei der Alpenfaltung und damit einer plastischen Verformung des fossilen Harzes erklären.

Die Situation im Weißenbach, der südwestlich von Unterjoch in einem Tal zwischen dem 1651 Meter hohen Spieser und dem 1695 Meter hohen Wertacher Hörnle in Richtung Osten fließt und nahe der Bundesstraße 310 in die Wertach mündet, stellt sich ganz ähnlich dar. Hier findet sich ein gut aufgeschlossenes Profil der Losenstein-Formation mit unterschiedlich mächtigen Wechselfolgen aus Sandsteinen und Mergeln, die nach unten in die Tannheimer Schichten, nach oben zu in die Branderfleck-Formation übergehen.

Ebenso lohnt sich das Absuchen des Bachbetts nach potenziell fundträchtigen Sandsteingeröllen von dunkel- oder hellblaugrauer bis braungrauer Farbe. Diese Gerölle können mit winzigen inkohlten Pflanzenhäckseln durchsetzt sein und hin und wieder bis zu mehrere Millimeter große Bernsteinkörner enthalten. Zwei seltenere Funde aus dem Weißenbach sollen hier kurz beschrieben werden. Zum einen handelt es sich um eine 25,5 x 10 cm große Sandsteinplatte mit mehr als 10 Bernsteinkörnern zwischen 1 und 5 mm Größe sowie einem 32 x 15 mm großen Einzelstück.

Letzteres muss wohl für längere Zeit der Erosion ausgesetzt gewesen sein, denn die Farbe des umgebenden Sandsteins wechselte durch Witterungseinflüsse bereits von blaugrau in einen Braunton. Das fossile Harzstück selbst ist nicht mehr komplett erhalten; die leichte Vertiefung auf der Gesteinsoberfläche lässt jedoch auf seine einstige Gesamtgröße schätzen.

Zufallsfund auf einer Viehweide

Als reiner Zufallsfund kann dagegen ein faustgroßer Sandsteinbrocken in einer Viehweide nördlich der Kalbelehof Alpe im Vilstal gewertet werden. Darauf zeigte sich nach dem Anschlagen mit dem Geologenhammer auf der frischen Bruchfläche ein 4 x 2 mm großer Bernstein. In direkter Umgebung des Fundpunkts stehen nur Sedimente des untersten Mitteljuras (Vilserkalk) und triaszeitlicher Hauptdolomit an.

Erst mehrere hundert Höhenmeter in nördlicher Richtung bergauf, am Südostabhang des Sorgschrofens, trifft man wieder auf ähnliche Kreidesandsteine. In die dortigen Ablagerungen der Losenstein-Formation sind auch grobe Gerölle aus „exotischen" Gesteinen eingelagert. Hierbei handelt es sich um Magmatite, Meta-

Oben:

Im Querbruch von frisch angeschlagenen Sandsteinen einer bestimmten Schicht aus der Umgebung des Weißenbachs tritt eine bituminöse Flüssigkeit aus.

Der Zufallsfund aus dem Vilstal:

Ein in Sandstein eingebetteter kleiner fossiler Harztropfen.

Zwei kleine Bernsteinkörner, 2 und 6 mm, von einer Fundstelle am Südostabhang des Sorgschrofens.

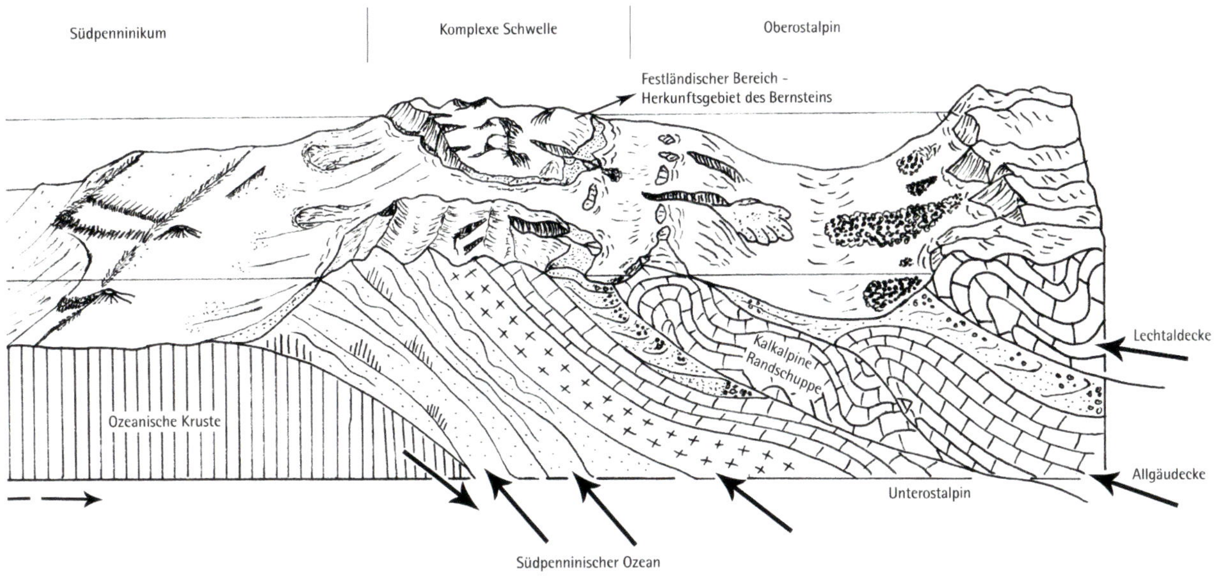

Grafik nach GAUPP 1980 und SCHOLZ 2016

morphite und Quarzite sowie Kalkgerölle, die in einem flachmarinen Milieu entstanden sein müssen (Scholz 2016). Allen gemeinsam ist der Umstand, dass solche Gesteine im Kalkalpin der näheren und weiteren Umgebung des Allgäus überhaupt nicht anstehend bekannt sind, man also kurzum von „Exotica" sprechen kann.

Gewisse Parallelen zu diesem Bernstein-Fund lassen sich zu einer Entdeckung in den 1980er Jahren an der Leitnernase am oberbayerischen Schliersee ziehen. Das dort als „Schlierseerit" bezeichnete fossile Harz war ebenfalls in einem Sandstein mit reichlich inkohlten Pflanzenresten eingebettet. Ausführliche biostratigraphische und petrographische Analysen (Schmidt et al. 2001; Schmidt 2003) ergaben ein Cenomanium-Alter und nicht ein triassisches, wie zuvor eine Zeitlang angenommen worden war (Vávra 1996). Das fossile Harz vom Schliersee wurde im Rahmen einer wissen-

Oben: Eine Sandsteinplatte aus der Umgebung des Weißenbachs. Gut zu erkennen sind inkohlte Pflanzenreste, dazwischen die winzigen Bernsteinkörner, das größte misst 7 x 3 mm.

Links: Platte aus dem Weißenbach mit mehr als 10 Bernsteinkörnern. Mit bloßem Auge sind nur wenige zu erkennen; bei UV-Licht leuchten sie weißlich-blau.

schaftlichen Bearbeitung auch chemisch untersucht. Eine Fluoreszenz im ultravioletten Bereich von 320 bis 380 nm konnte dort aufgrund fortgeschrittener Verwitterung nicht festgestellt werden. Anders hingegen der Allgäuer Bernstein.

Dieser leuchtet unter langwelligem UV-Licht weißlichblau. Besonders bemerkenswert am Schliersee-Bernstein und dadurch wissenschaftlich wertvoll ist sein Reichtum an eingeschlossenen fossilen Mikroorganismen, wie Bakterien, Pilzen, Algen und weitere Eukaryoten.

Ob auch der Bernstein aus dem Allgäu solche Mikroinklusen führt, kann erst nach einer noch ausstehenden ausführlichen wissenschaftlichen Bearbeitung gesagt werden. Ebenso fehlen noch gesicherte Rückschlüsse auf mögliche Baumarten als Erzeugerpflanzen. Chemische Analysen des Schliersee-Harzes kamen zum Schluss, dass am ehesten Kiefern als Harzlieferanten angenommen werden können (Schmidt 2003). Die Kieferngewächse (Pinaceae) stellen im Cenomanium neben den Cycadaceae, Magnoliaceae, Araucariaceae, Myrtaceae, Geinitziaceae, Podocarpaceae und Taxodiaceae die wichtigsten Pflanzenfamilien.

Woher stammen die bernsteinhaltigen Sedimente?

Wie kann man sich die Paläogeographie zur Zeit der Ablagerung von Losenstein- und Branderfleck-Formation ungefähr vorstellen? Eine geologisch komplex aufgebaute Schwelle, deren höchste Erhebungen als kleinere und größere Inseln aus dem Meer herausragten („Rumunischer Rücken"), trennte an der Wende von der Frühen zur Späten Kreidezeit ein kleineres ober-ostalpines Meeresbecken vom nördlich gelegenen Penninischen Ozean ab.

Im Süden des Oberostalpins schoben sich die alpinen Decken, deren steile Front die Ursache für schuttreiche Ablagerungen darstellt, nach Norden. Auch vom Rumunischen Rücken gelangte Erosionsschutt in das kleine Meeresbecken, den wir heute als Gesteine der Losenstein- und Branderfleck-Formation im Gelände finden.

Die Inseln waren wohl mit Vertretern der oben genannten Pflanzenfamilien bewachsen. Küstennahe Wälder in einem tropischen bis subtropischen Klima lieferten das Pflanzenmaterial zusammen mit den Harzresten. Hin und wieder auftretende Stürme in Verbindung mit Starkregen-Ereignissen spülten den festländischen Erosionsschutt zusammen mit den Pflanzen- und Harzresten ins Meer. Dort kam es dann aufgrund von Instabilitäten zu relativ kleinräumigen untermeerischen Masseströmen und zur Bildung von Schuttfächern (Gaupp 1982). Nach dem Stillstand eines Trübestroms sedimentierten zunächst dessen Grobbestandteile, später dann die Feinanteile, zu denen auch die Bernsteinstücke gehörten. Das pflanzliche Material wurde wohl während des Abrutschprozesses zu Detritus zerrieben.

Warum die Wissenschaft bisher nicht auf den Allgäuer Bernstein aufmerksam wurde, obwohl ihn Reiser bereits in seiner vielzitierten Arbeit über die Hindelanger und Pfrontener Berge erwähnte, lässt sich nur mutmaßen. Vielleicht bringt ja dieser Artikel den Stein für ausführlichere Untersuchungen am Allgäuer Bernstein ins Rollen.

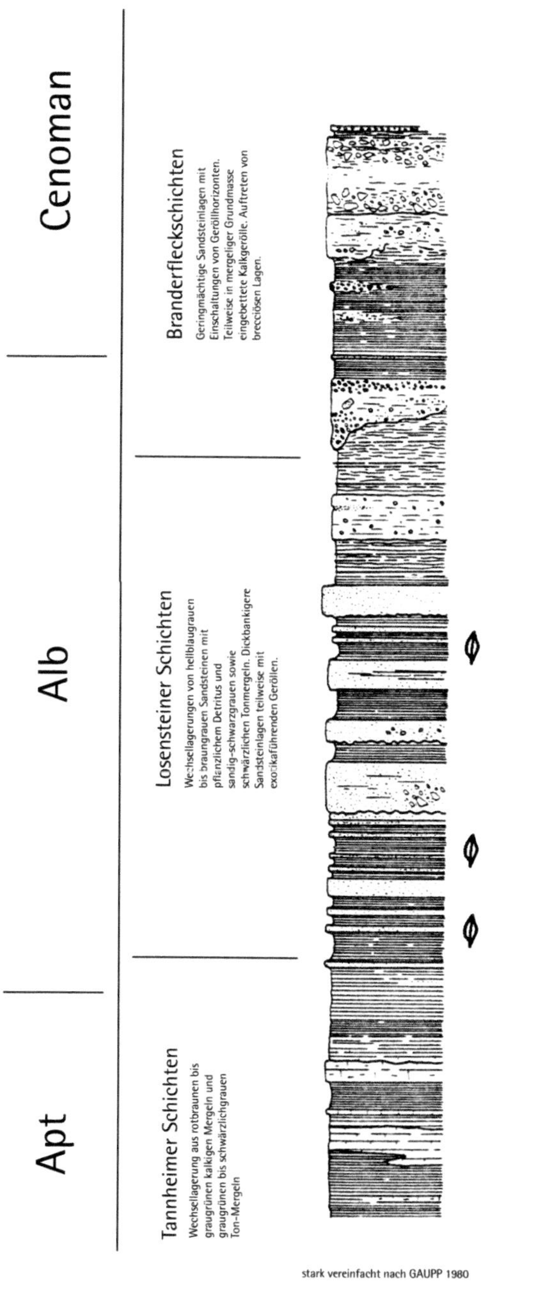

Stark vereinfachtes Säulenprofil der kalkalpinen Randzone.

SCHLIERSEERIT – ein Bernstein aus Oberbayern

Schlierseerit ist die Bezeichnung für ein fossiles Harz, das in unmittelbarer Nähe des Schliersees (Oberbayern) gefunden wurde.

Das fossile Harz wurde 1983 von Ulf-Christian Bauer entdeckt, einem Privatsammler, der die erhebliche wissenschaftliche Bedeutung seines Fundes erkannte und die Stücke verschiedenen Institutionen und Museen zur wissenschaftlichen Bearbeitung zur Verfügung stellte. Insgesamt sammelte er über 2.000 Bernsteine mit einer Größe zwischen 1 und 9 mm.

Geologische Situation

Der Bernstein wurde in einem Aufschluss am Westhang der Leitnernase, ein Berg in der Nähe des Dorfes Schliersee, Bayern, Süddeutschland gefunden. Der Fundort befindet sich im Bereich eines Weges zum Leitner Bichl, 940 m über dem Meeresspiegel.

Die Lokalität wird als Kreidezeit, Cenomanian, eingestuft (Pflaumann & Stephan, 1968). Die Raibler-Formation an der Leitnernase besteht ausschließlich aus Kalkstein und Dolomit.

Ältere Abhandlungen sprachen von einem triassischen Alter, das wurde durch Alexander R. Schmidt in seiner Dissertationsarbeit widerlegt (2001, frei übersetzt): Der mesozoische Bernstein von Schliersee (Süddeutschland) ist etwa 130 Millionen Jahre jünger als bisher angenommen.

Wanderweg Leitnernase mit Fundortmarkierung © mapbox OpenStreetMap contributors.

Wunderhübsche Landschaft, links die Leitnernase, Aus: Wikipedia, CC BY-SA 4.0.

Biostratigraphische und petrographische Daten sowie Feldbeweise zeigen, dass der bernsteinhaltige Sandstein in die späte Kreidezeit (Cenomanium, 99 - 93 Millionen Jahre) einzuordnen ist und dass das zuvor vorgeschlagene Spättrias-Zeitalter (Carnian, 230–220 Millionen Jahre) revidiert werden muss.

Dies hat mehrere Konsequenzen für die Interpretation der im Bernstein enthaltenen fossilen Mikroorganismen.

Der „Schlierseerit" ist für den Reichtum an Fossilien bekannt geworden. Fossile Bakterien, Pilze, Algen und Protozoen aus diesem Bernstein wurden bereits beschrieben. Am Institut für Ökologie der Universität Jena wurden die Forschungen fortgesetzt.

„Schlierseerit" ist als Begriff für das fossile Harz nomenklatorisch ungültig und ist nur ein Arbeitstitel.

Der Bernstein von Schliersee ist in Sandstein aus der Kreidezeit eingelagert und von inkohlten Pflanzenresten umgeben, die zum Teil von der harzproduzierenden Pflanze stammen.

Es gibt mittlerweile eine Vielzahl von biostratigraphischen und petrographische Untersuchungen, die zur richtigen Altersbestimmung führten. Unterstützt wird das durch Fossilfunde im Bernstein.

Paläozoischen Sedimente aus dieser Gegend sind nicht bekannt. Deshalb müssen auch Beschreibungen von Einschlüssen aus dieser Zeit revidiert werden.

Der bernsteinhaltige Sandstein enthält wenig Mikrofossilien. In den Mergeln benachbarter Aufschlüsse fanden Pflaumann & Stephan (1968) mehrere Foraminiferen-Arten, die dem Cenomanium zuzuordnen sind, wahrscheinlich frühes bis mittleres Cenomanium.

Bei der Suche nach Sporen und Pollen stießen wir auf *Cicatricosisporites*, ein typisch kreidezeitliches Taxon.

Palaeozygnema spiralis ist eine fädige Jochalge (Conjugatophyceae) aus dem Schlierseebernstein. Die charakteristisch geformten Chloroplasten dieser Algengruppe sind gut zu erkennen (Fäden 9-14 µm im Durchmesser).

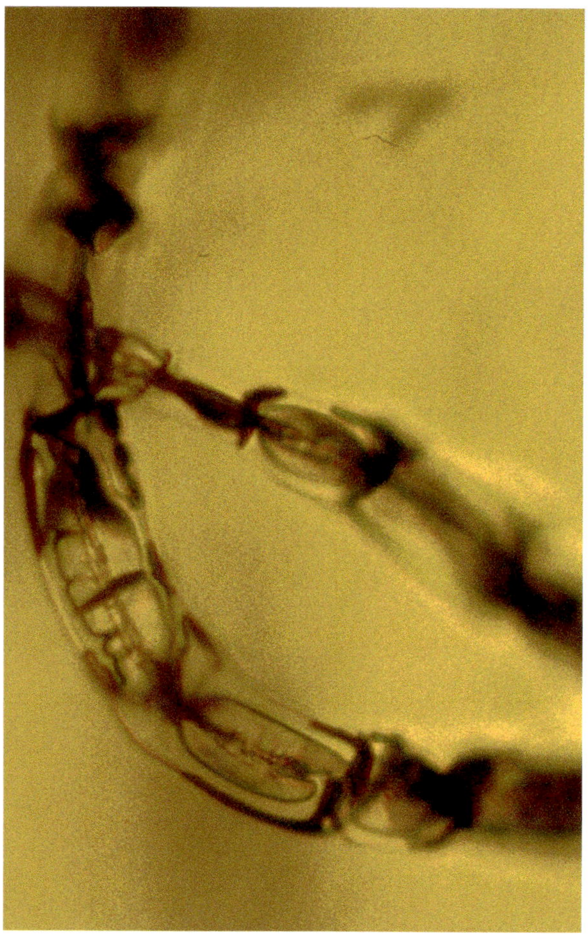

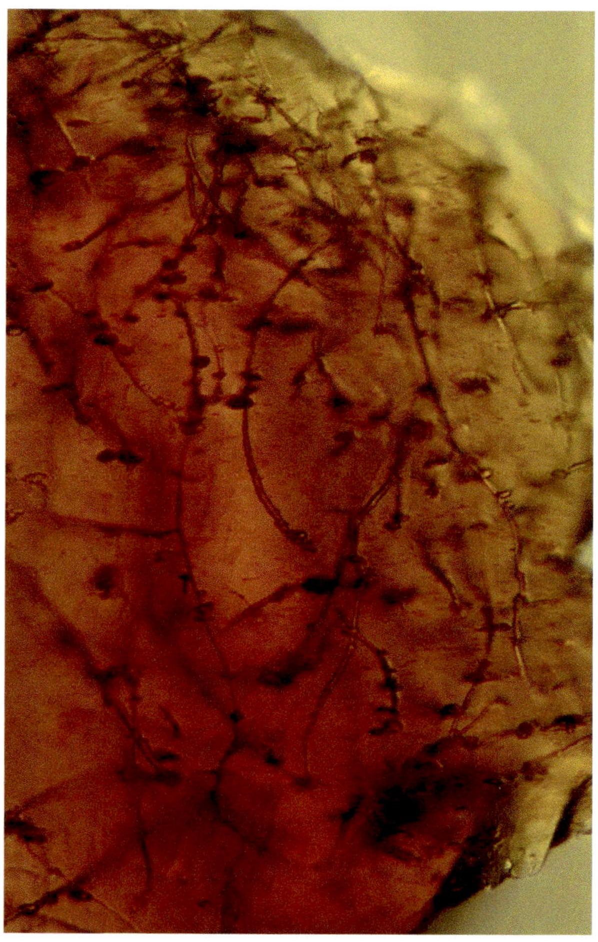

Links: Jochalge *Palaeozygnema spiralis* Dörfelt. Rechts: Pilz *Palaeodikaryomyces baueri* Dörfelt.

Alle Bilder © Alexander R. Schmidt, Georg-August-Universität Göttingen.

Es wurden in den Sandsteinen und Mergeln keine Leitfossilien aus der Triaszeit gefunden.

Spuren von *Palaeodictyon minimum* Sacco weisen auf Trübungsablagerungen hin, dies steht im Gegensatz zum seichten Meereswasser in der fluvialen Ablagerungsumgebung der späten Trias.

Es wurden in den Sandsteinen und Mergeln keine Leitfossilien aus der Triaszeit gefunden.

Darüber hinaus ist *P. minimum* bisher nur aus Schichten der Kreidezeit und des Neogens (Miozän) bekannt.

Mit Hilfe von Leitfossilien kann man eine relative Altersbestimmung von Gesteinsschichten vornehmen.

Leitfossilien sind solche, die nur in ganz bestimmten Zeitalter-Abschnitten vorkommen. Dazu kann man auch den im Schliersee-Bernstein gefundenen typischen Pilz *Palaeodicaryomyces baueri* und die Alge *Palaeozygnema spiralis* rechnen.

Palaeodicaryomyces baueri ist ein saprophytischer Pilz aus der Kreidezeit. (Durchmesser der Hyphen etwa 4 µm).

Eine gaschromatographisch - massenspektrometrische Analyse der chemischen Komponenten des Schliersee-Fossilharzes durch Prof. C. W. Beck vom Amber Research Laboratory (Poughkeepsie bei New York) ergab, dass es von einer Konifere - wahrscheinlich einer Pinie - stammt (Schmidt, 2003).

Das rekonstruierte Szenario der Ablagerungsbedingungen steht im Einklang mit dem geringen Sortierungsgrad und Rundung der Bernsteine.

Umlagerung von triassischem Bernstein in Kreidesandsteine können deshalb ausgeschlossen werden. Verkohlte Pflanzenreste, die zusammen mit dem Bernstein vorkommen, hätten die hochenergetischen Prozesse wie Erosion, Transport und Ablagerung nicht überlebt.

Abschließend kann gesagt werden: Es ist gesichert, dass die bernsteinhaltigen Sandsteine aus der Kreidezeit (Cenomanium, 99–93 Millionen Jahre) stammen.

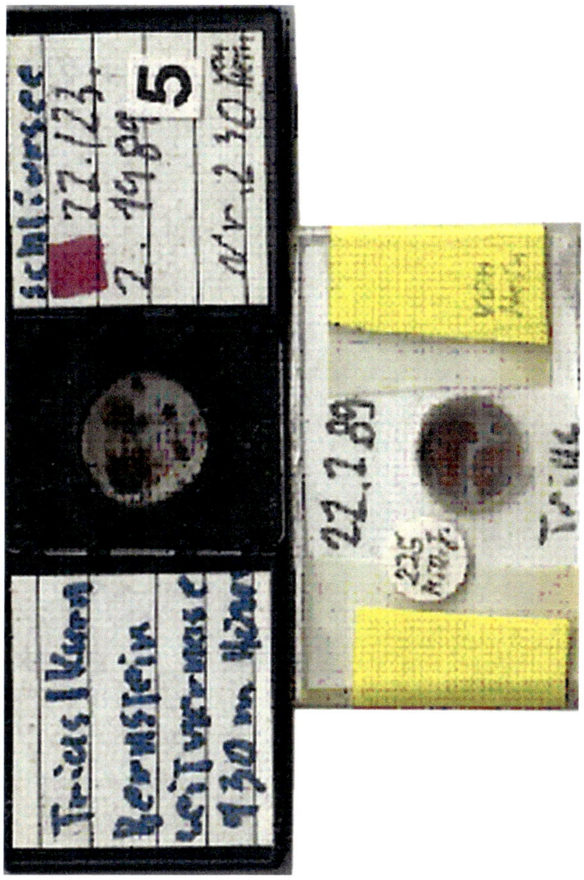

Schliersee-Bernstein auf Objektträger, die Beschriftung ist alt und falsch.

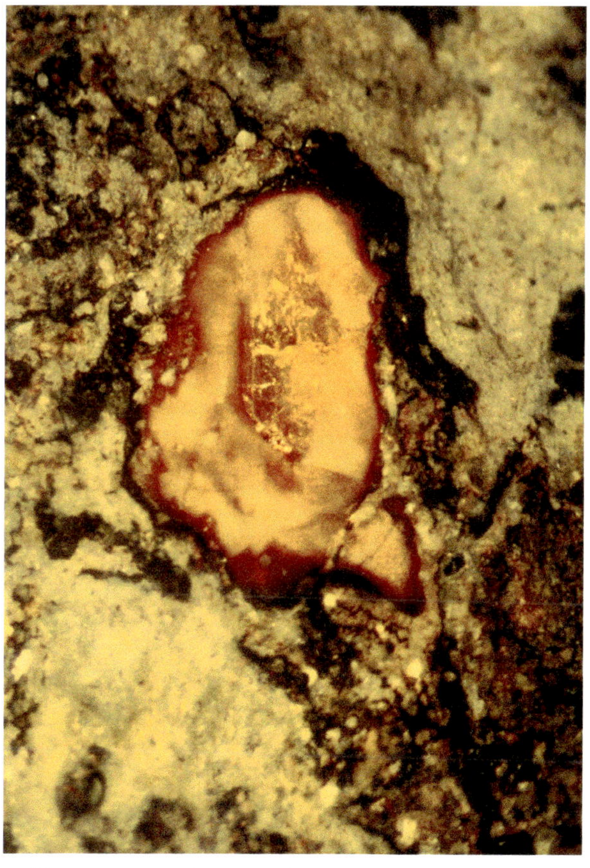

Schliersee-Bernstein im Sediment, zusammen mit inkohlten Pflanzenresten (Größe des Harzstücks: 2 mm).

HELVETIKUM-BERNSTEIN Lg. Köchel, Oberbayern

Zusammenfassung nach Texten von Dr. Hubert Engelbrecht

Das ehemalige Hartsteinwerk „Werdenfels HOCHTIEF-Steinverarbeitungsbetrieb“ ist der bisher einzige Fundort für Helvetikum-Bernstein. Es war ein Steinbruch am Langen Köchel im Murnauer Moos bei Eschenlohe im Werdenfelser Land, der 1930 gegründet und 2000 aufgelassen wurde.

Den Bernstein fand man 1998 in den Freschen-Schichten der helvetischen Garschella-Formation im Haufwerk auf der tiefsten Sohle des Steinbruchs. Die optische Ästhetik dieser Rarität gründet auf dem intensiven Farbkontrast zwischen dem dunkelgrau-olivfarbenen Quarzsandstein und dem darin eingeschlossenen goldgelben Bernsteinfragment, in dem zahlreiche Innenreflexe bzw. Sonnenflinten zu sehen sind.

Das Alter wird auf ca. 110 Millionen Jahre geschätzt (Oberes Apt – Alb).

Der Fundpunkt ist wegen Schließung des Steine-Erden-Betriebes im Jahre 2000 und nachfolgender Flutung nicht mehr zugänglich. Finder eines besonders schönen Bernsteins von einer Größe von 4,2 cm war der ehemalige Sprengmeister Herr P. Brandl.

Bernstein im dunkelgrau-olivfarbenen Quarzsandstein, Fotos © H. Engelbrecht.

Das Objekt wurde 2001/2002 in der Ausstellung „Industrie und Natur – Zur Geschichte des Hartsteinwerkes Werdenfels im Murnauer Moos“ erstmals der Öffentlichkeit vorgestellt. Weitere Details sind auf einer Informationstafel in der erdgeschichtlichen Abteilung des Schlossmuseums Murnau zu besichtigen.

Foto: Langer Köchel Murnauer Moos, gefluteter Steinbruch, © 2mentech, CC BY-SA 4.0.

A. R. Schmidt (2003) bestimmte in den Sandsteinen und Mergeln der Unteren Branderfleckformation - die ca. 15 Millionen Jahre jünger ist als die Freschen Schichten der Garschella-Formation - harzkonservierte Makrophytenreste, deren Art der Zellstrukturierung nach Ansicht von Prof. H. Gottwald (Reinbek bei Hamburg) auf Vertreter von Cupressaceae, Podocarpaceae und sehr wahrscheinlich auf Pinaceae hinweist.

Hypothesen zur Herkunft des Helvetikum-Bernsteins: Mittelkreidezeitliche Paläogeographie am europäischen Nordrand des Tethysmeeres

Als potentielle Liefergebiete des Helvetikum-Bernsteins bieten sich nach der paläogeographischen Karte von R. K. F. Meyer (1996) mindestens zwei Bereiche an:

- Küstennahes, im subtropischen Klimagürtel (Vakhrameev 1991) gelegenes Vorland: Nördlich des Tethys-Randmeeres befindlicher Festlandsbereich, bestehend aus der verkarsteten Albtafel bzw. dem terrestrischen Kreidebecken über dem Grundgebirge des Böhmischen Massivs: Die vorherrschenden, von Ost nach West gerichteten Küstenströmungen am nördlichen Tethysrand (Föllmi, 1989: Evolution of the Mid-Cretaceous Triads.- Lecture Notes in Earth Sciences, vol. 23) könnten dieses organische Material in den mehrere 100 Kilometer weiter südwestlich gelegenen helvetischen Ablagerungsraum transportiert haben.
- Einige 100 Kilometer weiter südlich gelegener, kalkalpiner Ablagerungsraum in tropischer Klimazone. Südlich der Flysch-Tiefseerinne entwickelter Inselbogen, der sich aus über Meeresniveau gehobenen Teilen des ostalpinen Akkretionskeils zusammensetzt und dem ein Randtrog südlich vorgelagert ist. In diesem synorogenen Huckepackbecken setzten sich Turbidite ab, die als Branderfleckformation (Cenoman) bezeichnet werden.

Verdriftung des Harzes und Fossilisation zu Bernstein; Degradation des Bernsteins zu Fossilharz

Sehr wahrscheinlich driftete vor 115-110 Millionen Jahren eine wenige Kubikzentimeter messende und durch Verdunstung und Polymerisation schon verfestigte Harzknolle - angeheftet an oder eingeschlossen in einen Baumstamm - von einem der genannten Küstengebiete auf das Tethysrandmeer hinaus.

Nach Trennung von seinem Transportmittel sank die Knolle wegen ihres geringfügig höheren spezifischen Gewichtes durch die Meerwassersäule hinab auf den Grund und wurde in die Sedimente (glaukonitführende Quarzsande) des sogenannten helvetischen Troges im nördlichen Schelfbereich der Tethys eingelagert. Wachsende Auflast durch fortgesetzten Sedimenteintrag in das Schelfbecken verdichtete das Harz über Zwischenstufen (Kopal) zu Bernstein. Der bei der tektonischen Versenkung - Folge der mesoalpidischen Gebirgsbildung vor 25-7 Millionen Jahren - über lange Zeiten wirkende hohe Druck degradierte den Bernstein zu Fossilharz.

Potentielle Bedeutung des Helvetikum-Fossilharzes

Durch geochemische und optische Analysen des Helvetikum-Fossilharzes könnten neue paläobotanische Daten gewonnen werden, wie z. B. seine botanische Herkunft: Wuchs der Harzlieferant im subtropischen Vegetationsgürtel nördlich der Tethysküste oder in der tropischen Zone auf dem weiter südlich gelegenen Inselbogen?

Welche Baum-Spezies produzierte das Harz? Geben Bio- oder Chemomarker darüber Aufschluss? Zusammen mit anderen Indikatoren könnten die Hypothesen getestet werden, welche im nördlichen Tethysbereich und dem Vorland für die dortigen paläoklimatischen Verhältnisse aufgestellt wurden.

Mittels Gaschromatographie und Massenspektrometrie konnte der sekundäre Biomarker Agathalin analysiert werden, der spezifisch für die Koniferen-Arten *Agathis australis* und *A. dammara* ist, die zur Familie der Araukarien zählen; sie waren in den tropisch-subtropischen Wäldern der Kreidezeit weit verbreitet.

Weil die damaligen Meeresströmungen nach Westen gerichtet waren, wird vermutet, dass das Herkunftsgebiet des Driftholzes - wahrscheinlich *Agathoxylon* - an dem der Werdenfels-Bernstein angeheftet war, weiter im Osten bzw. Südosten gelegen hat.

Literatur:

Föllmi, K. R. (1989): Evolution of the Mid-Cretaceous Triad. Platform carbonates, phosphatic sediments, and pelagic carbonates along the Tethys Margin. In: S. Bhattacharji et al. (Eds.): Lecture notes in earth sciences 23 (153 pp.), Berlin, Heidelberg, Springer..

Meyer, R. K. F. (1996): Kreide.- In: Bayer. Geol. Landesamt (Hrsg.): Erläuterungen zur Geologischen Karte von Bayern 1:500.000, 4. Auflage, Seiten 112-125, München.

Schmidt, A. R. (2003): Das fossile Harz von Schliersee (Bayerische Alpen) und seine Mikroinklusien. Nicht veröffentl. Diss., Friedrich Schiller Univ. Jena, 110 pp.

- Vakhrameev, V. A. (1991): Jurassic and Cretaceous floras and climates of the Earth.- Cambridge University Press, Cambridge, 340 pp.

SCHLOSSMUSEUM MURNAU

Auszüge aus der Webseite des Schlossmuseums: https://schlossmuseum-murnau.de/de/ueber-das-schlossmuseum/

Das Schlossmuseum Murnau ist ein Museum im bayerischen Markt Murnau am Staffelsee. Es ist im Murnauer Schloss untergebracht. Das Schlossmuseum wurde 1995 mit dem Bayrischen Museumspreis ausgezeichnet.

Im Schlossmuseum befindet sich auch das Café und Lokal „Schlossgarten“.

Im Zentrum stehen die Werke Gabriele Münters sowie Arbeiten der Künstler der "Neuen Künstlervereinigung München" und des "Blauen Reiter", welchen seit 1908 in dieser reizvollen Landschaft der entscheidende Durchbruch zu einer neuen expressiven Malerei gelang.

Das Herzstück des Museums bildet die umfangreiche Sammlung von Werken Gabriele Münters mit über 80 Gemälden, Zeichnungen und Grafiken aus der Zeit von 1902 bis kurz vor Ihrem Tod 1962. Alle Werkphasen Gabriele Münters sind im Schlossmuseum Murnau vertreten.

2001/2002 wurde im Rahmen der Ausstellung „Industrie und Natur – Zur Geschichte des Hartsteinwerkes Werdenfels im Murnauer Moos“ der seltene Bernsteinfund ausgestellt, der eine große wissenschaftliche Bedeutung hat.

Oben: Ein Bild aus den 30er Jahren: Bohrungen im Hartsteinwerk.

Bilder vom Schlossmuseum von der Webseite © Schlossmuseum Murnau.

DIE BERNSTEINE SÜDOSTBAYERNS

Von Robert Darga, alle Fotos © Robert Darga

Kursiv: Ergänzung durch den Autor dieses Buches

Die südostbayerischen Bernsteinfunde kommen aus Gesteinen der Nördlichen Kalkalpen und dem Helvetikum. Das sind zwei grundlegend verschiedene geologische Einheiten. Der Ablagerungsraum der kalkalpinen Schichtenfolge der Nordalpen wird auf dem Kontinentalschelf Nordafrikas verortet. Dagegen haben sich die Schichtfolgen des Helvetikums auf dem Kontinentalschelf des südlichen Meso-Europas gebildet – also noch bevor die Kollision Afrikas mit Europa die Alpen und die heutigen südeuropäischen Kontinentteile entstehen ließ.

Sowohl in den kalkalpinen Gesteinsfolgen als auch in den Helvetikum-Profilen herrschen meist landfern und in Tiefwasser abgelagerte Sedimente vor. Darin sind aber bisher keine Bernsteine gefunden worden. Aber am Übergang dieser Tiefwasserzonen zum Land hin konnten Einschwemmungen vom Land her neben Kies, Sand und Ton auch organisches Material ablagern. Das dabei zufällig mit eingeschwemmte Pflanzenharz hatte dann die Chance zu Bernstein zu werden. Nachdem die Plattentektonik zwar langsam, aber dafür stetig arbeitet, kamen solche Zustände immer wieder mal vor.

Raibler Schichten – Obertrias, 230 Mio. Jahre

Im Kalkalpin sind solche Ablagerungsbedingungen in den Sandsteinen und Tonen der Raibler Schichten (auch Raibler Band oder Raibl-Formation genannt) dokumentiert. Im Raibler Sandstein bei Unterjettenberg (nahe Bad Reichenhall) konnten einige wenige kleine Tropfen geborgen werden. Zur Ablagerungszeit der Raibler Schichten vor ca. 230 Millionen Jahren (Karn, untere Obertrias) kam es wegen vulkanischen Aktivitäten entgegen der allgemeinen Absenkungstendenz des Meeresbodens zu Hebungen mit Entstehung von Inseln. Auf diesen Inseln wuchsen Pflanzen, deren Reste ins Meer geschwemmt wurden und dort manchmal versteinerten.

Das Raibl-Ereignis
Die Ablagerung der Raibler Schichten beziehungsweise der Lunzer Schichten steht in Zusammenhang mit einem Umbruch in der Sedimentation: Mit der Bezeichnung Raibl Ereignis oder Reingrabener Wende wird eines der einschneidendsten Ereignisse im nord-westlichen Schelfbereich der Tethys bezeichnet. Gekennzeichnet ist es durch einen abrupten Beginn einer Schüttung klastisch-silikatischer Sedimente und einem Zusammenbruch der Riffsysteme, damit kam die Karbonatproduktion zum Erliegen.
Das Raibl Ereignis war nicht lokal auf den nordwestlichen Rand der Tethys beschränkt, sondern dürfte den Raum der gesamten Tethys betroffen haben. Ursachen könnten eine Erwärmung und damit eine stärkere Niederschlagstätigkeit gewesen sein.

Kalkalpine Schichten – Oberkreide, 100 Mio. Jahre

Bernstein wurde in den kalkalpinen Schichten erst wieder in der untersten Oberkreide (Cenoman, ca. 100 Millionen Jahre) gebildet. Zu dieser Zeit war die Absenkungsphase mit Bildung des Tethys-Ozeans (zwischen Afrika und Europa) längst vorbei. Die ehemals nebeneinander auf dem Meeresboden abgelagerten Schichtstapel wurden wie in einem Schraubstock zwischen Afrika und Europa eingeklemmt und eingeengt.

Dadurch kam es zu Überschiebungen, in deren Verlauf immer wieder Inseln und Flachwasserbereiche im Meer

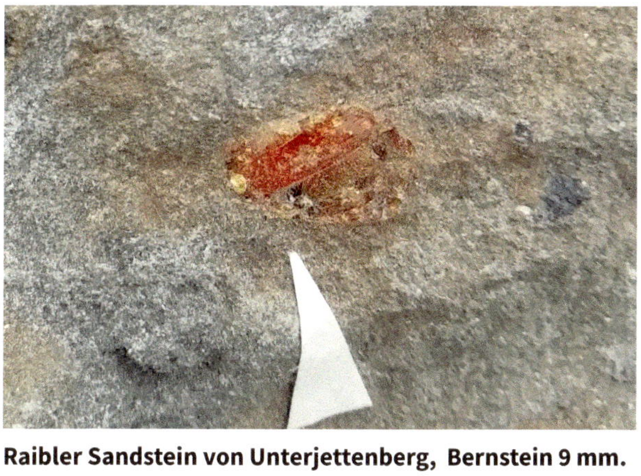

Raibler Sandstein von Unterjettenberg, Bernstein 9 mm.

Cenoman-Bernstein, Größe des Bernsteins 12 mm.

entstanden. Mit den Abtragungsprodukten dieser Inseln kam auch pflanzliches Material in die Ablagerungen des Flachwassers rund um die Inseln. So kam es zur Bildung von Bernstein in den Sandsteinen des Cenomans, die bei Ruhpolding anstehen.

Das Muttergestein des als „Schlierseerit" bekannt gewordenen Bernsteins (vom Hirschgröhrkopf bzw. Leitner Bichl bei Schliersee, Bayern) wurde anfangs als Raibler Sandstein publiziert. Nachforschungen ergaben aber, dass es sich um Cenoman-Sandstein handelt.

Gerhartsreiter Schichten – Oberkreide, 70 Mio. Jahre

Im Helvetikum sind Bernsteine auf den mit inkohlten Pflanzenhäckseln übersäten Schichtflächen der Sandsteine der Gerhartsreiter Schichten (ca. 70 Millionen Jahre, oberes Maastrichtium, oberste Kreide) bei Siegsdorf während großer Baumaßnahmen gefunden worden.

Die Gerhartsreiter Schichten sind extrem verwitterungsanfällig, weswegen mit Bernsteinfunden im Gelände nicht zu rechnen ist. Diese Sandsteine sind sehr fein- und gleichkörnig.

Sie stellen innerhalb der rein marinen Mergel der Gerhartsreiter Schichten die letzten Ausläufer von vermutlich größeren Einschwemmungsereignissen dar. Dies dürfte der Grund sein, warum die Bernsteine hier nur wenige Millimeter groß sind. Die Einschwemmungen kamen aus nördlicher Richtung. Daher spricht man in diesem Fall von „Nordhelvetikum".

Der Ablagerungsraum der Gerhartsreiter Schichten fiel dann über 10 Millionen Jahre lang trocken, das Meer verlagerte sich nach Süden, wo die Sedimentation des „Südhelvetikums" durchgehend mit ganz anderen Gesteinen weiter stattfand.

Schichtfläche einer Sandsteinbank der Gerhartsreiter Schichten (ca. 31x19cm). Zwischen den vielen inkohlten Pflanzenhäckseln befinden sich wenige Millimeter große Bernsteintropfen.

Roterz am Kressenberg – Paläogen-Unteres Eozän, 55 Mio. Jahre

Eines dieser Gesteine des Südhelvetikums ist das Roterz (ca. 55 Millionen Jahre, Ypresium), die stark Eisenerz führende Sandsteinbildung des ganz flachen Küstensaums. Das angrenzende Festland (wohl auch Inseln) war sicher von Pflanzen besiedelt. Deren Harze wurden während der Bergbauaktivitäten im Roterz am Kressenberg bei Siegsdorf wahrscheinlich im 19. Jahrhundert gefunden und in heute weitgehend verschollene Sammlungen eingegliedert. Die heute im Naturkunde- und Mammut-Museum Siegsdorf ausgestellten Exemplare entstammen den Resten einer solchen Sammlung.

Adelholzener Schichten – Paläogen-Oberes Eozän, 35 Mio. Jahre

Ca. 20 Millionen Jahre später im Priabonium (oberstes Eozän, 35 Millionen Jahre) war das Meer schon ein paar Millionen Jahre lang wieder nach Norden ins „Nordhelvetikum" zurückgekommen. Es lagerten sich dann die wegen der Massen von Großforaminiferen extrem fossilreichen Adelholzener Schichten ab.

Der Ablagerungsraum dieser Schichten war zuerst recht seicht, sank aber ständig ab. Bevor der Übergang zum offenen Tiefwasser vollzogen war, nahm die Zahl der Großforaminiferen in den Ablagerungen schlagartig ab.

Es bildete sich eine Glaukonitschicht, die heute oxidiert, also braun erscheint. In dieser Schicht wurden während Baggerarbeiten einige Bernsteine geborgen. Mit diesem Abweichen von der „normalen" Ablagerungsgeschichte im Flachwasser endet der bisherige Nachweis von Bernstein in südostbayerischen Gesteinen.

Oben: Robert Darga und Helge Mertens im Steinbachtal.

Mitte: Carsten Gröhn mit Bernsteinfund.

Links: Bernstein in Sandstein der Adelholzener Schichten. Größter Durchmesser 55mm.

Rechts: Anbruch eines Bernsteins der Adelholzener Schichten. Länge der Bruchfläche 45mm.

Naturkunde- und Mammut-Museum Siegsdorf.

GASCHROMATOGRAMME für Bernsteine Südbayerns

Von Robert Darga,
Chromatogramme von Norbert Vávra

Dr. Robert Darga schickte Bernsteinproben der verschiedenen Fundorte an Dr. Norbert Vavra, zwecks Erstellung von Gaschromatogrammen.

Dr. Vavra schreibt erläuternd dazu:
„Korrekter: Gesamtionenchromatogramme…
Das bemerkenswerteste ist der extrem hohe Gehalt an Kampfer (über 50 Flächen-% einer löslichen Fraktion). Das Massenspektrum lässt keinen Zweifel an der Richtigkeit der Identifizierung."

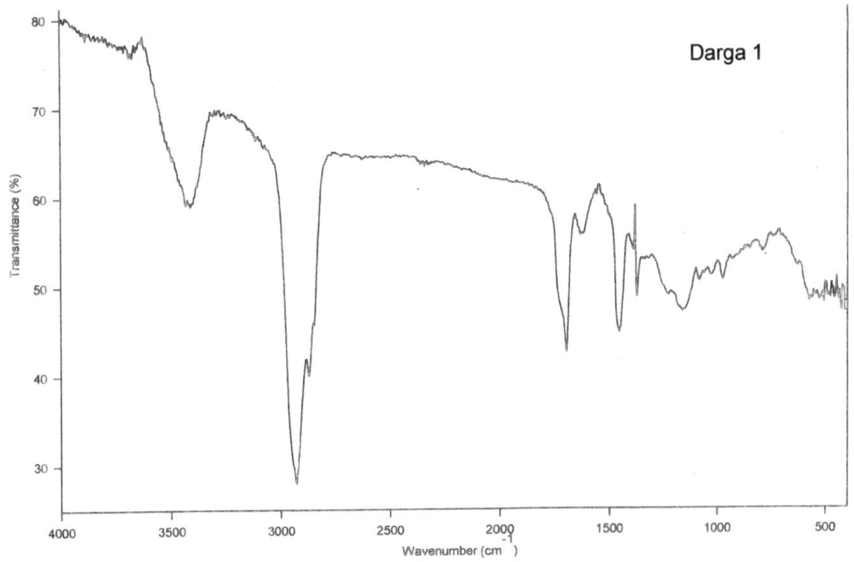

Bernsteinprobe Darga 1: Bernstein im Sandstein der Raibler Schichten; Reiteralm-Decke (Hochjuvavikum, Nördliche Kalkalpen. Obere Trias, Karnium; Unterjettenberg, Deutsche Alpenstraße; Aufsammlung Darga 1994.

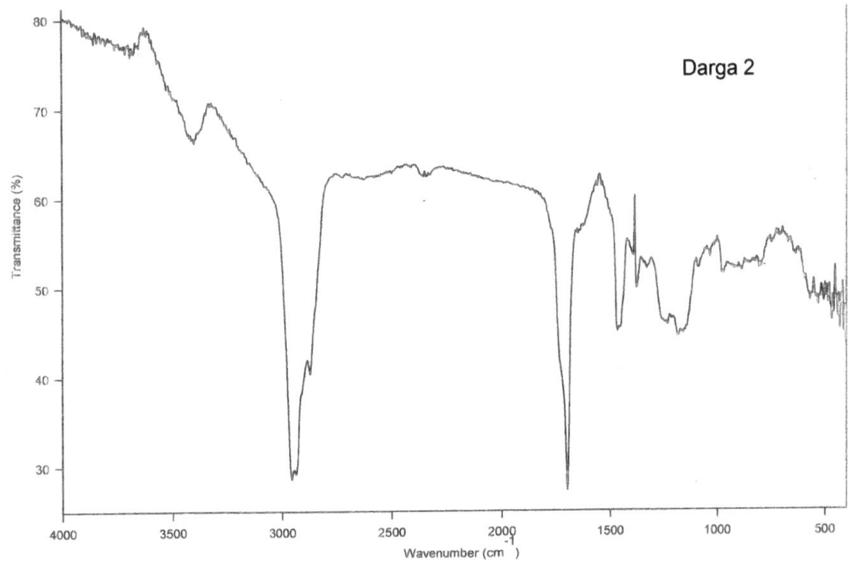

Bernsteinprobe Darga 2: Bernstein in sandigen Mergeln der Gerhardtsreiter Schichten mit inkohlten Pflanzenresten. Nordhelvetikum, Oberkreide, Maastricht: Bad Adelholzen bei Siegsdorf; Aufsammlung Darga 1994.

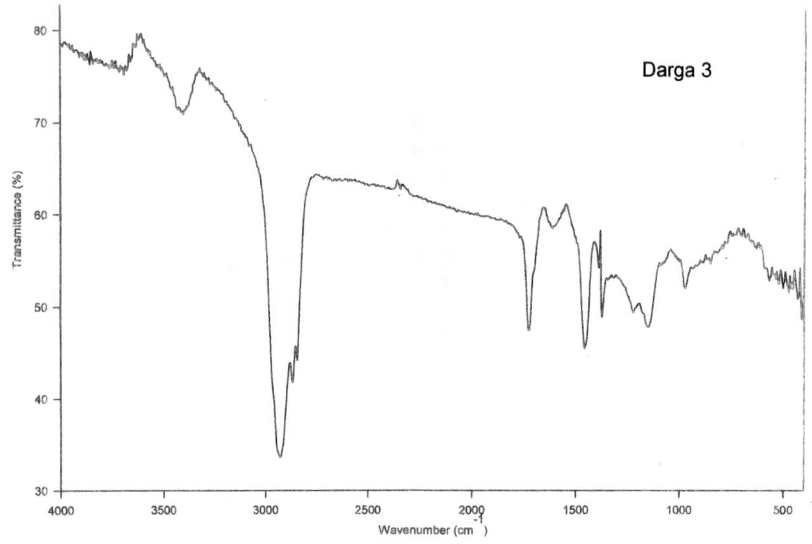

Bernsteinprobe Darga 3: Bernstein in Cenoman-Sandstein. Cenoman der Lechtal-Decke, Steinbachtal bei Ruhpolding; Aufsammlung Darga & Zehetmaier 1996.

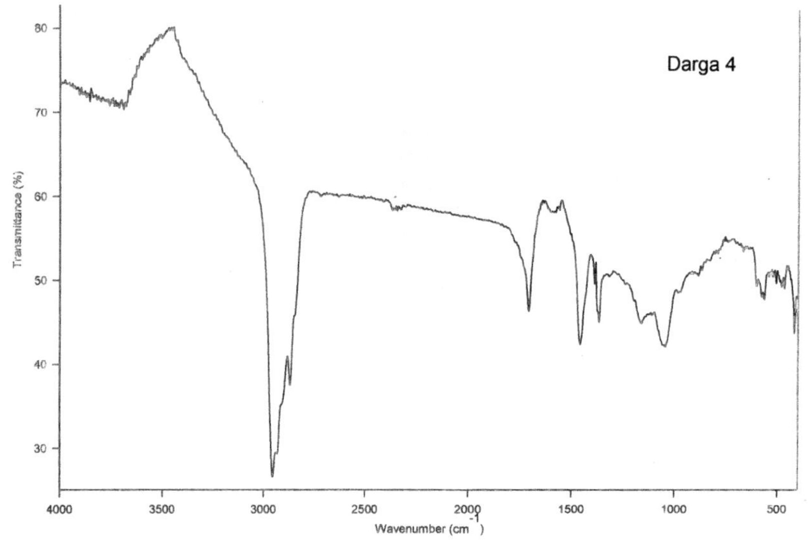

Bernsteinprobe Darga 4: Bernstein in Adelholzener Schichten (Sonderfazies). Nordhelvetikum, Mittel-Eozän, Lutetium, Bad Adelholzen bei Siegsdorf; Aufsammlung Darga 1994.

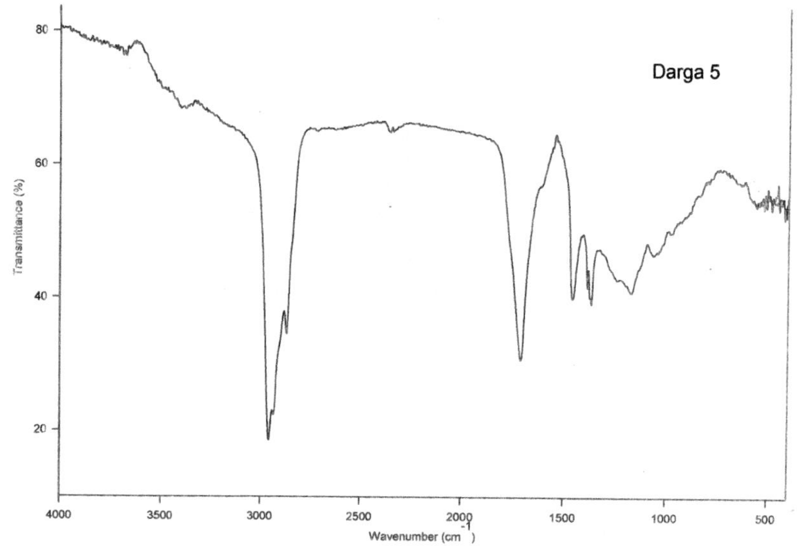

Bernsteinprobe Darga 5: Bernstein in Roterz. Sudhelvetikum, Unter-Eozän, Cuis, aufgelassener Bergbau am Kressenberg bei Vogling/Siegsdorf; Sammlung Heimathaus Traunstein.

DIE ERFINDUNG DES BERNSTEINS

Von Frank Telge

Die Spannung stieg, der Vorhang ging auf - aber die Bühne war leer. Im Hintergrund stand noch, eher braun als grün und etwas ausgedünnt, die Kulisse. Nicht einmal Statisten waren zu sehen.
So begann das Zeitalter, das wir Trias nennen.

Gerade war das Perm mit dem wohl größten Massenaussterben der Erdgeschichte zu Ende gegangen. Auslöser der Katastrophe war wohl eine gigantische und andauernde Vulkantätigkeit in Sibirien verbunden mit der Zunahme schädlicher Gase in der Atmosphäre. Und dies führte wiederum zu einer dramatische Erderwärmung. Aber auch weitere Ursachen wie z.B. ein Asteroideneinschlag werden diskutiert. Fast alle Meeresbewohner starben in der Folge aus und immerhin drei Viertel der Landlebewesen taten es ihnen gleich. Die wenigen Überlebenden standen zuvor eher unscheinbar am Rand, waren unspezialisierte, opportunistische Allrounder. Nur die Pflanzen kamen glimpflicher davon: Weit mehr als die Hälfte der Flora überstand das Desaster, aber auch sie erholte sich nur Stück für Stück.

Das war die Ausgangslage, als das Leben vor 250 Mio. Jahren einen neuen Anlauf unternahm. Nichts deutete daraufhin, dass noch vor dem Ende dieses Zeitalters erst die Dinosaurier und danach die ersten echten Säugetiere entstehen würden. Eben war das Leben noch beinahe erloschen und dann entstanden gleich zwei der erfolgreichsten Tiergruppen.

Aber die Entwicklung war folgerichtig: Das Massenaussterben hatte Raum für die Ausbreitung anpassungsfähiger Arten geschaffen. Die Reptilien hatten bereits im Perm den Amphibien den Rang abgelaufen, da sie zur Fortpflanzung nicht auf Gewässer angewiesen waren. Und auch wenn sie am Ende des Perms schwer dezimiert wurden, einige Vertreter überlebten und übernahmen die freien Lebensräume im Sturm. Und mit ihnen waren im Perm die ebenfalls sehr erfolgreichen säugetierähnliche Reptilien entstanden, von denen auch nur einige wenige die Trias erreichten, aber mit ihrer erfolgreichen Entwicklung den Startschuss für die echten Säugetiere ermöglichten.

Als die Trias dann nach 50 Mio. Jahren endete, waren die Verlierer des Massenaussterbens bereits vergessen und ihre ökologischen Nischen neu besetzt. In den zwei folgenden Erdzeitaltern beherrschten die Saurier die Welt, während sich in ihrem Schatten bereits die Säugetiere für ihre große Zeit entwickelten.

Aber was hat das mit Bernstein zu tun ? Ganz einfach: In der Pflanzenwelt geschah Vergleichbares, denn im Perm und dem vorausgehenden Karbonzeitalter waren erste, primitive, aber erfolgreiche Koniferen und Ginkos entstanden, die zwar teilweise das Massenaussterben nicht überstanden, deren überlebende Arten jedoch frei gewordene Räume besetzten. Diese Opportunisten drängten nun langsam die zuletzt beherrschenden großwüchsigen Farne, Bärlappgewächse und Schachtelhalme zurück. Und zur gleichen Zeit entstanden auf der Welt Bernsteine, die nicht mehr nur als mikroskopisch kleine Spuren in Pflanzenresten nachweisbar waren[1], sondern als paläontologische Fundstücke einer signifikanten Größe dem Muttergestein entnommen werden konnten[2]. Offenbar gelang es Pflanzen im Laufe der Trias die Harzabscheidung als Schutz- und Abwehrmechanismus zu entwickeln. Und um solche frühesten Bernsteinnachweise aus Deutschland geht es in diesem Beitrag.

Deutschland lag etwa mittig auf dem nierenförmigen Urkontinent Pangäa, der praktisch alle Landmassen vereinte und sich vom Nord- zum Südpol erstreckte. Auf der Eurasischen Kontinentalplatte tektonisch „reisend“ hatte unsere heutige Heimat soeben den Wüstengürtel auf der Höhe des heutigen Nordafrikas durchquert und demzufolge war es heiß und trocken. Selbst die Pole waren zu dieser Zeit eisfrei. Ein Klima, dass die Ginkos und Koniferen besser ertragen konnten, als die bisherigen Baumriesen der feuchttropischen, urzeitlichen Wälder.

In diesem Buch hat im Beitrag über die Bernsteine Südostbayerns der Fundort am Unterjettenberg bei Bad Reichenhall bereits kurz Erwähnung gefunden. Dort fand sich das Harz in einigen wenigen kleinen Tropfen in den triassischen Raiblerschichten (ein Exemplar ist auch abgebildet). Das Alter dieser Bernsteine wurde mit 230 Mio. Jahren angegeben, womit es sich um das älteste bisher bekannte fossile Harz in Deutschland handelt. Erkenntnisse zu den erzeugenden Pflanzen scheinen jedoch nicht vorzuliegen.

Kaum jünger ist der Bernstein, der vor 225 Mio. Jahren im sogenannten Keuper in der Mitte der Triaszeit entstand. Flora und Fauna hatten sich erholt und die heißen, trockenen Landstriche, die heute Deutschland bilden, wurden von Flussläufen von Nordost nach Südwest durchzogen. Aus Skandinavien und dem Baltikum wurden große Sandmengen hierher verfrachtet, die zum Teil in diesen Flusssystemen zur Ablagerung gekommen sind. Und da an diesen Flüssen noch viele Schachtelhalme wuchsen und im Sandstein als

Fossilien überliefert wurden, erhielt die Formation – in Unkenntnis der urzeitlichen Flora – die Bezeichnung „Schilfsandstein“ (heute: Stuttgart-Formation).

Die Welt, in der dieser Sandstein abgelagert wurde, war nicht nur eine von Flüssen durchzogene Ebene – die Szenerie ging in ein riesiges Delta über, das sich zu einem südlich gelegene Meer hin öffnete. Und dieses Meer überflutete immer wieder phasenweise Teile der Landschaft. Festes Land wechselte mit Flüssen, brackigen Tümpeln und Sümpfen ab, um die herum die feuchtigkeitsliebenden Schachtelhalme noch immer das Bild dominierten. Im Wasser lebten Fische und Amphibien, von denen Letztere wie Krokodile im Wasser auf Beute lauerten. Und verrückte Welt: Die Krokodile lebten an Land und machten dort Jagd auf andere Reptilien und Vorfahren der Säugetiere. Über alledem zogen allererste Flugsaurier ihre Kreise. Wenn aber das Meer vorstieß, dann übernahmen vorübergehend wieder marine Lebensformen diese Welt. Das alles verraten Fossilien aus der mittleren Trias verschiedener Fundorte Mittel- und Süddeutschlands[3].

Die überwiegende Zahl der Versteinerungen im meist tonig gebundenen, feinkörnigen Schilfsandstein entstammen jedoch der vorherrschenden Flora. Und auch wenn die dortige Makroflora noch immer von Schachtelhalmen beherrscht wurde, fanden sich auch farnlaubige Gewächse, Palmfarne und diesen verwandte Benettiteen sowie – Koniferen[4]. Und neben den Relikten größerer Vegetationsteile enthält der Fossilbericht auch pflanzlichen Moder, in dem außer Pilzen, Flechten, Pollen, Sporen und Pflanzenkutikeln (Blatt- bzw. Pflanzenhäuten) auch der bereits erwähnte Bernstein überliefert wurde[5]. Eine Vorstellung von der Fundsituation vermittelt das Bild rechts, in dem jedoch

Rekonstruktion einer Landschaft der Schilfsandsteinzeit (in: HEER 1865, „Basel zur Keuperzeit“. Die Urwelt der Schweiz, S. 49, Illustration signiert durch BURI & JEKER).

Fossilplatte mit den Abdrücken 1. einer Blattscheide des fossilen Schachhalms *Equisetites arenaceus* und 2. eines unbestimmbaren Pflanzenorgans, Die Pfeile verweisen auf disperse fossile Kutikeln von Pflanzen (Fundort Kirchschönbach / Slg. Kelber).

kein Bernstein, sondern größere Pflanzenreste (u.a. vom Schachtelhalm *Equisetites arenaceus*) und einzelne Kutikeln erkennbar sind. Eine Zuordnung des Bernsteins zu einer Pflanzengruppe ist aus den gefundenen Fossilien aber nicht abzuleiten.

Die Schachtelhalme waren jedoch gewiss nicht die Erzeugerpflanzen des Bernsteins, denn mit dieser Eigenschaft sind sie seit ihrer Entstehung im Devon vor 375 Mio. Jahren nie in Erscheinung getreten. In der nachgewiesenen Makroflora existierte aber mit den Koniferen ein passabler Hauptverdächtiger, der uns noch heute als Produzent von Harzen vertraut ist. Im Karbon vor über 300 Mio. Jahren waren mit den Cordaiten und den Voltziales frühe zapfentragende Nadelbäume entstanden. Während die Cordaiten dem Massenaussterben am Ende des Perm zum Opfer fielen, überlebte ein Teil der Voltziales und entwickelte sich in der Trias weiter.

Triassischer Bernstein wurde in Europa aber auch außerhalb Deutschlands gefunden, und zwar im Schilfsandstein von Neue Welt bei Münchenstein in der Schweiz[6], an sechs Fundstellen in den italienischen Alpen[7], in Lunz[8] und dem Kochental[9] in den nördlichen Kalkalpen Österreichs, im Balaton Hochland Westungarns[10] und an zwei Stellen bei Alicante in Spanien[11]. Auch dort war dies jeweils das erste Auftreten regelrechter Bernsteinstückchen im Fossilbericht. Untersuchungen zu den Erzeugerpflanzen scheinen nur aus Italien, Österreich und Ungarn vorzuliegen.

Aus Schilfsandstein herausgelöste Bernsteinstücke .

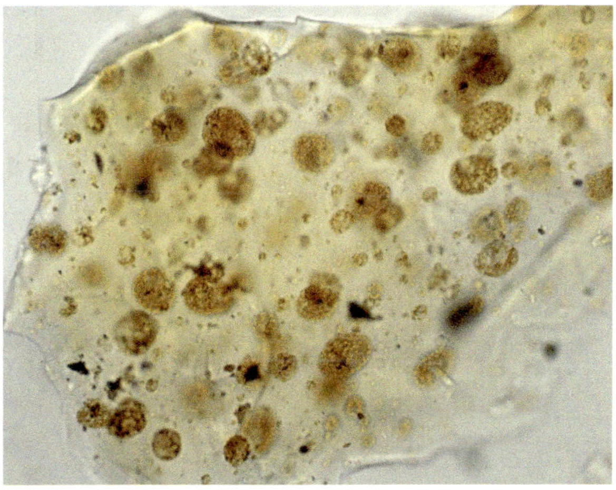

Unbestimmte Einschlüsse im Bernstein.

Von den italienischen Fundstellen ist bekannt, dass das fossile Harz in drei Fällen von *Voltziales recubarienses*, in einem weiteren Fall von *Voltziales ladinica* und in den übrigen zwei Fällen von den – entweder der vorgenannten Gruppe oder den Araukariengewächsen nahestehenden – Cheirolepidiacae produziert wurde . Alle drei Arten entstanden erst in der Trias.

Mit Infrarotspektroskopie konnte festgestellt werden, dass das triassische Harz vom Balaton mit ungarischen Bernsteinen späterer Zeitalter Gemeinsamkeiten aufwies, definitiv aber keine mit Baltischem Bernstein. Große Unterschiede ergaben sich jedoch auch zu den Bernsteinen aus den italienischen Dolomiten, als deren Erzeugerin Cheirolepidiacae ermittelt worden waren. Von Koniferengewächsen als Produzenten dieses Harzes kann aber trotzdem ausgegangen werden[12].

Auch Untersuchungen des Bernsteins von Lunz ergaben deutliche Unterschiede zu den italienischen Bernsteinen. Es handelte sich gemäß Klassifikation um ein „Class Ib Resinite“[13], also ein Harz ohne Bernsteinsäure, aber aus der verbreitetsten Gruppe (fossiler) Harze. Auch diese werden mit Koniferengewächsen assoziiert.

Alle daraufhin untersuchten triassischen Harze Europas werden also frühen Koniferen zugerechnet. Für den bereits erwähnten und oben abgebildeten Bernstein aus dem Schilfsandstein Unterfrankens (östlich von Frankfurt/Main) darf dies also guten Gewissens ebenfalls angenommen werden. Der Entdecker, Dr. Rolf Ziegler, beschreibt, dass der Bernstein bis linsengroß, sehr klar und spröde ist, und beim Freipräparieren aus dem Sandstein in feinste Krümel zerfällt. Erkennbar ist auch, dass der Bernstein teilweise kleinste Einschlüsse enthält, die jedoch noch unbestimmt sind[14]. Auf die weiterführende Literatur von Dr. Ziegler wird verwiesen[15].

Ergänzend ist anzumerken, dass auch Dr. Martin Büchner, ein Bielefelder Geologe, bei Beschreibung des Schilfsandsteins aus dem Ravensberger und Osnabrücker Land das gelegentliche Auftreten von Bernsteinkrümeln erwähnt hat[16].

Herrn Klaus-Peter Kelber danke ich herzlich für Informationen und die Erlaubnis, diesen Beitrag mit den abgedruckten Bildern illustrieren zu können.

[1] Bray, P. S. & Anderson, K. B. (2009): Identification of Carboniferous (320 million years old) Class Ic amber. In: Science, Vol. 326, S. 132-134, American Association for the Advancement of Science, Washington/USA.
[2] Seyfullah, l. et al. (2018): The Carnian Pluvial Episode and the first global appearance of amber. - In: Journal of the Geological Society, Vol. 175, S. 1012-1018, The Geological Society of London, London.
[3] Schoch, R. (2007): Saurier – Expedition in die Urzeit. Jan Thorbecke Verlag der Schwalbenverlag AG, Ostfildern.
[4] Schoch, r., a. a. O.
[5] Ziegler, R.: Bernstein aus dem Keuper (220 Millionen Jahre alt). Unter: http://www.palaeo-lichenology.de/bernstein.htm (abgerufen am 02.12.2024).
[6] Soom, M. (1984): Bernstein vom Nordrand der Schweizer Alpen. - In: Stuttgarter Beiträge zur Naturkunde, Serie C, Vol. 18, S. 15-20, Staatliches Museum für Naturkunde, Stuttgart.
[7] Forte, G. et al. (2022): Amber droplets in the Southern Alps (NE Italy): A link between their occurrences and main humid episodes in the Triassic. - In: Rivista Italiana di Paleontologia e Stratigrafia (Research in Paleontology and Stratigraphy), Vol. 128(1), S. 105-127, Mailand/Italien.
[8] Fischer, T. C. et al. (2017): Amber from the Alpine Triassic of Lunz (Carnian, Austria): a classic palaeobotanical site. - In: Palaeontology, Vol. 60, S. 743-759.
[9] Pichler, A. (1868): Beiträge zur Geognosie Tirols. XI. Fossiles Harz. - In: Jahrbuch der Kaiserlich-Königlichen Geologischen Reichsanstalt, Vol. 18, S. 45-52, Wien/Österreich.
[10] Csillag, G. & Földvári, M. (2005): Upper Triassic amber fragments from the Balaton Highlands, Hungary. - In: Annual Report of the Geological Institute of Hungary 2005, S. 37-46, Geological Institute of Hungary, Budapest/Hungary.
[11] Peñalver, E. & Delclòs, X. (2010): Spanish amber. - In: D. Penney (ed.), Biodiversity of Fossils in Amber from the Major World Deposits, S. 236-270, Siri Scientific Press, Manchester/UK.
[12] Csillag, G. & Földvári, M., a.a.O.
[13] Fischer, T. C. et al., a.a.O.
[14] Ziegler, R.: Bernstein aus dem Keuper (220 Millionen Jahre alt)“, a.a.O.
[14] Ziegler, R. (1997, 2002): „Fossil Organosilicon Compounds - a type of silification diagenetically developed in Triassic vascular plant cuticles and thallophytes“ und „ Fossiler Pflanzenmoder aus dem Keuper“. - In: Documenta naturae Nr. 112, Bd. 1 und 2, Verlag Documenta Naturae, München.
[16] Büchner. M. (2008): Keuper-Sandsteine als Baumaterial in der Region zwischen Spenge und Melle. - In: Berichte des Naturwissenschaftlichen Verein für Bielefeld und Umgegend, S. 129-137, Bielefeld.

BERNSTEIN AM CHIEMSEE

Von Frank Telge

Im vorangegangenen Kapitel über die Bernsteine Südostbayerns fand auch ein fossiles Harz Erwähnung, das in Bad Adelholzen in der nach dem Fundort benannten Adelholzen Formation entdeckt wurde. Diese Formation besteht aus verschiedenen Schichten, von denen der sog. Schwarzmergel (= Spirka Member) und die darunter liegende sog. Braune Schicht (= Rohrdorf Member) den wesentlichen Teil der oberen Lagen darstellen[1]. Das zuvor beschriebene Harz entstammte der zweitgenannten Braunen Schicht.

Die Adelholzen Formation zieht sich vom Gschliefgraben am Traunsee im oberösterreichischen Salzkammergut über Bad Adelholzen nahe Siegsdorf bis in den Chiemgau.

Einige Autoren sehen in der sogenannten Bürgenschicht eine Verlängerung dieser Ablagerungen bis zum Vierwaldstättersee in der Schweiz, wobei die Adelholzener Schichten dem Nordhelvetikum zugehören und die Bürgenschicht Teil des Südhelvetikums ist[2 3].

Die Annahme ist nicht abwegig, da beide Schichten küstennahe Ablagerungen des gleichen Meeresarms darstellen, den die aufgefalteten Alpen vom Rest des Tethysmeeres abgetrennt hatten. Heute, wo das Mittelmeer der kümmerliche Überbleibsel der Tethys ist, scheint es kaum noch vorstellbar, dass sich im bayerischen Alpenvorland der Ausläufer dieses einstmals riesigen, tropischen Meeres erstreckt hat.

Allerdings war diese Wasserstraße im Nordhelvetikum vorübergehend trocken gefallen, so dass hier eine weitgehend ablagerungsfreie Schichtenlücke besteht, die es im Südhelvetikum so nicht gibt. Im Südhelvetikum bestand auch in dieser Zeit eine persistierende Küstenlinie.

Vor der Schichtenlücke wurden in der Oberkreide die Sandsteine der Gerhartsreiter Schichten gebildet, in denen bei Siegsdorf – ebenso wie in den späteren Roterzschichten am Kressenberg – nach den Angaben im vorangegangenen Beitrag weitere Bernsteine gefunden wurden. Nach der Schichtenlücke setzte vor ca. 46 Millionen Jahren die Ablagerung der Adelholzen Formation ein. Sie endete vor etwa 36 Mio. Jahren, als

Modifiziert nach einer Grafik von Krimhild Repp, basierend auf paläogeographischen Karten von Dr. Fred Rög!, NHM Wien / Fundorte Rohrdorf (1) u. Siegsdorf (2), südöstlich von München .

einheitlich im Nord- und Südhelvetikum die Stockletten Formation entstand.

In diesen Stockletten Schichten wurden neben typischen Fossilien eines damaligen, marinen Sedimentationsraumes auch Reste früher Zahnwale gefunden, die nicht oft auf der Welt und in Deutschland überhaupt nur hier vorkamen[4].

Im Eozän wäre Whalewatching in Bayern also kein Problem gewesen ...

Aber auch im Spirka Member der Adelholzen Formation, der letzten vor dem Stockletten abgelagerten Schicht, haben ikonische Tiere ihre Spuren hinterlassen: Im Steinbruch des Zementwerkes Rohrdorf beim Chiemsee wurden im Schwarzmergel Zähne des Riesenhais Carcharocles auriculatus entdeckt[5], so dass es im ausgehenden Eozän viele gute Gründe gegeben hätte, hier nicht baden zu gehen.

Und ein weiterer Fund von gleicher Stelle, eine pyritisierte Palmfrucht, vermittelt auch Vorstellungen davon, wie es zu dieser Zeit an Land ausgesehen haben dürfte:

Dort bestand offenbar eine tropische Vegetation, deren Bestandteile auch ins Meer gelangten und teilweise in den Bodensedimenten überliefert wurden. Und somit verblüfft es nicht, dass dort auch fossile Hölzer und Harzkörner gefunden wurden[6].

Und auch aus der darunter gelegenen Braunen Schicht wurden in Rohrdorf, wie schon bei Bad Adelholzen, Bernsteinkörner geborgen: „Als Besonderheit ist in der Braunen Schicht auch vereinzelt Bernstein überliefert; bekannt sind Körner bis „Klumpen mit mehreren Zentimetern Durchmesser“[7].

Zusammenfassend kann man sagen, dass in den küsten- und inselnahen Sedimenten der Tethys und später des Helvetischen Meeres fossile Harze schon seit der oberen Kreidezeit vor ca. 70 Millionen Jahren in den Gerhartsreiter Schichten und später vor 55 Millionen Jahren im Roterz abgelagert wurden und sich dies in der Zeit vor 41 bis 36 Millionen Jahren in den oberen Adelholzener Schichten an mindestens zwei verschiedenen Lokalitäten wiederholte.

Die Erhaltungsbedingungen in den Bodensedimenten des damaligen tropischen Meeres haben uns also über einen relativ langen Zeitraum immer wieder Relikte der harzbildenden Vegetationsteile vom Fuß der Alpen und vom gegenüberliegenden Ufer des Bayerischen Festlandes, sowie der davor liegenden Inseln hinterlassen.

Es drängt sich auf, dass das Harz an vielen weiteren, ehemals küstennahen Stellen der beschriebenen Regionen auffindbar wäre, wenn diese zugänglich würden.

[1] Heyng, A. M. (2012): Neugliederung der Adelholzener Schichten (Eozän, Nordhelvetikum) im Raum Siegsdorf - Bad Adelholzen unter besonderer Berücksichtigung der Großforaminiferen und Molluskenfauna (Teil 1 und 2). - In: Documenta naturae, Bd. 186, S. 1-105, Verlag Documenta naturae, München.

[2] Heim, A. (1908): Die Nummuliten- und Flyschbildungen der Schweizeralpen. - In: Abhandlungen der Schweizerischen Paläontologischen Gesellschaft, Vol. 35, Schweizerische Paläontologische Gesellschaft, Zürich und Genf.

[3] Götzinger, K. (1937): Zur Kenntnis der helvetischen Zone zwischen Salzach und Alm (vorläufiger Bericht)“,. - In: Verhandlungen der Geologischen Bundesanstalt, Bd. 1937, S. 220–235, Geologische Bundesanstalt Wien,.

[4] Uhen, M. D. & Berndt, H.-J. (2008): Fossil record of the archaeocete whale family Protocetidae from Europe. - n: Fossil Record, Vol. 11 (2), S. 57-60, Wiley VCH Verlag GmbH & Co. KGaA, Weinheim.

[5] Heyng, A. M. (2007): Zwei Zähne des Riesenhais Carcharocles auriculatus (BLAINVILLE) aus dem Spirka-Member der Adelholzen-Formation (Eozän) von Rohrdorf am Chiemsee (Süddeutschland). - In: Documenta naturae, Bd. 164-1, S. 33-35, Verlag Documenta naturae, München.

[6] Berndt, H.-J. et al. (2011): Eine pyritisierte Palmfrucht aus dem eozänen Schwarzmergel (Spirka Member) des Rohrdorfer Zementwerkes am Chiemsee. - In: Documenta naturae, Bd. 164-2, S. 15-21, Verlag Documenta naturae, München.

[7] Heyng, A. M. In: Documenta naturae, Bd. 186, a.a.O.

BERNSTEIN IM BRAUNKOHLE-TAGEBAU – IN BAYERN!

Von Frank Telge

Ein blau-grünes Labyrinth aus Seen, Inseln, Buchten und Dämmen, eingefasst von Wald- und Wiesengebieten. So würde eine finnische Tourismusagentur die Vorzüge der Natur in ihrer Heimat bewerben. Eine Tourismusagentur in Bayern würde allerdings das Gleiche schreiben, wenn sie potentiellen Reisenden einen Trip zum Oberpfälzer Seenland schmackhaft machen wollte. Und beide Agenturen hätten Recht – die Bilder gleichen sich auf's Haar.

In Finnland verdanken wir die Landschaft den Kräften der Eiszeit und in der Oberpfalz den Kräften der Bagger, die dort bis 1982 insgesamt 185 Mio. Tonnen Braunkohle abgebaut haben. Zu dieser Zeit war das Oberpfälzer Braunkohlenrevier nach dem Rheinischen Revier das zweitgrößte Braunkohlenabbaugebiet der Bundesrepublik Deutschland. Was jahrzehntelang den Menschen der Region um Wackersdorf Arbeit und Energie gab, hat aber nicht nur Platz geschaffen für eine bemerkenswerte Wasserlandschaft. Es hat auch genug Exponate hinterlassen, um damit in Steinberg am See das Braunkohle- und Heimatmuseum zu füllen, in dem an diese und andere Zeiten erinnert wird. Hier findet sich auch ein Stück Bernstein (s. Abb. auf S. 212), das (neben einigen weiteren Exemplaren in privaten Sammlungen) ein fossiles Harz repräsentiert, das in den Braunkohlen um Wackersdorf nicht selten vorkam, aber nur in wenigen Stücken bis heute überliefert ist [1].

Auch aus Viehhausen bei Regensburg – nur 36 Kilometer von Wackersdorf entfernt – sind fossile Harze aus der Braunkohle bekannt: „Die Kohle … ist von fester Beschaffenheit und enthält sehr reichlich Lignite. Auch nesterartige Einlagerungen von gelbem Harz (Retinit) sind nicht selten.“[2] Von 1919 bis 1959 wurde dort in der Ludwigszeche unter Tage umfangreich Braunkohle abgebaut. Und bereits davor hat man in der Gegend in sog. „Fliegenden Schächten“ den begehrten Rohstoff gewonnen. Insgesamt erstrecken sich die Oberpfälzer Braunkohlenlager von Pfreimd bis Regensburg über eine Strecke von etwa 60 Kilometern und sie sind an etlichen Stellen mal unter, mal über Tage abgebaut worden. Entstanden sind diese Braunkohlen im Zeitalter des Miozäns. In Wackersdorf begann die Bildung der Kohle vor 18 Mio. Jahren und endete vor 12,5 Mio. Jahren[3]. Die in Viehhausen aufgefundenen Kohlen entstammen einer Zeit von vor 12 - 7 Mio. Jahren[4].

In dieser Zeitspanne senkte sich das Molassebecken zwischen Donau und Alpen ab. Ostbayern wurde relativ hierzu angehoben. Zwischen Pfreimd und Regensburg gruben Vorläufer des Flusses Naab und seiner Nebenflüsse tiefe Rinnen in das Grundgebirge. Mit der Zeit füllten sich diese Vertiefungen mit Kiesen, Sanden und Tonen. In dem subtropischen Klima, das zu dieser Zeit in Deutschland herrschte, entstanden in den verlandeten Seitenarmen und Altwassern ausgedehnte Sumpfwälder. Die Reste dieser Wälder wurden immer wieder von Sedimenten überdeckt.

So entstanden abwechselnde Schichten von organischem Material einerseits und Tonen, Sanden und Kiesen andererseits. Durch Luftabschluss und den Druck der darüber liegenden Schichten wurde das Material der früheren Sumpfwälder mit der Zeit zu Braunkohle umgewandelt[5]. Überliefert ist auch, wie man sich diese Welt vorstellen muss, denn es wurden in den Braunkohlen immer wieder – besondere reichhaltig allerdings in Viehhausen – Fossilien aufgefunden.

Zwar herrschte am Entstehungsort der Kohlen subtropisches Klima, aber es war eben ein Sumpfwald und keine afrikanische Steppe. Im weiteren Umfeld hätte man tatsächlich auf Safari gehen können: Die Big Five hätten damals Hauerelefant, Nashorn, Krallentier, Bärenhund und Säbelzahnkatze geheißen und sie wären den heutigen Foto-Trophäen mindestens ebenbürtig gewesen. Nur war der Sumpfwald nicht ihr Habitat. In den Kohlen fand man stattdessen – wenig überraschend – Reste von Krokodilen, Schildkröten, Bibern und Hirschferkeln[6] [7]. Und es fand sich eine reichhaltige, subtropische Flora.

Der Fossilbericht kennt Schichten aus Ablagerungen von Sumpfwäldern und solche, die offenkundig bedeutend trockeneren Flächen entstammen. Da um Wackersdorf in mehreren Tagebauen Stubbenhorizonte, sowie darunter liegende Wurzelböden in situ aufgefunden wurden, und auch aus der Zeche Augusta in Haidhof aufrecht in der Kohle stehende Baumreste überliefert sind[8] [9], ist primär von einer autochthonen Entstehung der Kohle – also am früheren Standort der inkohlten Bäume – auszugehen.

Die Stubbenhorizonte werden der Konifere *Taxodioxylon gypsaceum* (*Sequoia*-Art, verwandt den heutigen Mammutbäumen) zugeschrieben, die in weniger feuchten (Rand-)Bereichen des Sumpfgebietes oder während trockenerer Phasen gedieh. Die beherrschenden Elemente dieser Sümpfe waren jedoch die Konifere *Glyptostrobus* (Sumpfzypressen-Art) sowie Tupelobäume[10 11].

Und das Ausgangsmaterial derjenige Kohleschichten, die eine komplexere Zusammensetzung unter Einbeziehung wenig feuchtigkeitsliebender Arten aufweisen, ist wohl bei größeren Wetterereignissen eingespült worden und dann als sekundärer Bestandteil in den ehemaligen Sumpfgebieten mit inkohlt.

Vereinfachend entsteht das Bild eines subtropischen Sumpfwaldes mit Zypressen, Tupelobäumen und feuchtigkeitsliebender Bodenvegetation. In den Uferzonen traten uns vertraute Gewächse wie Eiche, Ahorn und Ulme hinzu, aber auch Magnolie, Stechpalme, Sequoia und der Amberbaum *Liquidambar*.

Die ferneren Bereiche kann man sich vergleichbar den immergrünen suptropischen Lorbeerwaldzonen Asiens und Amerikas vorstellen, wobei um Wackersdorf auch Kiefernarten (*Pinus*) nachgewiesen sind.[12 13]

Mit den Koniferen des *Glyptostrobus*-, des *Sequoia*- und des Kiefern-Typs, sowie dem Amberbaum sind gleich mehrere potentielle Harzlieferanten nachgewiesen. Aus der überwiegenden Autochthonie der Kohle kann man ableiten, dass die aufgefundenen Harze nicht älter als die Braunkohlen sind und genau diesen Sumpfwäldern entstammen. Und aufgrund des zahlreichen Vorkommens von Sumpfzypressen in eben diesen Feuchtgebieten spricht viel dafür, dass diese auch die Harzproduzenten waren. Gesichert ist dies jedoch nicht. Nur eines ist ganz sicher: Auch wenn das Wetter dort nicht mehr subtropisch ist, ist das Oberpfälzer Seenland auch heute sehenswert.

Faustgroßer Bernstein im Museum Steinberg/ Wackersdorf, , Foto von der Webseite, verändert © Martin Füßl.

[1] Weber, B.: Das Heimat- und Braunkohle-Museum in Steinberg / Wackersdorf. Onlinepräsentation für die Vereinigung der Freunde der Mineralogie und Geologie, Bezirksgruppe Weiden / Oberpfalz, http://www.vfmg-weiden.de/s_sad.htm, Abruf v. 15.07.2024.

[2] Wappenschmitt, I. (1936): Zur Geologie der Oberpfälzer Braunkohle. - In: Abhandlungen der Geologischen Landes-Untersuchung am Bayerischen Oberbergamt, Heft 25, 68 S., Bayerisches Oberbergamt, München.

[3] Kovar-Eder, J. et al. (2001): Comparing Early to Middle Miocene floras and probable vegetation types of Oberdorf N Voitsberg (Austria), Bohemia (Czech Republic), and Wackersdorf (Germany). - In: Review of Palaeobotany & Palynology, 114 (2001), S. 83 – 125, Elsevier Science B.V., Amsterdam.

[4] Fugmann, J. (2016): Gemeinde Sinzing, Bebauungsplan Nr. 71, Gewerbegebiet Viehhausen, Altbergbauliche Beurteilung, Oktober 2016. Auftragsarbeit der arguplan GmbH, Karlsruhe, für die Gemeinde Sinzing, https://www.sinzing.de/media/20899/anlage-1_altbergbauliche-beurteilung-okt2016.pdf, Abruf v. 15.07.2024.

[5] „Wackersdorfer Braunkohle“, Onlinepräsentation des Bayerischen Landesamtes für Umwelt auf https://www.lfu.bayern.de/geologie/bayerns_schoenste_geotope/99/index.htm, Abruf v. 16.07.2024.

[6] Rutte, E. (1956/1958): Die Geologie von Alling - Kapfelberg (zwischen Kelheim und Regensburg) und die Wirbeltierfundstätte in der obermiozänen Braunkohle von Viehhausen. - In: Acta Albertina Ratisbonensia, Bd. 22, S. 26 - 85, Regensburg.

[7] Fahlbusch, V. (1985): Säugetierreste (Dorcatherium, Steneofiber) aus der miozänen Braunkohle von Wackersdorf/Oberpfalz. - In: Mitteilungen der bayerischen Staatssammlung für Paläontologie und Historische Geologie, Band 25, S. 81 - 94, München.

[8] Jung, W. (1972): Neue paläobotanische Untersuchungen an den Braunkohlen der Oberpfalz. - In: Berichte der Bayerischen Botanischen Gesellschaft zur Erforschung der Flora, Bd. 43, S. 97 – 108, Bayerische Botanische Gesellschaft e. V., München.

[9] Jung, W. et al. (1971): Makrofloristische Untersuchungen im Braunkohlentertiär der Oberpfalz. - In: Mitt. der bayerischen Staatssammlung für Paläontologie und Historische Geologie, Band 11, S. 223 - 249, München.

[10] Kovar-Eder, J. et al., a.a.O.

[11] Jung, W. (1984): Die Florenentwicklung in der bayerischen Molasse. - In: Naturwissenschaftliche Zeitschrift für Niederbayern, Bd. 30, S. 31 – 41, Naturwissenschaftlicher Verein Landshut e.V., Landshut.

[12] Kovar-Eder, J. et al., a.a.O.

[13] Jung, W.: Die Florenentwicklung in der bayerischen Molasse, a.a.O.

OBERJURA-BERNSTEIN AUS NUSPLINGEN
Gut sichtbar versteckt

Von Frank Telge

Die blaue Lagune liegt im Film auf den Fidschi-Inseln und im Hier und Jetzt auf Malta oder Island. Im Oberjura vor ca. 150 Mio. Jahren lag sie in Süddeutschland bei Nusplingen in Baden-Württemberg.

Es war eine tropische Welt, in der im Wasser Schildkröten, Fische, Ammoniten und Belemniten schwammen. Haie und mächtige Meereskrokodile gingen auf die Jagd nach ihnen - und nach ihresgleichen.

Und über der Lagune zogen Flugsaurier ihre Kreise. All das haben feinschichtige Plattenkalke für uns bewahrt und ein fossiles Stück Feder beweist, dass auch der *Archaeopteryx* aus Solnhofen hier mehr oder weniger enge Verwandtschaft hatte.

An Land ragten Schachtelhalme, Ginkos, Palmfarne und verschiedene Nadelgehölze aus der nicht üppigen, aber tropischen Vegetation heraus. Man hätte sich gut vorstellen können, dass sich unter den Tausenden von Fossilien, die hier in den letzten 175 Jahren schon geborgen wurden, auch ein Paar Stücke Bernstein befunden hätte. Zumindest die Koniferen wären dafür prädestiniert gewesen.

Aber es fand sich nichts. Zwar war die Lagune nicht von großen Landmassen umgeben – es war eher eine Inselwelt weit draußen im Schelfmeer in der Schwammriffe zu Barrieren emporgewachsen waren und die Lagune vom offenen Wasser trennten.

Aber es lag nicht daran, dass die Bäume kein Harz gebildet hätten oder dass dies nicht in die Lagune gelangt sei. Eher dürften die Erhaltungsbedingungen im kalkigen Sediment abträglich gewesen sein.

In der Grabungskampagne 2002 fand das Team um Dr. Gerd Dietl und Dr. Günter Schweigert dann aber die fossile Zapfenschuppe der Araukarienart *Araucarites haeberleini*.

Zapfenschuppe der *Araucarites haeberleini* mit gefüllten Harzkanälen .

Zapfen der Araukarie *Araucarites pictaviensis* aus Nusplingen.

Und dieser Fund änderte alles. Genau genommen war es nicht der Fund, der alles änderte, sondern der genaue Blick darauf.

Denn die eingehendere Untersuchung bestätigte, was die Ausgräber schon vermutet hatten: Die Harzkanäle der Zapfenschuppe waren deutlich erkennbar und mit Strängen von rot-gelbem Bernstein gefüllt. Und da man nicht nur etliche Zapfen von dieser Art, sondern auch bereits mehrere Zapfenschuppen gefunden hatte, verlagerte sich die Suche nun vom Steinbruch in die Magazine, in denen die Funde vergangener Grabungskampagnen lagerten.

Und auch diese Fossilsuche war von Erfolg gekrönt: Mehr als ein Dutzend Zapfenschuppen liegen heute vor, deren Harzkanäle noch mit dunkelbraunem, rötlichbraunem und selten auch gelblich-transparentem Bernstein ausgefüllt sind.

Das sind zwar keine beeindruckenden Fundmengen, da Bernstein aus der Zeit des Oberjura aber weltweit außerordentlich selten ist und auch in Deutschland nur noch am Langenberg im Harz und an der Porta Westfalica gefunden wurde, ist diese Entdeckung bemerkenswert.

Zusammen mit den noch älteren triassischen Bernsteinfunden am Unterjettenberg in Oberbayern und in Kirchschönbach in Unterfranken sind dies die fünf ältesten Nachweise Deutschlands für diesen natürlichen Schutzmechanismus und die Gewächse, die ihn evolutionär hervorgebracht haben.

Quelle: Dr. Gerd Dietl und Dr. Günter Schweigert, „Im Reich der Meerengel", 2. Aufl., Verlag Dr. Friedrich Pfeil, München 2011.

Alle Bildnachweise mit freundlicher Genehmigung von Dr. Günter Schweigert, Staatliches Museum für Naturkunde Stuttgart (SMNS).

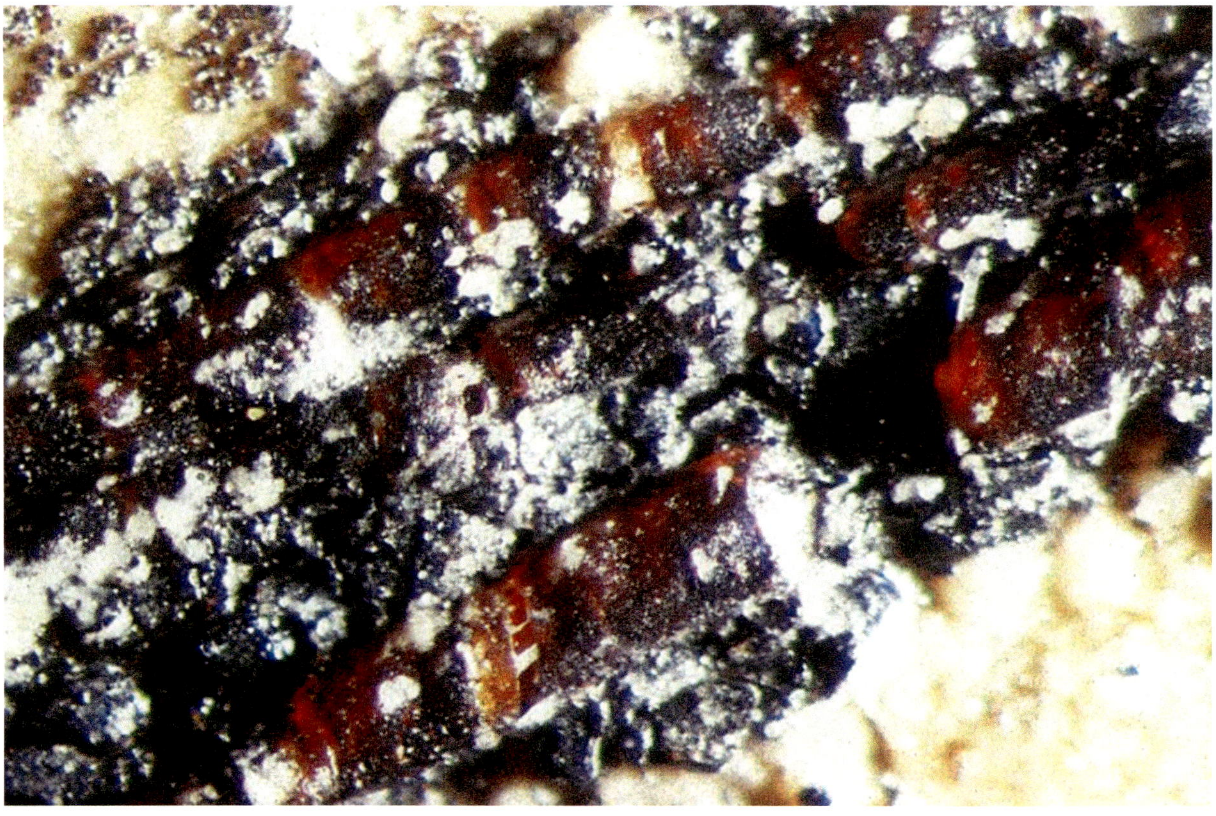

Detailansicht der Bernsteinstränge in den Harzkanälen der bereits abgebildeten Zapfenschuppe der Araukarie *Araucarites haeberleini.*

BERNSTEINKUNST IN DER STEINZEIT

Von Burkhard Dietrich

Vorwort: Zu Bernsteinfunden zählen selbstverständlich auch von Menschen behandelte Bernsteine. Diese Bernsteine wurden nicht auf ihrer ursprünglichen Lagerstätte gefunden, sondern im Bereich prähistorischer Fundplätze. Alle Fundstücke stammen aus der Sammlung von Burkhard Dietrich.

Es ist ungewöhnlich, als Laie etwas zu „Bernsteinkunst in der Steinzeit" schreiben zu können. Der Grund dafür ist eine Kiesgrube im Tal der Leine am Ausgang in die norddeutsche Tiefebene etwa 20 km südlich von Hannover. In dieser Kiesgrube wurde hochwertiger Kies für die Betonindustrie gewonnen.

In der Kiesgrube wurden etwa ab Juni 2000 zunächst sehr gut erhaltene Fossilien aller Zeitalter gefunden. Bei den Fossiliensuchern sprach sich aber sehr schnell herum, dass man in der Grube gelegentlich auch Rohbernsteine sammeln konnte.

Im Laufe der Zeit mehrten sich auch die Funde von seltenen Artefakten von der Altsteinzeit (Paläolithikum),

Bild 1: Das Bild zeigt die Grube im Juni 2000 mit Blick nach Südwesten, im linken Bildrand ist das gewundene Bett der Leine, im Hintergrund sind die sogenannten „Giftener Seen" zu sehen.

Bild 3 links: Der Faustkeil besteht aus bräunlich-grauem Feuerstein, mit gut geschlagenem Rücken auf dem Mittelteil, ist etwa 80 mm lang und 50mm breit. Die vordere Schneide ist erodiert.

Bild 2: in der Grube gefundener klarer Bernsteintropfen mit einem Gewicht von ca. 70 Gramm, eines meiner schönsten dort gefundenen Stücke.

Bild 4: Die länglich/runde Scheibenkeule ist mit einer Uhrglasbohrung versehen, ähnlich einer Sanduhr. Es handelt sich laut Literatur vermutlich nicht um eine Waffe, sondern eher um ein Statussymbol oder Kultgegenstand, eine ähnliche Bedeutung wie ein Zepter. Sie besteht aus sehr festem, feinem Quarzit, mit einer Länge von ca. 80 mm, einer Breite von 65 mm und wird in dieser ovalen Form sehr selten gefunden.

Es handelt sich hier um eine Geweihhacke mit einseitig angeschrägter Schneide aus einem Stück Hirschgeweih. Auf einer Seite befinden sich Loch-Ornamente sowie ein eckiges Loch für die Aufnahme eines Schaftes (Stiel). In dieser Art und Erhaltung ein sehr seltenes, schönes Stück.

Bild 6: Diese „miniaturisierte" Schuhleistenaxt oder „gelochte Dechsel" - auch Hinkelsteinkeil"- mit einer Länge von 70 mm aus einem grünlich/grauem Stein, ähnlich dem „Grünschiefer" mit einem konisch gebohrten Loch für die Stielaufnahme sowie eine symmetrische Schneidenwölbung. Diese Axt wurde vermutlich zur Holzbearbeitung verwendet. Ein in dieser kleinen Größe sehr seltenes Stück.

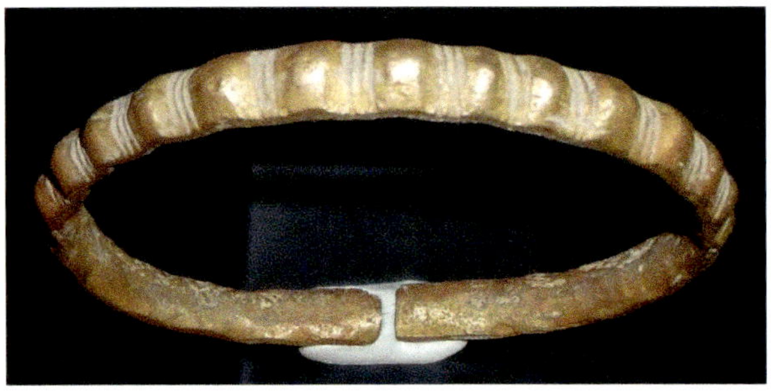

Bild 7: Der bronzene Armreif mit einem leicht ovalen Durchmesser von 65 mm und einem Strichmuster auf dem gebogenen Außenrand ist ein äußerst seltenes Stück. Dazu wurde zeitgleich ein zweites, identisches Stück, gefunden. Offensichtlich wurden beide Stücke paarweise, möglicherweise auch als Fuß-Reif, ähnlich den in anderen Kulturen getragenen „Schaukelringen", verwendet. Diese beiden Stücke stammen vermutlich aus einem durch den Saugbagger zerstörten Grab in etwa 10 - 12 m Tiefe. Diese Tiefe wird bei archäologischen Grabungen in der Regel nicht erreicht. Der Armreif ähnelt den niedersächsischen "Steigbügelarmringen" (z. B. aus einem Hortfund bei Ströhen, Gem. Wagenfeld, Ldkr. Diepholz; publiziert von R. Heynowski in: Die Kunde N. F. 45, 1994, Abb. 3, 5; 4, 3).

mit relativ vielen Funden aus der Jungsteinzeit (Neolithikum) bis zur Bronzezeit, wie Feuersteinbeile, Geweih- und Steinäxte, Geröllkeulen oder selten sogar bronzene Gegenstände wie beispielsweise 2 Armreifen (Bild 7) oder 1 Gussform für eine Lanzenspitze.

Der Nachteil dieser Kiesgrube aus der Sicht der Archäologen im Nahbereich der Leine war, dass der Grundwasserspiegel etwa 100 - 150 cm unter der Oberfläche beginnt. Eine sinnvolle Arbeit aus der Sicht der Altertumsforscher war also in diesem Gebiet nicht möglich.

Umso mehr war man bei zuständigen staatlichen Stellen froh, dass man die Artefakte zur Verfügung stellte oder zur Begutachtung vorgelegt hat.

Aber was hatte es mit all den Funden auf sich? Woher kamen diese Artefakte, wer hat sie zurückgelassen? Waren sie durch die Hochwasser aus den Siedlungen geschwemmt worden oder kamen sie aus Grabanlagen? Bei all diesen Fragen und deren Beantwortung waren wir auf Spekulationen, Mutmaßungen oder auf die Literatur und Antworten von Archäologen angewiesen.

Bei der Recherche zu diesem Thema habe ich mich jedoch zunächst mit der Chronologie der Besiedlung auseinandergesetzt.

Schon vor etwa 12.000 Jahren begann die menschliche Wanderung von Süden her entlang der „Entwässerungsrinnen" des Tauwassers nach der letzten Eiszeit. An den Ufern der Leine und anderen Flüssen wurden diese Spuren überwiegend durch die wenigen Steinzeitwerkzeuge und -waffen der Jäger und Sammler dokumentiert. Außerhalb der Flussläufe konnten in Norddeutschland nur wenige Fundstellen, meist Rastplätze von Jägern und Sammlern, die immer wieder genutzt wurden, gefunden und archäologisch bearbeitet werden. Als bekanntestes Beispiel gilt der Fundplatz in WEITSCHE / MEIENDORF, siehe nachfolgender Artikel.

Bei Meiendorf in der Nähe von Hamburg wurde ein Sommerlager von Rentierjägern aus der Zeit um 14.000 - 12.000 v. Chr. entdeckt. Dort wurden neben Herstellungsresten von Steinzeitgeräten auch Bernsteinartefakte, wie eine Bernsteinplatte mit eingeritzten Tiermotiven, einem Pferdekopf, gefunden.

Etwa ab 4.400 v. Chr. sind erste hölzerne Überreste von Behausungen in kleinen Dörfern entlang der Flussläufe, hier der Leine, bis zum Ende der Bronzezeit etwa um die Zeit von Christi Geburt, offiziell dokumentiert worden. Diese hölzernen Überreste wurden auf Erhöhungen im Nahbereich der Leine festgestellt, was eine gewisse, wenn auch trügerische Sicherheit bei

Hochwassern der Leine darstellte. Aus dieser Zeit bis etwa maximal 2800 v. Chr. stammen unter anderen auch die Megalith- oder Großsteingräber / Dolmen aus dem Nahbereich Sarstedts, dem Höhenzug zwischen den Orten Giesen und Emmerke. In einigen dieser sowie anderen unbeschädigten Großsteingräbern in Niedersachsen bzw. Schleswig-Holstein konnten neben Stein- oder Geweihartefakten gelegentlich Bernsteinkunst wie durchbohrte Perlen oder Anhänger mit Ösen oder Amulette gefunden werden. Leider sind diese Artefakte häufig durch den Einfluss von Sauerstoff verwittert, brüchig geworden und durch die Archäologen schwierig zu bergen oder werden sogar übersehen.

Die in der Kiesgrube Sarstedt gefundenen steinzeitlichen Werkzeuge und Waffen aus Stein / Geweih, den sehr seltenen Bronzeteilen sowie Schmuckstücke aus Bernstein können aufgrund der Formgebung und Gestaltung der Jungsteinzeit, hier der **Trichterbecherkultur (TBK)** von etwa 4200 bis 2800 v. Chr. sowie der frühesten Bronzezeit zugeordnet werden.

Die **Trichterbecherkultur** umfasste zuletzt einen dreigeteilten Siedlungsraum der im westlichen Teil von der Drenthe/Niederlande bis zur Weser, im Mittelteil von der Weser bis zur Elbe und bis in das nördliche Dänemark sowie im östlichen Teil von der Elbe bis weit ins heutige Polen bis fast zum Schwarzen Meer gereicht hat. Benannt ist die Kulturgruppe nach der häufig hergestellten und benutzten Keramik, den Trichterbechern.

Durch die Archäologin Dr. Gisela Woltermann, Münster, wurde in ihrer Dissertation von 2012 bis 2016 „Die prähistorischen Bernsteinartefakte aus Deutschland vom Paläolithikum bis zur Bronzezeit" die bekannten in Deutschland gefundenen 13.520 Bernsteinartefakte detailliert bearbeitet. Frau Dr. Woltermann wurden die bis zur Fertigstellung der Dissertation in Sarstedt gefundenen 19 Bernsteinartefakte und eine Probe von Rohbernsteinen zur Verfügung gestellt. Die Artefakte wurden in ihrer Arbeit erfasst (Fundstelle 551 Sarstedt, Seite 351) und anhand der verschiedenen „Objekttypen" nach einem Typologiesystem beschrieben. In der Arbeit wurden 92 Befunde der Trichterbecherkultur mit insgesamt über 660 Bernsteinobjekten erfasst. Dabei handelt es sich überwiegend um scheibenförmige Perlen (87 Stücke) sowie den chronologisch aussagekräftigen, typisch mittelneolithischen doppelaxt- und doppelkeulenförmigen „Perlen", von denen 96 bzw. 41 Exemplare existieren. (Dissertation WOLTERMANN, S. 109). Im Bildteil sind diese auch unter Nr. 13 und Nr. 23 als Beispiele dargestellt.

Ein „**Bernsteinrohling**" aus der Kiesgrube Sarstedt wurde mittels der Infrarotspektographie untersucht

Bild 8: Das Foto zeigt eine kleine Siedlung auf einer leichten Erhebung an der Leine ca. 1000 m flussaufwärts der hier beschriebenen Fundstelle und wurde im Frühjahr 2011 archäologisch bearbeitet. Die gezeigte Grabungstiefe zeigt den Zustand etwa um die Zeit zu Christi Geburt, also etwa 2000 Jahre alt. Es wurden senkrechte Stützbalken der Häuser sowie der hier wenig ergiebige Inhalt von Abfallgruben geborgen.

Die Grabung fiel nach der Auswertung und Fundsicherung dem Kiesabbau zum Opfer.

und als Succinit / Baltischer Bernstein, bestimmt (Dissertation WOLTERMANN, S. 241). Damit konnte jedoch eine Fragestellung, ob es sich bei den Schmuckartefakten der Kiesgrube Sarstedt um „Importe" von der Ost- und Nordseeküste oder aus einer lokalen Herstellung von oberflächennah gefundenem Bernstein handelt, nicht beantwortet werden.

Dieses komplexe und umfangreiche Thema der prähistorischen Bernsteinartefakte in Deutschland vom Paläolithikum bis zur Bronzezeit wurde durch Dr. WOLTERMANN in ihrer 398-seitigen Dissertation sehr detailliert und anschaulich beschrieben.

Etwa 2004 wurden durch wenige Bernsteinsammler die ersten Bernsteinartefakte, meist kleine, dünn gebohrte Bernsteinperlen in der Kiesgrube zwischen Sarstedt und Ruthe gefunden und versucht, diese Funde geheim zu halten. Die Perlen und andere Artefakte hatten durch den Sauerstoffabschluss kaum oder nur eine sehr dünne Verwitterungsrinde. Bei der Durchsicht der gefunden Rohbernsteine wurde nun peinlich darauf geachtet, Bernsteinartefakte zu identifizieren.

Ein Großteil der Artefakte hat durch die unsanfte Beanspruchung bei der Kiesförderung oft Schaden genommen oder ist zerbrochen.

Nach dem Fund meiner ersten Bernsteinperle 2004 glückten mir im Verlauf von etwas mehr 12 Jahren

Bild 15: Knopf?

Bild 16.1 (oben), 16.2 (unten): Kopf Figur, von unten und seitlich.

Bild 17: Anhänger mit Bohrung.

Bild 18: Anhänger rekonstruiert.

Bild 19: Mehrfach durchbohrtes Amulett.

Bild 10: Kleine flache Perle .

Bild 9: Kleine abgeflachte Perle .

Bild 11: Ring.

Bild 12: Runde Kugel ohne Bohrung.

Bild 13 (rechts): Doppelaxtperle.

Bild 14: Amulett Hase.

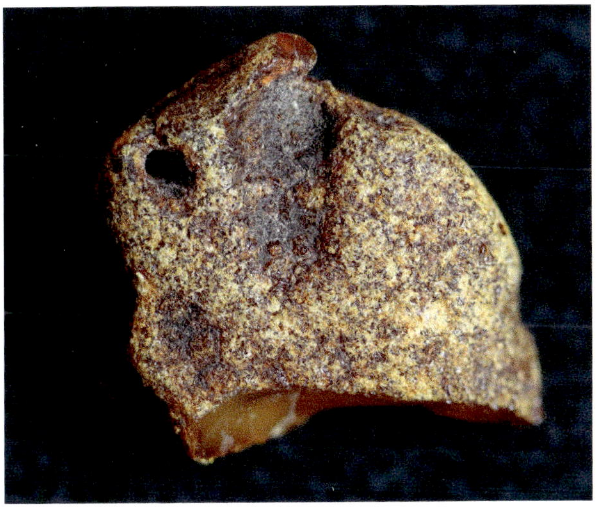

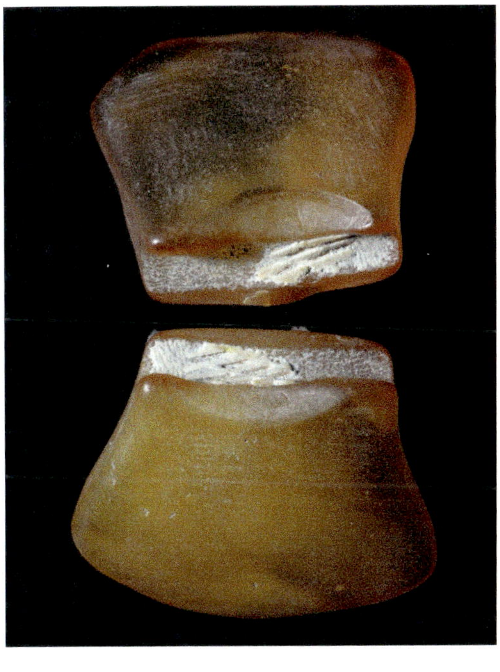

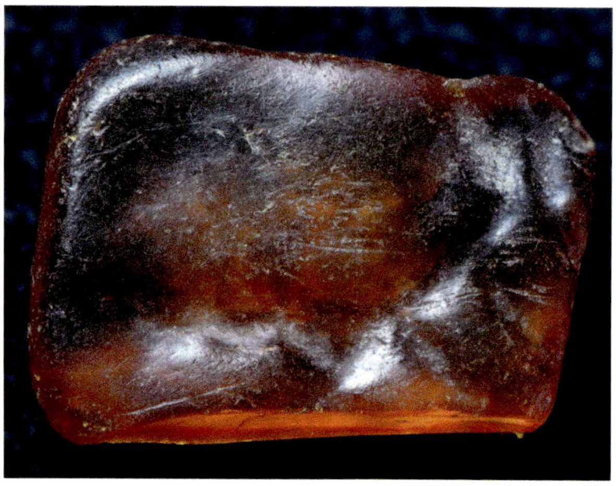

Bild 21: Roh-Platte.

Bild 20: Fragment, unten mit Linien-Gravur.

Bild 22: Ungebohrte Perlen / Kugeln.

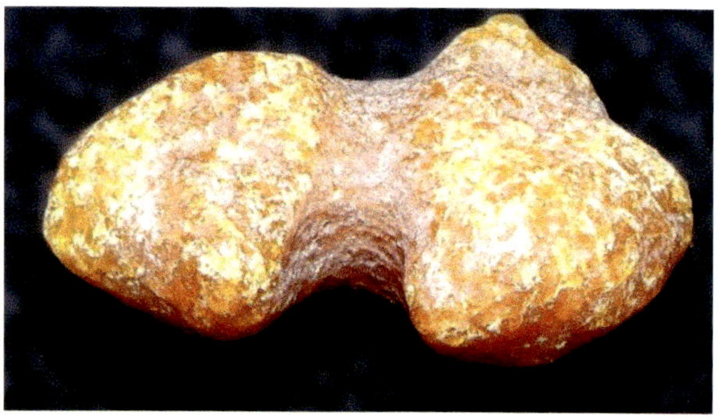

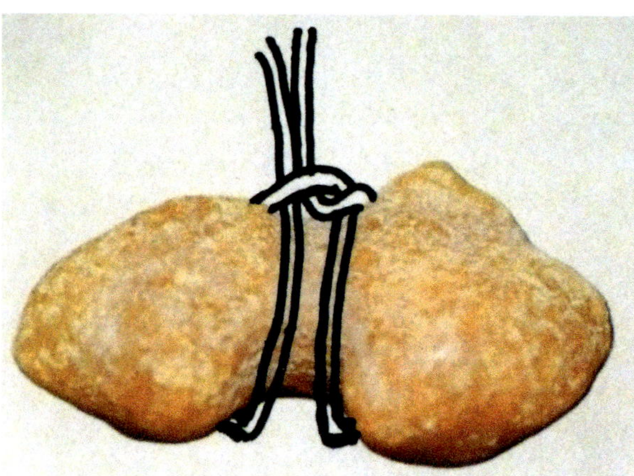

Bild 23: Doppelkeulenförmige Perle. Unten: Aufhängung rekonstruiert.

insgesamt 46 mehr oder weniger gesicherte Funde. Einige der Artefakte möchte ich hier vorstellen, sie beschreiben und, falls möglich, ihr ehemaliges Aussehen rekonstruieren.

Einige der in Sarstedt gefunden Artefakte sind Fragmente und können trotz der künstlichen Bohrungen nicht zugeordnet werden.

Auch Stücke ohne Bohrung geben für Laien Fragen und Rätsel auf. Vielleicht bringt eine wissenschaftliche Bearbeitung aller gefundenen 46 Stücke in ihrer Gesamtheit etwas Licht ins Dunkel.

Anmerkung:

Bis auf wenige Ausnahmen wurden sämtliche in Sarstedt gefundenen Stein- bzw. Geweih-Artefakte (mehrere Hundert Stücke aus 5 Sammlungen) in einer einzigen Sammlung zusammengeführt und werden in 2024 dem Landesmuseum Hannover übereignet. Die Bernsteinartefakte sollen in 2024 ebenfalls einem öffentlichen Institut übergeben werden.

Fazit:

Zu den ältesten Beschreibungen von Bernsteinartefakten gehört die von Richard KLEBS. Er hat 1889 „Der Bernsteinschmuck der Steinzeit von der Baggerei bei Schwarzort und anderen Lokalitäten Preussens aus der Sammlung……..“ verfasst, deren Originale heute in der Universität Göttingen aufbewahrt werden.

Die in Sarstedt gefundenen Bernsteinartefakte entsprechen den überwiegend aus Gräbern und Grabanlagen dokumentierten Funden des heutigen Niedersachsen, Schleswig-Holstein, Sachsen-Anhalt, Mecklenburg-Vorpommern, der Ostseeküste, Polen, Kaliningrad sowie Litauen.

Es ist jedoch nicht auszuschließen, dass zu Beginn des Neolithikums zunächst Schmuck von der Ostseeküste importiert und während der Trichterbecherkultur zusätzlich auch Oberflächenfunde von Rohbernsteinen verwendet wurden.

Dabei wird durch heutige Autoren die These diskutiert, dass nicht nur über die Eiszeit Baltischer Bernstein sondern auch über Flusssysteme, den Tauwasserrinnen der Nacheiszeiten, nach Norden, in sogenannten „Sedimentfallen“ umgelagerter Bitterfelder Bernstein (ALEXANDER 2002, RAPPSILBER 2022, Seite 274 und WOLTERMANN S. 246 - 248) oberflächennah als Rohstoff genutzt worden sein könnte.

Ein spannendes Thema, das aktuell nicht bewiesen werden kann. Die gefundenen Vorprodukte wie geschliffene Kugeln oder geschnittene Bernsteinplatten sind aber möglicherweise ein Indiz für eine örtliche Schmuckherstellung.

Literatur

Alexander, I. (2002): Bernsteinvorkommen in Niedersachsen (unpublizierte Diplomarbeit) - Untersuchungen zu geologischer Altersstellung, Herkunft und Transportmechanismen.

Ganzelewski (Hrsg.) (1996): Deutsches Bergbaumuseum Bochum, „Bernstein-Tränen der Götter“.

Erichson, U. & Weitschat, W. (2008): Baltischer Bernstein. Ausstellungskatalog des Deutschen Bernsteinmuseum Ribnitz-Damgarten.

Graichen, G. & Hesse, A. (2012): Die Bernsteinstraße - Verborgene Handelswege.

Klebs, R. (1882): Der Bernsteinschmuck der Steinzeit von der Baggerei bei Schwarzort und anderen Lokalitäten Preussens aus den Sammlungen der Firma Stantien und Becker.

Quast, D. & Erdrich, M. (Hrsg.) (2013): Die Bernsteinstraße. - In: Archäologie in Deutschland.

Von Freeden, u. & Von Schnurbein, S. (2007): Unsere Vorfahren von der Steinzeit bis zum Mittelalter. - In: Römisch-Germanische Kommission „Germanica“, Weltbild.

Woltermann, G. (2016): Die prähistorischen Bernsteinartefakte aus Deutschland vom Paläolithikum bis zur Bronzezeit. - In: Universitätsforschungen zur Prähistorischen Archäologie, Band 290.

Woltermann, G. (2009): Bernstein im archäologischen Fundmaterial. - In: Die Kunde N.F. 60, S. 49-60.

Woltermann, G. et al. (2008): Durch die Zeiten….. - Früheste Doppelaxtförmige Bernsteinperlen. - In: (Festschrift für Albrecht JOCKENHÖVEL zum 65. Geburtstag), Internat. Archäologie, Studia honoraria.

BERNSTEINPERLEN AUS GALERIEGRÄBERN

von Gisela Woltermann

Die Galeriegräber von Erwitte-Schmerlecke, Kr. Soest, gehören der Wartbergkultur an, die 3.500-2.800 v. Chr. vor allem in Ostwestfalen und Nordhessen verbreitet war.

In zwei der untersuchten Gräber wurden Bernsteinperlen gefunden, überwiegend kleine scheibenförmige Stücke von 1-2 cm Größe. Sie sind vermutlich auf kulturelle Kontakte der Wartbergkultur mit der nördlich bzw. nordöstlich benachbarten Trichterbecherkultur und Kugelamphorenkultur zurückzuführen.

Die stark verwitterten Perlen aus dem Galeriegrab II von Schmerlecke wurden mittels Computertomographie und Infrarotspektroskopie (Ergebnis siehe unten) bzw. Fourier-Transform-Spektroskopie untersucht.

Von einem Rohbernstein aus der Kiesgrube bei Sarstedt, Lkr. Hildesheim, wurde dafür ein Vergleichsspektrum genommen:

Beide Proben wurden als "Baltischer Bernstein" bestimmt. Damit konnte erstmals diese Bernsteinvarietät in einem Galeriegrab nachgewiesen werden.

Der sogenannte Baltische Bernstein ist an der Nord- und an der Ostseeküste weit verbreitet und war in der Trichterbecherkultur als Schmuckmaterial sehr beliebt.

Darüber hinaus gibt es auch binnenländische Rohstofflagerstätten, die durch eiszeitliche Prozesse entstanden sind, zu denen auch dies Vorkommen in der Sarstedter Kiesgrube gehören.

Eine Nutzung oberflächennaher lokaler Vorkommen bereits in der Jungsteinzeit ist nicht auszuschließen.

Bernstein aus Schmerlecke, Galeriegrab II, F2637, Foto © Gisela Woltermann.

Bernstein aus Schmerlecke, Galeriegrab III, F622, Foto © Gisela Woltermann

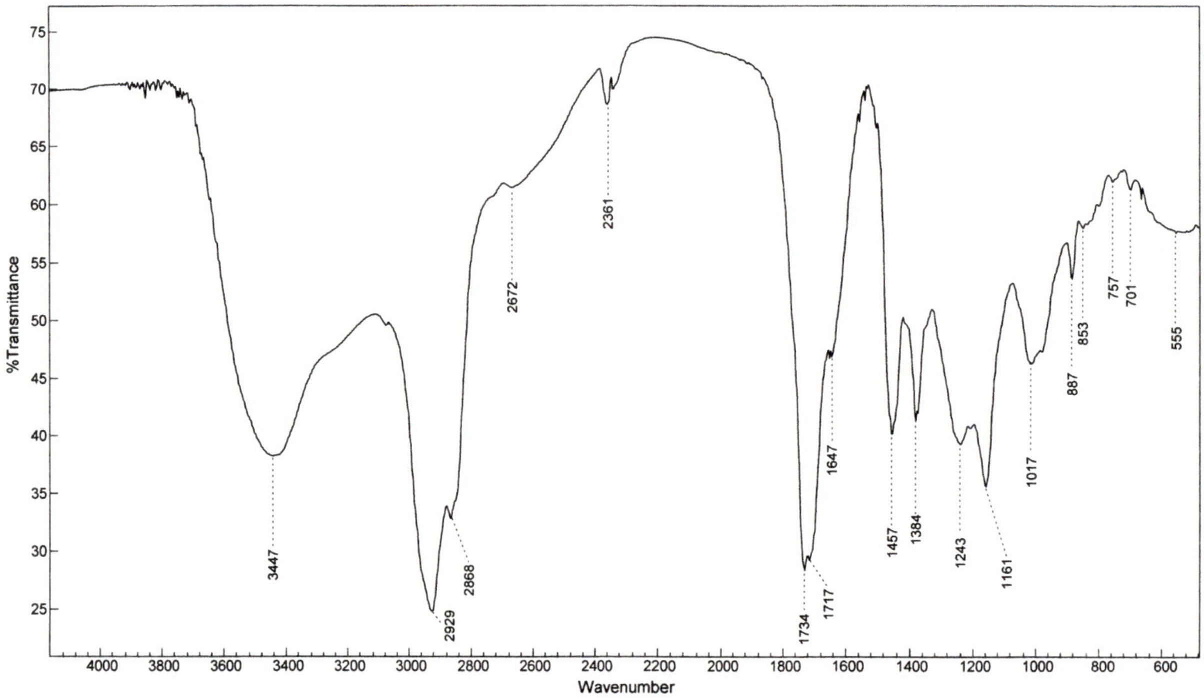

IR-Spektroskopie: Zur Verfügung gestellt von Gisela Woltermann, © Universität Münster / Institut für Organische Chemie.

PRÄHISTORISCHE BERNSTEIN-ARTEFAKTE

Unverändert aus:

Gisela Woltermann (2016): Die prähistorischen Bernsteinartefakte aus Deutschland vom Paläolithikum bis zur Bronzezeit, spez. S. 66, 74, 83, 85.

In einem Buch über Bernsteinfundorte sollten auch die von Menschen bearbeiteten Bernsteine Erwähnung finden. Menschen haben schon vor Jahrtausenden den leicht zu bearbeitenden Bernstein zur Herstellung von Schmuck oder Kultgegenständen benutzt. Wir finden solche Bernsteine über ganz Europa verteilt. Hier sollen nur einige Funde aus Deutschland beispielhaft vorgestellt werden.

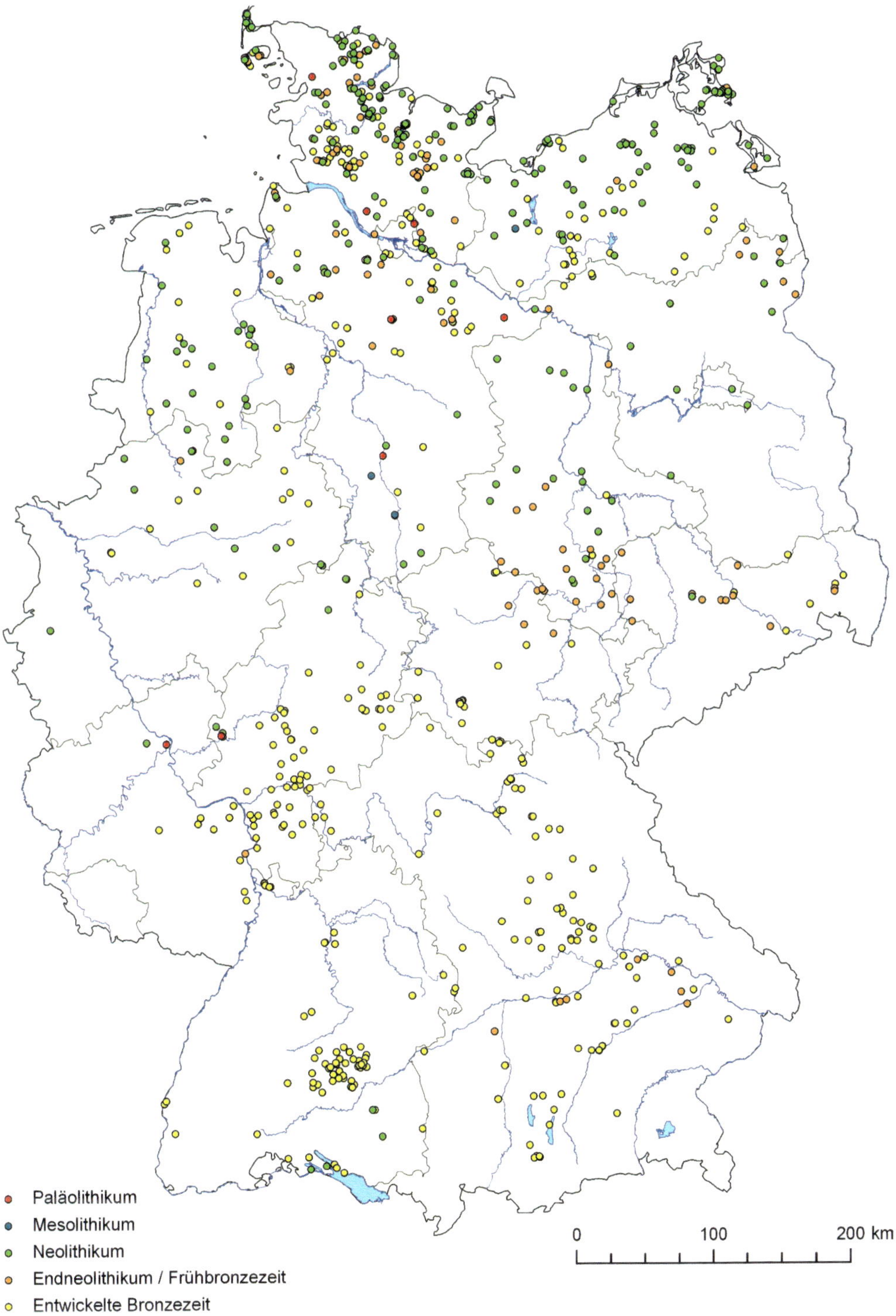

Verbreitung der Bernsteinfunde vom Paläolithikum bis zur Bronzezeit – G. Woltermann 2016, S. 2, Abb. 1.

Paläolithikum

Nordeuropa tritt im Spätpaläolithikum in den Kreis der Bernsteinfundstellen ein, wobei die Verbreitung der spät- und endpaläolithischen Bernsteinfundstellen in der nordeuropäischen Tiefebene nahelegt, dass es sich um Rohmaterial aus den oberflächennahen Glazialvorkommen handelt.

Während des Meiendorf-Interstadials (ehemals Bølling-Interstadial, ca. 12.700–12.000 v. Chr., Usinger 1998) wurde die in Eisrandlage befindliche europäische Tiefebene durch den sogenannten Shouldered Point Technocomplex (SPT, umfasst Hamburgian und Creswellian, Clausen 1998) geprägt.

Als ältester Bernsteinfund Nordeuropas gilt die Bernsteinscheibe aus dem Rentierjägerlager der Hamburger Kultur im Ahrensburger Tal bei Meiendorf (siehe Karte, Abb. 35, Nr. 245), einem Ortsteil von Hamburg.

Dort fanden sich in den Gyttja-Sedimenten (Faulschlammschichten) am Grund eines heute verlandeten Toteissees neben 284 Feuersteinartefakten und diversen Tierknochen auch drei Bernsteinobjekte, von denen jedoch nur die Scheibe detailliert publiziert ist (Rust, 1937). Sie besteht aus opakem gelbem Bernstein und hat einen etwa trapezförmigen Umriss von 5,6 x 4,3 cm (Abb. 36).

An den Kanten sind Bearbeitungsspuren zu erkennen, eine konkave Kante ist relativ stark, die anderen sind leicht beschädigt. Beide Seiten sind mit zahlreichen

Abb. 36 Bernsteinscheibe aus Meiendorf; Dm. 5,6 cm. - aus: Rust 1937, Taf. 55.

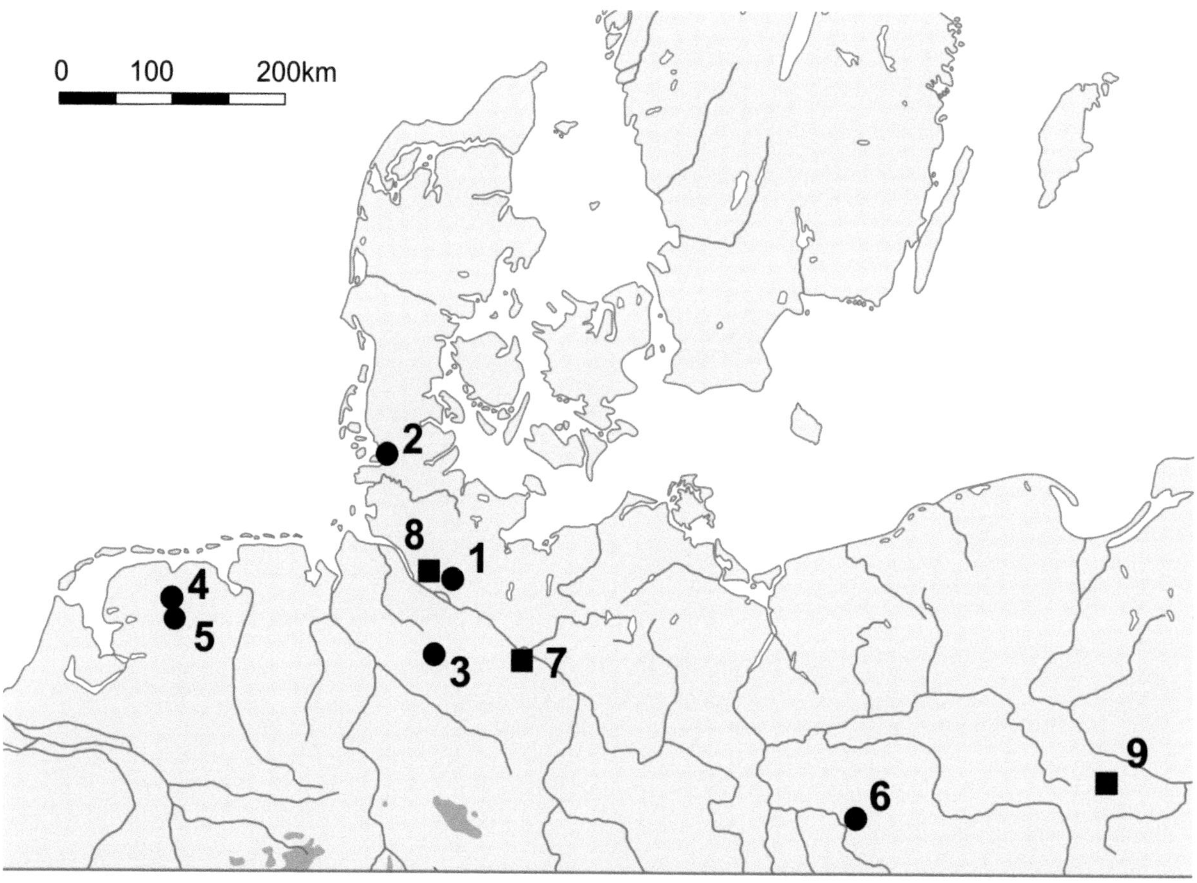

Verbreitung der Bernsteinfunde der Hamburger Kultur bzw. des Shouldered Point Technocomplex (Kreise) und der Federmesser-Kultur bzw. des Arch-backed Point Technocomplex (Quadrate): 1 Meiendorf (Nr. 245); 2 Ahrenshöft (Nr. 684); 3 Deimern (Nr. 460); 4 Ureterp I, Prov. Friesland; 5 Vledder, Prov. Drenthe; 6 Siedlnica 17a, woj. wielkopolskie; 7 Weitsche (Nr. 568); 8 Hainholz-Esinger Moor (Nr. 803); 9 Witów, woj. Łódzkie. - G. Woltermann 2016, S. 67, Abb. 35.

sich überschneidenden, linearen Ritzungen überzogen, die zu den Rändern hin verblassen. Eine nicht ganz zentrale Lochung wurde nach Anfertigung der Ritzungen angebracht.

A. Rust sah in den Gravuren einen Pferdekopf und assoziierte eine Λ-förmige Ritzung als Hals-/Kinnpartie. Tatsächlich können in dem Liniengewirr mehrere Tierköpfe erkannt werden, zugleich stellt die Scheibe selbst einen solchen dar: Ihr unregelmäßiger Umriss mit einem halbrunden Vorsprung erinnert an einen Tierkopf in Seitenansicht, bei dem die Lochung das Auge markiert.

Davon ausgehend, dass das dargestellte Tier nicht nur eine spirituelle, sondern auch eine materielle Bedeutung im Leben der Rentierjäger spielte, spricht das Faunenmaterial der beiden großen Fundplätze aus der Meiendorf-Phase im Ahrensburger Tunneltal, Meiendorf und Stellmoor, eher für eine Wildpferddarstellung, denn Nachweise vom Wisent fehlen dort.

Die Forschungen in den letzten Jahrzehnten postulieren eine Differenzierung des Beutespektrums dieser norddeutschen Siedlungen der Hamburger Kultur:

Die Rentierjagd bot eine saisonale Nahrungsquelle im Frühjahr und Herbst, während im Sommer und Winter die Erbeutung von Wildpferden Vorrang hatte (Bratlund, 1992). Die Darstellung eines Wildpferdkopfes in Bernstein könnte auf die Bedeutung dieser wichtigen Jagdbeute für diese Station verweisen.

Ein bedeutender Fund aus dem Kreis Lüchow-Dannenberg, das „Weitsche-Tier“ wird später gesondert vorgestellt.

Mesolithikum

Gegen 5300 v. Chr. entsteht im westlichen Ostseeraum die an einer maritimen Lebensweise orientierte Ertebolle-Kultur. In der Ertebolle-Kultur dominieren wie in den vorhergehenden mesolithischen Phasen die Anhänger; diese lassen jedoch eine weniger sorgfältige Bearbeitung als die borealen Exemplare erkennen.

Trotz der relativ kleinen quantitativen Basis lässt sich eine Entwicklung der Verzierung im Mesolithikum hin zu größerem Variantenreichtum beobachten.

Das typisch boreale Fransen- bzw. Kamm-Motiv fehlt in dieser Phase völlig, dafür entsteht eine Vielzahl neuer Muster, die komplexer und zeichenhafter wirken und häufig nur auf jeweils einem Bernsteinobjekt vertreten sind. Aus Deutschland gibt es nur vereinzelte Hinweise auf mesolithische Bernsteinartefakte, die jedoch aus keinem gesicherten Fundzusammenhang stammen.

Die Nutzung des fossilen Harzes durchläuft vom Jungpaläolithikum bis zum Endmesolithikums eine räumlich stark differenzierte Entwicklung. Während die jungpaläolithischen Funde punktuell von den südfranzösischen Pyrenäen bis in das ukrainische Dnepr-Gebiet streuen und dabei die nordeuropäische Tiefebene aussparen, treten endpaläolithische Funde ausschließlich im Raum der glaziogenen Lagerstätten des baltischen Bernsteins auf (Rottländer, 1975).

Neolithikum

Der älteste Bernsteinfund Deutschlands aus neolithischem Fundzusammenhang stammt aus der Siedlung der jüngeren Linearbandkeramik von Erkelenz-Kückhoven (Nr. 586).

Auf dem Fundplatz in der Jülicher Börde (NRW am Nordrand der Eifel) wurde 1990 ein 13 m tiefer hölzerner Kastenbrunnen geborgen, auf dessen Sohle zusammen mit anderen gut erhaltenen Objekten aus organischen Materialien das 2,1 cm lange Fragment eines trapezförmigen Bernsteinanhängers mit zwei ausgebrochenen Bohrungen an den gegenständigen Schmalseiten zutage kam (Abb. nächste Seite, Weiner 1995).

Aufgrund der Fälldaten der Brunnenkonstruktionshölzer ist für die Fundschicht eine Datierung zwischen 5089 v. Chr. (erster Brunnenkasten) und 5065 +/− 5 v. Chr. (zweiter Kasten, der auf der Fundschicht steht) gesichert.

Der Fund aus Erkelenz-Kückhoven ist bislang der einzige Bernsteinartefakt aus sicherem linearbandkeramischem Fundkontext.

Diese Vorstellung einiger weniger Bernsteinartefakte ließe sich erweitern und könnte den Umfang dicker Bücher erreichen. Interessierte können mehr auf über 400 Seiten bei Gisela Woltermann (2016) nachlesen.

Literatur:

Bratlund, B. (1992): Die spätglazialen „Opfertiere“ von Meiendorf und Stellmoor, Kreis Stormarn. Offa 48, 1991 (1992), 41–73.

Clausen, I. (1998): Neue Untersuchungen an späteiszeitlichen Fundplätzen der Hamburger Kultur bei Ahrenshöft, Kr. Nordfriesland. Arch. Nachr. Schleswig-Holstein 8, 1997 (1998) 8–49.

Rottländer, R. C. A. (1975): Der Bernstein und seine Bedeutung in der Ur- und Frühgeschichte. Acta Praehist. et Arch. 4, 1973 (1975) 11–32.

Rust, A. (1937): Das altsteinzeitliche Rentierjägerlager Meiendorf (Neumünster).

Usinger, H. (1998): Pollenanalytische Datierung spätpaläolithischer Fundschichten bei Ahrenshoft, Kr. Nordfriesland. - In: Arch. Nachr. Schleswig-Holstein 8, 1997 (1998) 50–73.

Weiner, J. (1995): Eine zimmermannstechnische Glanzleistung: der 7000 Jahre alte Eichenholzbrunnen aus Erkelenz-Kückhoven. - In: Horn/Hellenkemper u. a.

Woltermann, G. (2016): Die prähistorischen Bernsteinartefakte aus Deutschland vom Paläolithikum bis zur Bronzezeit – Methodische Forschungen zu Lagerstättengenese, Distributionsstrukturen und sozioökonomischen Kontext, Universitätsforschungen zur prähistorischen Archäologie, Band 290.

Fragmentarischer Anhänger aus Erkelenz-Kückhoven, L. 2,1 cm, © Siegfried Mentzel/LVR-Amt für Bodendenkmalpflege im Rheinland.

Bernsteinperlen (Auswahl) aus dem Depot 2 von Dieskau (Nr. 649); Länge der trapezförmigen Perle unten links 3,6 cm, © Landesamt für Denkmalpflege und Archäologie Sachsen-Anhalt / Juraj Liptak.

PRÄHISTORISCHER BERNSTEIN

Bernstein finden wir nicht nur als Rohbernstein. Schon in prähistorischer Zeit haben Menschen Bernstein geschätzt und bearbeitet. Einige dieser Arbeiten sind bis heute erhalten.

Älteste Funde von bearbeiteten Bernsteinen stammen aus der Steinzeit (bis zu 20.000 Jahre), z. B. aus der Gegend um Kaneva/Ukraine (nach VASSILISHIN, 1996). Das entspricht einer Zeit, die noch in der letzten Eiszeit liegt, der Weichsel-Kaltzeit, die vor ca. 14.000 Jahren endete.

Mit viel Glück findet man bei Grabungen oder an den Küsten solche Jahrtausende alten Zeugnisse aus Bernstein. Hier einige wenige Beispiele aus Norddeutschland.

Der Fund dieses Bernsteins gleicht einem archäologischen Krimi und ist mit der spektakulären erfolgreichen Suche nach einem fehlenden Backenzahn-Viertel des *Homo rudolfensis* in Afrika gleichzusetzen.

Figur einer Elchkuh aus Bernstein aus Weitsche, Landkreis Lüchow-Dannenberg. Es handelt sich um die mit etwa 14.000 Jahren älteste datierte Bernsteintierfigur. Sie zeigt, dass die Tierkunst der Eiszeitjäger nicht abrupt zu Ende ging. Erstmals wurde eine Tierart als Motiv gewählt, die gerade erst mit der Wiedererwärmung nach Norddeutschland eingewandert war. Sie wird mit anderen gleich alten Bernsteinfunden im Landesmuseum Hannover aufbewahrt.

Dr. Stephan Veil und Klaus Breest schreiben in einer Pressemitteilung des Niedersächsischen Landesmuseums Hannover, Urgeschichtsabteilung:

„Langjährige Suche nach 14.000 Jahre altem Bernsteinkopf erfolgreich.

Am 20. September 2004 gelang dem Grabungsteam des Niedersächsischen Landesmuseums Hannover unter Leitung von Oberkustos Dr. Stephan Veil in Weitsche, Ldkr. Lüchow-Dannenberg, die Bergung des noch fehlenden Kopfes eines Bernsteintieres.

Bei den seit 1994 andauernden Nachforschungen, die unter anderem von der SPARDA-Bank Hannover und vom Land Niedersachsen gefordert werden, konnten

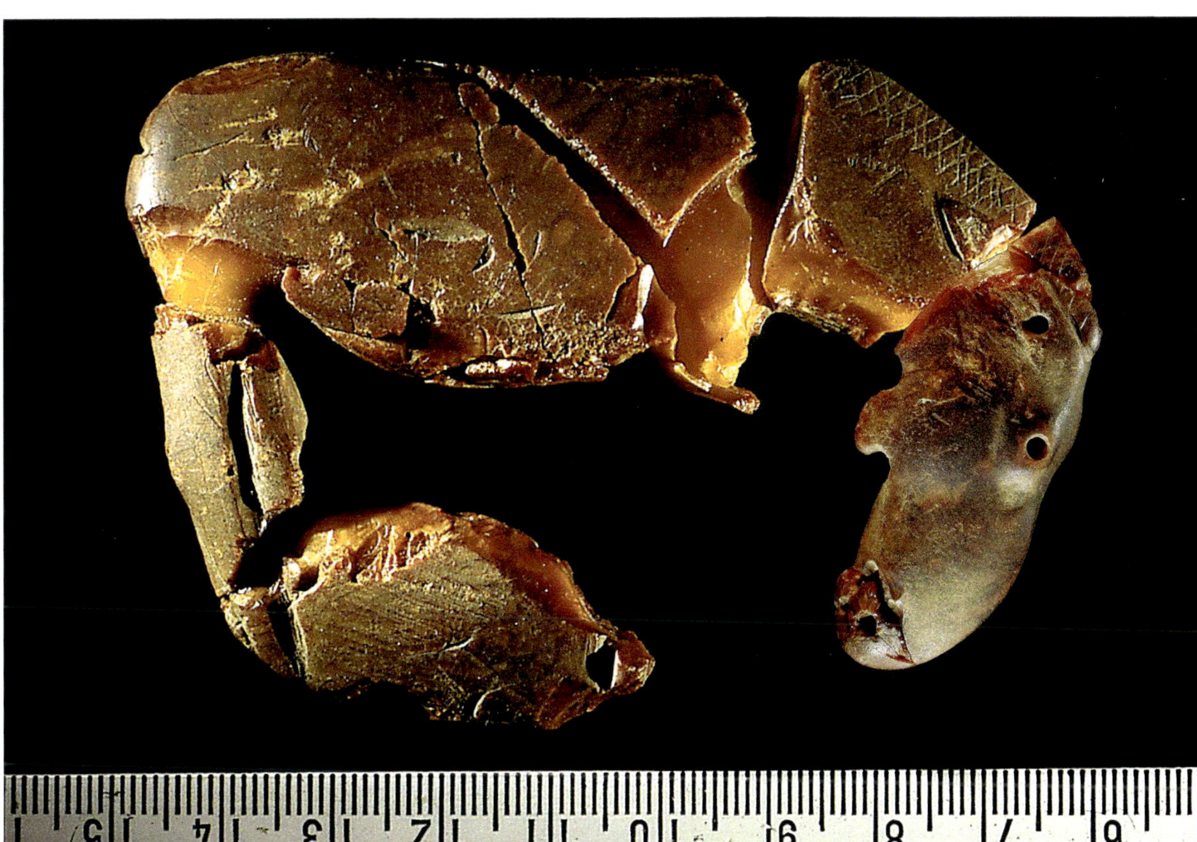

Das Bernsteintier von Weitsche, Ortsteil von Lüchow im Wendland / Niedersachsen, Foto © U. Bohnhorst, Landesmuseum Hannover.

einzelne Lagerplätze von Waldjägern der ausgehenden letzten Eiszeit näher untersucht werden.

Zu den über Niedersachsen hinaus beachteten Funden gehören mehrere Bernsteinobjekte. Die bemerkenswerte Tierfigur ist das früheste Kunstwerk aus Niedersachsens Böden und außerdem die derzeit älteste von weniger als einem Dutzend Bernsteinfiguren, die aus Skandinavien und dem nördlichen Mitteleuropa bekannt sind.

Von der detaillierten Untersuchung des Fundes erhoffen sich die Archäologen neue Erkenntnisse über die Entwicklung der Kunst am Übergang von der letzten Eiszeit zu unserer Nacheiszeit.

Die Situation der Archäologie ist als paradox zu bezeichnen. Denn einerseits hat die Landwirtschaft die Spuren steinzeitlicher Lagerplätze in Weitsche tiefgründig gestört und vormals vollständige Gegenstände aus Bernstein in viele Splitter zerbrochen. Andererseits konnte Klaus Breest die Fundstelle 1985 nur entdecken, weil erst der Pflug immer wieder urgeschichtliche Feuersteinwerkzeuge zu Tage förderte.

Systematische Geländebegehungen und Ausgrabungen seit Beginn der 1990er Jahre haben gezeigt, dass in der weiten Niederung der Ur-Jeetzel vor schätzungsweise 14.000 Jahren unzählige Male Jäger und Sammler der so genannten Federmessergruppen ihre Lager aufgeschlagen hatten.

Am 20. September 2004 nun wurde ein bedeutsames Kapitel in dem archäologischen Fortsetzungsroman aufgeschlagen, in dessen Mittelpunkt die bruchstückweise Entdeckung der ältesten Tierfigur Niedersachsens steht.

Die Geschichte begann 1994 mit der Entdeckung des Hinterteils eines etwa handtellergroßen Bernsteintieres. Bei der anschließenden Ausgrabung wurden weitere Bruchstücke des Rumpfes gefunden, denen 1995 die Entdeckung der Beine folgten.

Mit der Auffindung des Tierhalses 1996 schien man dem Rätsel, was für ein Tier am Ende der Eiszeit geformt worden war, ein gutes Stück näher gekommen. Denn die eingravierte Mähne und die spitz - ovalen herausgearbeiteten Ohren ließen kaum Zweifel an der Rekonstruktion als Wildpferd aufkommen.

Die Aussichten, doch noch gewissermaßen die Nadel im Heuhaufen, nämlich den Kopf selbst, auf dem mehrere Hektar großen Ackergelände zu finden, wurden durch eine beachtliche finanzielle Zuwendung der Spardabank Hannover zumindest verbessert. Immerhin bedurfte es noch großer Anstrengungen und einer effizienten Technik, um bis heute etwa 700 qm schweren Ackerbodens zu untersuchen.

Mitentscheidend für den Erfolg war der in der Archäologie seltene Einsatz effektiver Siebmaschinen und Hochdruckreiniger bei der Bergung. Mit ihrer Hilfe konnten bis zu 4 mm kleine Bodenbestandteile schonend und zugleich schneller als von Hand ausgesiebt und nass gereinigt werden.

Gegen 12:40 Uhr am 20. September 2004 lag das heiß ersehnte Bernsteinköpfchen endlich in der Hand der Archäologen. Eine erste Auswertung des Fundes kommt zu dem wahrlich überraschenden Ergebnis, dass vermutlich ein Elch und nicht, wie zunächst mit guten Gründen vermutet, ein Wildpferd abgebildet worden ist.

Bei dieser unerwarteten Lesart des Tieres hatte sich die mühselige Suche nach dem Kopf zusätzlich gelohnt, wäre sie doch mehr als bloße Bestätigung bekannten Wissens.

Die Darstellung eines Elches als Übergangstier wäre ein bemerkenswertes Element im Wandel der menschlichen Kultur, der mit dem Klimaumbruch am Ende der letzten Eiszeit und den dadurch ausgelösten Umweltveränderungen einherging.

In diesem Fall wäre es eine sehr frühe, wenn nicht die früheste Darstellung dieses Charaktertieres der borealen Nadelwälder Eurasiens und Amerikas und eine ökologisch typische Erscheinung in der Zeit des Klimaumschwungs am Ende der letzten Eiszeit, in der die Jäger und Sammler von Weitsche lebten.

Die Figur könnte als eines der außerordentlich seltenen Bildwerke aus jener Zeit Licht auf die Begleitumstände des im Dunkeln liegenden Wandels werfen, dem die eiszeitliche Kultur der Steppenjäger mit ihrer naturnahen Kunst hin zum geometrisierenden und ornamentalen Stil der Waldjägerkultur der Nacheiszeit unterworfen gewesen ist.“

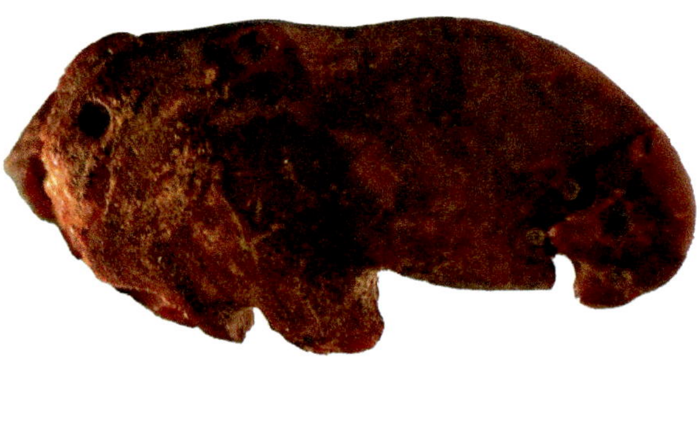

„Elchkopf“ nach der Bergung.

BERNSTEIN HORTFUNDE

An vielen Stellen in Europa fand man Hortfunde von Bernstein. Bernstein wurde auf den Handelswegen („Bernsteinstraßen") vom Baltikum in den Süden zwischendeponiert. Bronzezeitliche Hortfunde sind zum Beispiel aus dem Raum Neustrelitz (Landkreis Mecklenburg-Strelitz) und Schwarza bekannt.

Im Neustrelitzer Hortfund befanden sich auch viele Glasperlen, deren Analyse ergab, dass sie wohl aus dem 11. - 7. Jahrhundert v. Chr. aus dem Raum Norditalien stammten.

Der Schwarza-Hortfund enthielt u. a. viele Bernsteinperlen, also bearbeiteten Bernstein - und auch hier antike Glasperlen.

Der Begriff Bernsteinstraße suggeriert, dass vornehmlich Bernstein auf diesen Handelswegen transportiert wurde. Das war ganz sicher nicht so. Wenn ein Produkt über die große Entfernung von 2.000 km in die eine Richtung geschafft wurde, dann folgte logischerweise auch ein Rücktransport in die andere Richtung mit anderen Gütern, denn auch damals fuhr kein Wagen oder Schiff unbeladen. So gelangten Olivenol, Wein, Waffen, Kultobjekte usw. aus Südeuropa und Asien in den Norden. Und nicht nur die Waren fanden Verbreitung über die Bernsteinstraßen, auch religiöse Vorstellungen, Gepflogenheiten und Gesetze.

Werner Freudenberger (3sat, 2020) hat das in seiner Dokumentation „Götter und magische Steine - Kultweg Bernsteinstraße" sehr gut aufgearbeitet und mit archäologischen Funden bis ins Detail rekonstruiert. Dabei geht er auch auf eine vorrömische Variante des Bernsteinweges nach Süden von Hallstatt aus ein, dem geschichtsträchtigen Ort, nach dem eine Kulturperiode benannt wurde, die Hallstatt-Kultur (850–475 v. Chr.) aus der älteren Eisenzeit.

Hortfund aus der Lausitz, © Chytráček & Chvojka (2017).

BERNSTEINSTRASSEN IN EUROPA

In römischen und ägyptischen Gräbern fand man reichlich Bernstein-Grabbeigaben, so z. B. im Grab von Tutanchamun (ca. 1330 v. Chr.). Bernstein war also schon vor Jahrtausenden nicht nur im nordischen Ursprungsgebiet beliebt. Wie gelangte Baltischer Bernstein in den Mittelmeerraum und weiter?

Einer der ältesten, von den Römern teilweise befestigten europäischen Fernhandelswege führte von der baltischen Ostseeküste über Polen (Danzig, Posen), Schlesien (Breslau), Mähren (Brünn), Österreich (Wien) und Ungarn (Buda) nach Triest (Tergeste) und Aquileia an der Adria.

Auf der Karte der Bernsteinstraßen von Andrée (1951) ist es die eingezeichnete Route III.

Aquileia wurde schon frühzeitig von den Römern durch den kanalisierten Fluss Natissa mit der Adria verbunden. Damit war Aquileia über Jahrhunderte der wichtigste Hafen der Adria. Er war mit Zugangsstiegen, Ladebühnen und Lagerhäuser versehen, die den lukrativen Warenaustausch mit Griechenland und den Ländern des Orients, von Kleinasien nach Syrien bis Ägypten und über die Seidenstraße bis nach Fernost ermöglichten.

In Kairo gab es Ende des 13. Jahrhunderts einen eigenen Markt für Bernsteinhandel, den „Funduq al Anbar". Hier wurde Bernstein als Schmuck, als Talisman, in Form von Kugeln an Gebetsschnüren und pulverisiert als Heilmittel gekauft/verkauft.

Weitere Handelswege (Bernsteinstraßen) führten von der Nordseeküste in den Süden.

Route I (Andrée 1951): Die Elbe entlang, die Saale oder Moldau entlang, über die Donau und den Inn in die Alpen, dort über den Brenner nach Venetia an der Adria.

Route II (Andrée 1951): Beginnend von der Elbe, an der Weser entlang hinüber zum Rhein, von dort entweder über die Mosel oder weiter den Rhein entlang über die Burgundische Pforte. Über die Rhone führte der Weg dann bis nach Massilia ans Mittelmeer.

Weitere östliche Handelsrouten (siehe Karte Seidenstraße) führten vom Baltikum südöstlich über Sarmatia, den Dnepr ins Schwarze Meer oder über die Wolga (Bernsteinfunde in Bolgar) bis ins Kaspische Meer und erhielten dort Anschluss an die vom Mittelmeer kommenden Routen und an die Seidenstraße.

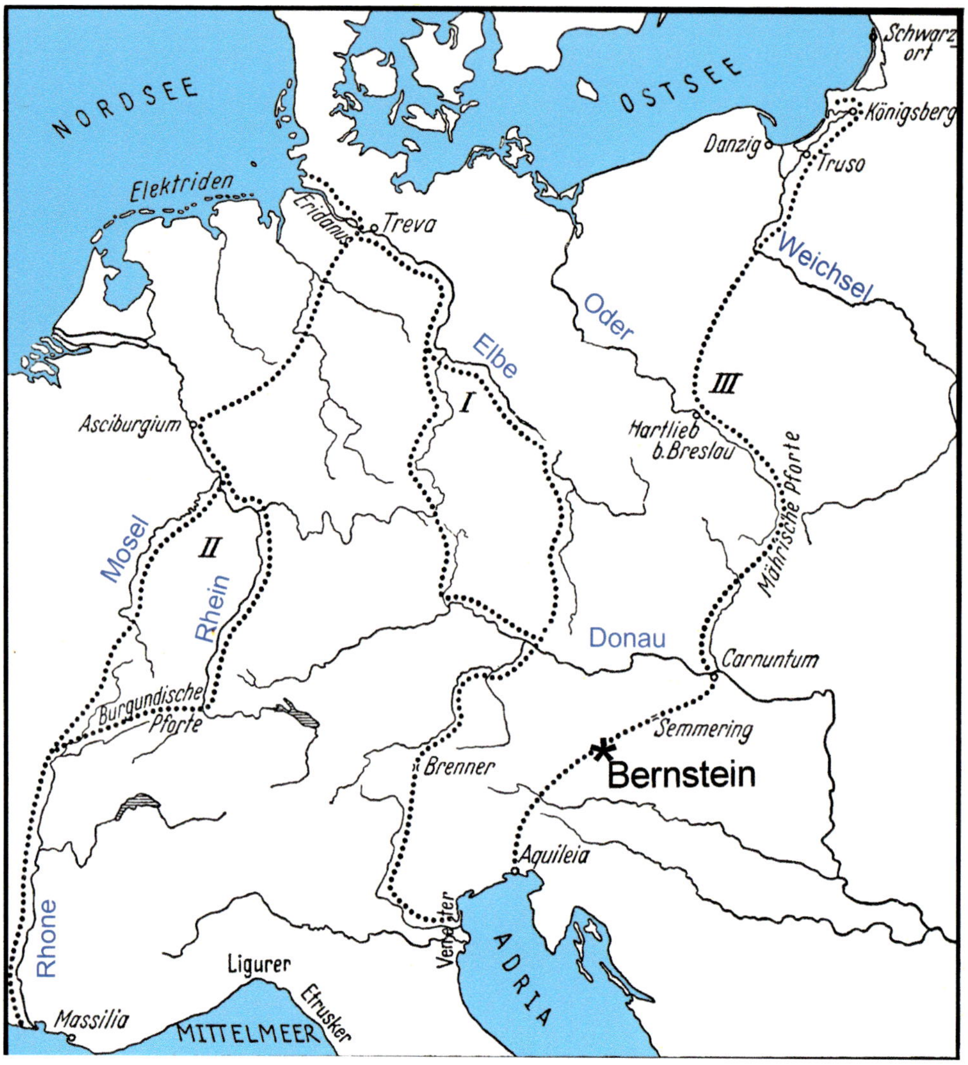

Bernsteinstraßen in Europa, nach Andrée, stark verändert. Unten: Silk Road in the first century AD - ru.svg, CC BY-SA 4.0.

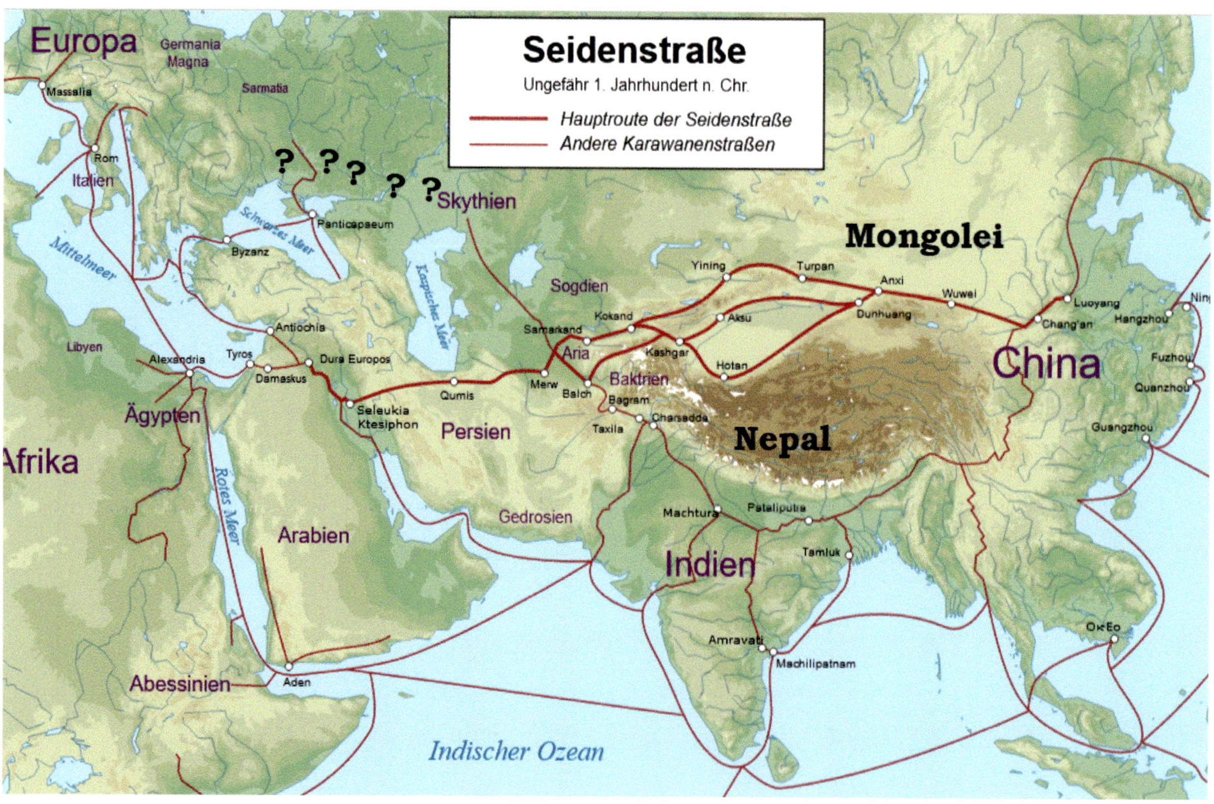

BERNSTEIN IN MESSEL

Grube Messel im März 2016, Foto © Josef Knecht, Wikipedia CC BY 3.0.

Die Grube Messel in Messel im Landkreis Darmstadt-Dieburg / Hessen ist ein stillgelegter Ölschiefer-Tagebau. Die ungewöhnliche gute Qualität der dort vorkommenden Fossilien aus dem Eozän führte 1995 dazu, dass sie zum UNESCO-Weltnaturerbe erklärt wurde. Es wurden dort fossile Vertreter vieler Insekten und Pflanzen und aller Wirbeltiergroßgruppen gefunden, u. a. der Feuchtnasen-Primat *Darwinius masillae*.

Die Bergbaugeschichte der Grube Messel begann schon 1859 mit der Errichtung einer Raseneisenerzgrube. Dabei stieß man auf braunkohlehaltige Verlandungshorizonte des Messeler Sees und darunter dann eine Ölschieferschicht, die bis 1971 kommerziell abgebaut wurde. Danach wurde die Grube zwischenzeitlich als Mülldeponie genutzt, wobei ein fossilträchtiger Hang unverschont blieb.

1991 kaufte das Land Hessen die Grube und übertrug den weiteren Betrieb der Grube der Senckenbergischen Naturforschenden Gesellschaft, die seither dort, offiziell unter bergrechtlichen Bedingungen, zu wissenschaftlichen Zwecken Ölschiefer abbaut.

Die Geschichte des Messeler Ölschiefers beginnt vor etwa 48 Millionen Jahren im Eozän. Europa befand sich infolge der Plattentektonik in etwas geringerer Entfernung zum Äquator und die durchschnittliche globale Temperatur war deutlich höher als heute. Durch einen Vulkanherd stieg basaltisches Magma in Richtung Erdoberfläche, stieß auf Grundwasser und es kam ca. 100 m unter der Erdoberfläche zu einer gewaltigen Dampfexplosion. Weitere solche Explosionen schufen einen mehr als 700 m tiefen Explosionstrichter, der sich im tieferen Bereich mit Gesteinstrümmern und Tuff füllte. Darüber entstand ein 200 – 300 m tiefer Maarsee. In ihm lagerten sich verschiedene Sedimente ab, u. a. bituminöser Tonstein.

Die Tiefe des Sees und der Mangel an Wasseraustausch führten zu Sauerstoffmangel und hohem Schwefelgehalt in den tieferen Wasserschichten. Es bildete sich Faulschlamm, in dem viele tote Pflanzen und Tiere hervorragend konserviert wurden.

Die Ölschiefer-Ablagerungen besitzen eine Mächtigkeit von bis zu 150 Metern, was auf einen Ablagerungszeitraum von rund 1,5 Millionen Jahren schließen lässt.

Bei den Fossilien aus der Grube Messel gibt es ein Konservierungsproblem: Das tragende Material, der Tonstein (Ölschiefer), enthält etwa 40 Prozent Wasser. Trocknet er aus, dann reißt er und zerfällt in kleine Blättchen, ähnlich wie Rindenmulch.

Erst seit Anfang der 1960er-Jahre ist es möglich, die Fossilien auf Kunstharz (Epoxidharz oder Polyesterharz) umzubetten und damit dauerhaft zu konservieren, für die Forschung zu erhalten und auszustellen. Das Verfahren wurde von Hobby-Forschern in den 1970er-Jahren zur heute noch angewandten Form entwickelt, da bis 1974 das private Bergen des Ölschiefers von den Behörden geduldet wurde.

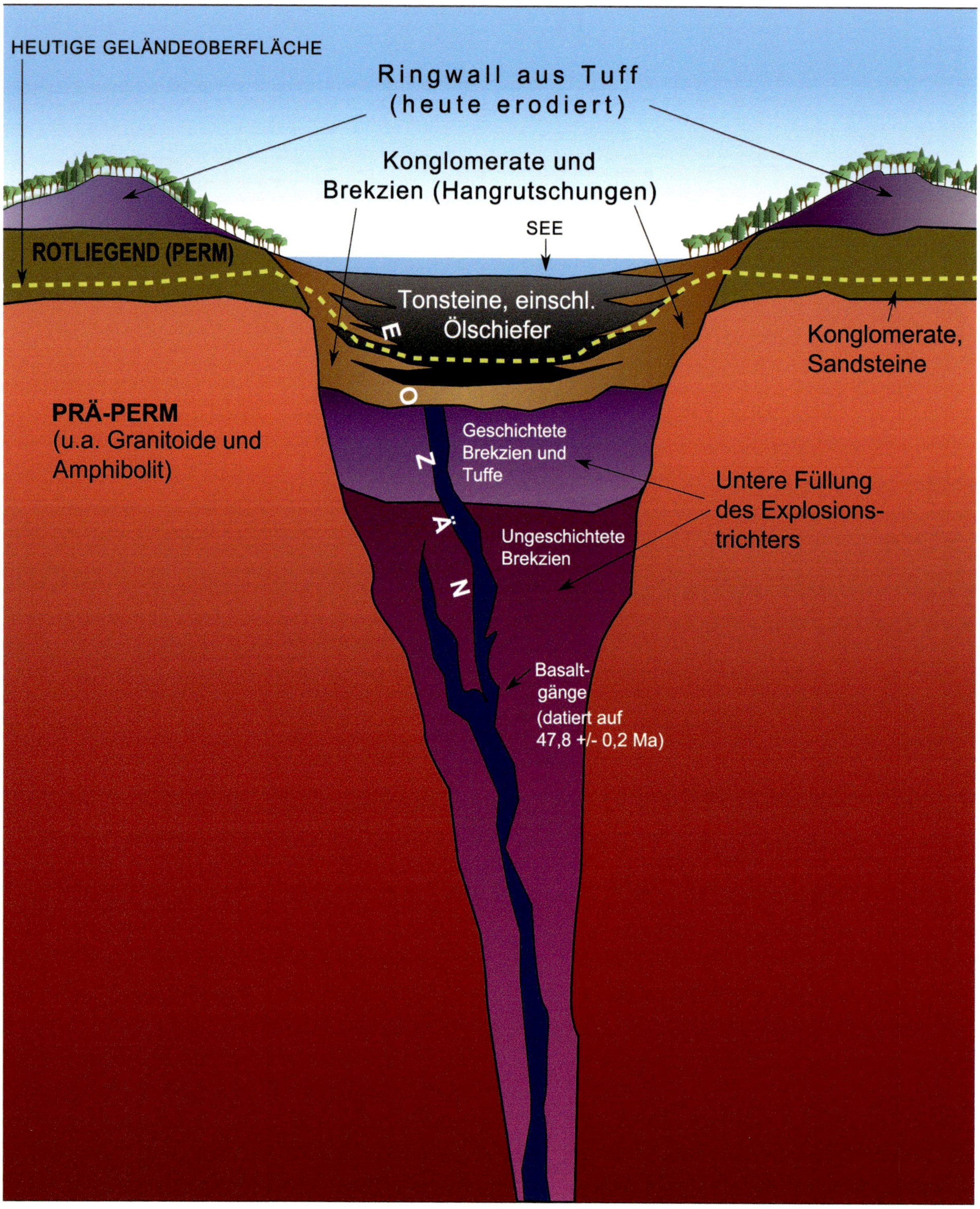

Schematischer Querschnitt durch die Grube Messel zum Zeitpunkt der Ablagerung der Messel-Formation (Lutetium). Die Abbildung zeigt den See in seiner Spätphase, mit bereits relativ geringer Wassertiefe. Nach Mardel Sur, Wikipedia CC BY-SA 3.0.

Ganz sicher gelangte aus den umliegenden Wäldern auch Harz in den See und müsste eigentlich in der Tiefe des Sees zu Bernstein geworden sein. Bisher ist aber kein Bernstein aus der Grube Messel nachgewiesen. Gibt es dafür eine Erklärung?

Dann kam die spektakuläre Entdeckung von Bernstein in einer fossilen Wanze.

Dr. Sonja Wedmann vom Senckenberg Forschungsinstitut und Naturmuseum Frankfurt et al. beschreiben es 2021 in:

Bizarre Morphologie bei ausgestorbenen Wanzen aus dem Eozän (Heteroptera: Pentatomidae).

Auszüge aus der Veröffentlichung:

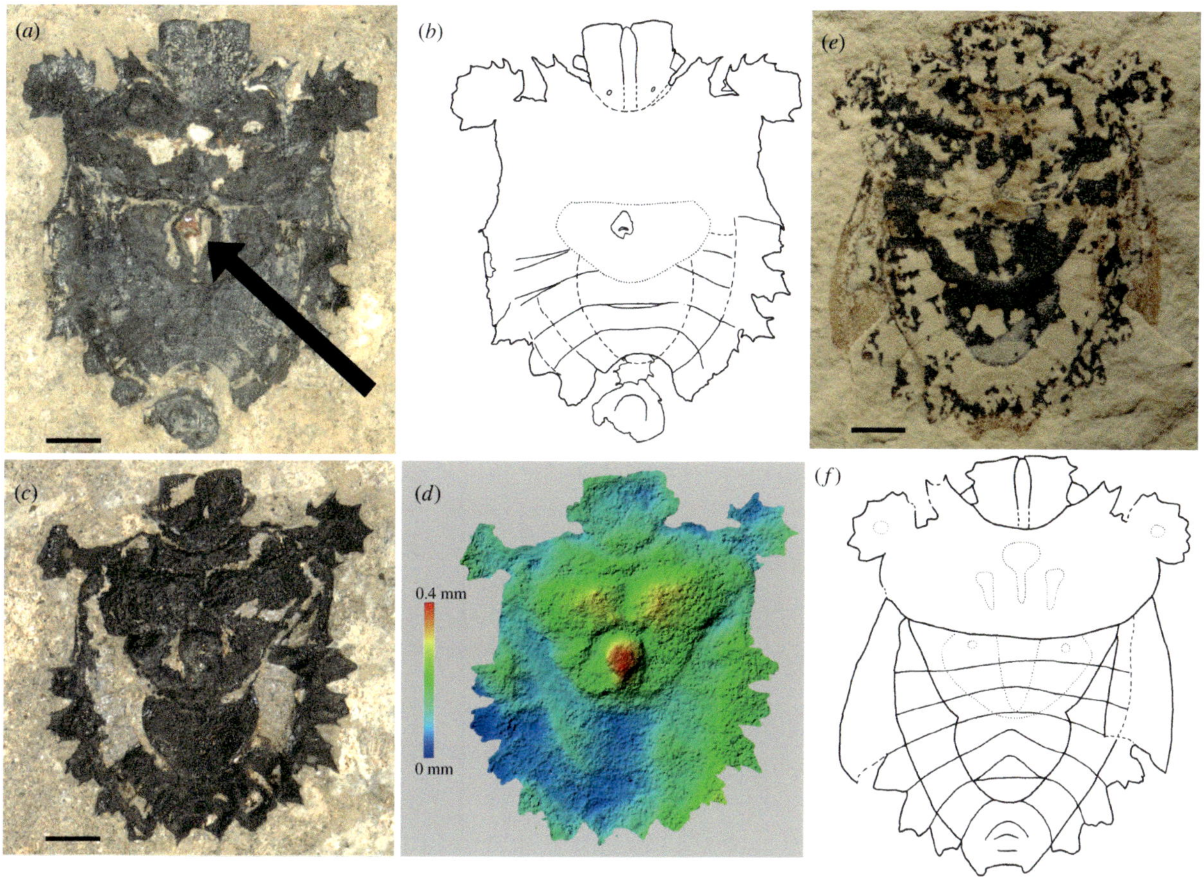

Abbildung 1 © Wedmann, S. et al.

***Eospinosus peterkulkai* sp. nov. und *Eospinosus greenriverensis* sp. nov. (a,b) *Eospinosus peterkulkai* sp. nov., Holotypus, männlich, SF-Mel 1654. Foto und Interpretationszeichnung des Exemplars.**

Hauptstrukturen mit durchgezogenen Linien gezeichnet, unvollständige oder interne Strukturen mit gestrichelten Linien gezeichnet; 3D-Strukturen gepunktet, (c,d),

***Eospinosus peterkulkai* sp. nov., weiblich, SF-Mel 15483. Foto und farbcodiertes 3D-Relief, rekonstruiert aus der Photogrammetrie. Erhöhte Bereiche orange-rot, tiefere Bereiche grün-blau. (e, f),**

***Eospinosus greenriverensis* sp. nov., männlich, Holotypus UCM 79057. Alle Skalen 1 mm.**

„Alle fünf Exemplare sind stark komprimierte Gesteinsfossilien, die eine bemerkenswert detaillierte Erhaltung aufweisen.

Der Holotypus SF-Mel 1654 (Abbildung 1a,b) ist von der dorsalen Seite ziemlich vollständig erhalten; es zeigt die Charaktere der Gattung und Art. Es ist ein männliches Exemplar; die Genitalkapsel ist gut erkennbar. An der Basis seines Kopfes sind zwei Ocelli sichtbar. In der Mitte seines Körpers ist Darminhalt erhalten, dieser ist rötlich gefärbt, hat eine harte, spröde Konsistenz. Diese Überreste werden als Pflanzensaft interpretiert, der versteinerte und zu Bernstein wurde.

Beim Exemplar SF-Mel 5790 (elektronisches Ergänzungsmaterial, Abbildung S1a) fehlt der Kopf komplett, ansonsten ist er relativ vollständig erhalten und von der Bauchseite sichtbar… In der Mitte des Körpers sind Reste von Darminhalt (Bernstein) vorhanden.

SF-Mel 1654 und SF-Mel 5790 enthalten Stücke von versteinertem Pflanzensaft in ihrem Darm.

Ein kleines Stück ist in Abbildung 1a zu sehen, die braune Struktur in der Mitte des Schildchens. Dies weist darauf hin, dass sich diese Art von Pflanzensaft ernährte, der sich während der Versteinerung in Bernstein verwandelte.

Messel Ölschiefer, Wikipedia CC BY 3.0.

FOSSILES HARZ AUS DER RHÖN

Von Frank Telge

Die eozäne Fossilfundstelle Messel ist weltberühmt. Das liegt einerseits an der besonders arten- und detailreichen Erhaltung der Fossilien, die in den Ablagerungen des früheren Sees gefunden wurden, und andererseits an dem selten in Europa aufgeschlossenen Zeitabschnitt (vgl. hierzu den vorangegangenen Beitrag).

Ganz so weit haben es die jüngeren „Geschwister" der Grube Messel nicht geschafft:

Das eozäne Eckfelder Maar in der Eifel und die oligozänen Fundstellen in Sieblos nahe der Wasserkuppe, im Stöffelsee bei Enspel im Westerwald, sowie in Rott bei Bonn sind ebenfalls verlandete Seen, jedoch als Fossilfundstellen nicht ganz so prominent wie die Grube Messel.

Dabei haben auch sie ein reiches Fossilangebot hinterlassen und gewähren einen Einblick in die Welt des Eozäns und Oligozäns nach der Zeit, die vor 49 Mio. Jahren in Messel bewahrt worden ist.

Während diese Vorgänge im Eckfelder Maar etwa 44 Mio. Jahre und in Rott und Enspel ca. 23 - 25 Mio. Jahre zurückliegen, stellt Sieblos zeitlich das Bindeglied mittig zwischen diesen Fundstellen dar.

Hier wurden vor ca. 33 - 35 Mio. Jahren die auf den Seegrund gelangten Reste einer tropischen bis subtropischen Flora und Fauna in sauerstoffarmem Faulschlamm bewahrt. Dieser verwandelte sich in Jahrmillionen zu Dysodil, einer besonderen Braunkohle, die auch Papier- oder Blätterkohle genannt wird.

Dass die dortigen Kohleschichten und bituminösen Schiefertone erhalten blieben und nicht mit der Zeit abgetragen wurden, verdanken wir dem Rhönvulkanismus, der vor 25 Mio. Jahren begann, diese Zeugnisse zu überdecken.

Ursprünglich auf der Suche nach Kaolin für die Fuldaer Porzellanmanufaktur wurde das Dysodilvorkommen 1846 entdeckt und ab 1856 zur Herstellung von Teer und Ölen abgebaut.

Die Grube wechselte dabei mehrfach den Besitzer und musste trotz etlicher neuer Anläufe im Jahr 1919 wegen nachhaltig fehlender Wirtschaftlichkeit geschlossen werden.

Bereits unmittelbar nach Beginn des Abbaus waren aber auch die Fossilien im entstehenden Abraum bemerkt worden und wurden seitdem von verschiedenen Paläontologen und Fossiliensammlern geborgen und bearbeitet.

Seit 1995 sind die schönsten Stücke vor Ort im Sieblos-Museum ausgestellt. Neben Resten diverser Pflanzen und Landlebewesen sind überwiegend Fossilien von Fischen, Schnecken, Muscheln, Muschelkrebsen, sowie Insekten mit aquatischem Lebensbezug gefunden worden. Zwar sind die kohligen Schichten besonders fossilreich, aber auch die Muschelkalke und Schneckenmergel des ehemaligen Sees lieferten Fossilmaterial in erheblichem Umfang.

Obwohl an den Ufern aller fünf eingangs genannten prähistorischen Seen Harzproduzenten gestanden haben dürften, finden sich in den Ablagerungen der Fundstellen grundsätzlich keine fossilen Harze.

Offenbar waren die Konservierungsbedingungen für den Harzeintrag nicht günstig. Daher bedurfte es in der Grube Messel auch des besonderen Umstandes, dass das überlieferte Harz in dem saugenden Insekt, das zuvor den ursächlichen Pflanzensaft zu sich genommen hatte, bewahrt wurde und mit ihm fossilisierte. Etwas Vergleichbares ist von den vier anderen Fundorten bislang nicht bekannt geworden.

Trotzdem hat ein glücklicher Zufall in Sieblos ein Stück fossilen Harzes bewahrt, das mit mehreren anderen Belegstücken dieser Fundstelle, die vor allem Fischreste enthielten, auf einer bekannten Auktionsplattform angeboten wurde.

Wann, von wem und unter welchen Fundbedingungen das Fossil aufgefunden wurde, ist dem Fundzettel leider nicht zu entnehmen (vgl. Abbildung). Sicher ist nur, dass der Finder fossilen Harzen wohl keine große Bedeutung beimaß ...

Das Harz muss spätestens während der Existenz des Sees - möglicherweise aber auch bereits deutlich früher - im Umfeld des Gewässers produziert worden und danach in ein Milieu gelangt sein, das es bewahren konnte. Es spricht einiges dafür, dass dies unter Sauerstoffabschluss auf dem Boden des Sees erfolgte. Damit wäre die Entstehung des Harzes unmittelbar vor seiner Ablagerung, also vor ca. 33-35 Millionen Jahren anzunehmen.

In der Literatur sind keine weiteren Funde fossilen Harzes aus dem Vorkommen in Sieblos überliefert.

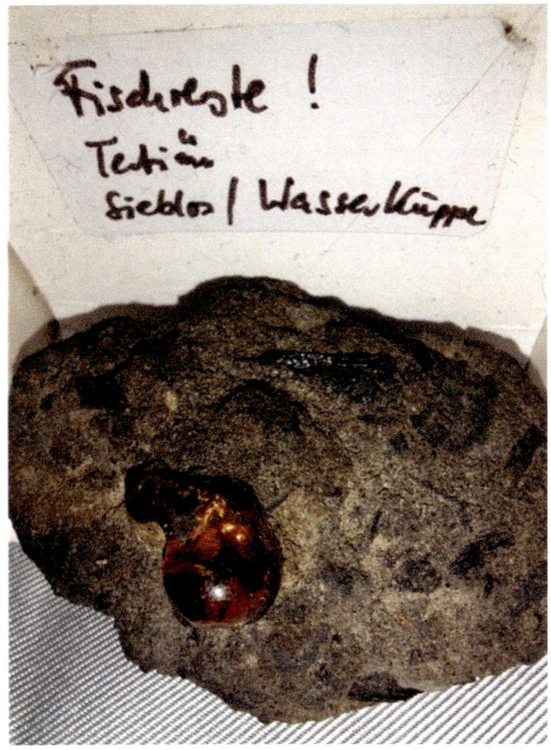

Gesichert ist jedoch, dass die Flora um den urzeitlichen See ursprünglich Sumpfzypressen und Verwandte der Amberbaumgewächse beinhaltete und auch während des weiteren Bestehens dieses Biotopes tropische Nadelbäume präsent blieben. Damit bieten sich gleich mehrere typische Harzproduzenten als möglicher Lieferant des hier vorgestellten fossilen Harzes an.

Fossilien aus der Grube Sieblos

Schon 1858 begann der Apotheker Hassencamp dort Fossilien zu sammeln und der Wissenschaft zur Verfügung zu stellen. Ein großer Teil gelangte in den folgenden Jahren an das Mineralogisch-Geologische Institut der Julius-Maximilians-Universität Würzburg und wurde dort katalogisiert.

www.sieblos-museum.de Poppenhausen / Wasserkuppe.

Ab den 1980er Jahren sammelte der Hobby-Paläontologe Schubert über 8000 weitere Fossilien und schenkte einen Teil der Sammlung der Gemeinde Poppenhausen.

Dort sind die schönsten Stücke, darunter Erstnachweise, seit 1995 im eigens dafür geschaffenen Sieblos-Museum zu sehen.

Gahl, H. (1964): Paläontologie und Stratigraphie der tertiären Vorkommen von Sieblos und Obernhausen in der Rhön (Dissertation). - In: Aus dem Geologisch-Paläontologischen Institut der Justus Liebig-Universität Gießen, S. 1 - 51.

Martini, E. & Rothe, P. (1998): Die alttertiäre Fossillagerstätte Sieblos an der Wasserkuppe/Rhön. - In: Band 104 Geologische Abhandlungen Hessen, Hessisches Landesamt für Bodenforschung, S. 1 - 274, Wiesbaden.

Martini, E. & Pflug, B. (1997): Die Fossillagerstätte Sieblos bei Poppenhausen (Wasserkuppe) in der Rhön. - In: Abt. Archäologische und Paläontologische Denkmalpflege im Landesamt für Denkmalpflege Hessen und Archäologische Gesellschaft in Hessen e.V., 16 Seiten, Wiesbaden.

DER SCHATZ VON GESEKE

Von Frank Telge

Schon seit Jahrtausenden nutzen Menschen einen überlieferten, sicheren und hochwasserfreien Weg zwischen Rhein und Elbe. Ein Teil dieser Trasse ist der Westfälische Hellweg. Steinzeitmenschen sind hier gewandert, Römer und Germanen zogen hier lang und im Mittelalter war es ein viel genutzter Handelsweg - zum Vorteil der Städte, durch die der Hellweg führte, manchmal aber auch zu deren Nachteil, wenn plündernde Heerscharen die befestigte Wegstrecke nutzten.

Sie alle durchquerten Geseke, einen Ort in Nordrhein-Westfalen, der als Tor zum Sauerland gilt. Dabei sind all diese Reisenden nur 300 Meter an einem prähistorischen Schatz vorbeigewandert, der noch bis ins 20. Jahrhundert unentdeckt blieb.

Geseke war als sogenannte Beistadt von Soest ein Mitglied der Hanse und hatte hierdurch prosperierende Zeiten erlebt. Mit dem Niedergang der Hanse schwand auch die Bedeutung von Geseke und es brauchte einige Jahrhunderte, bis der Betrieb einer Eisengießerei und die Verarbeitung der örtlichen Kalksteinvorkommen neuen Aufschwung in die zwischenzeitlich eher landwirtschaftlich geprägte Stadt brachten.

Das aufkommende Industriezeitalter brauchte Zement und im Süden von Geseke gab es reiche und oberflächennahe Vorkommen von Pläner-Kalkstein, die ohne besondere Aufbereitung zu dem gesuchten Baumaterial gebrannt werden konnten. Die Stadt wuchs wieder.

Es waren Kanalisationsarbeiten in der Völmeder Straße in Geseke, die im Sommer 1951 aus einer Tiefe von 1,7 Metern ein Stück fossilen Harzes ans Tageslicht brachten[1] – wie schon erwähnt, nur 300 Meter vom Hellweg entfernt. Im Baltikum wäre das keine besondere Nachricht, im Boden der Stadt Geseke in Nordrhein-Westfalen verblüfft der Fund dann doch.

Im Umweltbericht zum Bebauungsplan für den Tudorfer Weg in Geseke wird ausgeführt: „Der Untergrund [...] ist, bedingt durch das anstehende Rothaargebirge, sehr flachgründig. Hier stößt man bereits nach einer durchschnittlich 45 cm mächtigen Mutterbodenschicht auf anstehendes Kalkmergelgestein."[2]

Direkt an die Straße Hellweg anschließend ist auch der Tudorfer Weg von der Völmeder Straße nur 300 bis 400 Meter entfernt. Die im o. a. Umweltbericht festgehaltene Geologie gilt daher auch für den Fundort des fossilen Harzstückes. Noch besser beschreibt es die HeidelbergCement AG:

„Die Westfälische Bucht, an deren westlichem Rand Geseke liegt, entstand in der Kreide vor ca. 88 Millionen Jahren. Infolge der Fernwirkung der Alpen-Auffaltung sank ein Sockel des Erdaltertums (Karbon-Zeit) ein. Die so entstandene Bucht wurde von einem Meer überflutet, das bis zu 2.000 m mächtige, vor allem kalkige Ablagerungen hinterließ. In dieser Zeit entstand auch die Erwitte-Formation, die aus einer Wechsellagerung von mergeligen Kalksteinen, kalkigen Mergelsteinen bis hin zu Mergelsteinen besteht. Unterhalb der Deckschichten von 0,5 bis 1,5 m liegen die 16 - 28 m starken Kalkmergelschichten in bankiger Struktur. Die Schichten erreichen eine Gesamtmächtigkeit von bis zu 70 m."[3]

Das Stück fossilen Harzes war also in Kalkmergelgestein eingebettet, das vor ca. 88 Mio. Jahren abgelagert wurde. Weitere Funde sind weder aus Geseke, noch aus der Region bekannt geworden. Es handelt sich also um ein Einzelstück.

Aus den Steinbrüchen um Geseke sind andere Fossilien aber wohlbekannt. Dabei handelt es sich um eine typische marine Fauna der Oberkreide mit Schwämmen, Brachiopoden, Seeigeln, Muscheln, Schnecken, Belemniten, Ammoniten und Haien, wie sie in der Ausstellung des Hellweg-Museums Geseke zu sehen sind. Die Stücke sind allerdings überwiegend aus dem Turonium vor 89,8 - 93,9 Mio. Jahren, denn sie entstammen den tieferen Schichten der Steinbrüche um Geseke. In deren höheren Schichten und eben auch dicht unter dem Boden der Stadt liegen jedoch Ablagerungen des unteren Coniaciums mit einem Alter von ca. 88 - 89 Mio. Jahren.[4]

Es ist anzunehmen, dass das Stück fossilen Harzes in die Meeresablagerungen der Westfälischen Bucht vom nahen Festland eingeschwemmt wurde und so – anders als andere Harzstücke – im Untergrund von Geseke erhalten geblieben ist.

Wer heute Geseke auf dem Hellweg durchquert, hat es nicht mehr schwer den Schatz der Stadt zu finden – das bereits erwähnte Hellweg-Museum, untergebracht in einem imposanten Fachwerkhaus von 1664, beherbergt viele Exponate und auch das fossile Harzstück. Wie schon nach der Errichtung des Gebäudes durch einen Weinhändler werden hier Dinge bewahrt, die mit der Zeit an Wert gewinnen. Leider schafft Wert aber auch Begehrlichkeiten und so ist das Harzstück, das man hier bewundern kann, nur noch ein Teil des ursprünglichen Fundes. Irgendwo gibt es auch weiterhin einen verborgenen Schatz von Geseke, aber vielleicht wird der ja eines Tages gehoben und an das Museum zurückgegeben.

[1] Gräf, D.: Beitrag über Geseke auf www.mineralienatlas.de, URL: https://www.mineralienatlas.de/lexikon/index.php/Deutschland/Nordrhein-Westfalen/Arnsberg%2C%20Bezirk/Soest%2C%20Landkreis/Geseke, Zugriff vom 30.06.2024.

[2] BEGRÜNDUNG UND UMWELTBERICHT, Zum Bebauungsplan E34/3 der Stadt Geseke – mit integrierter Grünordnung, Geseke „Tudorfer Weg“ vom 01.06.2017, tetraeder.com gmbh, pdf-Datei auf: www.tetraeder.com, Zugriff vom 30.06.2024.

[3] Harsányi, E. & Cramer, D. (2019): Die Geschichte des Zementwerks Geseke – Von Merkur und Milke zu HeidelbergCement. - In: Die Heidelberger Portländer / Beiträge zur Unternehmensgeschichte und Unternehmenskultur, Heft 12, S. 5 (Naturraum), Herausgeber: HeidelbergCement AG, Heidelberg.

[4] Simonsen, S. (2020): Temnocidaris (Stereocidaris) cf. sceptrifera mit disartikulierter Bestachelung aus der Oberkreide von Geseke“, Der Steinkern, Heft 40, S. 41 ff., Bielefeld.

Bildmaterial mit freundlicher Genehmigung von Dr. Diether Gräf (Berg Kr. Ravensburg), dem Städtischen

Hellweg-Museum, Heimatmuseum.

Das prächtige und großräumige Handelshaus, wurde von Friedrich Dickmenn gebaut, einem Weinhändler aus Soest. Nachdem das heute denkmalgeschützte Haus mehrfach den Besitzer wechselte, wurde es 1951 von der Stadt Geseke erworben. 1954 wurde das Heimatmuseum eröffnet. Das Haus repräsentiert den Typ eines gehobenen Ackerbürger-Hallenhauses mit aufwändigem Saal und einem halb eingetieften, gewölbten Keller.

Nach: https://heimatverein-geseke.de Bilder © Hellweg-Museum.

2017: Blick von SO nach NW auf den Steinbruch Geseke. Im Vordergrund der stillgelegte und der Öffentlichkeit zugängliche Bereich (Dyckerhoff-Park Mythos Stein) im Hintergrund der aktive Abbaubereich © Carsten Wertel, Dyckerhoff GmbH.

DIE GRÖSSTEN BERNSTEINE

Rechts: Dorota Golak mit dem 9750-Grammer, Foto: Wolfgang Weitschat.

Im Museum für Naturkunde Berlin liegt der größte existierende Baltische Bernstein. Dieses 9750 Gramm schwere Exponat ist aufgrund seiner Einmaligkeit von Gustav Rose (1798-1873) für die Mineraliensammlung erworben worden. Er wurde im Kreis Cammin (Pommern) in der Nähe des Großen Haffs gefunden.

Erstaunlich gut ist seine Erhaltung nach weit über 100 Jahren. Das lässt auf gute Aufbewahrungsbedingungen schließen. Für die Sonderausstellung auf der Mineralienmesse Hamburg 2002 ist dieser Bernstein als „Stein des Jahres" ausgestellt worden.

Mitglieder des Arbeitskreises Bernstein, die beim Aufbau geholfen hatten, durften sich glücklich schätzen, diesen Ausnahme-Bernstein in den Händen halten zu dürfen.

Dorota Golak hatte sich ein Jahr später auf die Spuren des Bernsteins gemacht und die Gegend um Cammin bereist, um irgendwelche Hinweise von Einheimischen auf diesen Sensationsfund zu bekommen – vergeblich.

Der größte gefundene Baltische Bernstein allerdings wog zum Zeitpunkt des Fundes 10.478 Gramm. Er wurde in der Ostsee von zwei dänischen Fischers mit dem Grundnetz gefischt. Unglücklicherweise wollten sie sich den Fund teilen und zerbrachen ihn in zwei Teile, die sehr ungleich ausfielen.

Das kleinere Teil ist verschollen. Das größere Teil befand sich lange Zeit im Besitz der Fischerfamilie Eigil Jensen in Gilleleje (Seeland-Dänemark). Der 8.886-Grammer liegt seit 1994 im neu eingerichteten „Ravhuset" am Nyhavn in Kopenhagen.

Teil des 10.478 Gramm schweren Baltischen Bernsteins, jetzt 8.886 Gramm schwer.

Foto der Vitrine im House of Amber, Kopenhagen, © House of Amber, Kopenhagen.

SICHER KEIN BERNSTEIN

In einem Waldstück in Hessen wurde dieser außergewöhnlich große „Bernstein" gefunden. Ein Bruchstück davon wurde mir zur Begutachtung vorgelegt.

Es handelt sich eindeutig NICHT um Bernstein, wie die Salzwasserprobe und Brennprobe bestätigte. Es scheint dort ein Fass mit einem Lackrest ausgetrocknet zu sein. Da kein Waldboden oder Sand in der klaren Masse zu erkennen war, ist der Lack nicht direkt im Wald verschüttet worden und dort getrocknet.

„BERNSTEIN" AUS DER STEINKOHLE

1985 besuchte ein Sammler das Bergwerk Ibbenbüren am Schafberg in Ibbenbüren, es wird dort auch Anthrazit gefördert. Er schreibt:

„Wir sind damals auf den Schiefer-Abraumhalden rumgeklettert und haben gesucht und geklopft.

Die Bergbauarbeiter und sogar den Betriebsleiter haben wir damals um Erlaubnis gebeten, das Gelände betreten zu dürfen und nachdem man unseren Korb inspiziert hatte und die Leute sich selbst davon überzeugt hatten, dass wir wirklich nur diverse Hämmer, Meißel und Steinschlaghelme dabei hatten, haben die uns ziehen lassen.

Ich weiß noch, als wäre es gestern gewesen, dass der eine uns sanft zulächelte und nur noch meinte „Ja ja, wir kennen das schon, hier kommen immer wieder mal Sammler hin – brecht euch bloß nicht die Haxen dort oben!"

In der Tat, Unmengen an Schiefermaterial liegt dort. Leider findet man nicht in jedem Stück ein Fossil, es ist schon reichlich hämmern angesagt. Ein besonderer Fund in der Steinkohle ist Bernstein gewesen, den ich dir hiermit zur Untersuchung schicke, siehe auch die Fotos."

Auf den ersten Blick sieht das Material wie Bernstein aus. Es schwimmt sowohl im Salzwasser als auch im Leitungswasser.

Es spricht aber vieles gegen Bernstein:

- Viele Luftbläschen sind enthalten, viele davon nicht rund, sondern länglich verzogen. Für einen über 300 Millionen Jahre alten Bernstein unwahrscheinlich. Deshalb schwimmt das Material auch auf.
- Geruchsprobe: Beim Brennen entsteht kein typischer Bernstein- bzw. Harzgeruch, sondern ein eher neutraler bis Kunststoff-Geruch. Da das Material leicht entzündlich ist und brennt, kann jegliches Mineral ausgeschlossen werden.
- Bruchtest: Bernstein, vor allem sehr alter Bernstein, ist brüchig und in keiner Weise flexibel. Dieses Material bricht nicht spröde, sondern „ziehig weich".
- An den Bruchstellen erkennt man, dass oben und unten das Material anders, heller gefärbt ist als in der Mitte, wo es dunkler bernsteinfarbener aussieht. Das spricht für eine Trocknung von außen nach innen und nicht für Verwitterung.
- Die eingeschlossenen Kohlestreifen und Kohlepartikel sind zum Teil mitten im Material, zum Teil flächig auf dem Material. Pflanzliches Material, dass vor so langer Zeit ins Harz geraten wäre, wäre verwittert, wenn es Kontakt nach außen gehabt hätte.
- Harzmengen in dieser Größenordnung sind aus der Kohlezeit sehr, sehr unwahrscheinlich.

Aus alledem vermute ich, dass Lacke o. Ä. in der Grube verschüttet wurden und es sich um Lack oder kunststoffartiges Material handelt.

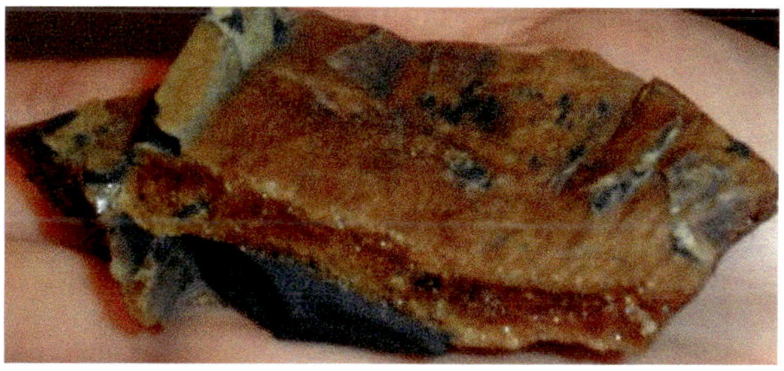

Bilder © Axel Ganglberger.

„RIESENBERNSTEIN“ aus der Nordsee

2009 hielt der Arbeitskreis Bernstein (siehe späteres Kapitel) seine Sommertagung auf der Insel Pellworm ab.

Im Vorfeld erreichte uns eine Sensationsnachricht von der Insel: Es sei ein über 40 kg schwerer Bernstein im Watt gefunden worden.

Ein Bruchstück untersuchten wir und mussten feststellen, dass es sich leider nicht um Bernstein handelte, sondern um Kolophonium.

Ähnliches erlebte ich im Watt vor Neuwerk 1994, auf www.ambertop.de schrieb ich:

„Nordseeküste 1994, das Bernsteinfieber hatte mich seit einigen Jahren gepackt. Doch mein Wissen über diese Materie steckte noch in den Kinderschuhen. Können Sie sich das Herzklopfen vorstellen: Ich entdeckte beim Bernsteinsuchen einen hell-klargelben Halbpfünder im Spülsaum! Solch einen Riesenbernstein hatte ich bisher noch nie selbst gefunden, immer nur die "Touristenkrümel".

Ein wenig getrübt wurde die Freude beim Aufheben - das Stück fühlte sich stumpfklebrig an, war aber fest wie Bernstein und sah genauso aus. Die Freude wich endgültig der Enttäuschung als unsere Wirtin uns erklärte, das sei kein Bernstein, sondern Kolophonium und damit wertlos.

2007: Wieder im Watt von Neuwerk - ein schöner "Bernstein"fund von über 100g, dieses Mal aber nicht klebrig-schmierig nach dem Halten in der warmen Hand, sondern genauso wie Bernstein!

Die Erfahrung sagte mir aber, dass das kein Bernstein sein konnte, die Struktur, das Aussehen war irgendwie anders, wie bei einem Kopal. Und tatsächlich, mit Verdünner löste sich die Oberfläche an, das tut es bei Bernstein nicht.

Aber wie kommt Kopal in die Nordsee? Kopal kommt doch bei uns gar nicht vor; wir kennen Ihn zum Beispiel aus Madagaskar oder Kolumbien. Zufälligerweise sprach ich mit einem Sammler, der genau diesem Phänomen auf den Grund gegangen war und einen Literaturhinweis anführte: „Früher wurde nicht nur Kolophonium verschifft. Auch Kauri Gum und Kopal gelangte mit Schiffen nach Europa, um es für die Dichtung der Schiffe zu benutzen. Von einem Schiff mit solcher Ladung muss etwas über Bord gegangen sein.“

40 kg – Fund von der Insel Pellworm.

Doch was ist Kolophonium?

Kolophonium ist auch als „Bogenharz“ bekannt. Es sorgt für eine ausreichend starke Haftung der Bogenhaare auf der Saite des Instruments. Es muss regelmäßig aufgetragen werden, damit das Instrument sein volles Klangspektrum entfalten kann.

Fälschlicherweise wird Kolophonium manchmal auch "Geschmolzener Bernstein" genannt Es ist Ausgangsprodukt für wertvolle Lacke, die auch heute noch für teure Holzboote bevorzugt werden (dieser Lack ist sehr hart, dauerhaft und hat einen besonderen Glanz).

Rezentes, d. h. frisch gewonnenes Harz wird dazu geschmolzen, von Verunreinigungen wie Borkenresten getrennt, mit unterschiedlichsten anderen Materialien versetzt (Terpentinöl, Leinölfirnis, Bleiglätte) und in sogenannte Destillationsblasen gegeben. Hier erfolgt dann die Trennung in die zugegebenen Terpentinöle/Restwasser einerseits und Kolophonium andererseits. Kolophonium entsteht ferner bei der Verarbeitung fossiler Harze, insbesondere des Baltischen Bernsteins.

110-Grammer Kolophonium – wie Bernstein.

Bei diesem Prozess entstehen ferner Bernsteinöl und Bernsteinsäure. Etwa 60 % der Ausgangsmasse verbleiben als Kolophonium.

Das noch heiße Kolophonium wird dann in Tonnen (meist Papptonnen) zur Lagerung/Verschiffung abgefüllt.

Erhärtet ist Kolophonium eine klare, etwas spröde gelbe bis braunschwarze Masse mit muscheligem Bruch und glasigem Glanz. Kolophonium wird von Alkohol und Benzin angegriffen. Beim Schleifen "schmiert" Kolophonium und kann auch nicht poliert werden. An der Luft trocknet es schnell aus und wird spröde.

Geht eine solche Kolophoniumtonne über Bord und wird in der Brandung zerschlagen, kann man unterschiedlich große Bruchstücke oder sogar eine ganze Tonne finden (siehe im Museum von Leif Brost/Südschweden).

Das Rohharz als Ausgangsprodukt für die Herstellung von Kolophonium wird/wurde in den Kiefernwäldern unserer Küsten, vornehmlich in Mecklenburg-Vorpommern, auf dem Darß, auf den Nehrungen, aber auch aus den Kiefernwäldern der französischen Atlantikküste gewonnen.

Durch Anritzung der Kiefernstämme mit einem speziellen Werkzeug werden Wunden erzeugt, aus denen Harz läuft. Das Harz wird in Schalen aufgefangen und „geerntet“.

„RIESENKOPAL" ist wohl Kolophonium

Ein Dänischer Fischer hatte einen spektakulären Fund in seinem Netz. Zunächst dachte er, es sei ein Bernstein und er wäre durch diesen Fund steinreich geworden. Er hütete zunächst sein Geheimnis und recherchierte.

Dann entschloss er sich, Fachleute zu befragen. Mit Bildern und einem kleinen Bruchstück fuhr er nach Kopenhagen.

Im Dänischen Naturhistorischen Museum Kopenhagen wurde der Fund als Kopal eingestuft.

Der Fischer übergab den Fund einem Auktionshaus. Der Direktor des Auktionshauses schreibt:

„Der Kopal-Bernstein wiegt ungefähr 275 kg, verifiziert vom Dänischen Naturhistorischen Museum.

Es wird vermutet, dass das Stück mit der Eiszeit von Deutschland stammend in die Ostsee beim Skagerrak gekommen ist.

Der Fischer hat den Fund im Fischereihafen Hanstholm an Land gebracht."

Ich meine, dass es kein Kopal sein kann, sondern Kolophonium, und dass der Brocken nicht mit den Gletschern aus Deutschland transportiert wurde, sondern von einem Schiff von Bord gegangen ist.

Von solchen Kolophoniumfunden wurde schon häufiger berichtet, auch von größeren Brocken von mehreren zig kg.

Von einem Sammler aus St. Peter-Ording erfuhr ich, dass sein 2 kg Brocken schon nach einigen Monaten Lagerung im Trockenen rissig wurde und nach zwei Jahren in mehrere Teile zerfallen war.

Anmerkung zu einer weiteren Auktion: Der „Zweitgrößte Bernstein der Welt" ist versteigert worden, ein fast 50 kg schwerer Indonesien-Bernstein. Er soll für 161.074 Euro den Zuschlag bekommen haben (Quelle: Internet-Recherche).

275kg-Fund vom Skagerrak, wahrscheinlich Kolophonium.

„SCHWARZER BERNSTEIN" aus Württemberg

Der Name suggeriert, dass es sich um eine Bernsteinart handelt, es ist jedoch Gagat, der so ähnlich wie schwarzer Bernstein aussieht. Andere Namen dafür sind „Pechkohle, Jett, Jayet, Agtstein, Schwarzstein, Witwenstein oder Gagatit". Als lateinische Bezeichnung wird sogar „Succinum nigrum" verwendet (lateinisch succinum = Bernstein).

Es ist im Prinzip ein fossiles Holz, das sich in einem Übergangsstadium von der Braunkohle zur Steinkohle befindet. Die tiefschwarze Farbe kommt durch Bitumen oder Humusgel zustande, das dieses fossile Holz imprägniert. Gagat hat eine Dichte von 1,2 bis 1,3 g/cm3 und die Moh'sche Härte liegt zwischen 2,5 und 4. Auch Gagat lädt sich elektrostatisch auf, wie Bernstein.

Schon seit langer Zeit wird Gagat als Schmuckstein verwendet und es wurden Trauerschmuck, Anstecknadeln, Broschen, Ketten, Anhänger usw. daraus gefertigt. Das Zentrum der Gagatverarbeitung im 19. Jahrhundert lag im englischen Whitby. Damals waren Produkte aus Gagat sehr gefragt und teuer, weshalb er auch häufig durch verschiedenste Materialien imitiert wurde, wie z. B. Horn, Mooreiche, Anthrazit. In Whitby waren zeitweise 1.500 Menschen in der Gagatverarbeitung beschäftigt.

Die Bearbeitung erfolgt auf der Drehbank mittels Messer und Feile, abschließend wird mit Öl auf Leder poliert.

Gagat wird an verschiedensten Orten in Europa und weltweit gefunden. Ein Hauptvorkommen liegt an der Ostküste Englands, aber auch im Posidonien-Schiefer des Schwarzen Jura (Lias) in Württemberg kommt Gagat vor.

Interessant ist der Fund einer Gagat-Schnitzerei aus 1916 aus der „Kleinen Scheuer" bei Rosenstein. Er zeigt eine Larve einer Rentier-Dasselfliege, also einen Rentierparasiten. Am senkrecht abgeschnittenen Ende des Gagatstückes sind zwei Löcher gefertigt, die Atemöffnungen. Wahrscheinlich war die Schnitzerei ein Anhänger. Heute wird davon ausgegangen, dass die altsteinzeitlichen Menschen diese proteinreichen Larven gegessen haben. Das Exemplar liegt heute im Landesmuseum Württemberg Stuttgart.

Gagat im Rohzustand, Foto © Norbert Vávra.

Trauerschmuck aus Gagat, Foto D. Thomas © CC BY-SA 2.0 de.

Rentierdassel-Fliegenlarve, Gagat-Schnitzerei. Oben und unten: Foto Wikimedia Commons.

Kleine Scheuer, Höhle bei Rosenstein.

GEFÄHRLICHE BERNSTEIN-VERWECHSLUNG

Ich danke Thomas Reich für diese gut recherchierten Informationen. Text und Bildmaterial:
Thomas Reich, Bernstein Manufaktur Usedom, www.bernsteinreich.com

Text ist leicht verändert wiedergegeben.

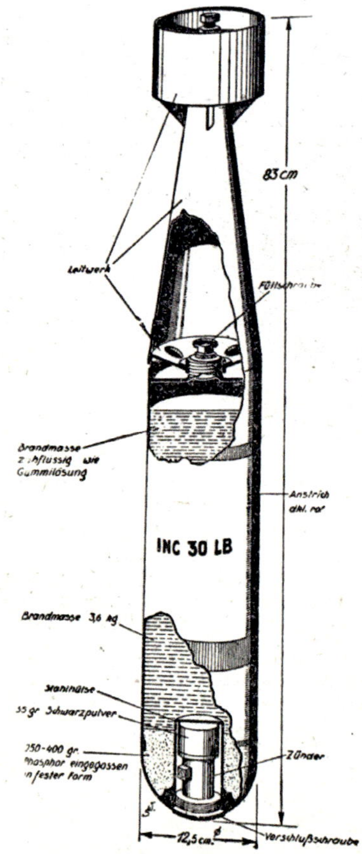

Skizze: Phosphorbombe im Längsschnitt.

Phosphor an der Ostsee

An den schönen Stränden der Ostsee trifft man beinahe zu jeder Tages- und Nachtzeit, mittlerweile auch zu jeder Jahreszeit, Bernsteinsammler an. Sie alle sind vom Bernsteinfieber befallen. Doch Achtung: Es können auch Gefahren beim Sammeln lauern. Speziell auf der Insel Usedom haben wir noch immer mit einem Relikt aus dem 2. Weltkrieg zu kämpfen, das das zivile Leben nach wie vor beeinflusst: Phosphor!

Ein chemisches Element inmitten der Natur? Wie kann das sein?

Der weiße Phosphor an den Stränden der Insel Usedom stammt, kurz gesagt, aus einer Bombardierung der deutschen Heeresversuchsanstalt (HVA) für Raketenforschung Peenemünde in drei verschiedenen Wellen durch die Royal Air Force am 18.08.1943. Diese wurde durch die britische Luftaufklärung im Sommer 1943 entdeckt und deren Zerstörung durch einen Beschluss des Londoner Kriegskabinetts beschlossen.

Nach dem Erhalt des Codewortes „Hydra“ starteten am 17.08.1943 596 vier-motorige Bomber (324 Lancaster, 218 Halifax, 54 Stirling) der Royal Air Force von unterschiedlichen Stationierungsorten in Großbritannien in Richtung Usedom, nachdem vorausfliegende Pfadfinderflugzeuge spezielle Markierungsbomben zur Erkennung des Ziels Peenemünde abgeworfen hatten. Jedoch war die Markierung fehlerhaft, so dass die Bomben teilweise in die Ostsee abgeworfen wurden. Da die Zünder der Bomben nicht für den Seeangriff vorgesehen waren, ist wahrscheinlich ein Großteil von ihnen nicht detoniert, so dass die Ladung (in diesem Fall u.a. der weiße Phosphor) den Meeresboden erreicht hat. Möglicherweise sind bauartbedingt einige von ihnen im ausgedehnten Flachwasserbereich ohne zu detonieren geborsten.

Der Autor mit der Bombe im Größenvergleich.

Wie kann der weiße Phosphor noch immer nach all den Jahren an die Strände gelangen?

Sehr wahrscheinlich ist, dass im Laufe der Zeit die Körper der Bomben in der Ostsee oxidierten/oxidieren und so u. a. die giftigen Phosphorklumpen freigegeben konnten/können. Diese gelangten/ gelangen dann an den Strand und führten/führen dort zu den bekannten und unglaublich schweren Verletzungen/Kontaminationen.

Hinweisschilder am Strandzugang von Zinnowitz.

Oben: Strandfund - Rest einer Phosphorbombe.

Unten: Thomas Reich übergibt den Fund und Informationen an Henning Schröder vom Deutschen Bernsteinmuseum Ribnitz-Damgarten für eine Sonderausstellung.

Es ist davon auszugehen, dass diese Art der Bedrohung der körperlichen Unversehrtheit der Einheimischen und der Gäste im Laufe der nächsten Jahre/Jahrzehnte eine etwas geringere Rolle spielen wird. Das seeseitige Gebiet wurde aber munitionstechnisch noch nicht beräumt, so dass vermutlich noch immer eine große Zahl von Bomben am Meeresboden liegt.

Aktuell werden die Strandzugänge immer noch mit den Warntafeln bestückt. Denn eine „Entwarnung" kann leider immer noch nicht gegeben werden.

Hierzu der Hinweis vom Umweltbundesamt: (https://www.umweltbundesamt.de/themen/wasser/meere/nutzung-belastungen/munition-im-meer-schadstoffbelastung-durch-konventionelle-munition)

Schadstoffbelastung durch weißen Phosphor

Weißer Phosphor fand als Wirkmittel in bestimmter Brandmunition Verwendung (z. B. Phosphor-Brandbomben). Er stellt eine Modifikation des elementaren Phosphors dar und entzündet sich bei 20 bis 40 °C mit Sauerstoff von selbst und brennt mit bis zu 1.300 °C.

Brennender Phosphor ist kaum noch zu löschen. Die Flammen sind nur mit feuchtem Sand oder besonderen Feuerlöschern zu bekämpfen. Bei Löschversuchen mit Wasser, die nicht funktionieren, entsteht zusätzlich Phosphorsäure, die die Haut verätzt. Da Phosphor vom Betroffenen nicht sofort gelöscht werden kann, brennt er sich tief in die Haut ein und zerstört das Gewebe irreparabel. Weißer Phosphor ist außerdem hochgiftig und führt zu verschiedensten Schädigungen (Leber, Stoffwechsel, Herz, Niere u. a.).

Bis heute werden Brocken von weißem Phosphor, die wie Bernstein aussehen, an deutsche Strände gespült, insbesondere bei Usedom, wo ca. 1,2 Tonnen durch Fehlwürfe von Brandbomben ins Meer gelangten (Böttcher et al. 2011). Hier warnen Warntafeln die Urlauber vor den Gefahren. Durch Verwechslungen mit Bernstein können Unfälle durch Strandfunde von weißem Phosphor eher an den Ostseestränden als an der Nordsee auftreten.

Check-Liste beim Bernsteinsammeln

1. Was man nicht genau erkennen kann - einfach liegen lassen, auch wenn der Wunsch nach einem Bernsteinfund groß ist und das Gehirn ganz laut sagt: "Haben wollen!"
2. Unklare Fundsachen NIE mit bloßen Händen berühren. Das gilt auch für das Wühlen im Seegras o. ä. Hier helfen z. B. die Nutzung des Deckels des unter c. beschriebenen Gefäßes oder einer Pinzette, Zange oder wie schon beobachtet, einer Blumenkelle, auch Pflanzschippe genannt (aus Metall) oder anderen Gartengeräten. Eine Grillzange kann ebenfalls gute Dienste leisten.
3. Möglichst immer mit einem mit nassem Sand gefüllten verschließbaren Metallgefäß sammeln gehen, um im Fall der Selbstentzündung das Behältnis in den Strandsand fallen lassen zu können. So lässt sich eine Verletzung des Sammlers perfekt verhindern. Feuchter Sand ist auch ein behelfsmäßiges Löschmittel.
4. Hobbybernsteinfischer haben auch diverse Edelstahlsiebe oder Kescher an einem Stiel oder andere Gerätschaften Marke Eigenbau im Einsatz. Auch hier sollte der „Fang" vom Laien nicht mit bloßen Händen abgeborgen werden.
5. Eine vorsichtige Geruchsprobe vom Fundstück nehmen. (... immer schön mit der Hand mit Abstand zum Gesicht fächeln, wie einst im Chemieunterricht gelernt). Beurteilen, ob der Fund angenehm (auch geruchsneutral) oder unangenehm/ chemisch riecht. Achtung: Phosphordämpfe führen zur Organschädigung!
8. Die Druckprobe, z. B. mit einer Muschelschale, durchführen, denn Phosphor ist wachsweich.
9. Ist mein Fundstück durchsichtig oder undurchsichtig (opak)? Phosphor ist stets opak. Zur Beachtung: Es gibt sowohl durchsichtigen als auch undurchsichtigen Bernstein.

Zusammenfassung:

Wachsame Allgemeinbegutachtung des Fundes.

Prinzipiell Nutzung von metallischen Hilfsmitteln beim Sammeln.

Geruchsprobe – unangenehm, chemisch?

Ist bei Sonnenschein/ bei Tageslicht aufsteigender Dampf zu beobachten?

Leuchtet das Fundstück im Dunkeln schwach (z. B. in einer Metalldose)?

Ist es wachsartig?

Wenn **alle** Fragen mit „**Nein**" beantwortet werden konnten, handelt es sich **nicht** um Phosphor.

Erst dann kann eine vorsichtige Klopfprobe am Zahn erfolgen. Handelt es bei dem Fundstück um Bernstein, so erklingt ein etwas dumpfer Ton, ein Stein erzeugt einen helleren Ton. Ein Bernstein fühlt sich im Vergleich zu einem Stein angenehm warm und etwas weich (nicht wachsartig!) in der Hand an.

Eine sichere Methode ist es auch, den Fund in gesättigter 12% iger Kochsalzlösung zu prüfen – jedoch etwas unpraktisch direkt am Strand, also eher etwas für zu Hause. Bernstein schwimmt in der Lösung, andere Funde nicht.

Kontamination mit Phosphor – was kann passieren?

Eine Narbenbildung gilt als garantiert. Bei vielen Unfallopfern muss eine Transplantation mit entsprechender, umfangreicher Nachsorge erfolgen. Einige Betroffene sind lebenslang auf die Einnahme von Medikamenten angewiesen. Auch sind bei Patienten plastisch chirurgische Wiederherstellungsmaßnahmen durchgeführt worden.

Es kann auf Grund der Komplexität der Verletzungen zur Sepsis (Blutvergiftung/Immunreaktion/Organdysfunktion) kommen.

Eine Traumatisierung der verunfallten Person ist nicht selten.

Verständigungs- und Meldekette, Ansprechpartner, Notfallnummer im Falle einer Phosphorverletzung

In den Sommermonaten sind die Rettungstürme der DLRG und der Wasserwacht besetzt. Hier findet man die ersten qualifizierten Ansprechpartner.

Ansonsten Notfall, also 112 anrufen, Inhalt des Telefonates:

Wo ist etwas passiert?
Was ist passiert?
Wie viele Personen sind betroffen oder verletzt?
Welche Art der Verletzung liegt vor?
Warten Sie auf Rückfragen!

Impressum Foto – und Quellennachweis:

Anmerkungen vom Verfasser: Bilder im Privatbesitz des Verfassers und die dargestellten Personen haben ihr Einverständnis/Nutzungsrecht erklärt.

Informationen entnommen aus:

Schriftreihe des Reichschutzbundes Heft2, Herausgegeben vom Präsidium des Reichsluftschutzbundes, Verlag Dipl.-Kfm.-Erwin Müller, Wien XVII/107 und Berlin W 9, 1944.

Internetseiten zu diesem Thema:

-https://www.brand-kats-mv.de/Munitionsbergung/Mitteilungen/

-https://www.polizei.mvnet.de/Polizei/LPBK-MV/Brand%E2%80%93-und-Katastrophenschutz%2c-Munitionsbergung/

-https://de.wikipedia.org/wiki/Operation_Hydra

-https://www.umweltbundesamt.de/themen/wasser/meere/nutzung-belastungen/munition-im-meer#schadstoffbelastung-durch-konventionelle-munition

-https://www.ostsee-zeitung.de/lokales/vorpommern-ruegen/ribnitz-damgarten/ribnitz-reste-einer-phosphorbombe-werden-im-bernsteinmuseum-ausgestellt-TCLRZWCVL6ACOZVEFQVNZ3LPYU.html

Erstellt im Jahr 2023 und erhebt, wie alles im Leben, keinen Anspruch auf Vollständigkeit.

Mein besonderer Dank gilt den Unterstützer*innen dieses Projektes:

Herrn Dr. Stefan Nehring (wichtiger Unterstützer), Hans-Werner Ribbecke (Arbeitskreis Bernstein), Herrn Gunther Hormann (Allgemeinmediziner Zinnowitz), Frau Daniela Teschendorff (HTI-Archiv Peenemünde), Herrn Gerald Christopeit (Historische Gesellschaft zu Seebad Zinnowitz) Familie Torsten und Ricarda Berndt Besatzungen der DLRG Rettungstürme in Trassenheide und Zempin und Harry.

Baltischer Bernstein mit viel Weiß, Strandfund Usedom.

Phosphor kann ähnlich aussehen wie Bernstein!

Frank Rudolph beschreibt das in seinem Büchlein „Gefährliche Strandfunde".

Aus diesem Buch stammen auch die folgenden Fotos: © Dr. Frank Rudolph, Steinfeld.

Wenn es also am Strand brennt: Vorsicht! Auf keinen Fall in die Nähe kommen und Dämpfe einatmen.

Beispiele für Phosphor.

Brennender Phosphor.

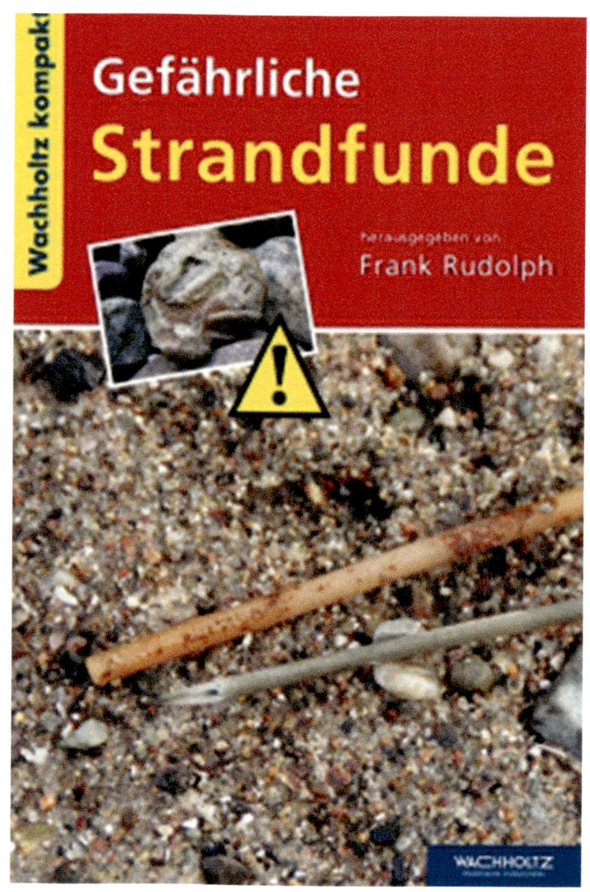

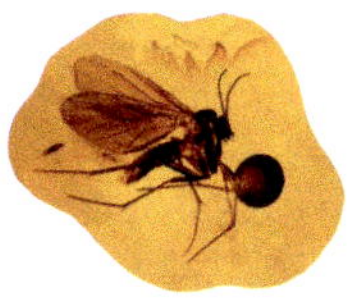

ARBEITSKREIS BERNSTEIN

Verein zur Förderung des Geologisch-Paläontologischen Museums der Universität Hamburg e.V. »Arbeitskreis Bernstein«

Vereinsgeschichte

Bereits im Gründungsjahr 1992 bildete sich im Förderverein des Geologisch-Paläontologischen Museums der Universität Hamburg der „Arbeitskreis Bernstein". Inzwischen besteht der Verein ausschließlich aus Mitgliedern, deren Interesse hauptsächlich dem Bernstein gilt. Er bildet ein Forum für Wissenschaftler, Sammler, Händler, Künstler, Aussteller und Hobbyisten – also für alle Bernsteinliebhaber.

Bereits nach einem Jahr hatten sich 53 Bernsteinfreunde zusammengefunden; beim zehnjährigen Jubiläum waren es bereits 210! In den folgenden Jahren hielt sich die Mitgliederzahl konstant über 200. Mit der Zeit gewann der Verein auch international an Interesse und hat Mitglieder aus Dänemark, Belgien, der Dominikanischen Republik, Großbritannien, Indonesien, Italien, Kanada, Litauen, den Niederlanden, Österreich, Polen, Portugal, Russland, Schweiz, Ukraine, Australien, Indonesien, China und den USA.

Einige Mitglieder des Arbeitskreises haben Bücher zum Thema Bernstein geschrieben und Veröffentlichungen in diversen Fachzeitschriften gemacht, z. B. Holotypen aus dem Bernstein beschrieben (das sind neu entdeckte Arten). Neben Paläontologen gehören auch Betreiber von Bernsteinmuseen zum Arbeitskreis.

Viele Mitglieder des Arbeitskreises treffen sich einmal bis mehrfach im Jahr. Die jährliche Hauptversammlung fand jahrelang zeitlich angelehnt an die Mineralienmesse Hamburg im Geomatikum der Universität Hamburg statt. Daneben gibt es regelmäßig Sommertreffen in Orten, die irgendwie mit dem Bernstein zusammenhängen, wie Ribnitz-Damgarten, St. Peter-Ording, Sellin (Rügen), Pellworm, Meldorf usw. Bei diesen Treffen informieren sich bis zu 100 Wissenschaftler, Sammler, Hobbyforscher und Bernsteinfachleute aus aller Welt über neue Forschungsergebnisse und Beobachtungen, tauschen seltene Bernsteineinschlüsse (Inklusen) oder freuen sich auch nur über ein Wiedersehen und ein gemütliches Beisammensein. Seit die Mineralienmesse Hamburg nicht mehr in den Messehallen stattfindet, sind die Jahreshauptversammlungen an die Sommertagungen angelehnt.

Zusätzlich gibt es schriftliche Mitteilungen, sogenannte „Dicke Briefe", und monatliche umfangreiche Rundmails, die aktuelle Artikel, Neuigkeiten, Fotos usw. enthalten. Seit vielen Jahren gibt es auch ein jährlich erscheinendes BERNSTEINMAGAZIN.

Der Arbeitskreis wurde 20 Jahre lang von dem weltweit bekannten „Bernsteinpapst" Dr. Wolfgang Weitschat geführt. 2011 hat Carsten Gröhn den Vorsitz übernommen.

In 2012 und 2022 feierte der Arbeitskreis Bernstein sein 20- und 30-jähriges Jubiläum im Deutschen Bernsteinmuseum Ribnitz-Damgarten. Alle Mitglieder bekamen eine 145 Seiten starke Chronik ausgehändigt.

Text in Anlehnung an die Website:
www.arbeitskreis-bernstein.eu

Sommertagung zum 30-jährigen Jubiläum im Deutschen Bernsteinmuseum Ribnitz-Damgarten.

Zeesenbootfahrt im Rahmen einer Tagung.

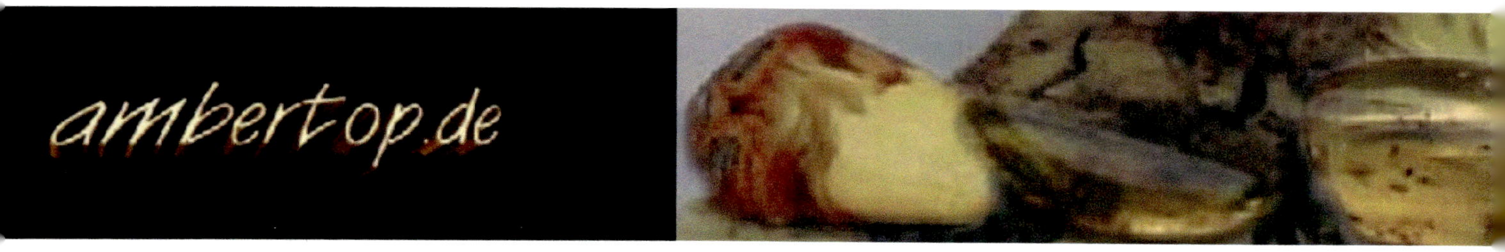

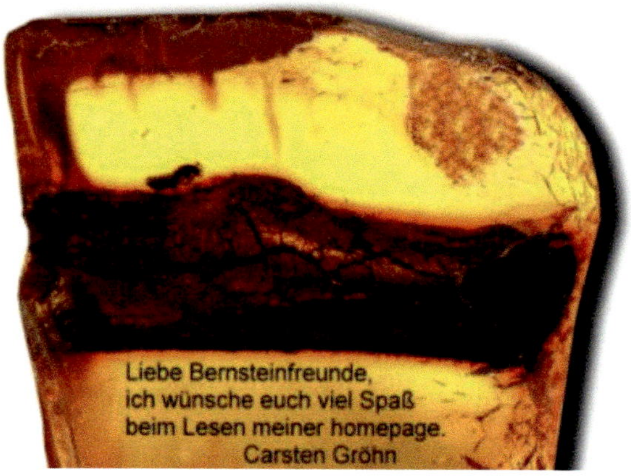

Bernstein, amber, Fossilien, Einschlüsse, Inklusen, Bernsteinschmuck, Bernsteinliteratur, Bernstein - Fälschungen, Bernstein - Bearbeitung, Bernstein - Fundorte aus aller Welt, fossile Harze, Kopal, Begriffsbestimmung: Echter Bernstein, Naturbernstein, modifizierter Bernstein, verbundener Bernstein, Moorbernstein, Seebernstein, Erdbernstein, geklärter Bernstein, autoklavierter Bernstein, Pressbernstein, gekochter Bernstein - ALLES ÜBER BERNSTEIN - ambertop.

Suchleisten auf der Webseite mit vielen Unterleisten.

Ich freue mich, dass Sie sich für ambertop und Bernstein mit oder ohne Einschlüssen = Inklusen interessieren. Wenn Sie Fragen rund um das Thema Bernstein haben, mailen Sie mir: ambertop@t-online.de

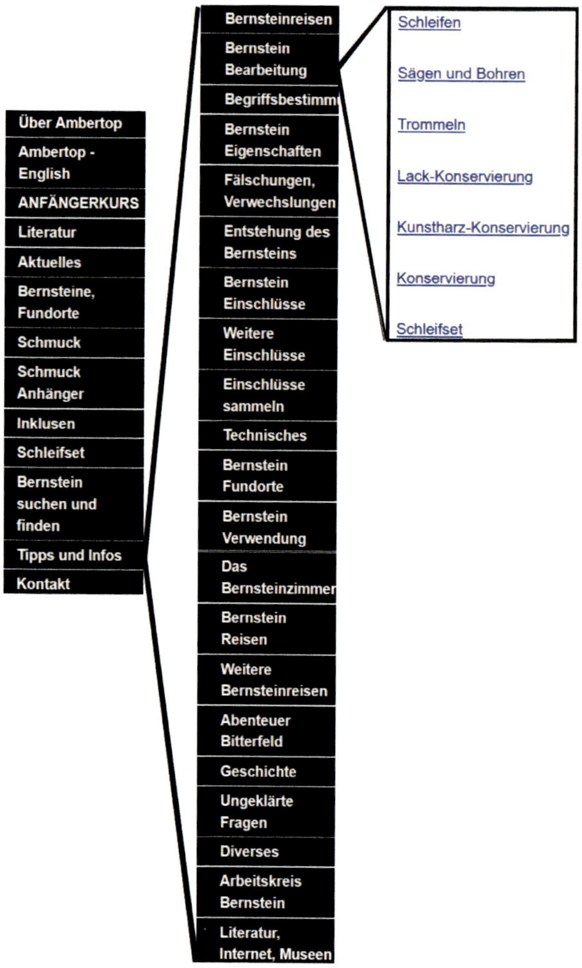

Bernstein, Bernstein, Bernstein, auf dieser Seite finden Sie ausführliche und spannende Infos/Tipps über Bernstein.

Wer ist ambertop?

Ich bin ein begeisterter Privatsammler, der alles sammelt, was mit Bernstein zusammenhängt:

- Bernstein - Einschlüsse (Inklusen)
- Bernstein - Fundorte aus aller Welt
- Bernsteinvariationen (Farben)
- Bernsteinformen (Tropfen, Schlauben usw.)
- Alter Bernsteinschmuck
- Bernstein - Literatur

Hauptsächlich bin ich Sammler von Inklusen und habe schon eine schöne Privatsammlung. Und wie es wohl jedem Sammler, ob Münz-, Briefmarken- oder Bernsteinsammler nach einigen Jahrzehnten geht: Er möchte immer seltenere, immer schönere, speziellere Stücke erwerben, sich spezialisieren - und das kostet Geld! Also beginnt man zu versuchen, alte Sammlungsstücke, die man mehrfach belegt hat oder die einem nicht mehr das bedeuten wie früher einmal, zu verkaufen oder zu tauschen. Und da bin ich jetzt angelangt: Ich interessiere mich z. Z. für wissenschaftlich wertvolle Einschlüsse.

Weiter geht es mit ALLES ÜBER BERNSTEIN in zig Kapiteln. Zigtausende Besucher zählt diese Webseite.

Computer Bild 10/2001

Platzierung unter den "100 besten Internet-Seiten"

BERNSTEIN FUNDORTE AUS ALLER WELT

Kleine Vorschau, nicht vollständig

Europa:

Moler-Bernstein aus Dänemark

Jura-Bernstein von der Insel Bornholm

Wealden-Bernstein, südl. Großbritannien

Verschiedene Bernstein-Fundorte aus Frankreich von Eozän bis Oberkreide

Verschiedene Bernstein-Fundorte in Spanien

Cascais-Bernstein aus Portugal

Eozäner Bernstein aus der Schweiz – Plaffeiit

Bernsteinfundorte Österreich von Eozän - Kreide

Appeninen- und Dolomiten-Bernstein aus Italien, Simetit aus Sizilien

Bernstein aus Grönland

Duxit und Walchovit aus Tschechien

Ajkait – ein Kreidebernstein aus Ungarn

Rumänit aus den Karpaten/Rumänien
Kineta-Bernstein aus Griechenland

Jantarny – Größter Bernstein-Tagebau

Bernstein aus Weißrussland

Verschiedene Bernstein-Fundorte in Polen

Rovno-Bernstein aus der Ukraine

Rechts, von oben nach unten:
Walchovit aus Tschechien.
Plaffeiit aus der Schweiz.
Rumänit aus Rumänien.
Cascais-Bernstein aus Portugal.
Links: Rovno-Bernstein aus der Ukraine.

BERNSTEIN FUNDORTE AUS ALLER WELT

Kleine Vorschau, nicht vollständig

Vorderasien:
Türkischer Bernstein
Jordanien-.Bernstein vom Zarga-Fluss
Verschiedene Bernstein-Fundorte im Libanon

Afrika:
Äthiopischer Bernstein
Bernstein aus dem Kongo

Asien:
Indischer Bernstein aus Cambay
Bernsteinvorkommen aus Myanmar, Eozän bis Kreide
Verschiedene Bernsteinvorkommen in China
Bernstein aus Taimyr in Sibirien
Verschiedene Bernstein-Fundorte in Japan

Süd-, Mittel- und Nordamerika:
Miozäner Bernstein aus Peru
Mexikanischer Bernstein verschiedener Fundorte
Küsten-Bernstein aus Costa Rica
Dominikanischer Bernstein
Kanadische Bernstein-Fundorte
Bernstein aus den USA: Illinois, New Yersey, Lee Creek, Alaska

Südostasien und südlicher:
Sarawak-Bernstein aus Borneo
Trias-Bernstein aus Neuseeland
Australischer Bernstein

KOPALE
Kolumbianischer Kopal
Madagaskar-Kopal
Kopale aus der Indonesischen Inselwelt

Taimyr-Bernstein aus Sibirien.

Borneo-Bernstein, Foto © SMNS (G. Bechly).

LITERATUR

Ahrens, H., Lotsch, D. & Mai, D. (1975): Die Untersuchung des oberoligozänen Bernstein-Vorkommens im Feld Goitsche des Bitterfelder Braunkohlenreviers. – Zwischenbericht, unveröffentl.. 20 S.; Berlin.

Alexander, I. (2002): Bernstein-Vorkommen in Niedersachsen, Untersuchungen zu geologischer Altersstellung, Herkunft und Transportmechanismen, Universität Bremen, S. 9.

Andrée, K. (1951): Der Bernstein, Das Bernsteinland und sein Leben - Kosmos-Bändchen 192, 96 S., Stuttgart.

Braasch, R. (2009): Sternberger Gestein – Eine geologische Kostbarkeit aus Mecklenburg-Vorpommern! - Raben Steinfeld, 61 S., (Eigenverlag Naturstein & Design).

Breithaupt, A. (1820): Kurze Charakteristik des Mineral Systems. – 78 S., Freiberg.

Caspers, G., Freund, H., Kleinmann, A & Merkt, J. (1999): Das Klima im Quartär. In: Boetzkes, M., Schweitzer, I. & Vespermann, J. [Hrsg.]: Eiszeit - das große Abenteuer der Naturbeherrschung, 78-94, Hildesheim, Stuttgart.

Czeczott, H. (1961): The Flora of the Baltic Amber and its Age. Prace Museum Ziemi, Nr. 4 Prace Paleobotaniczne, Warszawa.

Dietrich, B. (2021): Bernstein-Magazin, Jahresheft 2021 vom Verein zur Förderung des Geologisch-Paläontologischen Museums der Universität Hamburg e.V. "Arbeitskreis Bernstein", S. 47 – 51.

Dietrich B. & Voltmer, P. (2022): Bernstein-Magazin, Jahresheft 2022 vom Verein zur Förderung des Geologisch-Paläontologischen Museums der Universität Hamburg e.V. "Arbeitskreis Bernstein", S.32 – 37.

Dolezych, M. (2022): Holzanatomische Untersuchungen im Bitterfelder Bernstein. – Ergebnisbericht, 23 S., 11 Taf.; Hoyerswerda; [unveröff.].

Feldmann, L. (2002): Die geologische Entwicklung der Tiefebene und der Mittelgebirge in Niedersachsen. - Veröffentl. Akad. Geowiss. Hannover, 20: 8-19; Hannover.

Fuhrmann, R. (2012): Der Sandbernstein aus dem Miozän der Lausitz, ein Siegburgit? - Mauritiana (Altenburg) 24, S. 24 – 28.

Fuhrmann, R. (2010): Die Bitterfelder Bernsteinarten. – Mauritiana, 21: 13–58; Altenburg.

Fuhrmann, R. & Borsdorf, R. (1986): Die Bernsteinarten des Untermiozäns von Bitterfeld. – Zeitschr. f. angew. Geol., 32 (12): 309–316; Berlin.

Föllmi, K. B. (1989): Evolution of the Mid-Cretaceous Triad. Platform Carbonates, Phosphatic Sediments, and Pelagic Carbonates Along the Northern Tethys Margin. - Lecture Notes in Earth Sciences, vol. 23.

Friedel, C. H. & Balaske, P. (Hrsg.) (2005): Das Tertiär im mitteldeutschen Ästuar. Stand und aktuelle Probleme. - Exkursionsführer und Veröffentlichung DGG, Berlin/Hannover, 230 S.

Ganzelewski, M. & Slotta, R. (1996): Bernstein – Tränen der Götter. – Deutsches Bergbaumuseum, 594 S., Bochum.

Gaupp, R. (1980): Sedimentpetrographische und stratigraphische Untersuchungen in den oberostalpinen Mittelkreide-Serien des Westteils der Nördlichen Kalkalpen. Unpubl. Diss. TU München.

Gaupp, R. (1982): Sedimentationsgeschichte und Paläotektonik der kalkalpinen Mittelkreide (Allgäu, Tirol, Vorarlberg). Zitteliana 8: 33–72.

Geinitz, E. (1922): Die Geologie Mecklenburgs, 117 S.

Gröhn, C. (2013, 2019, 2024): Alles über Bernstein – Wachholtz Verlag, Neumünster und Isensee Verlag Oldenburg.

Gröhn, C. (2010): Bernstein-Abenteuer Bitterfeld. BoD Norderstedt.

Gröhn, C. (2025-6): Bitterfelder Bernstein - Abenteuer, Förderung, Zukunft. In Planung.

Helm, O. (1878): Mitteilungen über Bernstein, Gedanit, ein neues fossiles Harz. – Schriften der Naturforschenden Gesellschaft in Danzig, NF, 4, H3: 214–216; Danzig.

Helm, O. (1896): Mittheilungen über Bernstein. XVII. Ueber den Gedanit, Succinit und eine Abart des letzteren, den sogenannten mürben Bernstein. – Schriften der Naturforschenden Gesellschaft in Danzig, N.F., 9 (1): 52–57; Danzig.

Hiltermann, H. (1949): Funde von bernsteinartigen Harzen in der Unterkreide NW-Deutschlands. - Schriften des Naturwissensch. Vereins für Schleswig-Holstein S. 70-73.

Hucke, K. (1967).: Einführung in die Geschiebeforschung. Herausgegeben und erweitert von E. Voigt, Nederlandse Geologische Vereniging, Oldenzaal, 109 S.

Huckriede, R. (1991): Fossilien vom Langenberg bei Oker. - Arbeitskreis Paläontologie Hannover, 19(2): 37-52.

Huckriede, R. (1967): Molluskenfaunen mit limnischen und brackischen Elementen aus Jura, Serpulit und Wealden NW-Deutschlands und ihre paläogeographische Bedeutung. - Beiheft Geolog. Jb. 67, 263 S., Hannover.

Katzung, G. [Hrsg.] (2004): Geologie von Mecklenburg-Vorpommern – 580 S., E. Schweizerbart'sche Verlagsbuchandlung Stuttgart.

Klebs, r. (1883): Gewinnung und Verarbeitung des Bernsteins. - Königsberg.

Klöck, T. (2017): Bernstein aus der kalkalpinen Kreide des Allgäu. - Fossilien 4.

Korn, J. (1927): Die wichtigsten Leitgeschiebe der nordischen kristallinen Gesteine im norddeutschen Flachlande. 64 S., Berlin.

Kosmowska-Ceranowicz, B. (2020): Bernstein – Faszinierende fossile Harze aus aller Welt. – 176 S., Sax Verlag Beucha Markkleeberg.

Krause, K. (1997): Durch Gletscher und Wasser verfrachtet: Bernstein – Transport und Transportwege. Arbeitskreis Paläontologie Hannover, S. 166 – 174.

Krause, K. (2012): Bernstein in Niedersachsen. - Arbeitskreis Paläontologie Hannover, 40, S. 33 – 41.

Krüger, F. (1999): Bernstein aus den Alpen. Fossilien 5: 270–275.

Krumbiegel, G. & Kosmowska-Ceranowicz, B (1992): Fossile Harze der Umgebung von Halle (Saale) in der Sammlung des Geiseltalmuseums der Martin-Luther-Universität Halle – Wittenberg. - Wissenschaftliche Zeitschrift der Universität Halle – Wittenberg 41-92, Heft 6, S. 5 – 35, Halle/Saale.

Krumbiegel, G. (1995): Fossile Harze aus der Geiseltalbraunkohle und aus dem Tagebau Königsaue (Sachsen-Anhalt). In: Hallesches Jahrbuch für Geowissenschaften, Band B 17, Halle/Saale 1995, S. 139–148.

Krumbiegel, G. & Kosmowska-Ceranowicz, B. (2004): Bitterfelder Bernsteinarten und -varianten im Vergleich zu anderen Lagerstätten (Stand der Untersuchungen 2004). – Exkurs.f. u. Veröfftl. GGW, 224: 45–59; Berlin.

Krumbiegel, G. & Krumbiegel, B. (2005): Bernstein – Fossile Harze aus aller Welt - Geschichte, Harze, Vorkommen, Gewinnung, Inklusen. - Goldschneck-Verlag, Quelle & Meyer Verlag Wiebelsheim.

Krumbiegel, G. & Kosmowska-Ceranowicz, B. (2007): Die Arten des Bitterfelder Bernsteins. – Bitterfelder Heimatblätter, H. XXVIII, Sonderheft 2007, Bitterfeld.

Krutzsch, W. (2011): Stratigrafie und Klima des Paläogens im Mitteldeutschen Ästuar im Vergleich zur marinen nördlichen Umrahmung. - Zeitschrift der Deutschen Gesellschaft für Geowissenschaften 162(1): 19 – 47.

Kulke, U. (2012): Ein Riss – und das kurze Gedächtnis der Menschen. – In: WELT ONLINE: https://www.welt.de/vermischtes/article13833531/Ein-Riss-und-das-kurze-Gedaechtnis-der-Menschen.html.

Kuntzmann, L. (1999): Koniferen der Oberkreide und ihre Relikte im Tertiär Europas. Ein Beitrag zur Kenntnis ausgestorbener Taxodiaceae und Geinitziaceae fam. nov., 25 Abb., 26 Tab. und 28 Tafeln. - Abhandlungen des Staatlichen Museums für Mineralogie und Geologie zu Dresden 45, Dresden.

Lange, J.-M. & Suhr, P. (1999): Die Lausitzer Moldavite und ihr geologisches Umfeld. – Schriften des Staatl. Mus. f. Mineralogie und Geologie zu Dresden 10, S. 71 – 99.

Larsson, S. G. (1978): Baltic Amber: A Palaeobiological Study - Entomonograph 1.

Lemke, W. (2004): Die kurze und wechselvolle Entwicklungsgeschichte der Ostsee – Aktuelle meeresgeologische Forschungen zum Verlauf der Litorina-Transgression. – In: Jahrbuch 52 – Bodendenkmalpflege in Mecklenburg-Vorpommern.

Liehmann, G. (1996): Die Wiederentdeckung und Ausbeutung einer Bernsteinlagerstätte im Bitterfelder Revier. - Bitterfeld (MZ.).

Lietzow, A. & Ritzkowski, S. (1996): Fossile Harze in den braunkohlenführenden Schichten von Helmstedt (Paläozän – Eozän, SE Niedersachsen. - In: Ganzelewski, M. / Slotta, R. [Hrsg.] Bernstein – Tränen der Götter, S. 83 – 88; Bochum.

Lietzow, A. & Ritzkowski, S. (1997): Bernstein im Helmstedter Revier – In: Ganzleweski, M. & Slotta, R. [Hrsg.] Bernstein – Tränen der Götter.

Lühr, C. (2004): Charakterisierung und Klassifikation von fossilen Harzen. Dissertation, 258 S.

Mai, D. H. & Walther, H. (1985): Die obereozänen Floren des Weißelsterbeckens und seiner Randgebiete. – Abh. Staatl. Museum Mineral. u. Geol., 33: 1–260, 3 Abb., 53 Tafeln; Dresden.

Meyer, R. K. F. (1996): Erläuterungen zur geologischen Karte Bayerns, 113 S.

Meyn, C. C. L. (1876): Der Bernstein der norddeutschen Ebene auf zweiter, dritter, vierter, fünfter und sechster Lagerstätte. - Zeitschr. Dt. Geol. Ges. 28/2, 1876, 171-198.

Neuwald, H. K. (2006): Bernsteinfunde auf Bornholm - Fossilien 23 (1).

Niedermeyer, R.-O., Lampe, R., Janke, W., Schwarzer, K., Duphorn, K., Kliewe, H. & Werner, F. (2011) Die deutsche Ostseeküste. - Sammlung Geologischer Führer 105, 370 S., Gebr. Borntraeger Stuttgart.

Pape, H. (1970): Die Malmschichtfolge vom Langenberg bei Oker (nördliches Harzvorland). – Mitteilungen aus dem Institut für Geologie und Paläontologie der Technischen Universität Hannover 9:41-137.

Rappsilber, I. (2016): Fauna und Flora des Bitterfelder Bernsteinwaldes. – 78 S., Ampyx-Verlag, Dr. Andreas Stark, Halle (Saale).

Rappsilber, I. & Krumbiegel, G. (2009): Bibliographie zum Bitterfelder Bernstein. – Mauritiana 20 (3): 485-497, Altenburg.

Rappsilber, I. (2022): Bitterfelder Bernstein – Geschichte, Vielfalt, Entstehung. – 323 S., Ampyx-Verlag Dr. A. Stark, Halle.

Rascher, J, Rappsilber, I. & Wimmer, R. (Hrsg) (2013): Exkurs. f. u. Veröfftl., DGG Hannover, 249 S.

Reinicke, R. (1986): Bernstein - Gold des Meeres. – 80 S., Hinstorff-Verlag Rostock.

Reiser, K. (1920/1922/1924): Geologie der Hindelanger und Pfrontener Berge im Allgäu, Teil 1–3. Geogr. Jh. 33/35/37: 198 + 81 + 33 S.

Remelé, A. (1875): Über eine diluviale Bernstein führende Schicht und über Säugethierreste bei Neustadt-Eberswalde.

Riegel, W., Wilde, V. & Lenz, O. K. (2012): The early Eocene of Schöningen (N-Germany) – An interim Report. - Austrian Journal of Earth Sciences, Volume 105/1, 88 – 109, Vienna.

Rudolph, F., Bilz, W. & Pittermann, D. (2010): Fossilien an Nord- und Ostsee, 232 S.

Sadowski, E.-M., Seyfullah, L. J, Schmidt, A. R., Kunzmann, L. (2017a): Conifers of the 'Baltic amber forest' and their palaeoecological significance. - Stapfia 106: 1–73.

Schlee, D. (1990): Das Bernstein-Kabinett, Stuttgarter Beiträge zur Naturkunde, Serie C, Nr. 28.

Schmidt, A. R. (2003): Das fossile Harz von Schliersee (Bayerische Alpen) und seine Mikroinklusen. Dissertation Friedrich-Schiller-Universität Jena.

Schmidt, A., Eynatten H. v. & Wagreich M. (2001): The Mesozoic amber of Schliersee (southern Germany) is Cretaceous in age. - Cretaceous Research 22: 423–428.

Schneider, W. (2013): Zur Paläobotanik des Krantzites – Beiträge und Schlussfolgerungen zur Bernsteingenese. - Exkurs. f. u. Veröfftl., DGG Hannover, 249, S. 90 – 103, 4 Abb., 4 Taf., Hannover.

Scholz, H. (2016): Bau und Werden der Allgäuer Landschaft (3. Aufl.). Schweizerbart-Verlag, Stuttgart.

Schulz, W. (1959): Die Schuppenstruktur des Jungpleistozäns im Bereich der aktiven Steilufer Mittelusedoms. - Ber. Geolog. Ges. 4, S. 215 – 232.

Schulz, W. (1960): Die natürliche Verbreitung des Ostseebernsteins und das Bernsteinvorkommen von Stubbenfelde (Usedom). - Zeitschr. F. angewandte Geol. 6(12).

Standke, G. (2008): Bitterfelder Bernstein gleich Baltischer Bernstein? Eine geologische Raum-Zeit-Betrachtung und genetische Schlussfolgerungen. – Exkursionsführer und Veröffentlichungen GGW 236.

Standke, G. & Racher, J. (2013): Eozäne Harze in den Braunkohlentagebauen Profen und Amsdorf – Ein Beitrag zur Genese von Bernsteinlagerstätten. - Exkurs. f. u. Veröfftl., DGG Hannover, 249, S. 76 – 89, 16. Abb., Hannover.

Vahldiek, B.-W. (1986): Bernstein aus den eozänen Braunkohlen von Helmstedt (Bundesrepublik Deutschland, Niedersachsen), Stratigraphie und Ausbildung. - Aufschluss 37: 165 - 177, 3 Abb.; Heidelberg.

Vahldiek, B.-W. (2001): Auf der Suche nach den Bernsteinproduzenten von Helmstedt. – Arbeitskreis Paläontologie Hannover 29: 32 – 57.

Vahldiek, B.-W. (2006): Aus dem Arbeitskreis Paläoentomologie: Abstracts von Vorträgen des 2. Bonner Paläoentomologen-Treffen Kurzfassung der Veröffentlichung: Käferreste aus dem Eozän (Lutet) von Helmstedt (Niedersachsen, Bundesrepublik Deutschland) Arbeitskreis Paläoentomologie, Bonn. - DGaaE Nachr., 20 (1).

Vahldiek, B.-W. (2007): Blätter, Insekten und „Bernstein“ aus dem Ypresium, Tagebau Schöningen. - DGaaE Nachr., 21 (1).

Vahldiek, B.-W. (2015): Bernstein aus dem Tagebau Schöningen – Der Mutterbaum von Krantzit ist identifiziert. - Arbeitskreis Paläontologie Hannover 43, S. 35-45.

Vávra, N. (1996): Fossile Harze aus dem alpinen Mesozoikum, S. 351–356. - In: Ganzelewski, M. & Slotta, R. [Hrsg.]: Bernstein – Tränen der Götter, Katalog der Ausstellung des Deutschen Bergbau-Museums Bochum.

Veil, St. & Kelm, H.-J. (1995): Ein Bernsteinvorkommen im Elbe-Urstromtal zwischen Hitzacker und Gartow : Rohstoffquelle für die späteiszeitlichen Jäger und Sammler von Weitsche und Grabow? – In: Die Kunde, 62, Deutsches Archäologisches Institut.

Veil, S., Kelm, H.-J. & Schwalb, A. (2011): Ein Bernsteinvorkommen im Elbe-Urstromtal zwischen Hitzacker und Gartow: Rohstoffquelle für die späteiszeitlichen Jäger und Sammler von Weitsche und Grabow? - Die Kunde, 62.

Von Bismarck, R. (1958): Bernstein - das Gold des Nordens. - Karl Wachholtz Verlag Neumünster.

Wedmann, S., Kment, P., Campos, L. A. & Hörnschemeyer, T. (2021): Bizarre morphology in extinct Eocene bugs (Heteroptera: Pentatomidae). - The Royal Society Publishing.

Weidert, W. K. (1995): Klassische Fundstellen der Paläontologie, Bd. 3, Korb/Weinstadt.

Weitschat, W. (1997): Bernstein in der Deutschen Bucht und in Jütland auf 3., 4., 5. oder 6. Lagerstätte.

Weitschat, W. & Wichard, W. (2010): Baltic Amber – In: Penny, D. (Hrsg.): Biodiversity of fossils in Amber from the major world deposits. – Kap. 5: 50 – 83, Siri Scientific Press.

Wilde, V., Zellmer, H. (2015): Bernstein im Geopark Harz – Braunschweiger Land – Ostfalen. In: Zeitkapsel Bernstein – Lebewesen vergangener Welten, Schrift zur Ausstellung des Staatlichen Naturhistorischen Museums Braunschweig.

Wimmer, R., Krumbiegel, G., Kosmowska-Ceranowicz, B. & Rappsilber, I. (2013): Historische und neue Funde von Krantzit in Mitteldeutschland. - Exkurs. f. und Veröfftl., DGG, Hannover, 249 (2013) S. 104 – 110, 13 Abb., Hannover.

Wimmer, R., Galle, H., Wagner-Wysiecka, E. (2019): Retinit im mittleren Geiseltal und in Nordwestsachsen. Mauritiana (Altenburg) 37, S. 32-41.

Zessin, W. (2005): Großer Wurzelquarzit mit Windschliff aus Jasnitz, Mecklenburg. Mitteilungen der NGM – 5. Jahrgang, Heft 1.

Bernstein-Abenteuer Bitterfeld

Gröhn, Carsten, Books On Demand GmbH, Norderstedt, ISBN 978-3-8391-1580-0, 150 S., viele Abbildungen.

Erweiterte Neuauflage in Planung, 2025-6.

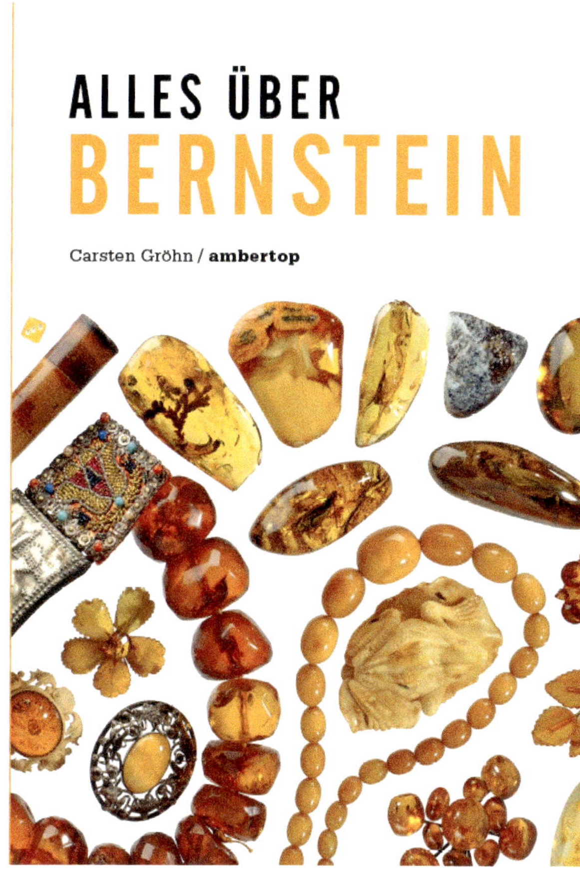

ALLES ÜBER BERNSTEIN

Gröhn, Carsten/ambertop, 3. Aufl. 2024 Isensee Verlag– DIN A 4, 236 S., zahlr. Abb., Hardcover: ISBN 978-3-7308-2144-2, Broschur 978-3-7308-2145-9.

Bernstein Suchen und Sammeln

Gröhn, Carsten - Wachholtz Verlag14,3 × 19,7 cm, 111 S., zahlr. Abb., ISBN 978-3-529-05441-9.

Bernstein suchen und finden

Gröhn, Carsten   11 × 16,8 cm, 96 S.,zahlr. Abb., brosch., ISBN 978-3-529-05474-7.

Wasserinsekten im Baltischen Bernstein - Aquatic Insects in Baltic Amber

Wilfried Wichard, Carsten Gröhn & f. Seredszus 2009, Verlag Kessel, 336 S., zahlr. Abb., geb., zweispr. (engl./dtsch) ISBN 978-3-941300-10-1, vergriffen, Restexemplare bei den Autoren.

Zeitkapsel Bernstein

Carsten Gröhn et al. 2015
Ausstellungskatalog Staatl. Naturhistorischen Museums Braunschweig Verlag Dr. Friedrich Pfeil, München 20,5 x 21 cm, 96 S., zahlr. Abb. ISBN 978-3-89937-198-7, im Museum und im Buchhandel.

EINSCHLÜSSE IM BALTISCHEN BERNSTEIN

Gröhn, Carsten 2015, Wachholtz Verlag–Murrmann Publ. 21 × 28 cm, 424 S., 1480 Abb., geb., ISBN 9-783-529-05457-0.

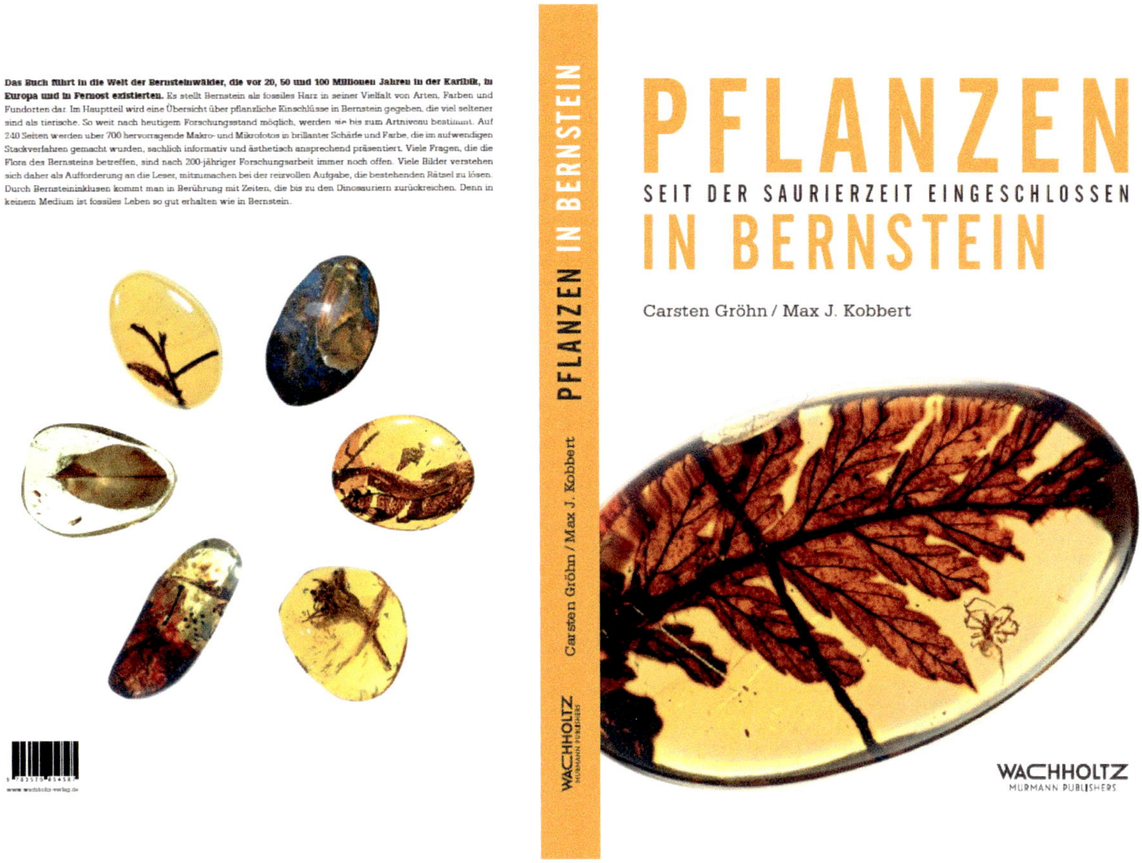

PFLANZEN seit der Saurierzeit eingeschlossen IN BERNSTEIN

Gröhn, Carsten / Kobbert, M. J. 2017, Wachholtz Verlag–Murmann Publ. DIN A 4, 240 S., über 700 Abb., geb.ISBN 978-3-529-05458-7. Vergriffen, Restexemplare bei den Autoren.

In Vorbereitung, 2025-6:

BITTERFELDER BERNSTEIN Abenteuer, Förderung, Zukunft, ca. 200 S.

Ich habe Spaß am Bücherschreiben und Layouten gefunden und so sind:

Viele weitere Bücher in Vorbereitung:

BERNSTEIN FUNDORTE TEIL 2 EUROPA

BERNSTEIN FUNDORTE TEIL 3 WELTWEIT

KÄFER IN BERNSTEIN

NEUAUFLAGE des Buches:
EINSCHLÜSSE IM BALTISCHEN BERNSTEIN

INCLUSIONS IN BALTIC AMBER - Übersetzung des vorgenannten Buches (schon fertig, noch nicht verlegt)

Und sicher einige mehr …

Weiterhin bin ich als Layouter für das BERNSTEIN-MAGAZIN des Arbeitskreises Bernstein tätig.

Carsten Gröhn

wurde 1949 im schleswig-holsteinischen Mölln geboren, studierte Biologie an der Christian-Albrechts-Universität Kiel und war über 40 Jahre lang Biologielehrer am Gymnasium Glinde.

Seit über 35 Jahren ist er begeisterter Bernsteinsammler. Sein Hauptinteresse gilt den Einschlüssen im Bernstein, mit Schwerpunkt auf Baltischem Bernstein. Sein Anliegen ist es u. a., sein Wissen über Bernstein weiterzugeben und möglichst vielen Bernsteinfreunden umfassende Informationen zukommen zu lassen.

Neben dem Standardwerk „ALLES ÜBER BERNSTEIN“ ist er Autor und Coautor diverser weiterer Bücher und Veröffentlichungen über Bernstein und Bernstein-Inklusen.

Viele Leser hat seine Website www.ambertop.de. Dort sind umfassende Informationen zum Thema Bernstein zu finden.

Als 1. Vorsitzender des Arbeitskreises Bernstein (Förderverein für das Museum des Geologisch-Paläontologischen Instituts der Universität Hamburg e. V. „Arbeitskreis Bernstein“) betreut er über 200 Bernstein-Interessierte aus aller Welt.

Das Glück ist das einzige, das sich verdoppelt, wenn man es teilt.

Albert Schweitzer

8954504